희망의 자연

HOPE FOR ANIMALS AND THEIR WORLD
by Jane Goodall with Thane Maynard and Gail Hudson

Copyright © 2009 by Jane Goodall with Thane Maynard and Gail Hudson
All rights reserved.

Korean Translation Copyright © 2010 by ScienceBooks Co., Ltd.
Korean translation edition is published by arrangement with
Grand Central Publishing, New York, New York, USA through
Imprima Korea Agency.

이 책의 한국어판 저작권은 Imprima Korea Agency를 통해
Grand Central Publishing과 독점 계약한 (주)사이언스북스에 있습니다.

저작권법에 의해 한국 내에서 보호를 받는 저작물이므로
무단 전재와 무단 복제를 금합니다.

희망의 자연

제인 구달
세인 메이너드·게일 허드슨 김지선 옮김

Hope for Animals and Their World

세상에 마지막 남은 나그네비둘기였던 마르타, 그리고 마지막 미스왈드론붉은콜로부스와 마지막 양쯔강돌고래의 기억에 이 책을 바친다. 부디 그들의 쓸쓸한 뒷모습이 우리의 길잡이가 되어 그와 같은 운명을 되풀이하지 않으려는 노력에 더욱 힘을 실어 주기를.

추천의 글
스러져 가는 촛불을 양손으로 보듬으며

최재천(이화 여자 대학교 에코과학부 교수)

「창세기」 1장 28절에 따르면 하나님께서 우리 인간을 만드신 후, "생육하고 번성하여 땅에 충만하라, 땅을 정복하라, 바다의 고기와 공중의 새와 땅에 움직이는 모든 생물을 다스리라." 하셨다. 우리 인간에게 인간을 제외한 모든 자연에 대한 소유권은 물론 그것을 정복하고 관리할 자격을 부여한 것이다. 이 같은 기독교의 가르침이 오늘날 우리 인류가 겪고 있는 이 엄청난 환경 위기에 얼마만큼 원인 제공을 했을지는 역사학자들에 의해 분석될 일이지만, 인간을 자연의 한 부분으로 생각하고 자연과 조화를 이루며 살도록 가르친 대부분의 동양 사상과는 차이가 있어 보인다.

하지만 독일의 휘터만 부자가 저술한 『성서 속의 생태학』에 따르면 기독교의 누명은 나름 억울한 면이 있어 보인다. 구약에 기록되어 있는 고대 유태인들은 지금 기준으로 봐도 지속 가능성이 대단히 높은 삶을 살았다. 나무가 자라 열매를 맺기 시작할 때부터 첫 3년 동안에는 열매를 수확하지 않고 그대로 썩게 만들어 토양을 기름지게 하고(「레위기」 19장 23~25절) 1주일에 하루씩 안식일을 갖듯이 7년마다 한 해씩 수확 안식년을 가졌다(「레위기」 25장 8~13절). 물속에 사는 동물 중

"지느러미와 비늘이 없는 것을 먹어서는 안 된다."(『레위기』 11장 9~11절)는 계율은 모기를 비롯하여 온갖 해충을 잡아먹는 개구리를 보호하는 생태학적 지혜를 담고 있다. 아울러 고대 유태인들은 개인의 토지 소유를 49년으로 제한했다. 당시 유태인들의 평균 수명이 50년 남짓이었음을 감안하면 이는 토지 세습을 막아 토지의 사유화로 인한 환경 파괴를 원천적으로 봉쇄하려는 정책이었다. 이 세상에 유태인만큼 까다로운 음식 계명을 갖고 있는 민족도 별로 없을 것이다. 좁고 척박한 땅에서 먹지 말라는 것투성이인 율법을 지키면서도 수백 년 동안 살아남을 수 있었던 것은 생물 다양성을 보호하며 지속 가능한 삶을 유지한 그들의 생활 철학 덕분이었다.

생물학자들은 지금 수준의 환경 파괴가 계속된다면 2030년경에는 현존하는 동식물의 2퍼센트가 절멸하거나 조기 절멸의 위험에 처할 것이라고 추정한다. 이번 세기의 말에 이르면 절반이 사라질 것이라고 경고한다. 생물 다양성의 감소에 관한 이 같은 예측들이 나와 있어도 대부분의 현대인은 그 심각성을 피부로 느끼지 못한다. 2000년대로 접어들며 바야흐로 '기후 변화'가 시대의 화두로 떠올랐다. 그런데 흥미롭게도 기후 변화는 화두로 등장하자마자 세계인들의 엄청난 호응을 얻으며 번져 나가 급기야는 국가 원수들도 툭 하면 이곳저곳에 모여 이산화탄소 배출에 대한 국제 협약을 이끌어 내려 노력하고 있다. 그에 비하면 생물 다양성의 고갈 문제는 참으로 오래전부터 학자들이 경고해 왔음에도 불구하고 여전히 이렇다 할 진전이 없다. 아마 기후 변화의 문제는 갈수록 심해지고 빈번해지는 온갖 기상 이변과 당장 피부로 느낄 수 있는 기온 상승 덕택에 세계인들이 심각성을 금방 알아차리는 반면, 생물 다양성의 고갈은 북극 지방의 얼음이 녹으며 얼음과 얼음 사이의 거리가 벌어져 북극곰들이 익사하고 있다는 뉴스를 이따금씩 접할 뿐 당장 내 주변에서 벌어지지는 않는 탓에 그 절실함을 느끼지 못하는 것 같다. 그래서 유엔은 2010년을 '생물 다양성의 해'로 정하고 대대적인 교육과 홍보 활동을 벌이고 있다. 참으로 적절한 시기에 제인 구달 박사님이 다시금 우리나라를 찾고 때맞춰 이 책이 출간되는 것에 대해 나는 개인적으로 무척 기쁘게 생각한다.

이 책은 멸종 위기에 놓인 동식물들을 어떻게든 되살리려고 혼신의 노력을 다하는 아름다운 사람들의 이야기로 가득 차 있다. 그중에서도 아메리카악어의 보전을 위해 평생토록 일해 온 미국 플로리다 대학교의 야생 생물학자 프랭크 마조티는 펜실베이니아 주립 대학교 생태학부에서 나와 함께 공부한 동료이다. 이 책의 저자 제인 구달은 어릴 적 타잔에 반했던 사람이고, 마조티는 아예 타잔이 되고 싶어 했던 사람이다. 덧붙이자면 나는 어릴 적 텔레비전에서 타잔 영화를 보며 죽기 전에 단 한번만이라도 타잔네 동네에 가 보고 싶어 했던 사람이다. 결국 나는 열대 생물학자가 되어 타잔네 동네를 늘 드나드는 사람이 되었다. 우리 셋은 서로 조금씩 다른 이유로 타잔을 흠모한 사람들이지만 지금은 모두 생물 다양성의 보전을 위해 자신의 삶을 던진 사람들이 되었다. 꽃게의 공격을 받아 숨이 끊어진 새끼 악어에게 인공호흡을 시도해 끝내 살려 낸 마조티의 간절함이 이 책을 읽는 모두의 마음에 전달되리라 믿는다.

사람들은 흔히 "예전에는 참 흔했는데 요즘엔 통 볼 수가 없어."라고 말하면서도 설마 그들이 우리 곁을 영원히 떠났을까 의아해 한다.

나는 그리 머지않은 과거에 우리 곁을 떠난 한 동물을 알고 있다. 미국에서 박사 학위 과정을 밟던 1980년대 내내 나는 코스타리카와 파나마의 열대 우림에 드나들었다. 코스타리카 고산 지대의 몬테베르데 운무림 보존 지구에서 아즈텍개미의 행동과 생태를 연구하던 시절 어느 날 밤 숲 속에서 나는 눈이 부시도록 아름다운 오렌지색의 황금두꺼비를 보았다. 어른 한 사람이 제대로 들어앉기도 비좁을 정도의 물웅덩이에 언뜻 세어 봐도 족히 20마리는 넘을 듯한 수컷 두꺼비들이 마치 우리 옛 이야기 '선녀와 나무꾼'에 나오는 선녀들처럼 멱을 감고 있었다. 그들에게 방해가 될까 두려워 숨소리마저 죽인 채 나무 뒤에 숨어 그들을 관찰하는 내 모습은 영락없는 나무꾼이었다. 다만 그들이 수컷 선녀들이란 게 아쉬울 뿐이었다. 그들은 고혹적인 몸매를 뽐내려는 듯 다리를 길게 뻗기도 하고 물웅덩이에 첨벙 뛰어들어 헤엄을 치기도 했다. 그해 1986년 나는 그들을 딱 2번 보았고 그게 내가 그들을 본 처음이자 마지막이었다.

1960년대 중반 황금두꺼비를 처음으로 발견한 미국 마이애미 대학교의 파충 양서류학자 제이 새비지는 온 몸이 거의 형광에 가까운 오렌지색으로 뒤덮인 작고 섬세한 두꺼비를 보고 누군가가 그 두꺼비를 통째로 오렌지색 에나멜페인트 통에 담갔다 꺼낸 것은 아닐까 의심했다고 한다. 깜깜한 열대 숲 속에서 손전등 불빛에 비친 황금두꺼비들을 보면 정말 그들이 실제로 존재하는 동물인가 되묻게 된다. 그런 그들을 과학자들이 마지막으로 본 것은 1989년 5월 15일이었다. 결국 국제 자연 보호 연맹(IUCN)은 2004년 그들을 완전히 절멸한 것으로 보고했다. 처음 발견된 시점으로부터 치면 불과 38년 동안 그저

10제곱킬로미터 넓이의 고산 지대에서 살다가 영원히 사라지고 만 것이다. 나는 2003년에 출간한 내 에세이집 『열대 예찬』에서 "이럴 줄 알았으면 그들이 벗어 놓은 옷가지라도 한두 개 숨겨 둘 걸." 하는 나무꾼의 한탄을 늘어놓은 바 있다. 나는 요즘도 열대 우림에 갈 때마다 종종 한밤중에 숲을 뒤진다. 같은 지역도 아닌데 혹시 그들이 이른바 '나사로 증후군'의 멋진 예로 내 앞에 홀연 나타나 주길 기대하며.

1960년부터 세계적으로 개구리를 포함한 양서류의 개체 수가 적어도 매년 2퍼센트의 속도로 감소하고 있다. 우리 주변에서 개구리, 두꺼비, 맹꽁이, 도롱뇽들이 사라진다고 해서 금방 지구의 종말이 오는 것도 아닌데 뭘 그리 호들갑이냐고 반문하는 이가 있다면, 나는 그런 사람은 더 이상 21세기의 지식인으로 인정받을 수 없다고 생각한다. 지난 세기 말 미국 뉴욕 자연사 박물관은 여론 조사 기관 해리스에 의뢰하여 저명한 과학자 400명을 대상으로 설문 조사를 실시했다. 그들은 현대 인류 사회를 위협하는 가장 심각한 사회 및 환경 문제로 생물 다양성의 고갈을 들었다. 그들은 모두 환경 분야의 전문가가 아니었다. 자연 과학 여러 분야의 전문가들이 한목소리를 낸 것이다.

몇 년 전부터 우리 연구진은 인도네시아 자바의 구눙 할리문-살락 국립 공원에서 자바긴팔원숭이를 연구하고 있다. 자바긴팔원숭이는 현재 국제 자연 보호 연맹에 의해 멸종 위기 종으로 분류되어 있으며 그들에 대한 연구가 진행된 게 그리 많지 않은 상태이다. 하다못해 그들이 야생에 몇 마리가 생존해 있는지 혹은 그들의 행동권은 얼마나 넓은지, 그래서 그들을 복원하여 방생하려면 어느 정도의 숲이 필요한지 등에 대해 믿을 만한 정보조차 없는 상태이다. 우리의 연구가 그들의 운명에 결정적인 역할을 하게 될 것은 분명해 보인다. 지금 우리 환경부도 산양, 반달곰, 황새, 따오기 등의 복원 사업을 벌이고 있다. 현장에서 열심히 일하고 있는 분들에게 쓴소리를 해 대는 것 같아 주저되지만, 이 같은 모든 복원 사업에는 생태적 병목 현상 또는 최소생존 개체군(MVP) 등에 대한 심도 있는 생태학 연구가 반드시 필요하다. 이 책에 소개되어 있는 캘리포니아콘도르 복원의 경우가 좋은 예가 될 것이다. 거의 멸종 직전까지 갔던 것을 300마리 정도까지 복원시켜 이미 146마리가 캘리포니아, 애리조나, 유타의 하늘을 날고 있다며 어느 정도 안도하고는 있지만 생태적 병목을 거친 개체군은 비록 수적으로는 늘었더라도 유전적 다양성이 함께 증가한 것이 아니기 때문에 생태적으로 매우 취약한 개체군일 수밖에 없다. 지속적인 연구와 관리가 절실하다. 이 책에는 또 「부러진 날개」라는 영화를 제작한 마이크 팬디가 한 말이 소개되어 있다. "알아야 신경을 쓴다." 이 말은 내가 평소에 늘 하고 다니는 말, "알면 사랑한다."와 거의 정확하게 같은 의미를 지닌다.

생물 다양성의 보전은 우리 인류의 생존과 안녕을 위해 절대적으로 필요한 일이다. 자연계를 구성하는 모든 종들은 다 상호 의존적이기 때문에 그 균형을 깨는 일은 그 어느 구성원에게도 궁극적인 이득이 될 수 없다. 따라서 인간도 다른 종들과 마찬가지로 생태적 제한 속에서 살아야 하고 지구의 청지기로서 그 임무를 충실히 이행해야 한다. 생물 다양성은 또 생명의 기원을 구명하는 데 없어서는 안 될 중요한 단서를 갖고 있기 때문에 그 일부만이라도 잃을 경우 우리 자신의 존재 이유와 기원의 비밀을 푸는 데 심각한 어려움을 줄 것이다.

이 책에 소개된 많은 사람들의 눈물겨운 노력에도 불구하고 지금 지구 생태계의 곳곳에서는 너무나 많은 생물들이 사라지고 있다. 언뜻 희망이 없어 보인다. 2009년 크리스마스 무렵 제인 구달 선생님은 내게 연하장을 겸하는 이메일에 '4개의 촛불'이라는 파워포인트 자료를 첨부해 보내 주셨다. 평화, 믿음, 사랑의 촛불이 차례로 꺼져 갔지만 희망의 촛불은 끝까지 살아남아 또다시 다른 촛불들을 밝혀 준다는 내용이었다. 이 책에서 구달 선생님은 줄기차게 부르짖는다. 우리 앞에는 아직 희망의 촛불이 타고 있다고. 우리 모두 함께 그 촛불을 양손 모아 보듬었으면 하는 마음 간절하다.

감사의 글

이 책이 나오는 데는 여러 해가 걸렸지만, 수많은 사람들의 도움이 없었더라면 애초에 존재할 수조차 없었을 것이다. 사실, 지난 몇 년간 내가 겪은 일 중에 가장 좋았던 일은 몹시 특별하고 헌신적인 과학자들과 자연 보호 운동가들을 숱하게 만날 수 있었다는 것이다. 스스로의 힘으로 엄청나게 많은 일들을 이룩해 낸 이 분들은 내게 자신들의 지식을 나누어 주고, 자신들의 이야기를 적은 내 글을 읽고, 교정하고, 설명을 보태 주는 데 어찌나 열의를 보였는지 내가 몸 둘 바를 모를 정도였다.

이 책을 쓰는 과정에서 나는 전 세계에서 일어나고 있는 수많은 놀라운 일들에 대해 알게 되었다. 하지만 불행히도 그 모든 이야기를 글로 적고 나니 원고가 너무나도 길다는 사실을 깨달았다. 심지어 각 이야기를 쳐 내고 또 쳐 내고 했는데도 길었다. 그래서 아주 오랫동안 고민한 끝에, 결국 그중 몇 편을 몽땅 들어내는 수밖에 없겠다는 결론이 내려졌다. 아직도 그 생각만 하면 너무 망연자실한 것이, 그 들어내야 하는 프로젝트의 주인공들이 이미 오랜 시간을 들여 자신들이 등장하는 부분의 원고를 읽고 옳고 그름을 확인해 주었기 때문이다.

그리고 책에 자기들 이야기가 실린다며 얼마나 기뻐했는지 모른다. 사람들이 실망할 걸 생각하니 너무나도 끔찍한 심정이었다.

우리 웹사이트 그래도 밝은 면이 없지는 않다. 출판사에서 웹사이트를 만들어 그 모든 이야기를 실어 주기로 한 것이다(janegoodallho-peforanimals.com). 또한 우리가 모은 사진들을 비롯해서 책에 담기 위해 일부를 생략해야 했던 이야기 몇 편도 원래 내용 그대로 싣기로 했다. 독자 여러분이 모두 우리 웹사이트에 접속해서 놀라운 프로젝트들에 관해 알게 되었으면 좋겠다. 뿐만 아니라 웹사이트에서는 이 책에 다 담지 못한 고마운 이들의 명단도 볼 수 있다.

앞서도 말했지만, 이 몇 페이지에 간략히 언급한 분들의 도움과 지속적인 협력이 없었더라면 이 책은 절대로 나올 수 없었으리라. 본문에 가면 그 분들의 이름과 그 영웅적인 이야기들을 만날 수 있다. 그 외에 우리를 엄청나게 도와주었지만 본문에 이름이 실리지 못한 분들께도 감사를 드리고 싶다. 마크 베인(짧은코철갑상어), 앤 M. 버크(아메리카흰두루미), 필 비숍(해밀턴개구리), 팻 바울스(카스피말), 제인 챈들러(아메리카흰두루미), 글렌 프레이저(뜸부기), 로드 그리튼(끈적한달팽이), 낸시 헤일리(짧은코철갑상어), 커크 하트(짧은꼬리알바트로스), 다이앤 헨드리(붉은늑대), 데이브 저비스(페더갈락시아스), 톰 쾨르너와 댄 밀러(나팔수큰고니), 빌 로텐바크(온타리오의 서드버리), 알폰소 아귀레 무뇨스(과달루페 섬), 마크 스탠리 프라이스(아라비아영양), 켄 라이닝거(네네 강), 루스 셰어(나팔수큰고니), 에이미 스프룬거(모아파황어), 존 토르브야나르손(양쯔강악어), 마이크 월리스(캘리포니아콘도르), 제이크 위컴(페더갈락시아스), 스티븐 S. 영(차오하이 자연 보호 구역).

돈 머튼에게도 진심으로 감사드린다. 돈은 이 책을 집필하는 데 크나큰 도움을 주었다. 우리 웹사이트에 실린, 날지 못하는 커다란 뉴질랜드산 앵무새인 카카포에 대한 이야기도 역시 돈의 도움을 받았는데, 이 이야기는 실로 매혹적이다. 그리고 이 책에 실린 여러 이야기들을 검토해 준 니콜라스 칼라일에게도 감사한다. 니콜라스가 굴드바다제비를 구하는 데 기여한 이야기는 우리 웹사이트에서 보실 수 있다.

다음 분들은 지구상 곳곳에서 멸종 위기에 처한 종들을 구하기 위해 어떤 영웅적인 노력들이 이루어지고 있는지를 알려 준 사람들이다. 피터 레이븐, 휴 볼링어, 닉 존슨, 루르드 '룰루' 리코 아르스, 마이클 파크, 팀 리치, 빌 브럼백, 조 메이어코드, 캐스린 케네디, 로빈 월키머러. 이분들의 이야기와 공헌 내용은 우리 웹사이트에서 만날 수 있다. 특히, 빅토리아 윌먼과 로버트 로비쇼는 너무 유용한 정보를 많이 보내 주었다. 내가 오스트레일리아에서 만난 폴 스캐널과 앤드루 프리처드도 마찬가지였다.

책에서는 뺄 수밖에 없었지만 웹사이트에 전문을 게재한 이야기 중에는 멸종 위기 종을 구하는 데 일반 대중과 우리 젊은이들이 어떻게 힘을 보태고 있는가를 다룬 것이 있다. 멸종 위기 종 하나가 무분별한 개발을 멈추게 한 과정을 보여 주는 매혹적인 이야기들이다. 그렉 발머는 델리샌드꽃사랑파리 이야기를 들려주었고, 스티븐 스포머, 리언 히글리, 미치 페인, 제사 위빙-라이팅거는 솔트크릭길앞잡이 이야기를 들려주었다. 맷과 앤 마고핀은 시라쿠아표범개구리를 구하려 애쓰고 있으며, 메러디스 드레이퓌스는 가족과 함께 붉은벼슬딱따구리 구조 활동을 돕고 있다. 루츠 앤 슈츠(뿌리와 새싹)의 활동에 대한 부분은 체이스 피커링, 토니 리우, 댄 풀턴이 내용을 제공했다. 또 채널섬여우를 보호하는 데 오랜 세월을 바쳐 온 수전과 알렉산드라 모리스, 그리고 팀 쿠넌도 우리를 도와주었다.

세인 메이너드 책을 진행하는 과정에서 다방면에 걸친 눈부신 등장인물들을 만나고 인터뷰할 수 있었으니 나는 진정 행운아였다. 이 과학자들과 자연 보호 운동가들은 저마다 각 종들이 처한 가장 중요한 시기에 꿋꿋이 자기 역할을 다해 주었다. 비록 책 본문에는 사연과 이름을 싣지 못했지만, '현장 수첩'을 꾸리는 데 도움을 주신 다음 분들께 감사를 전하고 싶다. 이 모든 분들과 그 이야기들은 우리 웹사이트에서 만날 수 있다. 그린벨트 소속 왕가리 마타아이와 그 팀, 켄트 빌리엇(아메리카악어), 피트 던(흰머리독수리), 릭 매킨타이어(회색늑대), 클레이 디게이너(키라르고숲쥐), 론 오스팅(커틀랜드휘파람새), 스콧 에커트(장수거북), 그렉 누데커(나팔수큰고니), 제프 힐(상아부리딱따구리), 로저 페인(태평양쇠고래), 그렉 셜리(뉴질랜드의 웨타), 그리고 마이클 샘웨이스(남아프리카잠자리). 이 책을 쓰는 오랜 기간 동안 아낌없는 도움과 지지를 보내 준 아내 캐스린에게도 당연히 고맙다고 말하고 싶다. 또한 신시내티 동물원과 식물원 직원들에 대한 인사도 절대 빼먹을 수 없다. 매일 그곳을 찾는 모든 방문객들이 야생의 아름다움을 즐길 수 있는 것은 바로 이분들 덕분이다.

사진 이 책과 웹사이트의 모든 사진들은 사진작가들이 기부한 것이다. 너그럽게 우리를 지원해 준 그 모든 분들께 깊이 감사한다. 책에 실린 사진에서 그 분들의 이름을 찾아볼 수 있다. 우리 책에서 활약한 주인공들은 대개 사진을 찾는 데에도 도움을 주었지만, 그 외에도 사진을 구하는 데 도움을 주신 다음 분들께 감사를 전하고 싶다. 셸리즈 머리, 앤드루 베넷, 조게일 하워드, 게리 프라이, 에드 우도비크 신부님, 제임스 포펨, 앤 버크, 크리스티나 앤더슨, 더글러스 W. 스미스, 안토니오 리바스, 크리스티나 시몬스, 캐런 글로버, 페니 하워스, 바네사 디닝, 스티븐 모넷, 제스 그랜섬, 리즈 콘디, 데이비드 반 베클, 롭 로비쇼.

JGI와 전 세계의 협력자들 이 책을 쓰는 내내, 그리고 정보와 사진을 찾는 내내, 전 세계 곳곳에 있는 JGI(제인 구달 연구소) 지부 직원들이 각별한 도움을 주었다. 프레데리코 보그다노비치, 페란 구왈라, 데이비드 르프랑스, 제룬 하이즈팅크, 폴리 세발로스, 켈리 콕, 월터 인맨, 구드룬 쉰들러, 멜리사 토베르, 클레어 퀴런든, 앤서니 콜린스, 그레이스 고보, 제인 로튼, 소피 뮤셋, 에리카 헬름스, 장 즈, 마이클 크룩과 그렉 매키삭.

지면만 허락한다면 곰비 국립 공원 지역에서 TACARE(탕가니카 호수 저수지 재식림과 교육, 앞 글자를 모아 놓으면 '돌봄'이란 뜻) 복원 프로그램에 참여한 우리 JGI 직원 한 사람 한 사람을 모두 적고 감사를 표하고 싶은 마음이다. 하지만 형편상 이 책과 우리 웹사이트의 자료 정리를 도와준 에마뉴엘 음티티, 메리 마반자, 아리스테데스 카슐라, 아마니 킹구에게만이라도 꼭 고맙다고 말해야겠다.

JGI 자원봉사자인 조이 호치키스는 집필 단계부터 연구와 기초적인 인터뷰를 도와주었고, 샐리 에도스는 책을 널리 알리는 데 도움이 될, 멸종 위기 종과 관련된 상품에 대한 아이디어를 제공했다. 책과 웹사이트에 실린 사진을 도맡아 편집해 준 메리 패리스에게도 지극히 감사드린다. 그리고 게일의 편집 조수인 메러디스 베일리와 JGI의 클레어 존스는 책 뒷부분에 나오는 '우리가 할 수 있는 일' 부분을 도와주었다.

GOOF(국제 창립 사무소)의 직원들에게도 고마운 마음뿐이다. 특히 롭 새서는 책을 집필하던 처음 몇 년 동안 정말 많은 사람들과 연락을 취해서 인터뷰를 하고 정보를 주었다. 롭은 이 프로젝트에 온 힘을 다 바쳐 도저히 가능할 수 없을 만큼 큰 도움을 주었다. 스티븐 햄은 롭을 도와 역시 과학자들에게 연락을 취하고 회합을 조직하는 데 힘을 보태 주었다. 그리고 내 어지러운 일정을 관리해 준 수재너 네임 덕분에 나는 이 책에 등장하는 몇몇 과학자들을 직접 만나 볼 수 있었다.

먼 지구의 이쪽저쪽에서 날아온 그 모든 사진들을 모으고, 조직하고, 가늠하여 책에 담는 일은 크리스틴 존스의 헌신적이고 세심하며 꾸준한 노력이 없었다면 불가능했으리라. 크리스틴은 필요한 사진을 얻어 내겠다고 마음먹으면 절대로 포기하는 법이 없었다. 크리스틴과 함께 일한다는 건 보통 대단한 경험이 아니었다. 그리고 크리스틴은 지칠 줄 몰랐다. 심지어 큰 수술까지 받아야 하는 상황에서도 잠깐밖에 쉬지 않고 마지막까지 사진들의 순서를 손보았다. 크리스틴이야말로 진정한 영웅이었다!

게일 허드슨 늘 나를 지지하고 이끌어 주는 담당 에이전트인 크리에이티브 컬처의 메리 앤 네이플스에게 감사한다. 그리고 특히 늘 내가 하는 일을 지지해 주는 남편 할과 딸 가브리엘, 아들 테네시에게 고맙다는 말을 하고 싶다.

그랜드 센트럴 우리는 이 책을 만드는 오랜 시간 동안 우리를 지지하고 이해해 준 그랜드 센트럴의 직원들에게 엄청난 빚을 졌다. 편집자인 나탈리 케어는 우리와 긴밀히 연락을 유지하면서 길었던 원래 원고를 여러 번 거듭 읽고, 텍스트와 사진 양쪽에서 어느 부분을 들어내야 하는가 하는 어려운 결정을 내리는 데 도움을 주었다. 책임 편집자인 로버트 카스틸로는 내 목소리를 존중하면서 충실하게 편집과 교열을 맡아 주었다. 특히 이 책의 웹사이트를 만들고 원래 계획보다 훨씬 더 많은 사진들을 사용하도록 허가해 준 부사장 겸 발행인인 제이미 라브에게 감사한다. 이전에도 나와 여러 권의 책을 함께 만들었던 제이미는 매번 진정한 지원자이자 친구로서 든든히 내 곁을 지켜 주었다.

친구와 가족들 전 세계를 여행하면서 나는 너무나도 좋은 친구들에게서 성원을 받고 이따금은 보살핌도 받는다. 친구들이 워낙 많아서 여기서는 그 모두에게 감사를 표하기가 어렵다. 그렇지만 마이클 노이게바우어와 톰 맹겔슨에게는 특별한 감사의 말을 전하고 싶다. 톰은 멋진 사진들을 보내 주었을 뿐만 아니라 어니 키트, 그리고 검은발족제비를 멸종에서 구한 사람들을 소개해 주기도 했다. 톰과 함께 멸종 위기 종들과 자연 보호에 관해 논의하며, 그리고 자연 경관의 아름다움을 즐기며 보낸 시간은 내게 이루 말할 수 없을 만큼 소중한 기억이다. 톰의 멋진 사진들은 www.mangelsen.com에서 볼 수 있다.

내 여행길을 흔들림 없이 지지해 준 동료 메리 루이스가 없었더라면 나는 이 책을 쓰는 데 걸린 그 여러 해를 버텨 낼 수 없었으리라. 메리는 미친 듯한 나의 스케줄을 완벽하게 조정해서 내가 흰두루미들과 하늘을 날고, 족제비들과 밤을 보내고, 이 책에 실린 셀 수 없이 많은 영웅들과 만나게 해 주었다. 거의 기적 같은 일이다. 그리고 물론 메리의 유머 감각도 두말하면 잔소리다. 이런 친구가 또 있을까. 이 마라톤의 결승점이 눈앞에 있는 지금, 메리가 여기 없다는 것이 얼마나 안타까운지 모른다. 메리는 영국에서 둔부 대치 수술을 받고 회복 중이다.

가뜩이나 빡빡한 스케줄에다 틈틈이 나는 자유 시간을 온통 책 쓰는 데 쏟아붓다 보니 그동안 아들과 손자에게는 신경을 통 쓰지 못했다. 그래도 이해해 주니 얼마나 고마운지. 그리고 아주 특별한 동생인 주디에게 아주 특별한 감사의 말을 해야겠다. 주디가 버치스에 있어 준 덕분에 나는 전 지구를 헤집고 다니는 틈틈이 숨어서 글을 쓸 은신처를 얻을 수 있었다. 주디만의 침착한 사리 분별력과 강력한 지지는 폭풍 속에서 나를 붙들어 준 닻이었다.

머리말
제인의 깃털

세인 메이너드

자연에 대한 희망을 보여 주는 이야기를 쓴다는 생각은 2002년 한 가을날 저녁에 처음 떠올랐다. 제인은 청중으로 꽉 찬 농구 경기장에서 강연을 하다 말고 연단에서 내려와 으레 하는 한마디를 읊었다. "제가 이야기를 하나 들려드릴게요……."

제인은 연단 뒤로 손을 뻗더니 그때까지 내가 본 중 가장 커다란 깃털 하나를 천천히 꺼냈다. 그것은 미국에서 가장 심각한 멸종 위기에 처해 있는 캘리포니아콘도르의 첫째 날개깃이었다. 청중은 숨을 죽였고, 제인은 자기가 그 깃털을 가지고 다니는 이유는 그 깃털이 이 위풍당당한 새들이 사라지고 있다는 사실(심지어 아이들도 흔히 알고 있는)이 아니라, 수많은 종들이 멸종의 벼랑에서 되돌아오고 있다는 사실을 생각나게 하기 때문이라고 말했다. 다방면의 전문가들, 행동가들, 학생들과 정열적인 사람들의 노고 덕분에 캘리포니아콘도르는 다시금 창공을 날고 있다.

강연을 끝내고, 제인은 마치 어느 원주민 부족 추장의 상징물처럼 그 깃털을 높이 쳐들고 환호하는 청중 사이로 계단을 내려왔다. 사실 그 순간, 그 맑은 가을날 밤에 거기 모인 우리 6,000명은 우리를 둘러싼 야생과 자연 세계를 보살피려는 마음으로 뭉친 한 부족이었다. 결국 우리가 나중에 깨달았듯이, 그러한 다양성이야말로 지구를 하나로 묶어 주는 끈이다.

이 책은 그런 꿈에 대한 희망을 나누는 시작점이다. 지구 전역에서 연령대와 직업을 막론하고 자연을 염려하는 모든 사람들이 우리를 둘러싼 나머지 세상을 해치는 것이 아니라 돕는 것이 가능하다는 사실을 보여 주는 꿈이다. 희망을 품는다는 것은 인간 본성에 역행하는 것이 아니다. 사실 정반대다. 희망은 우리 본성의 근본이다.

사람들은 새 모이통에 집착하는 회색청서 못지않게 고집스럽고, 숲의 땅에 표토를 다시 쌓는 흰개미들 못지않게 끈질기다. 그리고 자연이 진화를 거치면서 폭풍우와 질병, 다른 재해들로 인한 틈새를 메우며 강한 회복력을 보인 것과 똑같이, 우리 인간들은 개인으로서나 전체 문화로서나, 몇 번이고 재앙으로부터 다시 일어나는 능력을 보여 왔다. 이것은 어쩌면 우리의 가장 위대한 힘인지도 모른다. 영국 작가인 존 가드너의 말을 빌리자면, "우리는 가시밭길에서 가장 뛰어난 능력을 발휘한다."

제인과 내가 어떻게 지금 같은 상실의 시대에 말도 안 될 만큼 기운을 낼 수 있는지 정말이지 나 자신도 알 수가 없다. 나는 내가 맡고 있는 NPR 라디오 방송인 「세인 메이너드의 현장 수첩(Field Notes with Thane Maynard)」과 「90초 자연주의자(The 90-Second Naturalist)」에서 우울한 이야기는 하지 않고 자연의 경이를 찬양하는 이야기만 한다는 이유로 "공공의 민폐"라는 욕을 먹기도 했다. 나는 우리가 그 어느 때보다도 자연을 파괴하고 있음을 잘 알고 있다. 하지만 동시에 많은 훌륭한 사람들이 자신들이 할 수 있는 일들을 다하려고 효율적으로 (그리고 대개는 묵묵히) 노력하고 있음을 알고 있으니, 나는 축복받은 사람이다. 그 사람들은 많은 다른 사람들이 불가능하다고 믿었던 기적을 일구었다는 점에서 넬슨 만델라와 마틴 루서 킹과 크게 다르지 않다.

내가 이제껏 알아 온 거의 모든 유능한 자연 보호 운동가들은 그와 똑같은 종류의 열정을 보여 주었다. 비관주의자들은 뒷짐 지고 서서 씩씩거리고 콧방귀를 뀌며 "절대 안 될걸.", 혹은 "이 종이나 서식지를 구하기에는 너무 늦었어.", 아니면 "현실을 똑바로 봐. 우리는 개발과 타협해야 해."라고 말하지만, 진정 열정적인 자연 보호 운동가들은 절대로 포기하지 않는다. 그들은 자기들이 흘린 땀으로부터 힘을 얻는다. 그들의 눈을 보면 알 수 있다.

어쩌면 내가 낙관적일 수 있는 것은 그들이 보호하려 애쓰는 각국의 자연 종과 자연 서식지에서 빛나는 자부심을 보았기 때문인지도 모른다. 그와 똑같이 중요한 것은, 사람들이 아직까지 그곳에 남아 있는 종들을 보호할 필요가 있다고 느낀다는 사실이다. 그것이 단순히 관광 산업이나 외화 벌이에 득이 되어서가 아니라, 본인들과 아이들에게도 중요한 일이기 때문이다.

그러니 오늘날 우리가 아무리 끔찍한 상실로 겹겹이 에워싸인 시대를 살고 있어도, 우리가 저지른 일에 대한 슬픔보다는 우리가 아직 할 수 있는 일에 대한 희망을 말하는 것이 더 중요하다. 그리고 그러려면 길을 밝혀 줄 수 있는 가로등, 역할 모델이 필요하다. 다시 세상으로 돌아오고 있는 야생 동식물의 성공 사례가 수천 건은 된다. 그리고 우리가 의존하고 있는 자연 세계를 보호하려 노력하고 있는 사람들에 대한 이야기도 있다. 마틴 루서 킹의 자화자찬을 빌리자면, 이 사람들은 자연 보호의 "고적대장들"이다.

그리고 역할 모델 이야기가 나왔으니 말인데, 우리가 자연 보호 성공 사례를 수집하면서 만난 거의 모든 자연 보호 운동가들이 제인의 초기 연구 활동에서 영향을 받아 처음 그 길에 들어섰다고 말했다는 것을 꼭 짚어 두고 싶다. 몇 사람은 1960년대에 《내셔널 지오그래픽》의 표지를 장식했던 제인의 연구들을 이야기했다. 야생 침팬지들과 함께한 제인의 삶을 다룬 옛날 텔레비전 특집 프로그램을 이야기하는 사람도 있었다. 그리고 거의 모든 사람들이 제인의 1971년도 저서인 『인간의 그늘에서(In the Shadow of Man)』에 기록된 중대한 연구에서 직접적인 영향을 받았다고 말했다. 이 현대의 자연 보호 운동가들은 제인의 과학적인 업적보다는 제인의 첫 저서에서 훨씬 많은 의미를 찾아냈다.

스탠퍼드 대학교 의과 대학의 데이비드 햄버그 박사가 『인간의 그늘에서』의 초판 서문에서 말했듯이, "한 세대에 한 번, 인간의 자아 관념을 바꾸는 과학 연구가 등장합니다. 이 책의 독자들은 그런 특별한 경험을 누리게 될 겁니다."

물론 당시 박사가 감탄한 대상은 제인이 발견한 경이로운 침팬지의 행동이었다. 그렇지만, 제인이 최초로 개시한 장기적인 야생 현장 연구는 또한 인간이 자신의 삶과 그 평생의 길에 대한 가능성을 보는 관점을 바꾸기도 했다. 간접적으로라도 제인 구달에게 빚을 지지 않은 "현장 생물학자"(이 말 자체가 제인 덕분에 생겨났다.)는 한 사람도 없기 때문이다.

그리고 거의 반세기가 지난 지금, 제인의 지속적인 활동은 이 책에 등장하는 인물들을 비롯해 두 세대에 걸쳐 연구자들과 자연 보호 운동가들이 야생의 생명을 구하기 위해 줄기차게 노력하게끔 동기 부여를 해 왔다. 이 집단은 다방면에 걸쳐 있다. 세계 유수의 대학에서 교육받은 사람들이 있는 반면 동물들과 평생을 함께하면서 독학으로 배운 사람들도 있다. 대개는 빈털터리인데, 돈을 벌려고, 혹은 여유롭게 살고 싶어서 자연 보호에 뛰어드는 사람은 없기 때문이다. 연령대는 20대에서 70대까지 다양하며 그중에는 정치적으로 노회한 사람들도 있고, 보수적인 사람들도 있다. 그렇지만 이들에게는 두 가지 공통점이 있다. 포기하거나 안 된다는 것을 답으로 받아들이길 거부하며, 진정 야생의 생명과 인간 사이의 본질적인 관계를 제인 구달이 이해하고 있다는 것을 인정한다는 점이다.

    여기 그 사람들의 이야기가 있다.

들어가며

제인 구달

내가 글을 쓰고 있는 지금 이곳은 영국 본머스의 고향집이다. 내가 자라난 곳, 창밖을 내다보면 아이 적에 기어오르던 나무가 그대로 보이는 곳이다. 나는 나무를 더 높이 오르면 새와 하늘에 더 가까이 갈 수 있다고, 자연에 더 가까워진다고 믿었다. 아주 어릴 적부터도 자연에 둘러싸여 있을 때면 정말 이 세상에 살아 있다는 기분이 들었고, 동네 도서관에서 내가 단골로 빌려 보는 책들은 늘 온 세상의 동물들에 대한 책들이 아니면 야생 지대에서 벌어지는 모험을 다룬 책들이었다. 특히 맨 처음 손에 잡은 책은 앵무새에게서 동물 말을 하는 법을 배운 둘리틀 박사 이야기였다. 그리고 다음으로 읽은 것은 정글의 왕 타잔 이야기였다. 이 두 이야기는 내게 영 가능할 것 같지 않은 꿈을 안겨 주었다. 언젠가 아프리카로 가서 동물들과 함께 살면서 그 이야기를 책으로 쓰겠다는 꿈을.

어쩌면 내게 가장 크게 영향을 미친 책은 『생명의 신비』(The Miracle of Life)일지도 모르겠다. 이 마술 같은 조그만 책을 들여다보노라면 시간 가는 줄도 몰랐다. 원래 아이들이 보는 책은 아니었지만, 지구상의 온갖 생물들과 공룡 시대, 진화와 찰스 다윈, 선구적인 탐험가들과 자연학자들에 대한 이야기를 들려주고, 온 세상의 동물들이 얼마나 놀랍도록 각양각색이며 저마다 환경에 잘 적응해 살고 있는가를 가르쳐 주는 이 책에 나는 완전히 빨려 들다시피 했다. 처음에 동물에 대한 내 사랑은 햄스터, 도마뱀, 기니피그, 고양이, 개들로부터 시작했지만, 하나둘 나이를 더 먹고 점차 더 많은 것을 알아 가면서, 책에서 알려 주는 모든 놀라운 동물들에 대한 매혹으로 범위를 넓혀 갔다. 내가 어렸을 적에는 텔레비전이라는 것이 없었다. 오로지 책, 그리고 자연만이 스승이었다.

그 어릴 적 꿈을 현실로 만들어 준 것은 학창 시절 친구가 케냐에서 보낸 초청장이었다. 당시 26살이었던 나는 출발 직전까지 식당 종업원으로 일해 뱃삯을 모았다. 그나마 배로 가는 것이 쌌으니까. 그리고 책에서만 보던 케이프타운이니 더반이니 하는 곳을 거친 끝에 마침내 몸바사에 닿았다. 나는 특히 카나리아 제도에 도착하는 날을 손꼽아 기다렸는데, 그곳은 바로 둘리틀 박사가 갔던 곳이기 때문이었다! 그 시절 젊은 여자 치고는 혼자서 꽤나 대단한 모험을 한 셈이다.

케냐에 도착하자 동물에 대한 사랑은 나를 루이스 리키에게로 이끌어 주었고, 결국 루이스는 우리 인간과 가장 비슷한 동물의 행동의 비밀을 밝혀내는 과업을 내게 맡겨 주었다(아무런 학위도 없는 사람한테, 거기다 당시는 여자들이 그런 일을 하던 시절도 아니었으니, 예삿일은 아니었다!). 그리하여 탄자니아의 곰비 국립 공원에서 시작된 침팬지 연구는 거의 반세기 동안이나 계속되었고, 그 결과 우리는 무엇보다도 우선 우리 자신의 진화사에 대해 더 많은 것을 알게 되었다. 알고 보니 침팬지와 인류 사이의 생물학적, 행동적 유사성은 상상을 훨씬 뛰어넘는 수준이었다.

우리 인간은 개성과 합리적 사고와 감정을 지닌 유일한 동물이 아니었다. 우리와 침팬지, 양쪽을 가르는 뚜렷한 구분선이란 존재하지 않았다. 분명히 차이는 있지만 그것은 정도의 차이지 종류의 차이는 아니었다. 이러한 깨달음 덕분에 우리는 침팬지만이 아니라 같은 지구에 살고 있는 그 모든 놀라운 동물들에 대해 전에는 몰랐던 경외심을 품게 되었다. 인간은 동물의 왕국의 이방인이 아니라 그 일원이었다.

곰비에서는 지금도 침팬지 연구가 진행되고 있는데, 1986년에 우연히 '침팬지 이해하기'라는 세미나에 참석하지만 않았더라도, 나 역시 내가 사랑하는 동물과 자연이 있는 그곳을 아마 떠나지 않았으리라. 아프리카 전역에서 연구하고 있던 모든 현장 연구자가 처음으로 한데 모인 그 세미나는 내 삶의 경로를 바꾸어 놓았다. 그중 한 논의는 그야말로 충격적이었다. 침팬지가 사는 숲이 무시무시한 속도로 사라지고 있고, 밀렵꾼들이 덫을 놓아 침팬지들을 포획하고 있으며, 식용 목적으로 야생 동물을 상업적으로 사냥하는 '숲고기' 거래가 시작되었다고 했다. 내가 연구를 시작한 1960년 이래 침팬지 수는 극적으로 감소하여, 거의 100만 마리도 넘었던 것이 40만~50만 마리 수준으로 떨어졌다(지금은 그보다 훨씬 더 적다.).

그 세미나는 내 잠을 깨운 자명종이었다. 나는 원래 과학자로 그 회담에 갔고, 어디까지나 현장 연구를 하여 얻은 자료를 분석하고 발표하는 내 본업을 계속할 생각이었다. 하지만 회담장에서 나오는 길에 나는 침팬지들과 사라져 가는 숲 집을 지키는 사람이 되어 있었다. 지금은 침팬지들을 돕기 위해 현장을 떠나야 할 때임을, 사람들의 경각심과 희망을 일깨워 적어도 그 파괴를 일부라도 멈추는 데 온 힘을 다해야 할 때임을 깨달았기 때문이다. 그리하여 가장 사랑하는 곳에서 가장 사랑하는 일을 하면서 보낸 26년의 세월을 뒤로하고 나는 다시금 여행길에 올랐다. 그리고 세계를 더 바삐 돌아다니면서 강연을 하고 회담에 참석할수록, 또 자연 보호 운동가들과 입법자들을 더 많이 만날수록, 우리가 지구를 얼마나 엄청나게 망가뜨리고 있는가를 더욱 절실히 깨달았다. 알고 보니 침팬지를 비롯한 아프리카의 동물들이 살고 있는 숲만이 위기에 처한 것이 아니었다. 온 세상의 숲과 동물들이 모두 위기에 처해 있었다. 위기에 처한 것은 숲만이 아니라 자연 세계 전부였다.

길 위의 삶은 쉽지 않았다. 1986년 이래 나는 매년 365일 중 300일을 길에서 보냈다. 미국과 유럽에서 아프리카와 아시아로. 공항에서 호텔로, 강의 현장으로. 학교 교실에서 기업 회의실로, 또 정부 청사로. 그렇지만 그 길은 고되지만은 않았다. 덕분에 기막히게 멋진 곳들을 가 볼 수 있었으니까. 또한 그 길에서 만난 수많은 대단한 사람들은 내게 진정한 영감을 주었다. 그리고 한쪽에서는 아무리 자연 세계에 끔찍한 파괴가 자행되고 있다는 소식이 들려와도, 다른 쪽에서는 또 다른 이야기가 들려왔으니, 바로 노령림(다양한 생태학적 구성을 담고 있는, 오래된 나무들로 이루어진 숲 — 옮긴이)의 벌목을 막고, 댐 건축을 막고, 망가진 습지를 복원하고, 멸종 위기 종을 되살려 낸 사람들의 이야기였다.

그럼에도 여섯 번째 멸종의 증거는 점점 쌓이고 있다. 이번에는 인간의 행동이 야기한 것이다. 피로에 지치고 앞이 너무나 흐릿해만 보이던 어느 날, 나는 사기를 잃지 않으려고 이른바 '희망의 상징'을 모으기 시작했다. 자연의 회복력을 말해 주는 이런 희망의 상징들은 적지 않다. 이전에는 돌 속에 남은 화석으로만 알려져 있다가 오스트레일리아에서 살아 있는 것이 발견된 나무의 나뭇잎. 빙하 시대를 17번이나 견디고 살아남아 아직도 블루 마운틴의 깊디깊은 협곡에 푸르게 살아 있는 나무. 100년간 모습을 감추었던 예전 서식지로 다시 돌아와 창공을 날고 있는 매의 깃털. 그리고 멸종의 벼랑에서 구조된 종인 캘리포니아콘도르의 깃털 같은 것들이다. 그런데 내가 미국 오하이오 주 신시내티의 동물원에서 강연을 하고 있을 때, 강연을 들으러 온 세인이 이것들을 눈여겨본 모양이었다. 이 이야기들을 꼭 책으로 쓰라고 간곡히 말해 준 사람이 바로 세인이었다. 그리고 마음만 있지 영 짬을 내지 못하던 차에 자기가 먼저 도와주겠다고 나섰다. 우리는 마음이 잘 맞았다. 둘 다 미래에 대한 낙관주의로 가득하니까.

이 책은 분명히 원래 생각했던 얇은 책자와는 무척 달라졌다. 멸종 위기의 동물을 구하기 위해 대단한 일을 해낸 놀라운 사람들이 너무나도 많기 때문이다. 그것도 전 세계에 걸쳐서. 캘리포니아콘도르 이야기를 쓰면서 아메리카흰두루미 이야기를 쏙 빼놓을 수는 없겠지? 또 자연 보호의 상징인 자이언트판다는 어쩌고? 급기야 우리가 이 책을 쓰고 있다는 사실이 널리 알려지자 정보가 홍수처럼 밀려들었다. 곤충은 왜 안 끼워 주는데요? 양서류는요? 파충류는? 설마 식물 왕국이 얼마나 중요한지를 잊으신 건 아니겠죠?

그리하여 책은 점점 덩치가 불어나 버렸는데, 분량만이 아니라 내용 면에서도 그랬다. 멸종된 줄만 알았던, 심할 경우에는 100년간이나 멸종 목록에 올라 있다가 재발견된 종들 이야기는 꼭 넣어야 할 것 같았다. 서식지를 복원하고 보호하는 데 드는 막대한 노력에 대한 이야기도 도저히 빼놓을 수 없었다. 나는 좋은 소식을 서로 나누는 데, 크고 작음을 막론하고 그 모든 프로젝트에 조명을 비춘다는 생각 자체에, 그리고 다 같이 힘을 모아 조금씩 우리가 초래한 피해의 일부를 복구해 나가고 있다는 사실에 사람들이 실로 짜릿한 흥분을 느낀다는 사실을 알게 되었다. 이 책을 만드는 데는 여러 해가 걸렸고, 그 과정은 나를 꿈같은 탐험 여행으로 이끌어 주었다. 인간 활동 때문에 멸종 위기에 처했다가, 그야말로 마지막 순간에 모든 고난을 극복하고 일시적으로 유예를 받은 동물과 식물 종들에 관한 이야기가 점점 더 많이 내 귀에 들어왔다. 여기에 기록된 이야기들은 자연의 회복력과, 한 종의 마지막 생존자들을 구하려고 때로는 수십 년에 걸쳐 포기하지 않고 끝까지 싸웠던 사람들의 고집과 결의를 보여 준다.

    한때는 전 세계에서 검은울새 종의 마지막 생존자였다가, 의지 굳은 생물학자의 도움으로 자신의 종을 멸종에서 구해 낸 올드블루가 있다. 또 자기 종의 마지막 생존자였던 어떤 나무는 염소 떼에게 어린잎을 뜯어 먹혀 죽을 뻔한 고비를 가까스로 넘기고도 결국 벼락을 맞아 죽었지만, 그러고서도 마지막 힘을 짜내 아직 살아 있는 가지에 씨를 남겼고, 사명감 가득한 원예학자의 도움을 받아 한 줌의 재로부터 자신의 종을 되살려 냈다. 실로 불사조 같은 이야기가 아닌가.

    독자 여러분은 앞으로 이러한, 인간 영웅과 인간이 아닌 영웅의 이야기를 만나게 될 것이다. 맨 바위 표면을 목숨을 걸고 기어 올라가거나 거칠게 흔들리는 보트로부터 날카로운 바위 위로 뛰어오르는 생물학자들, 끔찍한 악천후 속에 헬리콥터를 몰아 접근 불가능한 곳을 헤쳐 나가는 조종사들이 등장하는, 모험심과 용기로 가득한 이야기들이다. 한 종을 멸종에서 구하려고 노력하지만 말이 통하지 않는 관료층의 벽에 부딪혀, 인간의 완고함 때문에 덧없이 기다려야 하는 날 수만큼 성공의 기회가 줄어든다는 생각에 거의 절망 직전까지 내몰렸던 사람들의 이야기도 있다. 매를 설득해 자기 모자와 교미하게 만들려고 애쓴 남자의 이야기가 있는가 하면, 두루미가 알을 낳게 하려고 구애의 춤을 흉내 낸 남자의 이야기도 있다.

우리가 글을 쓰는 지금도 수많은 구조 프로그램들이 진행 중이다. 비행기를 타고 아메리카흰두루미와 붉은볼따오기에게 새로운 이주 경로를 가르치는 데 몸 바쳐 일하는 사람들도 있다. 중국에서는 자이언트판다를 위해 새로운 번식과 방생 기술을 연구하고 야생 서식지를 보호하는 등 미래에 대한 희망을 보여 주는 변화들이 일어나고 있지만, 아직은 갈 길이 멀다. 뜻하지 않은 중독으로 수십만 마리가 목숨을 잃은 아시아독수리들을 위해서는 포획 번식 과정이 진행되고 있고 '야생 독수리 식당'도 만들어졌지만, 아직 해야 할 일이 너무나 많다.

동식물의 현재 개체 수를 보존하려고 전 세계에서 수없이 많은 프로그램들이 진행 중임은 나도 알고 있다. 그렇지만 어떻게든 골라내야 했기에 내가 직접 접한 이야기들을 위주로 선택했다. 야생 지역을 보호하기 위해 사상 최초로 국립 공원과 보호지를 지정한 시어도어 루스벨트와 같은 선구적 자연 보호 운동가들의 노력을 책에 담지 못한 것은 아쉬운 일이다.

아니면 모자를 만들어 파는 데 혈안이 된 사람들에게 생가죽을 강탈당하고 있는 비버의 마지막 생존자들을 보호하려고 애쓰는 장기적인 시야를 가진 이들에 대한 이야기도 여기 실을 수 있었다면 좋았을 텐데. 다른 포유류와 조류들의 가죽, 모피, 깃털로 자기 몸을 장식하고픈 인간의 끝없는 욕망 때문에 멸종의 위기에 몰린 동물들을 구하고자 싸워 온 사람들이 적지 않다. 1800년대에 이미 유칼립투스 숲을 구하기 위한 조치를 취하지 않으면 코알라들이 곧 사라지고 말 거라는 사실을 깨달은 사람들이 없었더라면 우리는 지금 세상에서 코알라를 볼 수 없었을지도 모른다. 사실 오늘날 멸종 위기 종으로 분류되어 있지 않은 수많은 종이, 한발 앞선 옛날에 그들을 지켜 낸 사람들의 선견지명이 없었더라면 멸종하고도 남았으리라. 이러한 초기 자연 보호 선구자들에게 우리는 막대한 빚을 지고 있다.

국제 자연 보호 연맹은 2008년 10월에 스페인 바르셀로나에서 전 지구적인 포유류 개체 수 조사 결과를 발표했다. 그 결론은 "적어도 전체 포유류 종의 4분의 1이 머지않은 미래에 멸종을 앞두고 있다."는 것이었다. 그리고 비극적인 사실은, 그중에 우리 인간이 어떻게 해도 되살려 낼 방법이 거의 없는 종이 적지 않다는 점이다. 그렇지만 나는 이 책에 실린 이야기들과, 포기하지 않고 버틴 사람들로부터 더없이 큰 힘을 얻었다.

오래된 격언이 있다. "살아 있으면 희망이 있다." 우리는 아이들을 생각해서라도 절대로 포기할 수 없으며, 그나마 남은 것들을 구하기 위해, 그리고 망쳐진 것을 돌려놓기 위해서 계속 싸워야 한다. 그리고 저 바깥에서 바로 그 일을 실천하고 있는 용감한 사람들을 지원해야 한다. 또한 중요한 것은, 멸종 위기에 처한 동물들을 위한 노력을 결코 느슨히 해서는 안 된다는 사실을 깨닫는 것이다. 왜냐하면 이 동물들은 늘 생존의 위협을 받고 있으며, 적지 않은 경우에 그 위협은 갈수록 커져 가고 있기 때문이다. 인구 성장, 미래를 생각지 않는 생활 방식, 절박한 빈곤, 줄어드는 수자원, 대기업의 탐욕, 지구 기후 변화 등을 비롯한 이 모든 것들은 우리가 끊임없이 불침번을 서지 않는 한 지금껏 이루어 온 모든 성과를 순식간에 무로 돌리고 말리라.

우리의 도움이 없다면 앞으로 점점 더 많은 종들이 이 지구상에서 우리와 공존할 수 없으리라는 것은 불 보듯 뻔한 사실이다. 그러니 잠에서 깨어나 그간 우리가 생명의 그물에 끼쳐 온 피해를 깨닫고 그 피해를 복구하는 데 힘을 보태고 싶어 하는 야생 생물학자, 정부 공무원, 관심 있는 시민들이 늘고 있는 것은 참으로 다행스러운 일이다.

이 하나만큼은 분명하다. 나 자신의 탐험 여행은 절대로 끝나지 않으리라는 것. 나는 계속 이런 이야기들을 모으고, 더욱 특별하고 더욱 영감을 주는 사람들을 만나 이야기를 나눌 것이다. 그동안은 전화로밖에 이야기하지 못한 적도 많았지만, 이제는 직접 만나고 싶다. 그 사람들의 두 눈 속에서 그 사람들을 계속 앞으로 나아가게 해 주는 결의를 보고, 그 마음속에서 험하고 외딴 장소들을 찾아가게 만드는 동식물과 자연 세계에 대한 사랑을 직접 확인하고 싶다. 그리고 그 이야기들을 온 세상의 젊은이들에게 들려주고 싶다. 아무리 우리의 생각 없는 행동 때문에 일부 생태계가 거의 완전히 파괴되거나 어떤 종이 멸종 위기로 몰리는 일이 벌어지고 있어도, 포기해서는 안 된다는 사실을 젊은이들에게 알려 주고 싶다. 자연의 회복력과 불굴의 인간 정신이 있으니 아직 희망은 있다. 동물과 동물의 세계에 대한 희망. 우리의 세계이기도 한 그 세계에 대한 희망이 아직은 있다.

차례

추천의 글 7
감사의 글 15
머리말 23
들어가며 29

1부 야생에서 길을 잃다 43
검은발족제비 49
말라 또는 붉은토끼왈라비 69
캘리포니아콘도르 81
사불상 99
붉은늑대 113
세인의 현장 수첩 134

2부 마지막 순간에 다시 얻은 기회 141
황금사자타마린 143
아메리카악어 157
매 167
아메리카송장벌레 189
따오기 197
아메리카흰두루미 203
마다가스카르거북 229

타이완송어	239
밴쿠버마못	247
세인의 현장 수첩	257

3부 포기란 없다   271

이베리아스라소니	275
쌍봉낙타	289
자이언트판다	299
피그미돼지	315
붉은볼따오기	323
콜롬비아분지피그미토끼	335
애트워터초원뇌조	341
아시아독수리들: 오리엔탈흰색등독수리, 긴부리독수리, 가는부리독수리	349
하와이기러기 또는 네네	365
세인의 현장 수첩	372

4부 섬새들을 살리기 위한 투쟁   383

검은울새 또는 채섬섬울새	389
애벗부비	399
버뮤다제비슴새 또는 캐하우	411
모리셔스의 새들: 모리셔스황조롱이, 분홍비둘기, 에코쇠앵무	431

    짧은꼬리알바트로스 또는 스텔러알바트로스   445
    세인의 현장 수첩   458

5부 발견의 전율   465
    새로운 발견들: 아직도 발견되고 있는 종들   469
    나사로 증후군: 멸종된 줄 알았다가 최근에 발견된 종들   493
    살아 있는 화석: 최근에 재발견된 고대 종들   525

6부 희망의 본성   541
    지구의 상처를 치료하기: 너무 늦은 때란 없다   543
    위기에 처한 종들을 왜 구해야만 할까?   571

부록   585
옮긴이의 글   635

1부 야생에서 길을 잃다

아이들은 공룡이라면 깜빡 죽는다. 나는 저 먼 고대로 휙 날아가는 공상에 자주 빠지곤 했는데, 거기에 불을 지핀 책이 쥘 베른의 『지저 탐험(Journey to the Center of the Earth)』이었다. 그 상상 속에서 나는 강력한 티라노사우루스로부터 나를 지켜 주는 거대한 초식 공룡 브론토사우루스와 함께 고대의 풍경을 거닐었다. 또 역시 상상 속에서 거대한 양서류가 살았던 더 옛날 세계를 산책하기도 했다. 늪과 거대한 고사리로 가득했던 습한 영토를 말이다. 그리고 이따금씩은 털매머드와 검치호를 내 눈으로 직접 보는 꿈을 꾸기도 했다. 그렇지만 그들은 사라졌고 내게는 타임머신이 없다. 그리고 그런 아주 오래전의 생물들을 다시 만들어 낼 기적 같은 기술은 존재하지 않는다. 저 놀라운 BBC 텔레비전 시리즈인 「공룡과의 산책(Walking with Dinosaurs)」이라면 또 모를까.

나중에, 나는 책을 통해 도도에 대해 알게 되었다. 도도의 멸종은 공룡의 멸종과는 무척 달랐다. 알고 보니 도도(를 비롯해 수없이 많은 동물들)는 현대의 호모 사피엔스만 아니었으면 지금도 존재했을 터였다. 물론 우리의 석기 시대 조상들 역시 동물들을 사냥하고 죽였다. 올두

바이 협곡에서 루이스 리키와 일하면서 나는 직접 그 증거를 목격했다. 그렇지만 원시적인 석기를 가진 고대인들에게 사냥은 고된 일이었다. 게다가 아프리카의 초식 동물들은 자기들을 사냥하는 육식 동물들과 더불어 오랫동안 진화해 오면서 제 목숨을 지키는 수많은 방법을 개발했다. 쿡 선장과 그 선원들이, 자기 섬에서만 안전하게 살아와서 하늘을 날려는 본능도 잊어버리고 겁낼 줄도 모르던 도도를 잡아먹어 결국 멸종에 이르게 한 것과는 경우가 달라도 너무 다르다.

지금으로부터 거의 70년도 더 전이지만, 내가 아이였을 때는 아이들을 전자 화면 앞에 붙잡아 둘 텔레비전이나 인터넷이 존재하지 않았다. 그래서 나는 그 대신 정원에서 새들과 곤충을 보고 책을 읽으며 시간을 보냈다. 오늘날 그처럼 멸종 위기에 처해 있는 대다수 동물들이 당시에는 벌목되지 않은 숲, 물이 고갈되지 않은 습지, 오염되지 않은 들판과 바다에서 안전하게 살았다. 그렇지만 물론 당시에도 야생 생물에 대한 대규모 학살이 벌어지고 있었다. 미국에서는 들소 떼가 대량 학살당하고, 늑대들이 몰살당하고, 수십만 마리의 동물들이 가죽, 모피, 깃털 때문에, 자연사 박물관 전시용 박제 표본이 되기 위해 덫에 걸려 죽임을 당했다. 사냥꾼들은 무자비하게 사냥감들을 쓸어 담았다. 그리고 나그네비둘기들은 사냥당해 멸종에 이르렀다. 대개의 경우 사람들은 그런 상황에 관해 심각하게 생각지 않았고 어쨌든 자연 자원이 고갈되기야 하겠느냐는 것이 대다수 사람들의 생각이었다.

그렇지만 우리 인간의 개체 수는 점점 늘어만 갔고, 자연 세계는 더욱 심각한 파괴를 겪었다. 우리 행성의 특별하고 다양한 생명체들이 하나씩 차례로 도도와 나그네비둘기의 전철을 밟았다. 대개는 작은 동식물들이었고, 흔히 열대 우림을 비롯한 파괴된 서식지에 고유한 종들이었다. 물고기와 새들도 사라져 갔다. 그리고 마침내 미스왈드론붉은콜로부스는 지난 세기 말 가나에서 멸종한 것으로 선포되었다. 그러니 내가 태어나서 지금까지 75년(이 책은 미국에서 2009년에 출간되었다. — 옮긴이) 새에만도 많은 것들이 사라진 셈이다.

어쩌면 지금으로부터 75년 뒤에 태어날 자연을 사랑하는 한 여자아이는, 내가 털매머드를 보고 싶어 하는 것만큼 살아 있는 코끼리를 보고 싶어 애달파 하게 되지는 않을까? 그 아이는 진짜 열대 우림을 가 보고 오랑우탄과 호랑이를 보고 싶은 마음에 타임머신이 있었으면 하고 간절히 소망하게 되지는 않을까? 또 거대한 고래들이 존재했던, 사라져 버린 신비로운 심해 세계를 알고 싶어 하지는 않을까? 그리고 만약 75년 후에 이런 동물들이 오로지 디지털 도서관이나 먼지 낀 박물관의 표본으로만 존재한다면 그 아이는 어떤 심정일까?

내가 어린 여자아이였을 때는 쿡 선장과 그 시대 사람들을 용서할 수 있었다. 그 사람들은 자기들이 한 짓이 불러올 결과를 알지 못했으니까 말이다(비록 알지 못한 채 미래의 경로를 정해 놓기는 했지만.). 그리고 당시는 아직 세상에 인간의 발길이 닿지 않은 곳이 많았고, 숨은 신비들이 발견되기 전이었으며, 인간 수도 훨씬 적었다. 그렇지만 지금으로부터 75년 뒤에 태어날 아이는 지구상에서 대다수 동물들이 사라져 버렸음을 알게 된다면, 그런 파괴를 초래한 인간들의 행위를 용서할 수 없을지도 모른다. 그런 동물들이 사라진 게 무지 때문이 아니라 그저 대다수 사람들이 관심을 기울이지 않았기 때문이라는 것을 안다면 말이다.

운 좋게도 일각에서나마 지대한 관심을 쏟고 있는 사람들이 있고, 멸종 위기에 처해 있거나 그렇게 될 종을 구하고 보호하려는 영웅적인 노력들이 곳곳에서 펼쳐지고 있다. 그런 사람들이 없었더라면 오늘날 멸종된 동물들의 목록은 훨씬 더 길어졌으리라. 그들 중 적지 않은 사람들을 만날 수 있었으니 나는 얼마나 운이 좋은 사람인가. 이 책에서 가능한 한 많은 사람들을 소개할 수 있었으면 좋겠다. 그 사람들이 일생을 바쳐 구하려 한 동물, 식물, 그리고 그 서식지와 더불어서 말이다.

여러분은 우리가 앞으로 1, 2부에서 들려드리는 이야기를 읽으면서 야생을 보호한다는 것이 얼마나 복잡한 일인가를 알 수 있을 것이다. 연구와 야생 보호, 서식지 복원, 포획 번식에다 지역민들의 경각심을 일깨우는 것까지 모두 그 일에 포함되기 때문이다. 그리고 이 모든 일을 정부 권력층의 감시하에 해야 한다는 한계도 있다. 또한 서로 다른 시야를 가진 열정적인 사람들이 협력하는 과정에서는 불가피하게 서로 다른 의견들이 맞부딪히게 되고 자기주장을 맹렬하게 내세우게 되는 법이다. 비록 대개는 논의와 타협을 통해 합의가 도출되지만 그 길에서 많은 시간과 노력이 소모될 수도 있다. 가장 바람직한 시나리오는 동물과 그 환경을 보호하려고 일하는 조직들이 가장 좋은 결과를 내기 위해 협력하고, 일반 대중은 자원해서 돕는 것이다.

1부에는 실제로 야생에서 멸종 상태인 포유류와 조류 6종의 이야기가 나온다. 이 종들은 일단 개체 수가 늘고 마지막 보호를 위한 서식지가 확보되면 그 후손들을 야생으로 돌려보낸다는 목표 아래 포획 번식을 통해 명맥을 이어 가고 있다. 그렇지만 포획 번식의 문제점에 대해서는 당시나 지금이나 무척 논란이 많다. 그리고 그런 최후의 수단이 별 효과를 보지 못할 것이며 그저 시간 낭비, 아니 그보다 돈 낭비라고 생각해서 반대하는 이들도 있다. 다행스럽게도 이 1부에서 6종의 포유류와 조류를 살리려고 노력한 열정적인 생물학자들은 그런 말에 귀 기울이기를 거부했다.

나를 반하게 만든 검은발족제비. 몸집은 작지만 용감하고, 그야말로 매혹적인 이 동물은 헌신적이고 사명감 있는 생물학자들 덕분에 멸종의 벼랑에서 돌아왔다. 한밤에 에메랄드 녹색으로 빛나는 족제비의 두 눈 속에서 북아메리카 대평원의 미래에 대한 희망이 반짝인다(제시 코언, 스미소니언 국립 동물원 제공).

검은발족제비
Mustela nigripes

라코타에서 검은발족제비는 "이톱타 사파(itopta sapa)"라고 불린다. ite는 '얼굴', opta는 '가로질러', sapa는 '검다'는 뜻이다. 라코타 사람들은 이톱타 사파의 날쌤과 영리함에 탄복해 성스럽게 여겼다. 이토록 잡기 힘든 존재들은 대지의 힘과 벼락의 보호를 받는다고 생각했던 것이다. 오늘날에도 라코타에서는 여전히 이 족제비를 신성시하고 있다.

검은발족제비의 고향인 대초원은 한때 캐나다에서 멕시코까지, 북아메리카의 거의 3분의 1을 뒤덮었다. 엄청난 군락을 이룬 프레리도그와 거대한 들소 떼의 고향이기도 한 이 광대한 지역은 검은발족제비들에게 먹이와 굴집을 제공했다.

그러나 유럽인들이 북아메리카에 발을 디디면서 상황이 바뀌기 시작했다. 대초원은 인간의 개발로 변형되었고, 갈수록 프레리도그의 서식지가 파괴되었으며, 목장들에서는 설치류들을 가능한 많이 독살하려는 운동을 펼쳐 나갔다. 먹이인 풀을 놓고 가축과 경쟁하며, 땅굴을 파서 다리를 부러뜨리게 한다는 것이 그 이유였다. 1960년대 무렵에는 가장 보수적인 추산에 따라도, 프레리도그들은 예전에 점유했던 지역의 거의 98퍼센트를 잃어버렸다. 또한 새로운 질병들이 대평원을 덮쳤다. 한 예가 삼림 페스트인데, 20세기 초에 북아메리카에 들어온 이 병은 오늘날까지 프레리도그 거주지를 거의 초토화하고 있다.

그나마 프레리도그는 설치류라서 개체 수가 감소한 상태에서도 금세 다시 수를 늘릴 수 있지만, 검은발족제비들은 그렇지 못하다. 이 족제비들은 넓은 지역에 퍼져 사는, 원래 개체 수가 적은 포식자여서 개체 수가 줄어들수록 자체적으로 그 수를 다시 벌충하기가 어려워진다.

멸종으로 사라지다

1964년에 사우스다코타 주의 멜렛카운티에서 얼마 안 되는 수의 이 야생 족제비들(그 지역의 프레리도그 서식지 151곳에서 실제로 프레리도그가 거주하는 곳은 20곳뿐이었다.)이 발견되었을 때, 사실 미국 정부는 이들을 멸종 목록에 올려야 할지를 두고 논쟁 중이었다. 그러나 시간이 지나면서 이 작은 개체군이 더욱 줄어들고 있다는 사실, 그리고 그 이유는 추정컨대 서식지가 토막 나고 프레리도그가 독살당하고 있기 때문이라는 사실이 분명해졌다.

1971년, 장차 포획 번식 프로그램의 시조가 될 멜렛카운티의 족제비 6마리가 포획되었다. 하지만 비극적이게도, 그 소중한 생명 중 넷이 디스템퍼 예방 백신을 맞고 죽어 버렸다. 백신은 시베리아족제비들을 상대로 시험했을 때에는 전혀 문제가 없었다. 3마리가 추가로 포획되었지만 프로그램의 운명은 이미 기운 것 같았다. 이어진 4번의 번식 철 동안 포획된 암컷 중 1마리는 짝짓기를 거부했고, 다른 1마리는 새끼를 한배에 5마리씩 두 번을 낳았지만, 매번 다섯 중 넷은 사산이었고, 다섯째는 출산 직후 죽었다. 그러는 사이 멜렛카운티의 야생 족제비들은 점점 사라져 갔다. 마지막 1마리가 목격된 것이 1974년이었다.

녀석들이 멸종으로 곤두박질치는 것을 목격하면서 포획 번식 작업을 진행하고 있던 팀의 심정이 얼마나 절박했을지 나는 상상이 간다. 1979년에 마지막으로 남아 있던 검은발족제비가 암으로 죽자, 정부는 그 종을 멸종 목록에 올려야 하는가를 두고 다시금 논쟁을 벌였다.

운명적인 만남

그리고 나서 사우스다코타 주에 마지막 남은 포획 검은발족제비가 죽고 난 지 2년 후인 1981년 9월 26일, 놀라운 일이 일어났다. 와이오밍 주 미티츠에 있는 존 호그와 루실 호그 부부의 사유지에서 블루힐러 종 목장견인 셰프가 저녁밥을 먹고 있을 때였다. 조그만 동물 하나가 너무 가까이 다가왔고 셰프는 으레 그렇듯 그 동물을 물어 죽였다. 존은 셰프의 밥그릇 곁에 있던 이상하게 생긴 동물을 발견하자 담장 너머로 휙 던져 버렸는데, 아내 루실이 그 이야기를 듣고 호기심이 생겨서 사체를 찾아보았다. 그리고 그 작고 아름다운 동물에 반한 나머지 박제로 만들어 보존하려고 박제 전문가에게 가져갔고 박제사가 그 동물이 검은발족제비임을 알아보았다!

흥분한 족제비 열혈 팬들이 재빨리 수색대를 꾸렸다. 마침내 땅

굴에서 솟아나온 조그만 머리통에서 반짝이는 에메랄드빛 눈동자를 보았을 때, 데니스 해머와 스티브 마틴이 얼마나 흥분했을지! 야생 족제비가 아직 멸종되지 않았다는 믿음이 마침내 입증되었으니 말이다. 그렇지만 이 증거를 발견할 수 있었던 것은 순전히 운이 좋아서였다.

그 뒤로 5년간, 민관 양측의 보전 생물학자들과 수많은 자원봉사자들이 족제비 개체군에 관해 더 많은 정보를 알아내는 일에 착수했다. 탐조등으로 족제비를 수색하고 덫으로 잡아 꼬리표를 달았으며 목걸이에 작은 라디오 발신기를 다는 한편(족제비의 야생 활동을 염탐할 수 있도록) 새로운 기술을 사용해 목에 작은 자동 응답기를 심었다(이것은 이 동물이 가까운 거리 내에 있다는 사실을 알려 준다.).

"우리 중 그 누구도 이 족제비들을 당연하게 생각하지 않았습니다." 팀의 일원인 스티브 포레스트가 나중에 내게 이야기해 주었다. "우리는 족제비 하나하나를 각각 구분할 수 있었어요. 우리는 녀석들과 함께 살았습니다. 녀석들이 그 종의 마지막 일원임을 알았고요."

족제비와 함께 보낸 밤

2006년 4월, 사진작가이자 나의 친구인 톰 맹겔슨의 도움으로 나는 그 헌신적인 팀의 초기 일원인 스티브와 루이스 포레스트, 브렌트 휴스턴, 트래비스 리비에리, 마이크 로크하트, 조너선 프록터를 만났다. 우리는 사우스다코타 주의 월에 있는 앤 모텔에 모였다. 알고 보니 우리는 밤샘을 하게 될 모양이었는데, 족제비들은 한밤중까지는 활동을 하지 않기 때문이었다. 우리는 밤에 출발했고, 도중에 잠깐 멈추어 배들랜즈 특유의 암석 지대 너머로 석양이 환상적인 색깔들(금색, 자주색, 노란색, 회색, 그 사이의 온갖 미묘한 색조들)을 빚어내는 광경을 보면서 소풍을 즐겼다.

대평원으로 점점 가까이 갈수록 날이 저물어 모든 색채가 풍경에서 지워져 갔다. 우리 트럭의 전조등을 제외하면 풍경을 어지럽히는 빛은 전혀 없었고, 넓은 하늘에는 커다란 별이 빛났다. 프레리도그의 지하 마을 위로 차를 달리고 있다고 생각하니 기분이 이상했다. 그것은 곧 검은발족제비의 집이기도 했다.

브렌트가 "저기 하나 있다!" 하고 외쳤을 때는 거의 한밤중이었다. 브렌트의 탐조등을 반사해 눈부신 에메랄드빛 녹색으로 빛나는 조그만 두 눈이 보였다. 가까이 다가가자 우리를 쳐다보며 엔진 소리에 귀를 쫑긋하는 족제비의 머리가 똑똑히 보였다. 녀석은 우리가 살금살금 가까이 다가가는 것을 보고도 숨지 않았다. 나중에는 결국 숨긴 했지만, 그 전에 궁금해 못 참겠다는 듯이 다시 한번 우리를 보려고 튀어나왔다. 우리가 마침내 그 굴을 염탐하러 내려갔을 때, 거기서는 녀석의 조그만 얼굴이 다시 우리를 엿보고 있었는데, 전혀 겁먹은 표정이 아니었다. 나중에 트래비스가 녀석에게 돌아가서 자동 응답기 칩을 읽었기 때문에 우리는 녀석이 암컷임을 알 수 있었다.

뒤쪽 트럭에 타고 있던 트래비스는 또 다른 족제비(수컷)를 발견했는데, 이 녀석은 냉큼 굴속으로 숨어 버렸다. 트래비스의 설명에 따르면 연중 이 무렵은 수컷들이 발정기의 암컷을 찾아 굴을 탐색하는 시기라고 한다. 아니나 다를까 얼마 후 녀석은 굴에서 튀어나와 다른 굴로 달려갔다. 우리는 조그만 몸을 가늘고 길게 쭉 뻗고 번개처럼 움직이는 녀석의 뒤를 따랐다. 이내 다시 모습을 드러내더니 있는 힘껏 몸을 길게 뻗고 곧추선 채로 코요테나 여우가 없는지 주변을 살피는 것으로 보아 그 굴에는 마땅한 암컷이 없는 모양이었다. 녀석은 전속력으로 달려서 다른 굴로 사라졌다. 그리고 그 굴 역시 암컷이 없었던지, 곧 다시 나왔다. 그런데 이번에는 달리던 중에 해변종다리와 맞부딪히고 말았다! 깜짝 놀란 종다리가 날아오를 때, 족제비는 곡예사처럼, 아니, 곡예사답게 뒤로 공중제비를 넘어 땅으로 내려왔는데, 그것도 원래 가던 방향으로 정확히 네 발 착지를 했다. 그러고는 한순간도 쉬지 않고 다음 굴로 달려갔다. 정말 굉장한 구경거리였다! 검은발족제비와 해변종다리의 이런 만남을 목격한 사람이 우리 말고 과연 또 있을까 싶다.

완고한 관료주의가 멸종을 불러올 뻔한 사연

다음날 나와 톰은 트래비스와 스티브, 조녀선과 같이(다른 이들은 일이 있어서 먼저 가야 했다.) 자리를 잡고 앉아 검은발족제비 복원 프로그램에 대해 이야기를 나누었다. 스티브는 미티츠에서 야생 족제비를 기적적으로 발견하고 나서 4년 뒤에 벌어진 어처구니없는 사건을 전해 주었다. 1985년 8월 매년 그래 왔듯 허가를 얻어 족제비 개체군 상태를 측정했다. 모두 58개체가 발견되었고 전해의 129개체에 비하면 심각한 감소세였다. 그해 11월에는 31마리밖에 남지 않은 것으로 추산되었고,

10월에는 고작 16마리로 떨어지고 말았다.

생물학자들은 족제비들이 디스템퍼에 감염되었다고 믿고 수의학 실험용으로 혈액 표본을 채취할 수 있도록 몇몇 개체를 포획하겠다고 와이오밍 사냥·낚시 관리국(검은발족제비 프로그램을 관할하고 있는)에 허가를 구했다. 하지만 절차가 지나치게 침습적이라는 이유로 허가가 나질 않았다. 상황은 악화되었다. 어린 족제비들이 점점 죽어 가리라는 것은 명백한 사실이었다.

당시 그 팀의 일원이었던 브라이언 밀러는 나중에 나와 만나 이렇게 말했다. "그 지역을 산책하다 보면 그 전해와는 달랐어요. 전해에는 족제비들이 여러 지역을 확실히 점유하고 있었는데 말이죠. 어느 날 밤에 한 영역에 있는 족제비를 보고 나면, 다음 날 밤에는 거기가 비어 있는 거예요." 생물학자들은 이 상황을 절박한 경고로 받아들였지만 와이오밍 사냥·낚시 관리국은 무시로 일관했다. 마침내 상황을 논의하기 위한 회합이 열렸다. 스티브와 루이스와 브렌트를 비롯한 생물학자들과, 와이오밍 사냥·낚시 관리국의 여러 직원들, 그리고 국제 자연 보호 연맹에서 파견 나온 담당자 한 사람과, 보전 생물학에 대해서는 아무것도 모르는(혹은 질색하는) 노련한 사냥꾼들이 한자리에 모였다.

이 회합에서 과학자들은 제대로 된 자료를 내놓지 못했다 하여 욕을 먹었다. 하지만 바로 그 디스템퍼 전염병으로 추정되는 현상에 대한 자료를 모으겠다고 했다가 허가를 받지 못했는데 어쩌란 말인가! 논의는 뜨거워졌다. 과학자들은 집중적인 포획 번식을 위해 시급히 더 많은 족제비를 포획해야 한다고 주장했다. 다시금 허가는 거부되었다. 상황은 연구자들에게 불리하게 돌아가고 있었고, 그리하여 와이오밍 사냥·낚시 관리국 소속 수의학자들이 방에 들어왔을 때, 족제비들의 미래는 확실히 풍전등화나 다름없는 처지였다.

당시 포획된 족제비는 6마리였는데, 이전 포획 번식 프로그램에서 이들을 포획할 수 있었던 것은 와이오밍 사냥·낚시 관리국이 여러 군데에서 오랫동안 압력을 받은 나머지 그 계획을 마지못해 허락해 주었기 때문이었다. 수의학자의 보고에 따르면 그 6마리 중 1마리는 이미 죽었고 다른 1마리는 병세가 무척 위중했다. 그 원인, 즉 디스템퍼는 야생에서 접촉된 것이 틀림없었다. "순식간에 좌중이 무척 조용해졌지요." 스티브는 고집 센 적들이 난처해 하던 모습이 떠올랐는지 환한 웃음을 지었다. 마침내 과학자들이 증거를 내놓은 것이다.

야생과 함께 사라지다

그렇게까지 했는데도 포획 허가는 오로지 구역 내 중심 지역에만 한정되었다. 그러면 주변부에 살고 있는 취약한 개체들은 영영 사라져 회복이 불가능할 터였다. 그리고 족제비들이 멸종 위기에 있는 것은 불을 보듯 뻔한 사실이었지만, 와이오밍의 공무원들은 미리 짜인 계획에서 한 치도 벗어나려 하지 않았다. 오로지 6마리만(이전의 6마리는 죽었거나 죽어 가는 중이었다.) 포획하라는 것이었다. 그리고 우리가 지어지는 속도를 고려해 하루에 딱 1마리만 잡을 수 있었다. 우리를 더 빨리 만들 수 있는 회사를 알아보겠다고 제안했지만 소귀에 경 읽기였다.

"우리는 즉각 업무에 착수했습니다." 스티브가 이야기했다. 그로부터 사흘 동안 104제곱킬로미터의 대평원을 수색하여 족제비 덫을 놓음으로써 이 종을 보존하려는 절박한 시도가 펼쳐졌다. 셋째날 밤, 브렌트가 족제비 2마리를 막 포획한 참에 거만한 지역 사냥 공무원이 나타나더니 할당량을 초과했다고 고지했다. "둘 중 하나를 놓아주라고 하더랍니다." 스티브가 말했다. "브렌트는 싫다고 버텼고요." 공무원이 다짜고짜 덫을 부숴서 열어 버리는 바람에 두 사람은 하마터면 주먹다짐을 벌일 뻔했다.

그때쯤 해서는 족제비 수가 너무 적어졌고, 와이오밍 사냥·낚시 관리국은 너무나 비협조적이어서, 족제비를 골라 가며 포획할 여유가 없었다. 따라서 번식 집단의 토대는 다 자란 암컷 3마리와 어린 암컷 1마리(엠마, 몰리, 애니, 윌라), 그리고 어린 수컷 2마리(덱스터와 코디)였다. 포획 번식 분야의 한 전문가는 다 자란 수컷이 없으면 번식 계획에 착수하는 데 지장이 있을 거라고 경고했지만, 와이오밍 사냥·낚시 관리국은 그 경고를 무시했고, 다 자란 수컷이 주변 지역에서 발견되었는데도 포획을 허가해 주지 않았다. 따라서 다음 번식 철까지 그 포획 집단은 새끼를 보지 못했다.

피를 말리는 시간이었다. 포획된 족제비들에게 짝짓기를 시킨 브라이언 밀러는 밤에 원격 조종 카메라로 번식 우리를 감시한 이야기를 들려주었다. "나그네비둘기인 마르타의 이야기가 현대에 되풀이되는 게 아닌가 하는 심정이었죠." 마르타는 이제는 멸종된 그 종의 마지막 생존자였다. 마르타는 동물원에서 늙어 죽었고 이제는 스미소니언에 전시되어 있다. "전에 마르타를 보러 간 적이 있어요." 브라이언이 말했다. "우리 엠마, 몰리, 애니, 윌라, 덱스터, 코디도 그런 운명이면 어떡하죠?"

이듬해인 1986년 여름에 야생에 남아 있는 것은 다 자란 족제비 4마리, 즉 수컷 2마리(던과 스카페이스)와 출산을 한 암컷 2마리(맘과 제니)뿐인 것 같았다. 와이오밍 사냥·낚시 관리국은 그제야 번식 프로그램을 위해 그 4마리와 남아 있는 8마리 새끼들을 포획하는 데 동의했다.

생물학자들이 여름 내내 고생한 끝에 마침내 마지막 족제비가 생포되었다. 스카페이스였다. 이 시점에서 그 종을 멸종에서 지켜 낼 수 있는 유일한 희망은 포획된 검은발족제비 8마리와 한 줌의 생물학자들과 아직 그 효과가 입증되지 않은 포획 번식 프로그램뿐이었다. 아무리 사람들의 불화와 반감이 계속해서 그 프로그램의 발목을 잡았어도 족제비들은 번식을 시작했고, 차츰 전국 곳곳에 다른 연구소들이 설립된 덕분에 한 시설에서 발생한 전염병이나 그 비슷한 다른 재앙들이 전체 포획 개체군의 절멸을 초래할 위험은 사라졌다.

'거친' 방생인가 '온화한' 방생인가?

다음은 족제비들을 언제 어떻게 자연으로 돌려보낼지를 두고 논쟁이 벌어질 차례였다. 가장 심각한 것은 '거친 방생(동물들을 우리에서 바로 꺼내서 풀어 주는 것으로, 보통 단기간만 먹이를 제공한다.)'과 '온화한 방생(동물들에게 새로운 야생 생활에 점점 익숙해지도록 다양한 기회를 준다.)'을 둘러싼 논박이었다. 현장 생물학자들 다수는 아무런 경험이나 훈련도 없는 족제비들을 작은

폴 마리네리가 야생으로 마지막 여행을 떠나기 전에 미리 환경 적응용으로 준비된 우리에 검은발족제비를 풀어 놓고 있다(라이언 해거티 제공).

우리에서 갑자기 위험한 대평원의 세계로 내팽개치는 것이 비윤리적이라는 생각이 강했지만, 1991년에 처음 포획된 49마리는 와이오밍의 야생으로 거친 방생을 맞이했다.

다음번 방생지는 사우스다코타 주의 코나타 분지였는데, 내가 족제비들을 처음 만난 곳이었다. 나중에 만난 폴 마리네리는 평생 잊지 못할 어느 날 밤의 이야기를 들려주었다. 폴은 트래비스와 생물학자 네 사람과 같이 각자 대평원에 흩어져 족제비를 수색하고 있었다. 그 때 갑자기 폴의 무전기에 불이 들어왔다. "한 굴에서 족제비의 안광 여럿이 감지되었다고 알리는 잡음 섞인 메시지가 사우스다코타의 밤공기를 가르며 울려 퍼졌지요. 그 주에서 야생에서(포획된 상태에서 태어난 부모로부터) 태어난 족제비 새끼가 처음 발견되었다는 뜻이었어요. 그 순간은 소름 끼친다는 말 정도로는 표현이 안 돼요!"

결국에 가서는 거친 방생이 최선책이 아니었다는 결정적인 증거가 나왔다. 온화한 방생을 할 때 단기 생존율이 더 높았을뿐더러 다음 번식 철까지 살아서 번식하는 개체 수가 더 많았던 것이다. 방생된 족제비들의 생존율은 점차로 더 높아졌다. 족제비를 포획해서 번식시키고, 야생에서 살아남아 번식하게 만드는 일이 가능하다는 것이 기정사실이 되었다. 그렇지만 서식지를 보존하는 것은 과연 가능할까?

대평원을 구하라

그 팀을 직접 방문하고 사람들의 고충을 이해하게 되면서, 프레리도

그와 대평원의 생태계를 다루는 작업을 하는 조너선 프록터의 이야기를 더 들어 보고 싶어졌다. 조너선의 설명에 따르면 핵심적인 문제는 목장주들 중에 프레리도그를 좋게 보는 사람이 거의 한 사람도 없다는 것이었다. 나는 마침 앤 모텔 근처를 지나가던 나이 든 목장주와 이야기해 보았다. 그는 땅에 온통 구멍을 파 놓는 바람에 소와 말이 다리가 부러지고 또 새로 돋아난 풀을 놓고 가축 무리와 경쟁하는 통에 프레리도그가 골칫거리라고 했다. 대평원에서 다리가 부러진 소나 말을 보았다는 사람은 없었지만, 나는 그의 견해에 귀를 기울이고 그가 하는 말을 존중했다. 그리고 이런 귀엽고 작은 동물들을 독살하는 것 말고는 그 문제를 해결할 방법이 없다니 안타깝다고 말했다.

"착한 프레리도그는 오로지 죽은 녀석들뿐이에요." 그 사람이 말했다. 하지만 그렇게 말하면서 마치 내 마음을 안다는 듯이 손을 내밀어 내 팔을 다독이더니 내가 나온 텔레비전 프로그램을 본 적이 있고, 훌륭한 일을 하고 있다고 생각한다고 말했다. 모두에게 이로운 결과를 가져다줄 해결책을 찾아내려면 사람들과 이야기를 나누고 사람들의 견해에 귀를 기울이는 것이 무척 중요하다. 인구가 배로 늘고 점점 더 넓은 야생지가 개발을 목적으로 점유되면서 인간과 야생 사이의 이러한 갈등이 한층 심각해지고 있기 때문이다.

어쩌면, 결국에는 미국의 대평원과 그 생태계를 구성하는 모든 매혹적인 생명체들을 살려 내는 주역은 관광 산업이 맡게 되지 않을까. 그리고 여행객들은 들소가 배회하는 최후까지 남은 구식 목장의 구식 농가에 묵으며 옛날의 흔적을 느끼게 될지도 모르겠다. 대평원의 중요한 일원이며 이미 자연 복원 계획을 돕고 있는 중앙 대평원 인디언들(라코타 족이나 수 족과 같은)이 거기서 더욱 중요한 역할을 하게 될지도 모른다.

아주 특별한 족제비

사우스다코타 주의 월에 묵은 마지막 날 아침, 우리는 떠나기 싫은 마음을 안고 아침 식탁에 모였다. 나는 아주 많은 것들을 알게 되었지만 문제는 너무 복잡했고 너무나 많은 시련이 앞길에 놓여 있었다. 작별을 고하기 전에 트래비스가 내게 프로그램에 특히 중대한 기여를 한 족제비에 대한 이야기를 해 주었다. 그저 9750번이라고만 알려진 (97은 출생 연도를 가리킨다.) 그 암컷은 1996년에 트래비스가 포획 상태에서 출생한 족제비 36마리를 야생에 놓아 주었을 때 겨우 살아남은 4마리 중 하나였다. 코나타 분지의 야생에서 처음으로 태어난 새끼 검은발족제비들 중 하나인 9750번은 그 이듬해에 태어났다. "그들의 앞날은 불투명했지요." 트래비스가 말했다. "그렇지만 9750번은 살아남아서 수많은 자손을 보았고, 이제 코나타 분지에서 매년 대략 300마리(성인과 새끼를 포함해서)에 이르는 검은발족제비 개체군의 시조가 되었습니다." 9750번은 4년간 생존했는데, 야생 검은발족제비 치고는 장수한 셈이었다. 그 4년간 녀석은 네 배의 새끼를 낳고 총 10에서 12마리의 새끼를 길렀다.

2001년 10월, 트래비스는 9750번을 만났다. 마지막으로 새끼를 낳아 기른 다음이라 지쳐 보였고 털은 가늘어지고 눈은 움푹 꺼져 있었다. 무릎을 꿇고 굴속을 내려다본 트래비스는 녀석이 이듬해 봄을 보지 못할 것임을 알았다. 트래비스의 말을 듣고 있으려니 나 자신이 빈 컵과 접시가 놓인 아침 식탁에서 몇 킬로미터는 떨어져 있는 것처럼 느껴졌다. 그 순간 나는 이 투박하지만 헌신적이고 다정한 목소리를 지닌 사내와 함께 겨울을 앞둔 황량한 대평원에 서서 작고 지친 검은발족제비에게 작별을 고하고 있었다. "저는 고마워, 이쁜아, 라고 말하고 싶었습니다. 다시는 못 볼 걸 알았거든요." 목소리를 통해 트래비스의 목이 메었다는 걸 느꼈지만, 두 눈에 어린 눈물 때문에 그를 볼 수는 없었다.

족제비 번식에 대해 알고 싶은 모든 것

2007년 4월, 나는 여행 일정에서 겨우 아침나절을 빼, 포획 개체군 중 대략 60퍼센트(대략 160개체)의 고향인(나머지는 이곳저곳의 동물원에 흩어져 있다.) 콜로라도 주 웰링턴에 있는 미국 어류·야생 생물 관리국 산하 검은발족제비 보호 센터의 포획 번식 프로그램을 방문했다. 나는 트래비스와 브렌트, 그리고 거기서 일하고 있는 마이크와 반갑게 재회했고, 말로만 들었던 딘 비긴스와 폴 마리네리와도 처음으로 만났다.

폴의 설명에 따르면, 수컷과 암컷이 언제 번식 준비를 하는지, 수컷의 정자가 건강한지, 암컷이 성공적으로 수정되었는지 등등을 정확히 파악하는 것이 중요하다. 3살짜리 암컷 1마리는 질에 소량의 생리 식염수를 주입받고 있었다. 한편 폴은 그로부터 멀지 않은 곳에서 수컷으로 하여금 자기 집 아래쪽을 떠나 검은 튜브를 기어오른 다음 조그만 철망 우리로 들어가도록 독려하고 있었다. 일단 족제비가 그곳에 들어가자 폴은 수컷의 음낭을 부드럽게 쥐어 단단한지 확인하는 방법을 보여 주었다. 만약 단단하다면 그 족제비는 마취되어 전기 사정을 당하게 된다.

다음으로 우리는 다른 수컷에서 추출한 고정 표본을 현미경 아래 놓고 그 속의 조그만 정자들을 들여다보았다. 정자들은 수정할 준비가 되어 있었다! 반드시 필요하지만 좀 민망한 이 모든 절차들의 결과는 벽에 핀으로 고정된 차트에 전시되었다. 그것은 어느 암컷이 어느 수컷과 짝을 지었는지, 어느 쌍이 궁합이 영 별로인지, 새끼들이 얼마나 많이 살아남았는지, 유전학적 관점에서 어떤 새끼들이 교배를 할 수 있는지를 보여 주었다. 분명히 프로그램은 성공적이었다. 1987년에 시작한 이 프로그램은 6,000마리도 넘는 검은발족제비 새끼들의 출생을 이끌었다.

폴이 이틀 전에 출산을 한 암컷의 위쪽 우리를 열어 내게 들여다보도록 해 준 순간은 이루 말할 수 없을 정도로 경이로웠다. 그 조그만 5마리 새끼들, 아직 눈도 뜨지 못한 발가벗은 분홍색 새끼들이 거기 웅크리고 있는 것을 처음 본 사람이 바로 나라니. 폴은 "꼬물꼬물하는 조그만 벌레 같은 덩어리들이 겨우 60일 만에 찍찍대는 새끼로" 변하는 과정은 아무리 보아도 질리지 않는다고 말했다. 이들 중 일부는 방생 후보로 선택될 것이다. 폴이 말했다. "그리고 나면 녀석들은 포획 동물의 삶에서 가장 극적인 사건을 경험하게 됩니다. 미리 환경을 맞춰 둔 울타리로 풀려났다가, 바람대로만 된다면 야생으로 방생되는 거죠."

족제비 학교

포획된 어미 족제비와 새끼들이 프레리도그와 녀석들의 굴로 가득한 넓은 야외 지역에 배치되는 순간, '족제비 학교'가 개교한다. 그 사실을 내게 처음 알려 준 사람이 트래비스였다. 그 학교는 보통 새끼들이 어미와 같이 야생으로 방생되기 전 몇 달 동안 새끼들의 집이자 사냥터가 된다. 이 경험(프레리도그의 굴에서 살고 프레리도그를 먹이로 사냥하는)은 족제비들이 대평원의 삶에 적응하는 데 중요한 역할을 한다.

"새끼들은 이곳에서 바람과 비, 흙먼지와 북아메리카 대평원의 소리들, 그리고 무엇보다 살아 있는 프레리도그를 만나게 됩니다." 폴이 말했다. "새끼들이 이 울타리 안에 놓이면 저는 녀석들이 무슨 생각을 할까 궁금해집니다. 족제비들은 그렇게 넓은(실내 우리라는 환경에 비하면) 울타리로 풀려나면 경이로움에 가득 차서 멍하니 서 있을 때가 종종 있습니다. 그리고 결국은 정착하여 포획 환경에서 풀려나 야생에서 삶을 시작하는 그날까지 점점 더 은둔하게 됩니다."

검은발족제비의 미래

검은발족제비 복원 계획의 목표는 옛 서식지인 11개 주 전체에 이 족제비들을 방생하는 것이다. 댄의 말에 따르면 1991년 프로그램이 시작된 이래 족제비 3,000마리 이상이 8개 주(와이오밍, 몬태나, 사우스다코타, 애리조나, 유타, 콜로라도, 캔자스와 북부 멕시코)에 방생되었다고 한다. 내가 찾아갔던 사우스다코타 주의 코나타 분지를 비롯해서 이 지역들 중 몇 곳에는 검은발족제비 군락이 성공적으로 자리 잡았다. 방생은 연방지, 주지, 부족지, 사유지 전역에 실시되었고, 검은발족제비 복원 프로그램은 이제 많은 협력국, 조직, 부족, 동물원, 대학교들을 아우르고 있다. 와이오밍 사냥·낚시 관리국은 비록 과거에는 과오를 저지르기도 했지만 현재는 족제비 프로그램에서 지속적이고 중요한 역할을 하면서 주 내에서 족제비의 대규모 군락을 관리 감독한다.

앞서 잠깐 언급했던 딘은 1986년에서 1987년 사이에 미티츠에 마지막 남은 야생 족제비들을 포획한 팀의 일원이었다. 팀은 그중 한 족제비에게 '맘(Mom)'이라는 이름을 붙였다. 그 암컷은 포획당하기 전에 자기 굴 밖 흙 위에 조그만 발자국을 남겼는데, 딘은 그것을 석고로 본떠 두었다. 그리고 내가 막 떠나려고 일어서는 참에 그 석고의 복제품을 보여 주었다. 조그만 발자국을 내려다보고 있노라니 그 헌신적인 팀이 어떻게든 족제비를 살려 보려고 마지막 야생 개체를 포획하던 쓰라린 순간이 떠올라, 나는 북받치는 감정에 하마터면 눈물을 떨어뜨릴 뻔했다. 석고본의 뒷면에는 아래와 같은 딘의 글귀가 새겨져 있다.

"맘" 1986년 8월 30일.
와이오밍 주 미티츠

검은발족제비 18마리 중 마지막 녀석.
던 비긴스, 트래비스 리비에리, 브렌트 휴스턴, 폴 마리네리, 마이크 로크하트가 제인에게. 2007년 4월 25일.

　이 석고본은 나와 함께 전 세계를 여행하는 가장 소중한 소지품 중 하나가 되었다.

2008년 10월에 오스트레일리아를 방문했을 때, 나는 이 말라를 자연 서식지인 앨리스 스프링스 사막 공원에 직접 방생하는 영광을 누렸다. 내가 손에 쥐고 있는 천 가방은 말라가 이송될 때 '배주머니' 역할을 했다(피터 넌 제공).

말라 또는 붉은토끼왈라비
Lagorchestes hirsutus

2008년 10월에 나와 말라의 첫 만남이 이루어졌다. 포획 번식된 말라를 녀석이 숲의 삶에 익숙해지기 전까지 머물도록 준비된 울타리 친 담장으로 풀어 놓는 기쁜 일이 내게 맡겨진 것이다. 말라는 원주민이 붉은토끼왈라비를 부르는 이름이다. 붉은토끼왈라비의 가슴 훈훈한 이야기를 내게 처음 들려준 사람은 JGI 오스트레일리아의 회장인 폴리 세바요스였다. 폴리는 말라 군락 복원 작업이 진행 중인 앨리스 스프링스 사막 공원의 소장인 게리 프라이를 소개해 주었다. 처음 전화 통화를 나누고 2년이 지나, 나는 네빌 슈트의 『앨리스 같은 마을(*A Town Like Alice*)』을 처음 읽은 이래 줄곧 가 보고 싶었던 곳을 마침내 찾아갈 수 있었다. 그곳은 오스트레일리아 대륙의 심장부였다.

    날은 지글지글 끓듯 더웠지만 게리의 집에 닿았을 즈음에는 열기도 한풀 꺾였다. 가는 길에는 폴리와 JGI 오스트레일리아 루츠 앤 슈츠의 이사인 아네트 데븐햄이 함께했다. 우리는 가방을 던져 놓고 게리의 아내와 아들에게 겨우 인사만 한 후 케네스 존슨을 만나러 갔다. 케네스는 1980년대에 말라 포획 번식 프로그램을 설립한 인물이었다. 이윽고 우리는 다 같이 울타리를 향해 출발했다. 사막 공원 직원 두 사람이 그곳에 먼저 가서 말라와 같이 있었는데, 말라는 천으로 된 '주머니' 안에 모습을 숨기고 있었다. 이윽고 마른 풀밭에 앉은 내 무릎 위에 말라가 부드럽게 놓였다.

곧 조그마한 얼굴이 바깥을 엿보았다. 말라는 무척 꾸물거리며 모습을 드러내더니, 가방에서 땅 위로 뛰쳐나와 나로부터 60센티미터 정도밖에 떨어지지 않은 바로 그 자리에 멈춰 서서 주위를 둘러보았다. 녀석은 조그맣고 아름답고 우아한 암컷 캥거루로, 풍성하고 부드러운 모피는 붉은 기를 띤 흑갈색이었다. 즉시 주변을 탐사하더니 내게서 먼 쪽으로 무척 천천히 움직였지만 멀리 가지는 않았다. 자세히 보니 쥐꼬리처럼 털이 없는 말라의 꼬리는 몸 뒤쪽 바닥으로 늘어져 있었다(나중에 켄에게 듣기로는, 원주민들은 숲 속에서 꼬리가 끌린 자국을 보고 말라의 흔적을 찾는다고 한다.). 우리는 말라가 임시로 마련된 새 집에 자리 잡게 두고 이내 자리를 떴다. 오스트레일리아의 포유류들이 대개 그렇듯이 말라 역시 야행성이다. 밤사이 주변을 탐험하고 내일이면 편안히 잠들 수 있으리라. 실제로 이튿날 아침, 우리는 말라가 밖에 놓아둔 먹이를 먹고 나서 자기를 위해 준비한 은신처에서 자고 있더라는 보고를 받았다.

그날 저녁, 나는 게리의 아내인 리비가 차려 준 맛있는 저녁 식사를 먹으며 켄과 게리에게 말라 이야기를 들었다. 한때 이 조그만 동물은 오스트레일리아의 건조지와 반건조지에 거의 1000만 마리에 이르는 수로 퍼져 있었지만, 다른 많은 소형 토착종들과 마찬가지로 가축용 고양이와 여우가 들어오면서 설 땅을 잃었다. 1950년대 내내, 말라는 멸종된 것이나 다름없다고 여겨졌다. 그렇지만 1964년에 타나미 사막 앨리스 스프링스 북서부로 720킬로미터 정도 떨어진 곳에서 조그만 군락 하나가 발견되었다. 그리고 그로부터 12년 후에는 그 근처에서 다시금 작은 군락이 발견되었다. 그리하여 1970년대와 1980년대 내내, 노던 준주의 공원과 자연 관리국 소속 과학자들이 이 두 개체군을 연구하고 감시했다. 이들은 예전부터 말라 서식지로 알려진 전역을 대상으로 대단히 폭넓은 연구를 수행했지만, 다른 흔적은 전혀 발견되지 않았다.

켄은 그 세월 동안 말라 복원 팀이 겪은 가슴앓이를 들려주었다. 이 조그만 동물들은 처음에는 스스로 잘 버텨 나가는 것처럼 보였다. 그렇지만 1987년 말에 첫 재앙이 닥쳤다. 둘째로 발견된, 더 작은 야생 군락의 말라들이 모조리 죽임을 당한 것이다. 모래 위에 남은 흔적을 관찰한 결과 여우가 저지른 짓인 듯했다. 그 이후로 1991년 10월에는 들불이 일어나 남은 군락이 점유하고 있던 지역 전체를 초토화시켰고, 말라 또한 모조리 죽고 말았다. 결국 말라는 야생에서 정말로 멸종한 것이다.

그 일이 있기 10년 전에 켄과 그의 팀이 말라 7마리를 포획하여 앨리스 스프링스 건조 지대 연구소에서 포획 번식 프로그램의 시조로 삼은 것은 다행한 일이었다. 게다가 그 무리는 번창했다. 말라 암컷은 태어난 지 5개월만 되면 번식을 할 수 있고 1년에 3마리까지 새끼를 낳을 수 있다는 사실이 그러한 성공에 일부 기여했다. 다른 캥거루 종과 마찬가지로 어미는 새끼(조이(joey)라고 부른다.)를 대략 15주 동안 주머니에 넣고 다니며, 동시에 여러 마리 키울 수 있다.

야파 족과 손을 잡다

1980년대 초반에는 말라 방생 프로그램을 시작해도 될 만큼 포획 개체 수가 충분했다. 그렇지만 우선 이 일을 야파 족 지도자와 논의할 필요가 있었다(야파란 원주민이 스스로를 부르는 말이다.). 그곳 원주민 문화에서 전통적으로 말라는 노인들에게 강력한 의학적 효험을 지닌 중요한 토템 동물이었다. 또한 중요한 식량 자원이기도 했으므로, 야생으로 돌려보냈다가는 결국 모두 주민들의 밥상에 오르게 되지는 않을까 하는 우려도 있었다.

그리하여 연구 팀은 1980년에 야파의 핵심 인물로 이루어진 대표단을 초빙해서 예정된 방생 지역을 둘러보도록 했다. '말라 꿈'의 주인을 비롯해 그 인물들 다수가 200킬로미터나 되는 방문길에 오르게 만들려면 설득이 필요했다. 왜냐하면 꿈의 주인은 말라가 모두 '끝장났다'고 믿고 있었기 때문이다. 그렇지만 이 만물박사 노인은 끝내 그곳까지 먼 길을 찾아와서 말라에 대한 방대한 지식을 연구 집단에게 전해 주었다. 알고 보니 야파 족은 모두 켄과 연구 팀 못지않게 말라의 미래를 우려하고 있었고, 식량 사냥 이야기는 아예 꺼내지도 않았다. 말라에 대한 원주민의 노련한 기술과 지식은 장차 그 프로젝트에서 지속적으로 중요한 역할을 하게 된다.

프로그램은 이제 진도를 나가 켄과 연구 팀은 사막에 사방 45미터의 울타리를 구축했고, 성공적인 번식 프로그램에서 태어난 말라 12마리가 그리로 이주해 풍토에 적응하는 기간을 거친 다음 자유로운 몸으로 풀려났다. 1년 후에는 그중 몇 마리가 살아남았고, 13마리가 추가로 방생되었다. 하지만 불행히도 가뭄에다 들고양이의 습격까지 겹치는 바람에 모두가 죽거나 행방을 감추었다.

이 일 이후, 프로그램에서는 말라가 포식자들의 위협 없이 환경에 적응할 수 있도록 지역 야파 원주민의 도움을 받아 앨리스 스프링스에서 북서쪽으로 480킬로미터쯤 떨어진 1제곱킬로미터 넓이의 적절한 서식지에 전기 철망을 세웠다. 1992년까지 말라는 말라 목장이라는 곳에 150마리, 앨리스 스프링스 군락에 50마리가 있었다.

그렇지만 목장에 살던 말라를 울타리 없는 야생 지역으로 풀어놓으려는 시도는 전부 실패로 돌아갔다. 2년이 넘는 기간 동안 총 79마리가 방생되었지만 모두 죽거나 자취를 감췄다(증거로 보아 주로 고양이와 일부 여우 탓인 게 거의 분명했다.). 그리하여 방생 프로그램은 폐기되었다. 타나미 사막은 한마디로 말라에게 위험 지역이었다.

켄의 팀은 이제 말라가 번식은 되지만 방생은 할 수 없는 상황을 해결해야 했다. 그리하여 1993년에, 프로젝트의 새로운 목표를 달성하기 위해 말라 복원 팀이 꾸려졌다. 팀은 우선 말라 서식지로 알려진 장소들 중에서 포식자가 없거나 통제된 적절한 지역을 찾는 데 집중했다. 맨 처음 선택된 장소는 웨스턴오스트레일리아 주의 드라이앤드라 삼림 지대에 새로 지어진 멸종 위기 종 전용 울타리였다. 이곳은 '휘트벨트(웨스턴오스트레일리아 주 남서부의 주요 곡창 지대 — 옮긴이)'로 변하기 전에는 말라를 흔히 볼 수 있던 곳이었다. 포획 번식된 말라들을 처음에는 넓은 전용 울타리 안에서 살게 하다가, 후에 개체 수가 늘어나면 그중 일부에게 무전 목걸이를 달아 적절한 자연 보호 구역이나 그 지역의 국립 공원으로 방생한다는 계획이었다.

마침내 모든 준비가 완료되었고, 1999년 3월에는 다 자란 암컷 12마리와 수컷 8마리와 조그만 새끼 8마리가 말라 목장을 떠나 먼 여행길에 올랐다. 동물들은 아침 일찍 스테이션왜건에 실려 가장 가까운 활주로를 향해 울퉁불퉁한 숲길을 따라 3시간이나 달렸다. 떠나는 말라들을 배웅하려고 원주민 대표단이 모였는데, 그만큼 원주민들은 말라 프로그램에 관심이 많았다. 그 귀중한 화물은 그곳에서 앨리스 스프링스로 가는 전세 비행기에 올랐다가 퍼스까지는 일반 상업기로, 그리고 마지막으로는 트럭으로 옮겨져서 목적지까지 여행했다. 말라들은 오후 4시쯤에 도착해서 7시 정각에는 새 집에 방생되었다. 사람들이 얼마나 조마조마한 심정으로 말라가 든 가방을 열었을지는 상상이 간다. 이 조그만 동물들이 그 고된 하루를 과연 잘 버텨냈을까? 다행히 다들 무사했다. 말라는 즉시 신선한 자주개자리 풀을 뜯어 먹기 시작하더니 새로운 집을 탐험하러 깡충깡충 뛰어갔다.

그로부터 몇 달 후, 후발대 말라들이 타나미 사막을 떠나 도착한 곳은 웨스턴오스트레일리아 해변에 자리한 트리무이 섬이었다. 그 전에 2년에 걸쳐 그 섬에서 쥐와 고양이를 몰아내는 작업이 진행되었는데, 정말이지 쉽지 않은 일이었다. 마침내 섬은 말라를 받아들일 준비가 되었고, 원주민 전통 계승자들은 토템 동물을 자신들의 '꿈의 집'에서 멀리 떨어진 곳으로 보내야 한다는 사실을 감수하고 그 프로젝트를 축복해 주었다. 암컷 20마리와 수컷 10마리가 장거리 여행을 위해 선택되었다. 이번에도 모두 무사히 도착했다.

방생하고 나서 6주 후, 돌아가는 상황을 확인하려고 연구 팀이 섬을 다시 찾았다. 말라들은 모두 대략 14개월 후에 저절로 떨어지게 되어 있는 전파 송신용 무전 목줄을 달고 있었다. 팀은 전신기 30개 중에서 29개의 위치를 파악할 수 있었다. 1마리는 알 수 없는 원인으로 죽어 있었다. 아직까지 재도입 프로젝트는 기대보다 순조롭게 돌아가고 있다. 오늘날 그 섬의 말라 개체군이 계속 커지고 있음을 알려 주는 신호가 적지 않다.

성지로의 재도입

나는 앨리스 스프링스에 머무는 동안 게리가 처음 말라 복원 계획과 인연을 맺게 된 이야기를 들었는데, 울루루-카타 츄타 국립 공원에 지역적으로 멸종한 몇 종을 재도입하는 계획에 참여한 것이 그 계기였다고 한다. 높이가 348미터나 되는 울루루에어즈록은 원주민들에게는 최고로 성스러운 곳이다. 나는 폴리, 아네트와 함께 비행기를 타고 가 보았는데, 사방 수 킬로미터에 이르는 평탄하고 광활한 심슨 사막 한가운데 우뚝 솟아 있는 이 붉은 바위는 밖으로 드러난 부분만 해도 엄청나게 거대해서 자지러질 정도였다.

공원 직원들과 생물학자들은 1999년에 그 지역 토착민인 아난구 족의 핵심 인물들과 회합을 열어 울루루 지역에 재도입해야 할 동물 종을 주제로 논의를 했다. 말라는 앞에 나온 야파 족에게만이 아니라 아난구 문화에서도 중요한 역할을 해 왔기 때문에, 다들 말라가 그곳에 돌아오기를 진심으로 바랐다.

"이 조그만 왈라비는 아난구 여성들이 가장 아끼는 종이었고, 아난구 남성 연장자들이 둘째로 아끼는 종이었지요." 게리가 알려 주었다. 게리는 또한 말라가 아난구 족의 창세기에서 중요한 부분을 맡고 있는 탓에 실제로 울루루에서 사라진 뒤에도 아난구 사람들의 기억 속에서는 생생히, 그리고 굳건히 살아 숨 쉬고 있음을 알게 되었다. 아닌 게 아니라 게리가 내게 말해 준 바에 따르면, 힘 있는 아난구 연장자들은 울루루에서 그 조그만 왈라비들이 사라진 것을 아주 심각한 사건으로 받아들였고, 깊은 슬픔을 느꼈다 한다.

울루루-카타 츄타 국립 공원 소속의 헌신적인 공원 감시원 짐 클레이튼은 아난구 사람들의 협력을 얻어 전용 울타리를 설치할 지역을 조사하면서, 아난구 사람들이 외래종 포식자들로부터 말라를 보호하는 데 중요한 역할을 할 담장을 구축하고 유지하는 데에도 협조하게끔 격려했다. 그리고 게리는 아난구 사람들을 설득해 넓은 부족 소유지를 말라 전용 구역으로 확보했다. 울타리가 충분히 넓기만 하면 말라들이 담장 보수를 제외하고는 인간의 도움이 거의 없이도 자기들끼리 잘 살아갈 수 있을 것 같았다.

게리는 얼마간 아무런 소식도 듣지 못했다. 하지만 마침내 짐이 전화를 해서는 이렇게 말했다. "지역을 선정하는 데 좀 어려움이 있었어요. 모래 언덕과 사막참나무가 서 있는 몇몇 지점을 피해야 했거든요……. 1.7제곱킬로미터 정도면 어떨까요?"

그러면야 환상이지! 게리는 그 정도 크기의 울타리면 딱 그 프로그램에 필요한 발판 역할을 해 줄 거라고 말했다. 게리는 단순히 말라 종만이 아니라 아난구 사람들의 문화를 보존하는 데도 말라 재도입 프로그램이 중요한 역할을 할 것 같은 강력한 느낌이 들었다고 한다.

그로부터 6년째가 되는 2005년 9월 29일 오전 7시, 말라 24마리가 울루루-카타 츄타 국립 공원에 새로이 구축된, 포식자 없는 방목장에 방생되었다. 많은 아난구 사람들이 참관했고 언론에도 보도되었다. 수년간의 계획과 노고로 이루어 낸 환상적인 모범 사례였다.

마침 이 책의 원고를 한창 마무리하던 중에, 나는 앨리스 스프링스 사막 공원의 직원인 피터 넌에게 이메일을 받았다. "우리 앨리스 스프링스 사막 공원의 자유 방목 지역에 방생한 말라가 무척 잘 지내고 있다는 사실을 알면 선생님이 무척 좋아하실 것 같아서 알려드립니다. 말라들은 너무 잘 지내고 있고, 주머니에다 어린 새끼를 키우고 있어요! 하루는 밤에 밖에서 전등을 비추고 있을 때 운 좋게도 말라가 제 바로 옆을 지나쳐 갔는데, 정말 좋아 보였어요. 이 소식을 듣고 선생님 얼굴에 웃음이 떠올랐으면 좋겠네요."

물론 내 얼굴에는 웃음이 떠올랐다.

왈라비 새끼의 대리모: 검은옆구리바위왈라비 이야기

생애 처음 말라를 만난 직후, 나는 역시 생애 처음으로 검은옆구리바위왈라비도 만났다. 아델레이드 근처 모나트로 동물원의 포획 번식 프로그램에서였다. 선임 관리원인 피터 클라크의 말에 따르면, 이들을 잡아먹을 뿐만 아니라 먹이를 놓고 경쟁을 벌이는 외래종과 환경 악화 때문에 그 많았던 '와루(Warru)'(아난구 족이 이들을 부르는 이름이다.)의 개체 수가 겨우 50~70마리로 떨어졌다고 한다.

    그러고 나서 2007년에, 이들을 구조하기 위한 기발한 계획이 실행되었다. 이전에 위험에 처한 다른 왈라비 종의 수를 끌어올리는 데 이용되어 대단한 성공을 거둔 계획이었다. 그 밑바탕은 일반적인 재도입 전략이었다. 암컷 왈라비는 새끼를 잃으면 체내에 저장된 수정란을 활성화시켜 다시 새끼를 낳을 준비를 한다. 그래서 생물학자들은 암컷 와루를 잡아 주머니를 확인한 다음 부분 발달한 아주 작은 새끼가 발견되면 '훔쳐다가' 비행기로 모나트로 동물원으로 보내, 위기에 처해 있지 않은 노란발바위왈라비의 주머니에 심었다. 어차피 야생 어미의 주머니에서는 저장된 '임시' 배가 이내 발달을 시작하기 때문에 야생 개체 수는 큰 손실을 입지 않는다.

    아난구 족 지역민들은 처음으로 훔쳐 낸 20마리 새끼들(각각 이름이 지어진)과 같이 비행기를 타고 모나트로 향했다.

피터의 말에 따르면 그 모두가 포획과 여행을 버티고 살아남아 새로운 어미들의 주머니에서 잘 자랐다고 한다. 그 이후 와루들은 완전히 자립하기 전에 다시 옮겨져 동물원 직원들의 손에서 자랐다. 녀석들은 포획 번식 프로그램에 돌입해 정기적으로 주머니를 확인당할 터이므로 그 과정에서 스트레스를 덜 받기 위해서는 인간의 손길에 친숙해져야만 했다.

현재는 정부와 아낭구 지역민 양측이 발자국과 똥, 이전에 덫으로 포획했던 개체의 무선 추적을 통해 남아 있는 서식지 3곳의 개체 수를 지속적으로 감시하고 있다. 비록 적으나마 새로 태어난 와루 몇 마리가 확인되었다는 사실은 고무적이다. 모나트로 출신 포획 번식 와루들의 수가 충분해지고 포식자 통제 프로그램도 만족스러운 효과를 내고 나면 와루들은 바로 이곳에 재도입될 것이다.

떠나기 전에 그곳 관리인인 믹 포스트는 나를 데려가 번식 암컷들을 만나게 해 주었다. 동물원 직원이 이름을 붙인 둘째 무리의 새끼들과 함께 온 그 암컷은 원주민의 이름이 아니라 모린이라는 이름으로 불렸다! 모린은 매혹적이고 우아해 보였으며, 곧추서면 45센티미터쯤 되었다. 짙은 회색 모피에 얼굴과 옆구리에는 검은 줄무늬가 있었다. 모린은 우리를 전혀 경계하지 않았고, 내가 그곳 울타리 바닥에 주저앉자 내 무릎 위로 올라와 앉아 주위를 둘러보더니 우리를 향해 있는 카메라에 관심을 보였다. 믹은 자기가 모린의 울타리를 청소할 때 이따금씩 모린이 자기 머리 위에 올라앉아서 일을 열심히 하는지 감시한다고 말했다. 모린과 그 가족, 그리고 후손들의 생존을 확보하기 위해 헌신적으로 일하는 그 팀을 만날 수 있었던 것은 내게 진정 특별한 행운이었다.

캘리포니아콘도르
Gymnogyps californianus

캘리포니아콘도르는 북아메리카에서 가장 큰 조류에 속하는데, 몸무게는 최고 12킬로그램, 키는 1미터에 조금 못 미치고, 양 날개를 편 길이는 3미터에 약간 모자라는 정도다. 어렸을 때 나는 아프리카와 아시아의 독수리밖에 몰랐다. 내 이야기책에 주로 나오는 것이 이들이었기 때문이다. 이 녀석들은 보통 갈증과 상처를 견뎌 가며 사막을 가로지르려 안간힘을 쓰다 거의 포기 직전에 이르는 주인공을 가까이에서 끈질기게 지켜보는 약간 불길한 역할을 맡았다. 그렇지만 주인공은 으레 독수리들의 불길한 굽은 부리와 날카로운 발톱과 차갑고 굶주린 눈을 보고 마지막 힘을 짜내어 안전한 곳에 도달한다. 아프리카에서 보낸 세월 동안 나는 야생에서 이런 독수리들의 매혹적인 행동을 보느라 시간 가는 줄 몰랐지만, 훨씬 나중에야 알게 된 캘리포니아콘도르는 오로지 포획된 상태로밖에 보지 못했다.

사실 처음에는 그 모습에서 별 매력을 느끼지 못했다. 그 대머리는 뭐랄까…… 너무…… 대머리였다! 게다가 붉은색은 삶은 바닷가재를 연상시켰다. 어떻게 보면 캘리포니아콘도르는 자연의 기술과 마법이 오로지 영광스러운 날개와 놀라운 비행력을 만드는 데만 치중

포획 번식 프로그램을 거쳐 멕시코 바하칼리포르니아의 야생으로
방생된 캘리포니아콘도르들(마이크 월리스 제공).

해 버린, 조금 실패한 실험물 같기도 하다. 하지만 나는 야생 콘도르를 찍은 사진을 보고서는 칠흑처럼 검은 깃털과 뚜렷이 대조되어 태양빛에 눈부시게 빛나는 붉은 피부에 감탄한 적도 있다. 그리고 그 얼굴에 점차 익숙해지자, 약간 우스워 보이기도 하고 정도 들었다.

캘리포니아콘도르는 한때 멕시코의 바하칼리포르니아에서 저 멀리 캐나다 브리티시콜롬비아의 서해안에 이르는 넓은 지역에서 활약했지만, 1940년대 무렵에 이르자 남부 캘리포니아의 건조한 협곡에 서식하는 150마리 정도만 남고 나머지는 완전히 사라졌다. 1974년에는 바하칼리포르니아에서 콘도르 2마리가 발견되었다는 보고가 들어와서 지금은 세상을 떠난 내 남편 휴고 반 라윅이 그리로 가서 콘도르 사진을 찍어도 좋다는 비행 허가를 받았다. 그렇지만 그 원정은 결국 실현되지 않았고, 새들은 사라졌다.

독수리 수가 감소한 데에는 여러 원인이 있었는데, 그중에서도 주된 요인으로는 미국 서부로 인구가 몰려들면서 밀렵자들과 수집가들의 총에 맞거나, 목장주들이 곰이나 늑대, 코요테를 노리고 놓은 독이 든 미끼를 먹거나, 사냥꾼이 쏜 동물들의 사체와 내장 더미에 든 납 탄환 파편을 섭취해 의도치 않게 중독된 것 등을 꼽을 수 있다.

그리하여 일단의 생물학자들이 뭔가 수를 내지 않으면 안 되겠다는 결론을 내렸다. 콘도르를 위해 야생 보호 지역이 따로 확보되어 있긴 했지만 그것만으로는 부족했다. 땅에 내려앉아 휴식을 취하는 독수리들을 보호해 주었고 독수리들도 즐겨 찾았지만, 이 새들이 그로부터 200킬로미터도 넘게 떨어진 목장의 토지로 날아가 먹이를 찾을 때 이들을 보호할 안전망은 전혀 없었다. 생물학자이자 열성적인 조류 지킴이인 노엘 스나이더는 독수리 복원 프로그램을 설립한 데 이어 연구에도 앞장섰다. 생물학자들은 독수리 행동에 대해, 그리고 개체 수 감소를 초래하는 원인에 대해 모든 것을 알아내려고 노력하는 한편, 야생 개체 수를 성큼 끌어올리는 데 필요한 수의 새들을 확보할 수 있도록 포획 번식 설비를 계획했다.

그렇지만 어떤 형태든 개입이라면 무조건 극렬히 반대하는 사람들이 많아서, 그로부터 시작된 논란은 몇 년간이나 계속되었다. '보호주의자들'은 야생 상태에서 새들에 대한 보호를 강화하기를 원했고, 만약 그 방법이 효과를 거두지 못한다면 그냥 새들이 점차 사라지도록, 자연적인 환경에서 존엄성을 유지한 채로 사라져 가도록 내버려 두기를 원했다. 그들은 포획 도중에 분명히 몇 마리는 사고로 죽을 테고, 거기다 포획 상태에서는 번식을 하지 않을 것이며, 번식한다 해도 야생에 재도입하기란 불가능할 거라고 주장했다.

그 무렵 샌디에이고 동물원을 방문해서 오랜 지기인 도널드 린드버그 박사를 비롯한 몇몇 과학자들과 그 문제를 놓고 토론했던 일이 기억난다. 내 마음속 한 부분은 야생 조류로부터 자유를 빼앗고 그토록 경이롭게 하늘을 나는 모습을 자랑하는 이 존재들을 울타리 안에 어쩌면 평생 가둬야 한다는 생각에 저항했다. 그렇지만 다른 부분은 (돈과 노엘 스나이더와 마찬가지로) 그런 대단한 종을 살려 내어 언젠가 야생으로 돌려보낼 수 있다면 진정 보람 있는 일이리라고 느꼈다. 결국, 노엘과 돈을 비롯한 개입주의자들이 이겼다.

야생에서 볼 수 없게 된 독수리

1980년 6월에 노엘이 이끄는 과학자 5명이 야생에서 유일하게 알려진 '둥지' 2곳에 각각 1마리씩 있는 병아리들의 상태를 감시하러 출발했다(독수리 둥지란 대개 그냥 동굴 안에 있는 바위 턱을 말한다.). 아무 문제없이 첫 번째 병아리를 확인하고 난 그 팀이, 두 번째 병아리가 검사 도중에 스트레스로 인한 심장 마비로 죽는 것을 보고 얼마나 당황했을지를 상상해 보라. 이로 인해 팀은 당연히 보호주의자들로부터 거센 역풍을 맞았고, 노엘은 가까스로 그 상황을 이겨 냈다.

 1982년, 야생 독수리의 행동을 연구할 수 있도록 둥지 근처에 은신처가 만들어졌다. 그리고 독수리의 도드라지는 문제 행동을 직접 목격한 사람들은 자기들의 두 눈을 믿을 수 없을 지경이었다. 암컷이 알을 품으려고 돌아올 때마다 수컷은 알의 보호자 역할을 내놓기 싫은지 매번 난폭하게 암컷을 공격했다. 수컷은 둥지가 있는 굴로부터 거듭 암컷을 쫓아냈고, 가끔은 며칠 연속으로 그런 행동을 되풀이해서, 알은 보통은 있을 수 없는 잦고 긴 냉각기를 겪어야 했다. 마침내 한번은 그런 다툼 도중에 알이 둥지 굴에서 굴러 나와 아래 바위에 부딪혀 깨지고 말았다.

 관찰자들은 이 사건 때문에 적어도 그해에는 독수리 쌍이 새끼를 보지 못하는 슬픈 파국을 맞겠거니 생각했다. 하지만 1달 반이 지나자, 그 쌍은 다른 둥지 굴을 택해 또 다른 알을 낳았다. 비록 이 알 역시 부부가 또다시 싸움을 시작하는 바람에 소실되긴 했지만(이번에는 갈가마귀에게) 그래도 덕분에 다른 많은 조류와 마찬가지로 독수리 또한 포식자나 사고로 알을 잃으면 거기서 자극받아 다시 그 빈 자리를 메울 알을 낳는다는 사실을 확실히 알게 되었으니, 연구가 허사로 돌아간 것은 아니었다. 이윽고 노엘의 팀은 모든 야생 쌍이 처음 낳은 알을 빼앗아 인공 부화를 시키는 방식으로 포획 번식 개체군을 확립하는 계획을 정식으로 개시했다.

그렇게 한 것이 참으로 다행이었던 게, 1984년에서 1985년으로 넘어가는 겨울에 비극이 야생 개체군을 덮쳐 알려진 번식 쌍 5쌍 중 4쌍이 사라졌다. 명확하지는 않았지만, 납 중독으로 인해 죽음을 맞았다는 증거가 점차 쌓이고 있었다. 이 지점에서 노엘의 팀은 남아 있는 야생 조류를 포획하는 것이 반드시 필요하다고 생각했다. 번식 프로그램에 속해 있는 독수리 수는 너무 적어서 안정적인 개체군을 확립하기에는 유전적 다양성이 부족했다. 그리고 야생에는 겨우 9마리만 남아 있었다. 노엘은 포획 프로그램에 어느 정도 개체 수가 갖추어져야만 캘리포니아콘도르를 살릴 수 있다고 주장했다.

그러나 미국 국립 오두본 협회는 야생 상태로 남아 있는 개체가 없다면 그 종의 서식지를 보호하는 것은 불가능하다며 이 계획을 맹렬히 반대하는 동시에, 미국 어류·야생 생물 관리국을 고소해 마지막 남은 야생 콘도르를 포획하는 것을 막으려 했다. 그렇지만 마지막 번식 쌍의 암컷이 납에 중독되어 수의학자들의 애타는 노력도 소용없이 죽음을 맞자, 연방 법정에서는 미국 어류·야생 생물 관리국이 실제로 남아 있는 야생 조류들을 포획할 권리가 있다는 판결을 내렸다. 그리하여 1985년에서 1987년 사이에 야생에 마지막 남은 캘리포니아콘도르가 포획되었고, 이들은 야생에서는 공식적으로 멸종 목록에 올랐다.

번식 센터를 다녀오다

그 무렵 최첨단 번식 시설 2곳이 설립되었다. 하나는 샌디에이고 야생 동물 공원에, 하나는 로스앤젤레스 동물원에 있었고, 각각에는 울타리가 6개씩 있었다. 1982년 이후로 5년 동안 알 16개(그중 14개가 부화해 살아남았다.)와 새끼 4마리가 야생에서 포획되어 그 두 시설에서 공유되었다. 그리고 토파-토파라는 수컷이 있었는데, 토파-토파는 1967년 이래 줄곧 로스앤젤레스 동물원에서 살고 있었다. 이윽고 야생에서 마지막으로 포획된 어른 독수리 7마리가 이 포로들에 합류했다. 알을 인공 부화시키는 책임자는 빌 툰으로, 빌의 팀이 개발한 기술 덕분에 알의 80퍼센트가 건강한 어린 새로 부화했다. 이에 비하면 야생에서는 성공률이 40퍼센트에서 50퍼센트를 넘지 않는다.

    1990년대 초에 돈은 나를 초대해 독수리 번식 센터와 샌디에이고 시설에 있는 조류용 우리를 구경시켜 주었다. 대다수 프로그램들과 마찬가지로 동물을 야생으로 재도입하는 것이 최종 목표였기 때문에, 포획되어 번식된 독수리들이 인간 관리인을 각인하지 않도록 엄청나게 세심한 주의를 기울여야 했다. 병아리들을 보살피는 이들은 다 자란 독수리의 머리와 목을 본떠 만든 헝겊 인형 장갑을 끼고, 독수리 근처에서는 한마디도 말을 할 수 없었다. 나는 일방향 유리 뒤에 내 존재를 완전히 숨긴 채 침묵 속에서 원래 야생에서 부화한 암컷 1마리가 바위 선반 위에 앉아 있는 것을 관찰했다. 암컷이 그저 날개를 한두 차례 파닥거리는 것 같더니 갑자기 날아올라 커다란 비행 우리를 가로질러 그 경이로운 날개를 펴고 미끄러지는 것을 보자, 나는 눈물이 차오르는 것을 느꼈다. 눈물의 일부는 그 새의 잃어버린 자유 때문이었고, 일부는 얼마 안 되는 열정적이고 용기 있고 결단력 있는 사람들이 아니었더라면 이 영광스러운 날개를 지닌 새가 앞서 간 수많은 새들과 마찬가지로 거의 확실히 죽었을(총에 맞거나 중독 때문에) 것임을 알았기 때문이다.

그로부터 20년도 더 지나, 2007년 4월(이날은 내 생일이었다!)에 나는 로스앤젤레스의 번식 프로그램을 방문해 거기서 일하는 마이크 클락, 제니퍼 풀러, 챈드라 데이비드, 데비 치아니, 수지 캐시엘크를 만났다. 우리는 작은 방에 모여 그 번식 울타리 내 독수리들의 행동을 24시간 기록하는 비디오 화면에 눈길을 고정시켰다. 프로그램의 성공과 문제점들을 이야기하며 (번식 울타리 안에 설치된 원격 조종 카메라의) 화면을 보고 있는데, 화면 속에서는 젊은 수컷 하나가 감탄스러운 구애의 쇼를 벌이고 있었다. 그리고 생애 첫 알을 낳을 준비가 된 암컷도 있었다. 알을 낳기에는 아직 며칠 일렀지만, 이미 암컷은 대단히 불편해 보이는 모습으로 꼬리를 들어 올리고 머리를 낮추고 있었다. 땅에서 조그만 뼛조각 몇 개를 부리로 쪼아 삼키는 것을 보니 알껍데기를 만들기 위해 칼슘을 더 많이 섭취하려는 것 같았다.

어린 독수리에게 야생 생활을 준비시키기

포획 양육을 개시한 개척자들이 맞닥뜨린 시급한 문제는 언젠가 방생되는 그때에 적응할 수 있도록 어린 새끼들을 제대로 키우는 방법을 찾는 것이었다. 캘리포니아콘도르는 멸종에 너무나 가까운 위험한 상태라 시행착오를 감수할 수 없는 상황이었다. 그리하여 팀은 안데스콘도르를 실험 대상으로 삼아 방생 연습을 해 보기로 했다. 날개를 쭉 펴면 놀랍게도 3.4미터나 되는 이 종은 캘리포니아콘도르만큼 위기에 처해 있지는 않았다. 귀중한 캘리포니아콘도르를 방생하기 전에 방법론을 시험할 수 있도록, 안데스콘도르 새끼 13마리를 포획 양육해 남부 캘리포니아에 한시적으로 방생하기로 결정되었다. 전부 암컷으로만 이루어진 안데스콘도르들은 또래 그룹으로 키워졌고 모두 동시에 방생되었다. 그렇게 하면 동료애를 발휘해서 서로를 지탱해 주지 않을까 싶었던 것이다. 실제로 이것이 제대로 효과를 발휘했다(안데스콘도르들은 나중에 재포획되어 결국 콜롬비아에 다시 방생되었는데, 지금은 거기서 많은 수로 번식하면서 새끼를 낳아 키우고 있다.).

안데스 프로그램에서 성공을 거두어 의기양양해진 생물학자들은 자신감을 가지고 캘리포니아콘도르 새끼들을 동일한 방식으로 키웠다. 그러나 나중에 마이크가 말해 준 바에 따르면 불행히도 집단 양육 방식이 이들에게는 전혀 들어맞지 않았던지, 녀석들은 온갖 종류의 문제 행동을 보였다. 캘리포니아콘도르들은 아무래도 부모에게 훈련을 받아야 하는 모양이었다. 그리하여 새로운 방법이 고안되었다. 각 병아리는 첫 6개월 동안 홀로 둥지 상자 하나씩을 차지하고 어른 수컷 독수리의 행동을 보면서, 독수리 머리 인형을 쓰고 변장한 인간에게 보살핌을 받고 먹이를 받아먹었다. 그리고 보통 야생 새들이 날 수 있게 되어 둥지를 떠나는 시점에 포획 새끼는 어른 스승, 즉 10살 이상 된 수컷과 함께 지내게 된다. 스승은 어린 새에게 공격적으로 굴지 않으면서 먹이를 놓고 경쟁하여, 마이크의 말에 따르면 "정신적 발달에 도움이 되었다."

그러나 독수리들이 성장하면서 행동과 관련한 새로운 문제들이 떠올랐다. 그 하나로, 이 새들은 과학자들이 시행착오를 통해 유전적으로 서로 잘 맞는 어른 수컷과 암컷을 새끼 새들과 함께 울타리에 넣는 것이 가장 효과적이라는 사실을 알아내기 전까지는 적절한 남녀 관계를 맺지 못했다. "어른 새들은 새끼 새보다 다른 어른들과 함께 있는 편을 더 좋아해요." 마이크가 말했다.

일단 관계 맺기가 이루어지면 짝짓기에는 문제가 없었고, 짝짓기를 한 쌍들은 정기적으로 알을 낳았다. 그리고 포획 상태에서 부모가 병아리를 키울 때에는 비교적 문제가 덜했다. "알이 시야에 들어오면, 수컷은 즉각 그 알을 보호하려 하는 강력한 부성애 반응을 보이는 것 같습니다." 마이크가 말했다. 암컷과 수컷은 알이 부화되기 전 57일간 교대로 알을 품었다. 이후에 암컷은 아비의 애정을 놓고 새끼들과 경쟁하려는 경향을 보이는 반면, 수컷은 계속해서 강력한 보호 본능을 보였다.

야생의 부모 노릇은 힘들어

1991년 무렵, 사로잡힌 12쌍 중 11쌍이 알 22개를 낳았다. 그중 17개는 수정이 되었고, 다시 그중 13마리가 부화하여 성숙했다. 상황은 순조롭게 돌아가고 있었고, 프로그램이 시작된 지 10년째인 1992년에는 맨 처음 포획 번식된 콘도르 2마리가 각각 무선 전신 꼬리표를 달고 로스파드레스 국립 공원 내 50킬로미터의 강을 포함해 1,610제곱킬로미터에 이르는 야생 보호 구역에 방생되었다. 이 새들을 납 중독의 위험으로부터 가능한 한 안전하게 보호하려고 방생지 근처에 먹이를 놓아두었다(지금도 그렇게 한다.). 새들은 한번 날아오르면 160킬로미터 이상 날 수 있었지만, 맨 처음 안데스콘도르 실험 무리가 그랬듯이 캘리포니아콘도르들 역시 배가 고프면 쉽게 손에 넣을 수 있는 먹이가 있는 곳으로 돌아올 터였고, 대개는 그렇게 했다.

2000년에는 포획 번식된 새들의 맨 첫 무리가 야생에 둥지를 틀었는데, 동물들을 자유로운 삶으로 돌려보내기 위해 열심히 노력해 온 사람이라면 누구나가 열렬히 고대하던 사건이었다. 그렇지만 이 시기에는 포획 양육된 새들에게 영향을 미치는 일부 문제 행동들이 모습을 드러내기도 했다. 둥지를 찾아낸 생물학자들은 한 둥지에 알이 하나가 아니라 둘이나 있는 것을 보고 놀라고 말았다! 이윽고 생물학자들은 둥지의 주인이 3마리, 즉 수컷 1마리와 암컷 2마리라는 사실을 깨달았다. 그러나 새들은 굴을 아주 잘 골라서, 두 암컷이 각각 낳은 알은 서로 1미터쯤 거리를 두고 있었다. 3마리는 각자 순번을 돌아가며 둥지에 앉았지만 한 녀석이 알 2개를 동시에 품을 수는 없는 노릇이라 생물학자들은 개입이 필요하다고 결론 내렸다.

이윽고 생물학자들은 알 하나가 완전히 썩어 버렸다는 사실을 알았다. 그리하여 그 자리에 가짜 알을 놓아두고, 혹시 살릴 수 있는지 살펴보려고 나머지 하나를 가져갔다. 비록 상태는 무척 나빴지만 동물원의 솜씨 좋은 팀원들이 그 알을 부화시킬 수 있었다. 그러는 동안 어색한 삼총사는 여전히 둥지에서 가짜 알을 보살피고 있었다. 보통

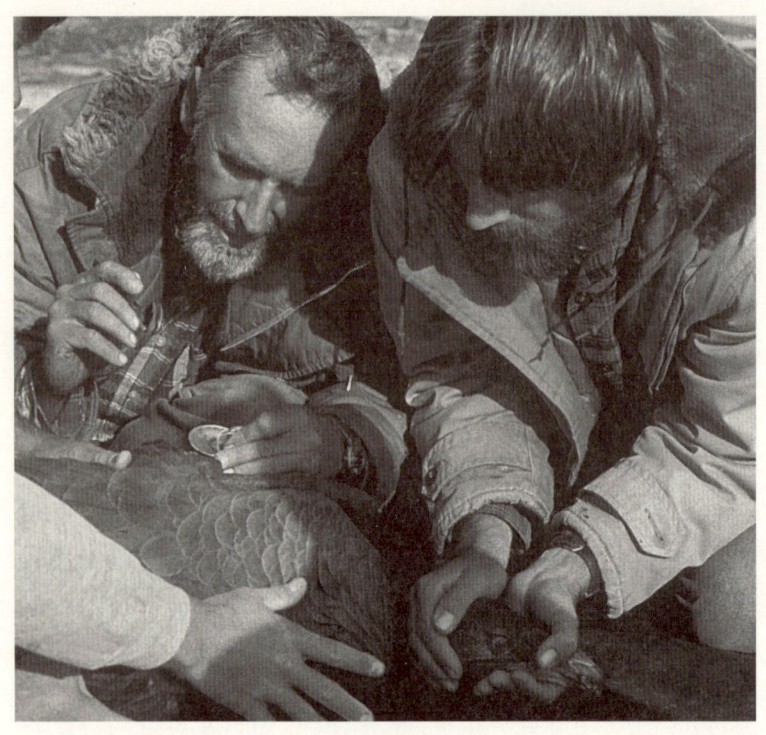

맨 처음 무선 전파 송신기를 공급받은 독수리는 IC1이었는데(사진 왼쪽은 노엘 스나이더, 오른쪽은 피트 블룸), 테하차피 산맥에 갇혔다 구조되었다. 송신기는 야생에서 독수리들이 날아가는 경로를 추적할 수 있게 해 준다(헬렌 스나이더 제공, 미국 어류·야생 생물 관리국의 허가하에 게재).

알이 부화하는 시기가 다가올 무렵 가짜 알을 치우고 포획 프로그램에서 태어난 건강한 알을 가져다 두었다. 다행히 알은 제때 깨어났다. 하지만 잠재적인 보호자가 셋이나 있는데도 암컷 1마리만이 내리 11일이나 혼자(처음에는 알과, 나중에는 병아리와) 둥지를 지키는 상황이 연출되었다. 그리고 마침내 돌아온 다른 암컷은 먼저 암컷을 도와서 3일 된 병아리를 키우기는커녕 오히려 죽여 버리고 말았다. 분명히 성공적인 번식 철이라고 할 수는 없었다! 그래도 장차 부모가 될 콘도르 3마리가 적절한 지역에 둥지를 틀고 자기들끼리 적어도 알 하나를 부화시켰다는 것만큼은 희망적이었다.

쓰레기와 다른 문제들

이듬해에는 둥지 3곳에서 병아리들이 부화했다. 하지만 처음에 흥분했던 과학자들은 새끼들이 생후 4개월 만에 모조리 죽어 버리자 당황하고 말았다. 사후 부검 결과 부모들이 새끼들에게 정상적인 먹이뿐만 아니라 쓰레기도 같이 먹였음이 밝혀졌다. 병뚜껑과 딱딱한 작은 플라스틱 조각, 유리 조각 같은 것들이었다.

불행히도 이것은 이 새들에게는 관습이 되어 버렸고, 아프리카의 독수리들 역시 새끼들에게 쓰레기를 먹이는 모습이 목격되었다. 생물학자들의 설명에 따르면 부모 새들은 아마도 골격 발달을 돕는 역할을 할 뼛조각 대신 이런 부적절한 것들을 고르는 듯했다.

오늘날 복원 팀은 둥지를 밀착 감시해 부모의 행동과 새끼의 발달을 기록하며, 30일 간격으로 정기적으로 알과 병아리의 건강 상태를 확인할뿐더러 필요할 경우에는 개입해도 된다는 위임장까지 가지고 있다. 그리고 2006년 번식 철에 깨어난 유일한 병아리에게는 그러한 조치가 반드시 필요했다. 우선 무엇보다 이 일은 부모 양쪽이 모두 알을 낳기에는 너무 어린 나이로 여겨졌기 때문에 더욱 흥분되는 사건이었다. 암컷은 겨우 6살이었고 수컷은 5살이었던 것이다. 심지어 어른 깃털이 나지도 않은 상태였으니, 이들이 둥지에 알과 함께 있는 것을 보고 사람들이 얼마나 놀랐을까! 마이크의 말에 따르면 부모가 어리고 경험이 없어서 오랜 부화 기간 동안 그 알에 과연 지속적으로 보살핌을 줄 수 있을지가 무척 걱정스러웠다고 한다.

그래서 사람들은 자그마한 술수를 쓰기로 했다. 경험 없는 부모로부터 알(1달은 더 있어야 부화할)을 빼앗고 대신 그 자리에 막 깨어나려 하는, 포획 번식 프로그램에서 태어난 알을 갖다 두는 방법이었다. 젊은 부모는 알 속에서 들려오는 병아리의 목소리와 껍데기 안에서 부리로 쪼는 소리를 듣고 그 즉시 대단한 관심을 기울였다. 병아리는 무사히 알을 깨고 나왔고 제대로 보살핌을 받았다.

그로부터 30일이 지나 병아리의 건강 상태를 확인했을 때에는 굴 바닥에 쓰레기 조각 몇 개가 옮겨져 있는 것만 빼면 모든 상황이 잘 돌아가고 있는 것 같았다. 연구 팀은 쓰레기를 먹이고 싶어 하는 부모의 이상한 열의가 식기를 바라며 그 주변에 뼛조각을 2킬로그램 정도 가져다 놓고 행운을 빌며 자리를 떴다. 60일 이후에 확인했을 때에도 병아리는 여전히 건강했다. 부모가 갖다 둔 쓰레기 조각은 전보다 늘었지만 금속 탐지기(이것은 이제 수의학자의 상용 기기가 되어 버렸다!)를 써 보니 병아리는 쓰레기를 전혀 삼키지 않았다. 그러나 90일째 검사했을 때는 이미 엄청난 양의 쓰레기를 삼킨 다음이어서 상태가 위중했으며 체중도 줄고 성장도 부진했다. 쓰레기를 제거하지 않으면 죽을 게 틀림없었다.

마이크는 병아리를 데려왔다가 다시 응급 수술을 하러 캘리포니아의 야생 독수리에 대한 수의학 치료를 전담하는 로스앤젤레스 동물원으로 옮겼다. 그런 한편, 다른 팀원은 부모가 둥지 근처에 못 돌아오게 하려고 불침번을 섰다. 둥지가 빈 것을 보고 나면 그 쌍은 그곳을 영영 떠나 버릴 게 분명했기 때문이다. 병아리의 몸속에는 병뚜껑에서 작은 금속 조각과 딱딱한 플라스틱에 이르는 엄청나게 다양한 쓰레기들이 쇠털과 온통 뒤엉켜 있었다. 나도 그 산물을 보았는데, 그게 전부 새 1마리, 그것도 병아리 1마리에서 나왔다는 게 도저히 믿기지 않을 지경이었다. 병이 안 났다면 이상했을 정도였다! 수술은 무사히 끝나서 새끼는 20시간 만에 헬리콥터로 되돌아가, 탐색 구조대원에 의해 밧줄로 둥지에 내려졌다. 이 작전이 벌어지는 동안 인간들 바로 뒤에서 어깨너머로 둥지를 엿보고 있던 부모 새들은 헬리콥터가 떠나고 5분 만에 사랑하는 새끼를 품에 안았다.

소화시킬 수 없는 쓰레기를 내놓고 나자 새끼는 건강을 회복했지만 120일째인 검진일 바로 전에 고출력 망원경을 통해 둥지를 관찰하던 현장 생물학자의 눈에 병아리가 유리 조각 3개를 삼켰다 뱉었다 하며 놀고 있는 장면이 목격되었다. 그리고 정해진 일자에 확인하러 간 팀원들은 당연하게도 병아리의 내장 기관 안에 있는 딱딱한 덩어리를 감지할 수 있었다. 다행히도 팀원들은 뱃속에 있는 딱딱한 것을 마사지를 통해 부드럽게 목구멍으로 밀어 올려 핀셋으로 꺼낼 수 있었는데, 바로 병아리가 가지고 놀던 유리 조각들이었다. 독수리들이 쓰레기에 목매는 것은 확실히 연구 팀이 해결해야 하는 가장 심각한 행동 장애였다.

행동 장애를 줄이는 한 가지 방법으로 1980년대부터 포획 상태로 있던 최초의 야생 포획 조류 몇 마리를 풀어 놓아 역할 모델로 삼게 하자는 제안이 나왔다. 이 제안이 실행되어 실제로 귀중한 행동 모델 노릇을 하긴 했지만, 이 새들이 보이는 광범위한 먹이 사냥 행동은 납 중독으로 인한 염증을 초래할 수 있었다. 사실 원래 암컷 중 1마리는 야생으로 돌아간 이후 심각한 납 중독으로 고생했다. 노엘은 납 오염 문제가 해결되기 전까지는 더 이상 방생을 해서는 안 된다고 강력하게 느꼈다.

미래에 대한 믿음

노엘의 말에 따르면, 프로그램에 속한 사람들은 모두 한결같이 시작 단계부터 이 문제를 반드시 해결해야 한다고 생각했다고 한다. 그렇지만 맨 처음 병에 걸렸던 독수리가 납 중독 진단을 받은 이래 20년도 더 넘는 세월 동안 이 문제의 근원을 제거하려는 노력은 전혀 이루어지지 않았다. 가장 중요한 이유는 당시 납 탄환을 대체할 좋은 대안이 없었기 때문이다. 그러나 2007년에는 다양한 비독성 탄환이 시중에 나왔고, 그해 10월 13일에는 캘리포니아 주지사인 아널드 슈워제

네거가 캘리포니아콘도르의 행동반경 내에서 납 탄환을 사용해 큰 짐승을 사냥하는 것을 금지하는 법안인 AB 821을 조인했으며, 뒤따라 의회도 이를 통과시켰다. 자연 자원 방어 의회(NRDC)와 수많은 보호주의자들이 입법 기관에 강력한 압력을 넣은 덕분이었다.

한편 많은 환경 보호 운동가들은 어차피 탄환 제조 자체를 금지하지 않는 한 법을 강제 집행하기가 쉽지 않을 터이므로 그 법안이 그저 책임을 회피하려는 수단에 불과하다고 생각했다. 그렇지만 내가 슈워제네거 주지사와 이야기해 본 바로는, 독수리의 넓디 넓은 행동반경에 비하면 캘리포니아에서 납 탄환 사용이 허가되는 곳은 그중 일부밖에 되지 않는다고 한다. 그러니 제조업자들이 계속 납 탄환을 만드는 것이 수지 타산에 맞지 않는다는 사실을 저절로 깨닫게 되리라는 이야기였다. 어찌 됐든 법안이 통과되었다는 자체가 이미 진보의 한 발짝을 내디뎠다는 것이고, 적어도 나는 주지사가 그 법안을 지지했다는 사실에 대해서만큼은 박수를 쳐 주고 싶다.

방생된 새들의 미래는 아직 불투명하지만 지금까지는 사람들이 거기에 들인 시간과 헌신이 성공을 거두었다고 볼 수 있다. 그런 개입이 없었더라면 캘리포니아콘도르는 거의 확실히 멸종하고 말았을 테니 말이다. 게다가 이제는 이 놀라운 새들이 거의 300마리에 이르고, 그중 146마리는 저 바깥 야생 세계에서 남부 캘리포니아, 애리조나, 유타, 바하칼리포르니아에 걸친 그랜드 캐니언의 하늘로 솟구쳐 날아오르고 있다.

야생에서 독수리가 나는 모습을 보면 감탄하지 않을 수 없다. 바하에서 포획 번식된 독수리들의 방생을 감독한 현장 생물학자인 마이크 월리스는 이 놀랍도록 사회적인 새들의 짝짓기 의식과 독특한 개성을 관찰하며 알게 된 굉장한 이야기들을 보내 주었다(그 이야기는 우리 웹사이트에서 읽을 수 있다.). 내 친구인 빌 올램은 그랜드 캐니언에서 하이킹을 하던 중에 본 멋진 광경을 편지로 적어 보내 주었다. 캘리포니아콘도르가 그 거대하고 강력한 날개를 펼쳐 위로 날아오를 때, 퍼덕거리는 날갯짓 소리와 급강하할 때 깃털 사이로 내는 공기의 휘파람 소리는 말 그대로 천상의 음악이더라고 했다. 그리고 또 최근에는 세인이 2008년에 그랜드 캐니언에서 래프팅을 하던 중에 그 근방에 살고 있는 50마리 정도의 독수리들을 보고 너무나 기뻤다는 이야기를 적어 보내기도 했다.

이런 경험들을 겪는 사람들이, 그리고 이 놀라운 새가 영영 사라질 뻔했다는 사실을 새로이 알게 되는 사람들이 늘어날수록, 이 새에 대한 관심은 더욱 자라난다. 그런 식으로 늘어난, 캘리포니아콘도르와 그 미래에 대해 뜨거운 관심을 갖는 사람들은 지금 대군을 이루고 있다. 비록 공식적으로는 은퇴했지만 아직도 개인적으로는 강력한 헌신을 아끼지 않는 노엘처럼 말이다. 노엘의 말을 빌리자면 독수리는 "당신이 좋아하든 말든 당신 삶을 지배하게 됩니다."

나는 66센티미터짜리 캘리포니아콘도르 깃털을 공식 인증받아 소유하고 있다. 그리고 세인이 머리말에서 언급했듯이, 사람들 앞에서 강의를 할 때 이 깃털의 깃대를 잡고 판지로 만든 통에서 천천히 꺼내는 의식을 무척이나 좋아한다. 내가 가진 희망의 상징 중 하나인 이것은 단 한번의 예외 없이 청중으로부터 경탄 어린 숨죽임을 이끌어 낸다. 그리고 아마도 숭배하는 마음 역시 이끌어 내지 않나 싶다.

사불상
Elaphurus davidianus

내가 이 희귀하고 아름다운 사슴을 그들의 고향 서식지에서 처음 본 것은 1994년, 중국을 처음으로 방문했을 때였다. 나는 귀경 박사의 안내를 받아 베이징 바로 외곽에 있는 난하이지 사불상 공원을 구경했다. 박사는 교육을 포함해, 공원과 관련한 일을 넘어서는 일들에도 대단한 열정을 보였다. 공원의 일부는 마치 동물원 같았다. 울타리 속에 다양한 사슴과 유제 동물(발굽 달린 동물들―옮긴이) 몇 종이 있었다. 하지만 조그만 호수까지 갖춘, 사불상(중국에서는 밀루라고 한다.) 떼가 서식하는 광활한 야생 지역도 있었다. 호숫가에서 풀을 뜯고 있는 이 사불상들은 어찌나 장엄해 보였던지. 이들은 회갈색을 띤 겨울털을 입고 있었지만 박사는 그 색이 여름철에는 적갈색으로 바뀐다고 알려 주었다. 덩치는 스코틀랜드의 붉은사슴만 했다. 잘생긴 수컷 1마리가 일어서더니 나를 똑바로 쳐다보는 것 같았다. 자부심과 위엄이 넘치는 모습이었다. 녀석이 서 있는 야생 공간에서 나는 어떤 울타리도 경계도 볼 수 없었다.

거기서 밀루를 보고 있는 동안, 내 마음은 갑자기 먼 옛날로 돌아갔다. 영국 베드퍼드 공작령을 방문했을 때 그곳을 노니는 이 사슴들

워번 수도원에 재배치된 최초의 사불상(밀루 또는
페르다비드사슴) 떼 중 하나. 사불상이 1900년 중국에서 멸종한
뒤에, 영국 베드퍼드의 11대 공작이 유럽 동물원 곳곳에 얼마
남지 않은 사불상을 모아다가 워번 수도원에 데려다 놓았다.
공작의 선견지명 덕분에 사불상이 전 지구적 멸종의 위기를
벗어났다 해도 과언이 아닐 것이다(베드퍼드 공작과 공작령
이사회의 너그러운 허락으로 게재).

이 원래 중국산이며 심각한 멸종 위기에 처해 있다는 이야기를 들은 일이 생생히 기억났다. 그때가 1956년이었는데, 런던의 다큐멘터리 영화사와 협력해서 그 공작령에 대한 다큐멘터리를 만들고 있었다. 그리고 이제 40년이 지나, 나는 바로 그 사슴의 후손들을 보고 있었다.

중국에서의 멸종

사불상에 대한 이야기는 실로 감탄을 자아낸다. 밀루는 한때 중국의 양쯔 강 분지 하류를 따라 있는 탁 트인 평원과 습지에서 무척 흔하게 볼 수 있었다. 하지만 주로 서식지의 손실과 아마도 어느 정도는 사냥의 결과로 이 사슴들은 1900년대에 거의 멸종 위기에 이르렀다. 야생에 마지막으로 남은 1마리는 결국 1939년 황해 근처에서 총에 맞았다고 한다. 다행히도 이 종이 명맥을 유지할 수 있었던 것은 황제가 베이징 근처의 제국 사냥 공원(난하이지 공원)에 거대한 무리를 들여놓은 덕분이었다. 72킬로미터 길이의 벽과 타타르 순찰대가 지키는 이 공원 안에서 사불상은 번창했다.

1865년에 프랑스 예수회 선교사인 페르 아르망 다비드 신부가 그 사슴을 서방 세계에 알렸다. 다비드는 어릴 적부터 자연에 관심이 깊었고 늘 중국에 가고 싶어 했다. 그리고 선교사가 되어 중국에 5개월간 휴가 여행을 떠남으로써 그 꿈을 이루었다. 이 시기 동안 다비드는 (적어도 서구인들에게는) 알려지지 않은 다양한 식물들과 곤충들을 수없이 채집해 연구용으로 파리의 자연사 박물관에 보냈다. 또한 황금원숭

페르 다비드 신부의 사진. 탁월한 박물학자이자 탐험가인 다비드 신부는 밀루의 구세주이기도 했다(일리노이 주 시카고 드폴 대학교의 데안드라이스 로사티 기념 문서 보관소의 허락으로 게재).

이와 몇몇 꿩과 다람쥐, 그리고 자이언트판다를 서구에 처음 소개하기도 했다.

다비드는 한번은 여행 중에 베이징 바로 외곽에서 제국 사냥 공원을 에워싸고 있는 벽을 맞닥뜨렸다. 담 너머를 간신히 엿보니 순록과 좀 비슷한 낯선 동물 몇 마리가 보였는데, 순록이 아니라는 것은 곧 알 수 있었다. 그리고 베이징으로 돌아와서 그 동물들에 관해 좀 더 알아내려고 노력했지만 소득이 없자 통역가를 데리고 사냥 공원으로 되돌아왔다. 결국 경비병들을 털모자와 장갑 몇 개로 꼬드긴 결과(다른 이야기에 따르면 은화 20닢이라고도 한다.) 뿔 몇 개와 가죽을 얻을 수 있었다. 다비드 신부는 이 귀중한 표본을 프랑스로 가져왔는데, 연구 결과 이 사슴은 새로운 종으로 선포되었으며, 발견자를 기리기 위해 다비드의 이름이 붙었다.

파리에서는 사불상의 살아 있는 표본을 얻으려는 열풍이 일었고, 결국 프랑스 대사는 몇 번의 실패를 거쳐 끝내 중국 황제를 설득해 3마리를 선물로 얻어 낼 수 있었다. 하지만 안타깝게도 사슴들은 고된 항해를 견디지 못했다. 황제의 신하들과 거듭 협상한 끝에 사슴들 몇 쌍을 추가로 얻어 냈고, 이번에는 파리로 안전하게 수송할 수 있었다. 이 사슴을 직접 보게 된 서구 사회는 온통 흥분의 도가니였다. 그리고 마침내는 영국의 워번 수도원 공원만이 아니라 독일과 벨기에의 동물원까지 이 사슴을 보유하게 되었다.

원래 중국에 거대한 무리가 있었던 데다 곧 유럽에도 20여 마리의 사슴들이 새로 생겨났으니, 이 종의 생존은 걱정하지 않아도 될 듯했다. 그러나 1895년에 가히 재앙이라 할 홍수가 중국을 유린하면서 제국 공원을 둘러싸고 있던 벽의 일부가 무너져 내렸다. 사슴은 거의 대부분이 물에 빠져 죽었고, 벽의 갈라진 틈으로 탈출한 나머지는 굶주린 사람들에게 잡혀 죽었다. 공원에는 종의 명맥을 이어 갈 수 있을 정도인 20에서 30마리의 사슴들이 살아남아 있었지만 그마저도 5년 뒤인 의화단 시대에 제국 공원을 점령한 군대에 의해 모조리 죽임을 당하고 말았다.

유럽에서 살아남은 사슴들

따라서 사불상의 미래는 유럽에 남은 몇 마리에게 달려 있었다. 이내 사슴들이 번식을 하려 들지 않는다는 사실이 동물원 사람들을 통해 알려졌다. 중국에서 마지막 사슴이 죽었다는 소식이 베드퍼드 11대 공작인 허브랜드의 귀에 들어가자, 공작은 그 종을 멸종에서 구해 내려면 흩어져 있는 무리들을 한데 모아야 한다고 생각했고 여러 곳의 동물원을 설득해 끝내 각자가 보유한 사슴을 팔게 만들었다. 그리하여 1901년에는 워번 수도원의 공원에 총 18마리에 이르는 사불상이 모였다. 이 세상에 남은 전부였다. 암컷 7마리(둘은 불임이었다.)와 수컷 5마리(그중 1마리는 우두머리 수컷으로 자리를 잡았다.) 그리고 새끼 2마리가 다였다. 한때는 넘쳐 났던 사불상의 마지막 생존자들이 번식을 시작하려면 앞으로 수년간 끈질긴 관리가 필요할 터였다.

개체 수가 대략 90마리에 이른 1918년에, 사불상들은 또 다른 심각한 위기를 맞닥뜨렸다. 바로 제1차 세계 대전으로 초래된 영국 전역의 식량 기근이었으니, 이 위풍당당한 사슴들은 충분한 먹이를 공급받지 못하여 개체 수가 고작 50마리로 줄고 말았다. 전쟁이 끝나자 수는 도로 늘기 시작했지만 300마리까지 늘었던 1946년에는 다시 제2차 세계 대전이 벌어져, 사슴의 먹이가 이전보다 더 부족해진 것으로도 모자라 적의 근거리 폭격이 사슴을 위협했다. 그리하여 베드퍼드 공작은 번식 개체군을 널리 분산시키는 것이 현명한 방법이라 판단했다. 1970년 즈음에는 사불상의 번식 집단이 전 세계의 중심지에 흩어져 있었고, 워번 수도원에만 500마리가 넘었다.

귀환 계획

중국 사슴을 그들의 고향에 다시 들여온다는 계획을 떠올린 이는 장차 베드퍼드 14대 공작이 될 태비스톡 후작이었다. 쉬운 작전은 아니었지만 1985년에는 마침내 사불상(앞으로는 밀루라고 불리게 된다.) 22마리가 워번 수도원을 떠나 베이징으로 출발했다. 나는 2006년 연례 베이징 방문 기간에 궈경 박사를 만나, 이 사슴이 중국으로 돌아오기까지의 사연을 더 자세히 알고 싶다고 말했다. 박사는 마야 보이드라는 슬로바키아 여성을 추천해 주었는데 베이징에서 만나기로 약속을 잡은 상태에서 갑자기 사촌이 세상을 떠나는 바람에 마야가 다시 슬로바키아로 날아가야 해서 안타깝게도 그 만남은 이루어지지 못했다. 그렇지만 그해 크리스마스 직전에 우리는 전화로 이야기를 나눌 수 있었다. 마야는 슬로바키아에서, 나는 본머스에서.

대화가 끝날 무렵 나는 마야의 따뜻하고 너그러운 심성을 깊이 들여다본 기분이었다. 마야는 지금은 세상을 떠난 자기 남편을 따라 처음 미국으로 갔을 때, 나와 곰비 침팬지에 관한 다큐멘터리를 보았다고 했다. "저는 선생님 같은 일을 무척 하고 싶었어요."라고 말하지 뭔가! 마야의 미국인 남편은 태비스톡 경(아직 베드퍼드 공작이 되기 전인)과 친한 친구였다. 그리고 사불상을 중국으로 보낸다는 계획을 들은 마야는 매혹을 느꼈다. "바로 그 사슴이었어요." 마야가 이야기했다. "제가 중국에 가게 된 계기는요."

사불상을 진짜 야생 지역으로 방생할 수 있었더라면 마야는 더 좋아했을 것이다. "그렇지만 정부는 그 지역을 선택했고, 우리는 정부의 전폭적인 지원이 필요했거든요." 사슴 공원으로 선택된 지역은 베이징 중심지에 가까웠을뿐더러 이전 제국 사냥 공원의 일부였다는 점에서 정부의 결정은 현명했다.

마야는 사슴들이 돌아오기 전에 사전 답사를 했다. 그곳 일부가 식목원인 것은 나쁘지 않았지만 돼지 농장이 있는 점은 그다지 바람직하지 않아 보였다. 정부는 돼지들을 다른 곳으로 옮기는 데 동의했다. 그리하여 맨 처음 임무로 그 지역을 흐르는 끔찍하게 오염된 강에

사불상 지킴이인 마야 보이드가 인간 손에 자란 암컷 사슴과 함께 베이징의 난하이지 밀루 보호지에 있다. 어린 사슴의 어미는 출산 직후 죽었다. 마야는 내게 이 사슴이 "마치 강아지처럼 저를 따라다녔어요."라고 말했다(마야 보이드 제공).

대한 방호벽을 치고, 사슴용 식수를 댈 작은 우물을 6곳 팠으며, 호수를 정수로 채우는 대규모 공사를 시작했다.

새로이 도착한 사슴들은 중국에서 최고 대접을 받을 자격이 있었다. 하지만 또 다른 중요한 문제가 있었다. 반드시 필요한 격리 우리 건축을 담당한 공무원들이, 우리를 반쪽짜리 문이 달린 전통적인 소나 말 축사처럼 지어야 한다고 주장한 것이다. 사슴은 다르다고, 그리고 반쪽짜리 문쯤은 바로 뛰어넘어 버릴 거라고 아무리 마야가 되풀이해 설명해도 중국인들은 그 말을 믿으려 하지 않거나 믿을 수 없어 했다. 태비스톡 경의 맏아들인 앤드루 홀랜드가 소중한 사슴들의 숙박 장소를 살펴보려고 도착했을 때 문제는 정점에 달했다. 앤드루는 반쪽짜리 문이 달린 우리들을 보고는 기가 질려서 그 문짝들을 말 그대로 당장 부숴 버려야 한다고 주장했다. 그 일이 있은 후 문은 제대로 다시 만들어졌고 그리하여 마침내 모든 준비가 끝이 났다.

조상의 고향으로 돌아오다

멀리 영국의 공작령에서 태어난 사슴 22마리는(그중에는 내가 1956년에 워번 수도원을 방문했을 때 본 사슴들의 후손도 있었으리라.) 1986년에 중국으로 출발했다. 사슴들은 오랜 항공 여행을 견뎌야 했지만 그래도 조상들이 견뎌야 했던 항해에 비하면 훨씬 짧았다. 마야는 사슴들이 도착한 날을 생생히 기억한다. 특히 사슴들이 에어프랑스를 타고 온 것이 마야에게는 무척이나 매혹적인 일이었다. "프랑스 선교사를 통해 처음 서구 세계에 소개된 사슴들이 이제 프랑스 비행기를 타고 돌아오는 거잖아요." 다들 너무 흥분한 나머지 그 역사적인 수하물을 더 가까이에서 보기 위해 밀치락달치락하느라 그만 자신들의 임무를 잊고 말았다. 사슴이 든 컨테이너는 여기저기 쾅쾅 부딪혔고 영국에서부터 같이 온 마야와 관리자들은 우리가 무너져 사슴들이 도망칠까 봐 마음을 졸였다. 운 좋게도 사슴들은 마취를 시키지 않았는데도 알아서 얌전히 굴었다. "사실," 마야가 말했다. "거기 모인 사람들보다는 사슴들이 훨씬 점잖게 행동했다니까요!"

마침내 우리가 트럭에 실렸고, 사슴들은 긴 여행의 마지막 여정을 떠났다. 마야는 새로 도착한 사슴들의 그림자라도 보겠다고 흥분해서 길에 늘어선 수많은 사람들이 참 안돼 보였다고 했다. 결국 사람들이 본 것은 트럭뿐이었으니까. 사슴들이 마침내 반세기 전에 자기 조상들이 자유로이 거닐던 중국의 대지 위에 세워진 격리 우리에 들어선 순간은 정말이지 굉장했다. 시작 단계부터 중국인들은 그 프로젝트에 대단한 자부심을 느꼈고, 언론에서도 앞 다투어 이 사건을 보도했다. 특히 아이들의 관심이 컸다.

"아이들한테서 편지가 많이 와요." 마야가 말했다. 특히 5살짜리 여자아이가 보낸 편지가 기억에 남는다고 했다. 아이는 부모에게서 1달 용돈으로 2위안(당시로서는 75센트 정도였다.)을 받았는데 "우리나라에 도착한 사슴들이 우리가 자기들을 환영한다는 것을 알 수 있도록 밀루 아줌마 아저씨에게 초콜릿을 사 주셨으면 좋겠어요."라면서 그 돈을 사슴 공원으로 보내 왔다.

밀루가 귀환하면서 미처 예상하지 못한 결과가 나타났다. 지역민들이 사슴 공원 이야기를 듣고 이곳이 사랑하는 사람들의 유해를 묻기에 안성맞춤인 조용한 녹지라는 사실을 눈치챈 것이다. 그리하여 누군가가 죽으면 유족은 공원으로 가서 조그만 무덤을 팠다. 마야는 언젠가 중국 공무원과 그곳을 거닐다가 겪은 일을 들려주었다. 공무원은 그 무덤들을 보면서 "이것들은 치워 버려야 합니다."라고 단언했다. 하지만 마야가 자기 고향인 슬로바키아에서는 무덤을 부정 타게 하면 엄청난 불운이 닥친다고 이야기하자 공무원은 주위를 살핀 다음 마야의 손을 잡고서 자기들도 같은 마음이라고 속삭였다. 오늘날 이곳에는 조그만 둔덕들이 내려다보이는 특별한 장소가 있어서 매년 중국인들이 죽은 이들에게 예를 표하는 청명제 기간인 4월 초가 되면 허가를 받아 방문할 수 있다.

사불상을 만나러 워번 수도원에 가다

마야는 사불상 관련 일을 하는 중국인 과학자 몇 사람과 연락을 취해 영국에 사슴들을 보러 갈 일정을 잡았는데, 그중 핵심은 워번 수도원을 방문해서 중국 밖에서 사슴 떼를 유지하려고 노력하는 사람들을 만나는 것이었다. 나도 같이 가고 싶었지만, 안타깝게도 중국 측 대표단은 내가 미국으로 떠나야 하는 날에야 도착했다. 그래도 나는 워번 수도원을 방문하는 동안 마야와 처음으로 만날 수 있었고, 그곳의 매력적인 주인, 로빈 러셀(베드퍼드 공작의 아들)도 만날 수 있었다.

거의 1주일 내내 비가 내린 끝이라 나는 동생 주디와 함께 온종일 빗속을 달려야 했지만, 오후 무렵에는 해가 나와서 찬란한 봄날 저녁이 되었다. 풀은 눈부신 녹색이었고, 오래된 참나무들은 그보다 부드러운 올리브색 그늘을 드리웠다. 우리가 처음 본 사불상은 발정기 전이라 뿔이 떨어지고 아직 새 뿔이 자라지 않은 사슴이었다. 뿔이 없으면 다른 사슴들과 경쟁할 수 없으니, 아마도 무리와 떨어져 있는 편이 현명한 선택이었으리라. 우리는 꽃사슴과 노루와 다마사슴, 그리고 붉은사슴이 장관을 이루고 있는 곳을 차례차례 지나쳤다. 하지만 사불상은 도대체 어디 있단 말인가?! 우리는 애타게 찾아 헤맨 끝에 무척 습한 곳에 있는 그들을 발견했다. 대략 200마리가 무리를 이루어, 석양에 풍성한 황금빛 털을 드러내고 있는 모습은 얼마나 눈부신 광경이었던지.

    석양이 너무 빨리 지는 바람에 우리는 사슴들을 두고 떠나야 했다. 그렇지만 로빈 부부가 살고 있는 매력적인 낡은 오두막에 앉아 사슴 이야기를 나누면서, 나는 마야뿐만이 아니라 사불상 계획의 역사에 대해서도 더 잘 알게 되었다. 로빈은 너그럽게도 내게 사진 저장소를 둘러보도록 해 주었다. 또 우리는 그들의 교육 프로그램과 JGI의 루츠 앤 슈츠 사이에 협력 관계를 수립하는 것에 대해 의견을 나누었다.

중국에서의 마지막 급파

2007년 가을 아시아 방문 기간 동안 마야는 나를 위해 베이징 외곽 밀루 공원 재방문 일정을 잡아 주었다. 여름에 엇갈렸던 워번 수도원의 대표단 두 사람을 만나게 되었으니 무척 기쁜 일이었다. 그 두 사람은 감독인 장리유안과 교수인 왕종이였는데, 교수는 사슴을 재도입하는 데 중요한 역할을 했고, 마야에게 많은 도움을 준 사람이었다. 자리에 앉아 뜨거운 차를 마시며 이야기한 후에(마야가 통역을 했다.) 우리는 골프 카트를 타고 사슴을 보러 출발했다. 나뭇가지에 고드름이 매달려 있을 정도로 추운 날씨여서 따뜻하게 입고 나오길 잘했다 싶었다.

그 방문은 나를 우울하게 만들었다. 비록 베이징에 가깝기는 했지만 처음 방문했을 때는 진짜 시골에 와 있다는 기분이 들었다. 그렇지만 이제는 온 사방에서 개발의 압력이 밀어닥치고 있었으며 불어난 밀루 떼가 풀이란 풀은 모조리 먹어 버려서, 특히 겨울 동안에는 보충 식량을 공급해야 했다. 사슴들은 그만 하면 충분히 건강해 보였지만, 구유 둘레에 서 있는 모습은 어쩐지 피곤해 보이기도 했다. 어쩌면 그저 따분했는지도 모르겠다. 사슴들은 내가 1994년에 본 녀석들과는 아예 다른 종 같았고, 이전에 방문했을 때 강렬하게 느꼈던 자유로움과 위엄은 더 이상 거기 없었다.

비교적 따뜻한 환경 센터 안으로 다시 돌아오자 사람들은 다들 기뻐했다. 나는 정말 맛있는 채식 식단을 즐기면서, 중국 중부 양쯔 강의 스서우에 있는 10제곱킬로미터에 이르는 자연 보호 구역 이야기를 들었다. 1990년대 초에 자연 환경 보호국이 작은 사슴 무리를 이 지역으로 옮기는 것을 허가한 후 사슴들은 그곳에 잘 정착했다고 한다. 그리고 몇 마리는 강을 헤엄쳐 가로질러 강 저편인 후난 지방에 무리를 이루어 진짜 자유로운 삶을 살았다. 처음에는 사슴들이 사람들에게 사냥당할까 봐 걱정하는 이들도 있었지만 실제로 그런 일은 벌어지지 않았고, 지역 사람들은 사슴들을 공경하고 보호했다. 마야와 왕종이 교수 모두 내게 꼭 한번 시간을 내서 저 옛날 조상들처럼 야생에서 살고 있는 밀루들을 보러 가라고 간곡히 권했다. 정말이지 언젠가는 꼭 가 보고 싶다.

내가 들고 다니는 유리 메달이 있는데, 귀경에게 받은 이 메달은 한조(기원전 206~서기 220년) 때 만들어진 것으로 밀루 상이 새겨져 있다. 그리고 베이징에 있는 우리 JGI 사무실에는 4살짜리 밀루 수사슴이 떨어뜨린 뿔이 있었는데, 나는 중국에서 강의를 할 때면 그 뿔을 가져가서 희망의 상징으로 보여 주곤 한다. 그 뿔은 우리가 기회만 준다면 동물들이 회복력을 발휘할 수 있다는 사실을 입증한다. 밀루는 1985년에 중국으로 돌아온 이래 번성하여 지금은 그 수가 1,000마리나 된다.

붉은늑대
Canis rufus

아이였을 적 나는 이탈리아의 숲에서 암늑대에게 길러졌다는 로물루스와 레무스 전설을 좋아했다. 그 전설은 내가 가장 좋아하는 늑대 이야기에 뭔지 모를 기묘한 현실감을 주었다. 러디어드 키플링의 『정글북(Jungle Book)』에 나오는, 어린 모글리가 늑대 무리에 키워지는 이야기 말이다. 더 자라서는 잭 런던의 『야성의 부름(Call of the Wild)』을 읽게 되었는데, 이 책은 늑대에 대한 나의 사랑에 더 뜨거운 불을 지폈을 뿐만 아니라 언젠가 이 장엄한 동물들과 야생에서 함께 어울려 살고 싶다는 열망을 품게 만들었다.

늑대가 사람들에게 그토록 미움받고 공포의 대상이 되어 온 것은 불행한 일이다. 북아메리카에서 늑대가 인간을 공격했다는 이야기 중 실제로 입증된 예는 얼마 되지 않는다. 늑대들이 이따금씩 가축을 습격하긴 하지만, 한편으로는 우리 인간 또한 늑대들의 사냥터인 자연 속으로 점점 더 깊이 들어가고 있다. 그리고 사람들의 공포감에 그런 사실들이 더해져 늑대들은 캐나다와 미국과 멕시코에서 지독한 박해를 받아 왔다. 덫에 걸리고 독살당하고 활과 창과 총으로 사냥당했다. 심지어 헬리콥터에 탄 사람들에게 하늘에서까지 공격을

미국 어류·야생 생물 관리국 소속 야생 생물학자인 아트 베이어가 태어난 지 며칠밖에 안 된 야생 붉은늑대 새끼들의 건강을 검진하고 있다. 생물학자들이 떠나고 나면 부모가 돌아와 새끼들을 다른 비밀 장소로 옮겨 놓을 것이다(멜리사 맥가우 제공).

당했다. 그리고 오랜 세월 야생에서 늑대들을 관찰해 온 수많은 야생 생물학자들 덕분에 지금은 알려진 사실들에 비춰 보면, 늑대들을 철저히 박멸하려던 그 노력들은 비극적이고 부당한 것이었다. 게다가 늑대들이 '인간의 가장 좋은 친구'인 길들인 개의 조상임이 틀림없다는 사실을 떠올리면 의외라는 생각까지 들었다.

북아메리카에는 늑대 종이 셋 있는데, 그중 회색늑대가 가장 잘 알려져 있다. 그 다음에는 가까운 사촌인 멕시코회색늑대가 있다. 그리고 셋째가 바로 이 장의 주인공인 붉은늑대다. 이 세 늑대 종이 보이는 행동은 서로 겹치는 데가 많다. 한 무리는 전형적으로 번식 쌍과 그 새끼들로 구성된다. 이전 번식 철에 태어난 1살배기 새끼 한배와 그 철에 태어난 새끼들이다. 늑대들은 무리 지어 사냥을 하는 이른 아침과 저녁에 가장 활발하게 활동한다. 물론 조그만 새끼들은 보통 어미와 함께 동굴에 머물고, 다른 무리 일원들이 돌아와 고기를 게워내어 새끼들을 먹인다.

붉은늑대의 몸집은 회색늑대에 비하면 눈에 띄게 작고 코요테에 비하면 대략 2배 정도 된다. 1살배기 붉은늑대는 덩치나 털 색깔이 다 자란 코요테와 거의 똑같다. 한때 이 늑대들은 미국 남동부 전역에 퍼져 있었지만 서식지 손실과 포식자 통제 때문에 1960년대까지 그 수가 심각하게 줄어들어, 텍사스와 루이지애나의 걸프 해안을 따라 겨우 몇 마리밖에 남지 않았다.

마침내 1973년에 이르러 붉은늑대가 멸종 위기 종으로 분류되자 결국에는 야생으로 돌려보낸다는 것을 목표로, 가능한 한 많은 개체를 생포해 포획 번식을 통해 이 종을 살리자는 절박한 요청이 제기되었다. 당시 발견된 개체 수는 겨우 17마리였다. 1980년대에 최후 생존자들이 포획되었을 때, 붉은늑대는 야생에서는 멸종되었다고 선포되었다. 오늘날 존재하는 붉은늑대는 모두 1970년대 초에 생포된 17마리 중 14마리의 후손이다.

우리에서 자유로

여러 동물원이 참여한 이 번식 프로그램은 미국 어류·야생 생물 관리국의 붉은늑대 적응 회복 관리 프로그램과 손을 잡았다. 1986년 즈음에는 포획 상태에서 출생한 어린 늑대들의 개체 수가 방생 프로그램을 시작하기에 충분하다고 생각되었고, 상세한 탐사 끝에 노스캐롤라이나의 알리게이터 강 국립 야생 보호 구역이 가장 적절한 방생지로 선택되었다. 그리하여 포획된 붉은늑대의 첫 배 새끼들이 태어난 지 14년 만에, 어른 늑대 4쌍이 새 집으로 옮겨졌다.

 물론, 늑대가 다시 야생을 방랑한다는 이야기에 모든 사람들이 기뻐한 것은 아니었다. 그리하여 만약 상황이 잘못 돌아갈 경우 언제든지 늑대들을 재포획할 수 있다는 사실을 대중에게 확실히 알리기 위해, 과학자들은 원격 조종으로 마취제를 주사할 수 있는 목걸이를 만들고 있었다. 불행히도 이 작업은 제때 끝나지 않아서, 첫 4마리와 그 뒤를 따른 늑대들은 예상보다 훨씬 긴 기간인 거의 1년간 커다란 담장을 두른 울타리 안에 붙들려 있어야 했다. 그래도 덕분에 새로운 환경에 익숙해질 시간은 번 셈이었다. 들판의 냄새와 소리와 거기서 만날 다양한 동물들에 대해서 말이다. 그리고 마침내 첫 늑대 1쌍이 방생되어 새로운 야생의 집을 탐험할 날이 다가왔다. 다른 쌍들은 1주일 간격으로 방생되었다.

붉은늑대 복원 프로그램 현장 팀에게는 눈코 뜰 새 없이 바쁜 시간이었다. 일평생을 쉬지 않고 이 프로그램에 몸 바쳐 온 크리스 루카시 역시 원래 팀의 일원이었다. 나는 늑대들이 처음 방생되었을 때 기분이 어땠느냐고 크리스에게 물어보았다. "제 기분이요? 어유! 그야 무척 들뜬 데다 의기양양했고, 못 믿을 만큼 순수하게 낙관적이었지요. 제가 너무 운이 좋다 싶었어요. 축복받은 사람이 아닌가 싶더라니까요. 역사상 그렇게 희귀하고 전환점과도 같은 순간에 제가 그 현장에 있다는 게요. 적어도 역사적으로 무척 불운했던 한 종에게는 그 순간이 전환점이었으니까요. 그건 제가 이 세상에서 할 수 있는 가장 중요한 일이었어요." 늑대들이 매번 방생될 때마다 희망으로 가슴이 벅찼다고 크리스는 이야기했다.

하지만 사람들은 이 순진한 늑대들이 직면할 수많은 위험을 전혀 예상하지 못했다. 병에 걸리거나 새로운 집을 갈라놓고 있는 도로를 넘어가려고 하다가 차에 들이받히거나 해서 전체 늑대들 중 60에서 80퍼센트가 죽임을 당하리라는 사실을 무슨 수로 예측했겠는가. 그리고 현장 팀은 늑대 1마리가 죽을 때마다 매번 절망감을 느꼈다. "거리를 두는 법을 배우지 못했던 거예요. 그래서 감정적으로 너무 동요했죠." 크리스가 말했다. 그것이 바로 사람들이 대다수 늑대들에게 이름을 붙이지 않은 이유였다.

그렇지만 감정 이입을 전혀 하지 않는다는 것은, 특히 그때로서는 더욱 불가능했다. 늑대들은 몇 마리밖에 남지 않았고, 생물학자들은 개별 녀석들을 속속들이 알았다. 학자들은 늑대들을 다루었고, 늑대들의 움직임을 추적했고, 늑대들의 행동과 동기를 이해하려고 애썼다. 그리고 늑대들을 포획할 때는 늑대들을 속일 방법을 궁리해야 했다. "좋은 소식이 들어오면 희망과 사기가 솟구쳤다가 나쁜 소식이 들어오면 밑바닥으로 가라앉았죠. 처음부터 여기 있던 사람들은 인간적으로 무척 많이 성장해야 했어요. 그리고 상황상 그 성장 과정은 늑대들과의 관계 안에서 이루어졌고요." 크리스와, 역시 초기부터 지금까지 팀원으로 활동하고 있는 생물학자인 마이클 모스가 초기 시절에 있었던 일화 몇 가지를 내게 들려주었다.

진정한 생존자

비록 늑대들에게는 공식적인 이름이 없었지만, 현장 팀은 편의상 늑대들에게 종종 무리의 위치나 근처의 지리학적 장소에서 따온 이름들을 붙여 주었다. "너무 낭만적이면 곤란하지만, 혈통 등록부보다는 나은 이름으로요." 크리스가 말했다. 그리고 대개의 경우, 나 역시 그 이름을 사용하고 있다. 그렇지만 나는 그 복원 프로그램을 통해 야생에서 처음으로 태어난 늑대 새끼에게 '생존자'라는 이름을 붙이기로 했는데, 왜냐하면 돌이켜 봤을 때 그 암컷은 믿을 수 없을 만큼 낮은 확률을 이기고 살아남았기 때문이다.

"포획 상태에서 태어난 녀석의 부모는 감탄스러울 만큼 아름다운 외양을 가지고 있었지만 비극적인 운명을 맞았지요." 크리스가 말했다. 그들은 새끼를 1마리밖에 낳지 않은 듯했다(생물학자들은 당시에는 늑대 굴에 개입하지 않았지만 나중에 흔적을 찾아보았다.). 새끼를 낳고 몇 주 후에 생존자의 어미는 다시금 방생 울타리 안으로, 그리고 8개월 전에 자기가 놓여 난 굴 상자 안으로 기어 들어갔고 거기서 죽었다. 자궁 염증 때문이었다. 어미가 죽기 전에 겨우 젖을 뗀 생존자는 아마 아비의 도움으로 살아남았을 것이다. 안타깝게도 몇 달 후에 생존자는 아비마저 잃었는데, 아비는 너구리의 콩팥이 기도에 끼어 질식사했다. 그 후로 몇 주, 그리고 몇 달이 지나도록 생존자는 전혀 모습을 보이지 않았다. 생존자가 남긴 흔적들이 현장 팀의 눈에 띄긴 했지만 말이다. 하지만 실로 모든 역경을 이기고 생존자는 살아남았다.

마침내 생존자는 포획되어 목걸이가 채워졌다. 민간 덫 설치 기간(해충 통제나 '취미 활동'의 형태로 모피 동물을 잡도록 덫을 놓는 것이 허락되는 철)에 죽임을 당하지 않았던 것이다. 사실 생존자는 덫을 피하는 꾀가 무척 발달해서, 현장 팀은 포획할 때(예를 들어 목걸이를 교체하기 위해) 생존자를 속이느라 고생깨나 해야 했다.

마침내 생존자는 한 수컷과 짝을 지었고, 둘은 사유지에 머물도록 허가를 받은 최초의 늑대가 되었다. 이후에 생존자는 또다시 포획되어 목걸이를 바꿔 달았다. 그리고 그 목걸이가 작동을 멈추었기 때문에 사람들은 그때를 마지막으로 다시는 생존자를 찾지 못했다.

얼룩무늬 희망이

얼룩무늬 희망이는 1987년 후반에 방생된 첫 늑대들 중 하나였다. 사람들이 얼룩무늬 희망이의 항공용 개집 뒷면에 조그만 손 글씨로 씌어 있는 이름을 알아본 것은 얼룩무늬 희망이가 미주리 주의 늑대 보호소를 떠나 처음 도착한 지 몇 달 뒤였다. 마이클의 회상에 따르면 녀석은 첫눈에 그리 인상적인 늑대는 아니었다. 덩치는 평균보다 작았고 나이는 5살로, 다른 대다수 늑대들보다 늦게 방생되었다. 그렇지만 그해 야생에서 태어난 2마리 새끼 중 1마리를 낳은 것이 바로 녀석과 그 짝으로 선택된 수컷이었다. 그 새끼 늑대는 암컷이었고 공식 이름은 351F호였지만 나는 여기서 녀석을 '희망이'라고 부르겠다.

재앙이 덮친 것은 그로부터 얼마 지나지 않아서였다. 얼룩무늬 희망이의 짝은 새끼가 겨우 1달 되었을 때 고속도로에서 차에 치여 죽었다. 얼룩무늬 희망이는 그 사실을 모르고 자기 짝을 기다렸지만 결국 먹이가 더 많은 지역으로 옮겨 가지 않을 수 없었다. 그리하여 11일 후에, 얼룩무늬 희망이는 예전에 짝과 함께 사냥을 했던 더 넓은 농장 토지를 향해 출발했다. 얼룩무늬 희망이와 새끼는 고속도로 갓길을 따라 여행했고, 차가 접근할 때마다 빽빽이 자란 작물들 틈으로 숨었다. 현장 팀이 그 둘을 발견한 곳이 바로 거기였는데, 새끼는 어미를 놓치지 않으려고 안간힘을 쓰며 따라가고 있었다. 생물학자들은 늑대들이 마침내 안전한 들판으로 이어지는 흙길에 도달하기까지 거리를 두고 뒤를 따랐다. 우선 그 전에 모녀는 고속도로를 가로질러야 했지만, 생물학자들이 양방향 교통을 막아 둘이 길을 건너게 했다. 얼룩무늬 희망이는 새끼인 희망이를 무사히 키웠고, 마침내 어미와 딸은 불스 형제와 짝을 지어 몇 년 동안 그들 무리에서 살았다.

불스 형제

새로운 삶에 필요한 생존 기술을 배울 수 있도록 야생 보호 구역으로 지정된 섬에서 길러지며 방생에 대한 대비를 했던 포획 늑대가 몇 마리 있었다. 불스 형제가 바로 그들이었는데, 이 늑대들은 1살배기 형제로, 거의 1년간 사우스캐롤라이나에 있는 케이프로메인 국립 야생 보호 구역 내 불스 섬에서 살다가 1989년에 이곳에 왔다. 늑대들은 알리게이터 강 국립 야생 보호 구역 내 밀테일 농지에 방생되었다. "녀석들 덕분에 미완 상태였던 늑대 복원 계획이 성공 가도에 오를 줄은 전혀 몰랐어요." 마이클이 말했다. "커다랗고 여윈 몸통과 큰 발, 넓은 머리통을 가진 이 늑대들의 외양은 비록 인상적이긴 했지만, 그렇다고 복원 프로그램에 어떤 실질적인 영향력을 미칠 것 같은 실마리는 전혀 없었거든요."

얼룩무늬 희망이가 새끼인 희망이와 함께 살았던 밀테일 농지는 대략 40제곱킬로미터의 농장과 숲으로 이루어져 있었다. 희망이는 어미 없이 살아갈 수 있을 정도로 나이를 먹자 재포획되었고, 새로운 짝과 짝짓기를 하여 포획 상태에서 새끼 4마리를 새로 낳았다. 그리고 희망이와 새 가족은(배우자를 포함해서) 밀테일 농지로 재방생되었다. 생물학자들은 그곳이면 그들이 모두 어울려 살기에 전혀 좁지 않을 거라고 생각했다. 하지만 불스 형제(밀테일에 살던 무리)는 이 일로 심기가 불편해져서, 1달도 되기 전에 수컷 침입자를 공격해서 죽여 버렸다. 형제 중 하나는(나는 그 녀석을 소년 1호라고 부른다.) 그 후 즉시 얼룩무늬 희망이와 짝짓기를 했는데, 얼룩무늬 희망이의 새끼 4마리는 놀랍게도 무리에서 쫓겨나지 않고 남아 있도록 허락을 받았다.

불스 형제가 다음 번식 철에 각각 새끼를 볼 듯해서, 현장 팀에서는 흥분이 고조되었다. "2세대 새끼들이 태어나는 것은 복원 프로그램의 성공을 가늠하는 주요 잣대인데, 첫 2년 내에 그 일이 실현된다니!" 마이클이 말했다. 그렇지만 마이클의 말마따나, "현실이기엔 모든 게 지나치게 순조로웠죠." 불스 섬에서 온 소년 1호는 차도에 익숙하지 않아서 1989년 번식 철 직전에 고속도로를 건너다 목숨을 잃었다.

그렇지만 살아남은 동생은 더욱 강인해졌다. 2000년에 녀석은 대략 12살로 이미 노령이었으니 더 이상 '소년'이 아니라 '할아범'인 셈이었다. 녀석은 실제로 자기 아들들 중 하나가 자기 구역인 '바로 옆집에' 새로운 가족을 이루고 새끼를 키우도록 허락했다. 마이클의 말에 따르면 녀석이 젊었을 때라면 어림도 없는 일이었다.

마이클은 내게 이런 편지를 보냈다. "그렇지만 '할아범'이 말년에 무리의 번식 수컷 자리에서 내려왔다 해도, 녀석이 남긴 혈통은 살아남았지요." 2002년 무렵에 죽기 전까지 녀석은 7차례에 걸쳐 적어도 22마리의 새끼를 낳았다. "녀석의 유전자는 오늘날 북동부 노스캐롤라이나에 있는 야생 붉은늑대 개체군의 핵심을 이루고 있죠." 편지의 행간에서는 마이클이 이 늑대에 대해 품고 있는 깊은 애정이 느껴졌다. 그리고 편지의 마지막 문장을 읽고 나자 나는 내 느낌이 맞았음을 알았다. "옛날 분들이 하시던 말씀이 맞았으면 좋겠어요. '개들은 모두 천국에 간다.'는 말이요." 내 말이 보탬이 된다면, 마이클, 나는 확실히 그렇다고 믿는답니다.

게이터 무리

한편 워싱턴 그레이엄 출신 늑대 2마리는 훗날 짝짓기를 해서 결국 게이터 무리의 시조가 되는데, 여기서는 그들을 그레이엄 수컷과 그레이엄 암컷이라고 부르겠다. 이들은 1988년 초에 함께 도착해서, 자기들을 위해 선택된 짝들과 같이 방생되었다. 그렇지만 짝짓기를 위한 노력은 성공을 거두지 못했다. 그레이엄 수컷에게 차례로 소개된 두 암컷은 차에 치여 죽었고, 그레이엄 암컷의 짝은 온데간데없이 사라져 버렸다. 그리고 나서 그레이엄 암컷과 수컷은 서로 만나서 1989년 겨울에 짝짓기를 시작했다. 둘은 곧 떨어질 수 없는 사이가 되었다. "늑대들은 한번 관계를 맺으면 거의 헤어지지 않지요." 마이클이 말했다. 둘 다 절정기에 이르자 몸집이 무척 커져서, 수컷은 38킬로그램이라는 기록적인 무게에, 암컷은 29킬로그램에 도달했다.

 이 쌍의 행동권은 알리게이터 강 국립 야생 보호 구역 한복판인 24제곱킬로미터에 이르는 광대한 고무 소택지로 밀테일 농지에 비하면 비교적 혹독한 환경이었다. 마이클이 써 보낸 바에 따르면 "그레이엄 쌍은(이제는 게이터 무리라고 합니다만) 사람들의 눈에 거의 띄지 않고 은둔 생활을 하면서" 새끼를 3차례 낳았다고 한다. 1992년에는 늑대 가족

붉은늑대 복원 팀 생물학자들인 크리스 루카시와 마이클 모스가 노스캐롤라이나 북동부에서 야생 붉은늑대 새끼들을 검진하고 있다. 생물학자들은 전반적인 건강 검진을 하고, 각각을 구분하기 위해 조그만 무선 송신기를 삽입한다(미국 어류·야생 생물 관리국 제공).

1무리가 그레이엄 쌍의 영토 경계선 근처에 방생되었다. "게이터 무리는 어른 쌍을 쫓아 버리고 새끼들을 잡아먹었지요." 마이클이 말했다. "그 후 우리는 두 번 다시 녀석들 근처에서는 방생하지 않았어요."

1994년 4월 1일에 9살이 된 그레이엄 수컷은 영역 내에서 죽은 채로 발견되었다. "막 쓰러져 죽은 것 같았어요." 마이클이 말했다. 그로부터 4개월 후에 그 짝은 게이터 무리의 영역을 떠나 '긴 도보 여행'을 시작했다. 그리고 다른 늑대 무리인 리버 무리의 행동권을 통과해 북쪽으로 향해 가던 길에 "딥 만에서 영원한 안식을 취했다."고 한다.

야생에서 새끼 키우기

그리하여, 우리 안에서 태어난 늑대들은 점차 야생의 집에 적응해서 새끼를 낳고 키웠다. 그 과정에는 가슴앓이와 좌절도 많았지만 성공담도 많았다. 그리고 팀은 무엇이 효과적인지를 점점 더 많이 알아 가면서 한층 더 자신감을 갖게 되었다.

심지어 재도입 프로그램이 성공적이라는 사실이 명확해진 다음에도 여전히(그리고 지금도) 포획 개체 수를 대략 200마리까지 유지할 필요가 있었다. 그 이유는 한편으로 야생의 개체군을 유지하려면 여분의 개체가 필요하기 때문이기도 했고, 다른 한편으로는 전염병 때문에 야생의 개체들이 몰살당할 경우 보충 역할을 하기 위해, 또 일부는 다른 지역에서 장차 재도입 프로그램을 개시할 경우를 대비해 씨종자를 제공하기 위해서였다.

우리에서 태어난 새끼들 몇 마리는 태어난 지 얼마 안 되었을 때, 아직 눈을 뜨기 직전인 10일째에서 14일째 정도에 야생으로 돌려보내졌다. 야생 무리의 암컷과 수컷들은 이 연령대의 새끼들을 기꺼이 수용하고 보호한다. '대리 양육' 방법은 야생 어미가 자기 새끼 전부나 일부를 잃었을 때, 혹은 야생 어미가 1~2마리는 더 받아들일 수 있을 만큼 한배에서 난 새끼가 적을 때 쓰인다. 이런 종류의 대리 양육법은 야생 늑대의 수를 끌어올릴뿐더러, 새끼들이 주의 깊게 선택되기 때문에 무리의 유전적 다양성을 유지하는 데도 도움이 된다. 이 이야기, 그리고 그 모든 계획이 처음 시작된 이야기는 대단히 매혹적이었다.

첫 시도가 이루어진 것은 1998년이었다. 크리스가 말했다. "그 시도는 다소 절박한 상태에서, 달리 대안이 없다는 생각에서 나온 것이었어요." 포획 암컷은 새로 태어난 자기 새끼 3마리 중 1마리를 죽였는데, 이전에 좁은 동물원에서 키워지던 시절에도 그런 일이 있었다는 사실이 밝혀져서, 나머지 2마리를 운에 맡길 수는 없다는 결정이 내려졌다. 사람들은 남은 새끼 2마리를 어미로부터 빼앗아, 직접 키우지 않고 야생 늑대의 굴에 갖다 놓았다. 팀은 포획 대리 양육 경험을 바탕으로 성과를 거두리라고 믿고는 있었지만 어린 늑대 새끼들이 즉각 암컷에게 받아들여져 원래 새끼들과 함께 키워지던 그 순간은 그저 경이로울 따름이었다.

이따금씩 현장 팀은 대리 양육을 맡겨야만 하는 야생 새끼들을 맞닥뜨릴 때가 있다. 한번은 근처에 굴이 있을 것으로 예상되는 지역에서 암컷이 죽은 채 발견되었다. 주위를 뒤져 보니 탈진한 새끼 2마리가 나왔다. 어미 없이 지낸 지가 이틀이나 사흘쯤 된 것 같았고 탈

수 증상이 있긴 했지만 아직 살아 있었다. "새끼들을 살리려고 이틀 동안 온갖 노력을 다한 끝에 결국 비슷한 연령대의 새끼를 가진 암컷을 데려다 놓았더니, 그 암컷은 입양아들을 자기 새끼들처럼 받아들여 키우더군요." 크리스가 말했다.

목걸이와 전파 추적

노스캐롤라이나 북동쪽에 있는 야생 붉은늑대 중 대략 65에서 70퍼센트가 원거리 전파 신호 목걸이를 걸고 있다. 표준 규격의 VHS 종류가 아니면 새로 특별히 고안된 GPS 가용 목걸이인데, 위성을 이용해 목걸이의 위치와 그 목걸이를 걸고 있는 늑대의 위치를 하루에 3~4차례씩 자동으로 기록할 수 있다. 각 목걸이마다 정보가 저장되므로, 생물학자들은 특정한 수신기로 1~2개월에 1번씩 한꺼번에 정보를 내려 받을 수 있었다. 3,000~4,000개 지역으로 구성된 이 자료들은, 이후 근처에서 목걸이를 차고 있는 다른 늑대들과의 거리와 더불어 이동 양상, 주거지 선호도, 그리고 서식 범위를 보여 줄 지도를 만드는 데 이용되었다.

미셸은 내게 이 기술로 늑대를 추적한 실례를 담은 보고서를 보내 주기도 했다. '11301M'번 늑대는 태어난 고향 서식지에서 무리와 함께 지내고 있던 1년생 때 목걸이를 찼다. 이듬해 내내 그의 목걸이가 정기적으로 보내 준 자료는 현장 연구 팀에게 풍부한 정보를 제공했다. 우선 연구 팀은 원래 서식지 내에서 늑대의 이동 현황을 알게 되었다. 그리고 이어 늑대가 봄에 고향 서식지를 떠나 어디로 갔는지도 알 수 있었다.

"녀석은 살 곳을 찾아 여러 늑대 무리를 옮겨 다닌 모양입니다." 마이클이 써 보낸 내용이다. "녀석은 다른 늑대들과 말썽을 일으키지 않으려고 인근 무리들의 가장자리를 따라다녔습니다(홀몸인 어린 늑대로서는 영리한 행보죠.). …… 그리고는 펠프스 강 주변을 1차례 다 돌고 나서 포코신 강 국립 야생 생물 보호 구역에 정착했습니다." 녀석은 거기서 암늑대를 만났는데, 암늑대는 무전 목걸이를 한 늑대와 코요테 사이에 난 잡종과 짝을 지은 다음이었다. 그 잡종은 곧 그 지역에서 사라졌고 이후에 사체로 발견되었다(원거리 전파 신호로 찾아냈다.). 검시 결과 11301M이 경쟁자를 죽인 것이 거의 확실했다. 승리를 거둔 수컷은 이후 암컷과 짝을 지었고, 둘은 함께 새로운 포코신 강 무리를 형성할 것이다.

성공한 프로그램

2007년에는 붉은늑대 100마리가 20개 정도의 무리를 이루어 야생에서 탄탄히 자리를 잡고 있었다. 첫 번째 녀석이 20년쯤 전에 최초로 방생된 이래, 500마리 정도 되는 늑대 새끼들이 야생에서 태어났다. 처음의 실험 개체 방생 지역은 3곳의 국립 야생 보호 구역과 미국방부 폭격지, 국유지, 그리고 사유지에까지 확장되었다. 붉은늑대 방생지는 약 6만 9000제곱킬로미터에 이르는 노스캐롤라이나의 카운티

5곳과 약 62제곱킬로미터의 사유지를 가로지르고 있다.

사실, 붉은늑대 현장 연구 팀이 5년 동안(1999년에서 2004년까지) 거둔 성공은 일부 과학자들이 15년은 걸릴 거라고 내다본 수준이었다. 3년간 미국 늑대 보호소의 소장을 지낸 배리 브레이든은 로키산맥회색늑대를 북부 로키 산맥으로, 붉은늑대를 노스캐롤라이나로 돌려보내려는 계획이 성공을 거둘 수 있었던 이유는 정부 직원들과 비정부 조직들, 관심 있는 시민들의 풀뿌리 운동 간에 협력이 잘 이루어졌기 때문이라고 말했다. 배리는 웃으며 이야기했다. "물론 이 당파들이 늘 합의에 이르는 것은 아니지만, 모두들 관심을 기울이고 결국은 문제를 해결하지요." 배리의 말에 따르면 멕시코회색늑대 프로젝트를 맡은 관리 팀의 작업 방식은 그와는 전혀 달랐는데, 그다지 성공을 거두지 못했다고 한다.

붉은늑대 복원 프로그램의 팀장인 버드 파치오는 현장 연구 팀에 속해 있는 생물학자들을 대단히 존경했다. 그중에는 늑대들과의 작업 경력이 최고 20년에 이르는 크리스 루카시와 마이클 모스도 있다. 모두가 1주일에 거의 7일, 그리고 때로는 하루 24시간을 전부 바쳐 야생 붉은늑대 군락을 감시하고, 코요테를 관리하고, 교육 프로그램에 참가하고, 토지 주인들과 이야기를 나누면서 복잡한 대규모 현장 프로그램에서 돌발할 수 있는 수많은 문제들을 해결하는 헌신적인 현장 생물학자들이다. 작업은 육체적으로 힘들 때가 많다. 크리스는 그런 일화 중 하나를 들려주었다.

"매해 봄 짧은 번식 철은 현장 생물학자들이 기대하는 한편 두려워하는 시기입니다." 크리스가 말했다. 우선은 어미의 무전 목걸이(혹은 어미가 잃어버렸다면 아비의 목걸이)에서 나오는 신호를 쫓아 굴을 찾아야 한다. 일단 새끼들의 위치를 파악하면 건강을 검진하고 무게를 달며 1마리마다 1방울씩 피를 뽑아 유전자 기록을 만들고, 각각 피하에 조그만 자동 응답기 칩을 삽입해 일생토록 발견 즉시 식별할 수 있게 만든다(개한테 하듯이). 그다지 어려운 일처럼 들리지는 않지만, 크리스의 말에 따르면(그리고 이게 힘든 부분이라는데) 늑대들은 되도록이면 접근이 불가능한 외딴 장소를 택해 새끼를 낳는다고 한다. 그리고 "새끼 낳는 철에는 다른 달갑잖은 계절 변화도 맞물리거든요. 기온과 습도가 엄청나게 높아지고, 가시덩굴과 덩굴옻나무가 풍성하게 자라고, 무는 벌레들이 마구 번식하는 시기도 바로 이때죠."

크리스는 말을 잇는다. "굴이나 새끼를 찾을 수 있을지도 모른다는 덧없는 희망을 품고, 나무딸기와 인동덩굴과 청미래덩굴과 포도덩굴이 뒤엉켜 있는 빽빽한 관목숲 속, 길게 늘어진 나뭇가지 틈새로 난 낮고 좁은 통로를 바닥에 팔꿈치를 댄 채 기어가야 했던 적이 한두 번이 아니에요. 셀 수도 없이 많은 진드기들이 제 옷 속을 돌아다니고 있다는 생각, 그리고 이미 수십 마리가 제 살갗을 뚫고 들어왔다는 깨달음이 오면 돌아 버릴 것 같은 기분이 들면서 저절로 기어가는 속도가 빨라지지요."

보통 그런 연구는 오랜 시간이 걸리고, 더러는 아무런 성과도 없을 때도 있다. 추적하던 어미가 굴 안에 없을 수도 있고, 사람들이 다가오는 소리를 듣고 엉뚱한 방향으로 유인할 수도 있다. 크리스는 말한다. "몇 년 동안은 낮에 머물다 버리고 간 빈 잠자리밖에 발견하지 못했습니다. 그러고는 몇 주 내내 가려움증으로 고생을 하는 거죠."

코요테와 농장주, 그리고 다른 시련들

복원 계획의 가장 큰 문제는 코요테들(노스캐롤라이나의 이 지역 태생이 아닌)이 붉은늑대 방생지로 침입하는 것이다. 이는 2가지 문제를 파생시킨다. 첫째 문제는 적지 않은 붉은늑대가 실수로 사냥을 당한다는 점이다. 이 지역은 사냥이 많이 행해지는 곳으로, 불행히도 시간이 갈수록 사냥감으로서 코요테의 인기가 높아지고 있다. 붉은늑대는 이따금씩 동부 코요테로 오인되는 경우가 많다. 특히 앞서 언급했듯이 새끼 늑대는 덩치와 털색깔이 코요테와 무척 흡사하다. 따라서 일반 사람들에게 붉은늑대에 관해 교육하는 것은 중요한 일이다. 코요테와 관련된 둘째 문제는 붉은늑대들이 짝을 지을 동종의 개체를 찾지 못하면 코요테와 짝을 지으려 해서, 잡종 동물을 낳는다는 것이다. 붉은늑대 복원 프로그램은 붉은늑대들이 도입되는 지역 및 주변에서 코요테를 제거하기 위한 통제 작전을 펼치고 있는데, 이는 어느 정도 성공을 거두었다.

대개의 경우 사람들은 붉은늑대가 조상 대대로 살던 서식지에 돌아오는 일을 너그럽게 받아들이고, 다행히도 늑대들은 조심성이 많은지라 인간과 그 활동 범위를 피해 다닌다. 물론 늑대들이 자기 가축을 위협한다고 믿는 농장주들도 있지만 그런 두려움은 근거가 없는 것으로 밝혀졌다. 프로그램이 시작되고 첫 20년 동안, 늑대들이 가축을 죽인 범인으로 밝혀진 일은 거의 없었다. 입증된 것은 겨우 3건으로, 오리와 닭, 개, 각 1마리씩이었다. 그리고 긍정적인 측면으로 보면, 붉은늑대들은 그 지역에 새로 들어와 농장주들의 골칫거리가 된 뉴트리아(주로 남아메리카에 서식하는 설치류로 하천이나 연못의 둑에 구멍을 파고 군집을 이뤄 생활한다. — 옮긴이)를 잡아먹는다. 또한 붉은늑대들은 새 새끼와 알을 훔치는 너구리를 사냥하기도 하는데, 덕분에 메추라기와 칠면조를 비롯한 새들의 개체 수가 늘었을 가능성도 있다. 이 모두는 붉은늑대가 지역 공동체에서 좋은 평판을 쌓는 데 도움이 되었다.

육식 동물을 대규모로 방생하려는 프로젝트에서도 가장 중요한 부분은 바로 훌륭한 교육 프로그램이다. 그리고 그 프로그램을 준비하는 사람들은 지역민들의 우려와 공포, 편견을 이해하고 주의 깊게 반응해야 한다. 노스캐롤라이나 야생 자원 관리국 소속 사냥꾼 교육 전문가인 데이비드 덴턴은 붉은늑대 팀원들과 더불어, 붉은늑대의 행동과 붉은늑대를 만났을 때의 대처법을 지역민들에게 이해시키려고 열심히 노력하고 있다. 또한 사냥꾼들에게 어린 붉은늑대와 코요테를 분간하는 법도 가르치고 있다.

늑대와 함께 울음을

지난 10년간 시민 조직으로는 유일하게 붉은늑대 프로젝트를 지원한 붉은늑대 연합은 사람들의 인식을 넓힘으로써 대중을 교육하는 임무를 맡아 왔다. 특히 인기가 있는 프로그램은 "울부짖는 사파리"다. 보호 구역을 방문한 사람들은 붉은늑대 무리의 매혹적인 합창을 들을 수 있다. 내 귓가에는 옐로스톤 국립 공원에서 처음 들었던 늑대들의 울부짖음 소리가 아직도 생생하다. 절대로 잊지 못할 경험이었다.

현장 생물학자들은 이따금씩 자기들이 무척 잘 알고 있는 늑대들을 울부짖는 소리로 부르곤 한다. 마이클 모스는 내게 이렇게 적어 보냈다. "절대로 못 잊을 겁니다. 맨 처음 한 늑대가 제 울부짖음에 대답한 그때를요. 어두운 밤을 뚫고 들려오는 그 소리라니." 처음 울부짖음을 시도했을 때 마이클은 아직 목이 트이지 않아서 결국 멈추지 않는 기침으로 울부짖음을 마무리 짓고 말았다. 선배인 늑대 생물학자들은 웃음을 터뜨렸다. "그렇지만 새로이 방생된 붉은늑대 형제 2마리가 제 울부짖음에 화답한 순간 다들 웃음을 멈췄지요!" 마이클이 말했다. "비록 제 목청은 형편없었을지언정 제 마음속 벅찬 감정이 통했던 겁니다."

동물원 및 수족관 협회가 개최하는 2007년 북아메리카 자연 보호상에서 붉은늑대 복원 프로그램이 미국 최우수 자연 보호 프로그램 상을 받은 것은 나로서는 전혀 놀랍지 않다. 그 프로젝트가 개시된 이래 매우 많은 사람들이 다양한 방면으로 역량을 발휘하고 자신들 생활의 큰 부분을 희생해 가며 붉은늑대들을 위해 일했다. 그리고 내가 알기로 기부자건, 협력자건, 자원봉사자건, 아니면 고된 상황에서 긴 시간 일하는 생물학자건, 그 사람들은 모두 붉은늑대들이 한때 자기 조상들의 땅이었던 곳에서 다시금 자유롭게 돌아다닌다는 사실을 안다는 것만으로도 고마워할 사람들이다. 그들이 요구할 수 있는 가장 좋은 포상이란 달 아래 붉은늑대들이 내는 잊을 수 없는 울부짖음을 듣는 것 정도가 아닐까.

● 세인의 현장 수첩 ●

타키 또는 프르제발스키말
*Equus ferus przewalskii, Equus przewalskii,
Equus caballus przewalskii*
(분류에 대해서는 논란이 있다.)

몽골에 처음 갔을 때 나는 이런 생각이 들었다. '내가 말이라면 여기가 바로 천국이겠지.' 그곳에는 울타리가 없다. 전화나 전선도 없다. 딱따구리 부리보다 더 단단한, 아름답고 힘센 사람들이 사는 땅이다. 물론 그늘도 별로 없다. 나무를 보고 싶으면 사흘간 북쪽으로 차를 몰아 시베리아로 가야 한다. 잘 알려졌듯이, 몽고의 대초원이 말에게 그토록 좋은 곳인 이유는 이곳이 고지대 사막 초원 국가이기 때문이다.

그리고 이 그늘 한 조각 없는 초원 위에서, 강건함으로 전 세계에 이름을 떨치고 있는 몽골 사람들은 바로 그 강건함을 발휘하여 세계에서 마지막 남은 진짜 야생마를 구하고 복원하는 과업을 이루어 나가고 있다. 공식적으로 국제 자연 보호 연맹은 1968년에 몽골의 뛰어난 말인 타키(프르제발스키말이라고도 불린다.)를 야생에서 멸종한 종으로 등재했다. 그렇지만 동물원의 포획 번식 프로그램과 몽고 야생 관리국 직원들의 노력과 솔선수범 덕분에, 복원된 야생의 무리를 2007년 여름 내 두 눈으로 직접 볼 수 있었다.

몽골에서 내 여정에 동행한 사람은 문크트속이라는 뛰어난 야생 생물학자였다. 오늘날 박사는 몽골의 선도적인 과학자 중 한 사람이다. 박사가 있었기에 나는 타키들을 구하기 위해 사람들이 기울인 노력을 조금이나마 엿볼 수 있었다.

5만 년에서 7만 년 전, 인류가 처음 아프리카를 벗어나 아시아와 유럽으로 퍼졌을 때, 그들은 거대한 야생마 무리를 먹잇감으로 보았다. 결국에는, 물론, 인류는 선택적 교배를 통해 운송부터 노동과 단순한 관상용에 이르기까지 거의 모든 목적을 위해 야생마를 개량했다. 그러나 그러는 도중에 인간 거주지의 확장과 말들의 가축화로 인해 점차 야생마들은 멸종을 향해 갔다.

이윽고, 유럽의 탐험가들이 중앙아시아에서 고대 야생마 무리를 발견했다는 소식을 전해 와 세상을 깜짝 놀라게 만들었다. 그중 한 사람이 고비 사막에서 무언가 진상할 만한 것을 찾으라는 차르의 특명을 받고 루이스와 클라크 스타일의 탐험 여행(메리웨더 루이스 대위와 윌리엄 클라크 중위는 토머스 제퍼슨 대통령의 명을 받아 40여 명의 탐험 대원을 이끌고 1804년부터 2년간 미국 최초로 태평양 연안까지 육로로 갔다가 돌아왔다. —옮긴이)을 떠났던 러시아의 탐험가 니콜라이 프르제발스키 대령이었다. 대령은 1881년에 이 노새 같은 말들이 고비 변두리 근처 타킨 사르 누루 산맥에서 5~15마리씩 조그맣게 무리를 지어 살고 있다는 사실을 세상에 처음 알렸다.

프르제발스키말들은 생김새는 어쩌면 노새와 비슷할지 몰라도 그보다 훨씬 사랑스러운 생물이다. 새벽빛(이 말들은 이 때 보는 것이 가장 좋다.)을 받으면 금적색으로 빛나는 이들의 황갈색 털은 두꺼워서 혹독한 겨울을 날 수 있게 해 준다. 무리 지어 사는 동물들이 흔히 그렇듯이 본래 경계심이 많아 어미는 새끼들에게 세심한 주의를 기울인다. 늘 경계 태세를 갖추고 있는 우두머리 종마는 스스로 적합한 때라는 판단이 들었을 때 무리를 이끌고 움직이지만, 나머지 일원들도 한결같이 포식자들을 경계한다.

20세기 초에는 이미 희귀해져 포획하기 쉽지 않았던 이 동물을 전시하려는 광풍이 유럽 전역의 동물원에 불어닥쳤다. 당연히, 몽고 남서부에서 런던과 로테르담 동물원까지 가는 여행길은 무척이나 고되어서 말들 중 다수가 이동 중에 죽었다. 하지만 그 후의 운명을 보면 프르제발스키말들이 포획된 것은 잘된 일이었다. 1968년에 사냥과 서식지 손실(다른 요인들도 많았지만)로 야생에서는 완전히 멸종해 버렸기 때문이다.

당시 야생마 무리는 지구상에서 두 번 다시 볼 수 없으리라고 여겨졌다. 심지어 미국에서도, 무스탕 같은 '야생'마들은 길들여진 이후에 도망쳐 야생으로 돌아간 것뿐이다. 한편 프르제발스키말들은 한번도 길들여진 적이 없는데, 그것이 바로 이들이 최후의 진정한 야생마로 여겨지는 이유다.

다행히도 이 종은 한때는 겨우 동물원에 있는 13마리가 전부였지만 이제는 놀라울 정도의 회복세로 돌아서서 다시금 후스타이 국립 공원에 모습을 보이게 되었고, 거기서 크게 번성했다. 그리고 이 말들은 자연 보호 운동가들뿐만 아니라 외국인 여행객들까지 끌어들였다.

오늘날 포획 번식에서 태어난 1,500마리도 넘는 프르제발스키말들이 동물원이나 오하이오에서 우크라이나에 이르는 지역에서 무리 지어 살고 있으며, 몽골과 중국의 보호 공원에서 방목되는 수는 400마리가 넘는다. 문제는 이 많은 말들이 겨우 13마리 '시조' 말들의 유전자를 공유하고 있다는 사실이다. 끝내 야생에서는 멸종되고 말았으니, 남은 유전 혈통이라고는 그 13마리밖에 없었던 것이다. 그 결과, 이들은 비교적 무리가 큰 편이긴 하지만 유전적으로 더 다양한 다른 종에 비하면 질병에 취약하다. 다행히 프르제발스키말은 국제 자연 보호 프로그램에서 우선순위를 확실하게 차지하고 있어서 포획종과 야생종의 관리자들은 앞으로 필요할 경우 적절한 수의학적 보호와 유전적 관리를 즉각 적용할 수 있도록 긴밀한 협력을 지속하고 있다.

문크트속은 1994년에 포획 무리를 내몽고의 후스타이 국립 공원에 마련된 새 집으로 돌려보낸 생물학자 팀의 일원이었다. 타키가 공원에서 안전하게 번식할 수 있도록 감시하는 일은 여전히 계속되고 있다. 특히 지금은 늑대들이 이 말들을 손쉬운 먹잇감으로 노리고 있기 때문이다(포획 번식 동물들은 자연적인 위협에 약하며, 재도입 시도가 실패하는 가장 큰 이유는 포식자들 때문이다.). 문크트속은 내게 매년 봄철에 태어나는 새끼 중 많게는

31퍼센트가 늑대들에게 잡아먹힌다고 설명해 주었다. 하지만 시간이 지나면 녀석들을 보호하는 사람들이 그 방대한 지역에서 포식자와 피식자가 다시금 건강한 균형을 되찾게끔 만들 수 있으리라. 사실 늑대의 포식으로 손실되는 새끼의 수는 비록 느릴지언정 꾸준히 감소하고 있다.

문크트속에게 타키의 귀환은 분명히 과학적으로만 중요한 사건이 아니다. "타키는 몽골 국민의 위대한 자부심을 보여 주는 국가적 상징입니다." 박사가 말했다. "우리는 말 위에서 사는 사람들의 나라입니다. 그리고 이제 우리가 우리 말들을 얼마나 아끼는가를 전 세계에 보여 주었습니다."

어느 날 아침, 낡은 트럭을 타고 먼지 낀 도로를 따라 한참을 덜컹거리며 달린 끝에 나는 몽고 초원에서 그 보기 힘든, 거의 신화에 가까운 타키를 보았다. 문크트속은 그날 아침 나와 함께 막 새벽잠에서 깨어난 언덕의 정상에 서 있었다.

문크트속은 새끼를 데리고 있는 어미들의 경계심을 누그러뜨리려면 풀 위에 가만히 앉아 있어야 한다고 말했다. 그리고 겨우 1시간쯤 봤나 싶었을 무렵, 적어도 1킬로미터 거리에서 풀을 뜯고 있던 43마리의 무리가 천천히 우리 쪽으로 다가오기 시작하더니 마침내 우리 바로 옆을 지나쳤다. 나를 가장 놀라게 한 것은 무엇보다 어미들의 아름다움과 그들이 새끼에게 기울이는 세심한 주의였다. 새끼들은 전혀 아무런 위협도 느끼지 못하는 것 같았지만, 어미들은 움직이는 것이라면 일단 무엇이든지 경계했다. 새끼는 어릴수록 몸이 날씬하고 다리가 길어서 길들인 말에 좀 더 가까워 보였다. 그렇지만 어른으로 자라면, 특히 종마들은 다리가 비교적 더 짧고 몸통이 두꺼워진다.

야생 무리를 보며 감탄하고 있는데, 문크트속이 내 등을 찰싹 때리더니 이렇게 말했다. "미국에는 경주용 순종마가 있지요. 그렇지만 우리 몽고에는 진짜 말이 있답니다!"

2부 마지막 순간에 다시 얻은 기회

2부에서 우리가 만나게 될 다양하고 매력적인 종들에는 한 가지 공통점이 있다. 바로 멸종의 위기에 처해 있다가 제2의 기회를 얻었다는 것이다. 1부에서 논의한 동물들과는 달리, 이들은 "야생에서 멸종된" 종으로 등재된 적이 없다. 하지만 이들이 멸종하지 않은 것은 오로지 그렇게 되도록 내버려 두지 않겠다고 작심한 사람들 덕분이었다. 이들 종을 복원하기 위해서는 남아 있는 야생 개체군에서 일부 개체를 취해 포획 번식 프로그램을 실행해야 했다. 그리고 포획 번식을 비판하는 사람들이 아무리 반대의 목소리를 높여도, 지지자들은 늘 그렇듯 절대로 의지를 꺾지 않았다.

예를 들어 매의 귀환 이야기는 미국 전역에서, 말 그대로 헤아릴 수 없이 많은 사람들이 기울인 엄청난 노력을 보여 준다. 이 지역에서 매 자체는 한번도 다른 종들만큼 적은 수로 줄어든 적이 없지만, 원서식지인 동부의 광활한 지역에서는 완전히 자취를 감추고 말았다. 그리고 DDT 사용을 금지하기 위해 사람들이 투쟁을 벌이는 과정에서는 거대 기업들이 부를 축적하기 위해 가차 없이 다른 생명체들을 짓밟으려 했다는 사실이 드러나 우리를 오싹하게 만들었다. 이 전투의 승리는 곧 환경 운동의 승리로, 매뿐 아니라 셀 수 없이 많은 다른 종들을 구하는 데 이바지했다.

이제 나올 이야기는 그 카리스마 넘치는 동물들만이 아니라 어류와 파충류와 곤충들을 보호하는 데 헌신한 사람들에 대해 우리가 들려드리는 첫 이야기다. 사람들은 이렇게 물을지 모른다. "아니 도대체 그깟 벌레가 뭐라고 목숨 걸고 보호하지 못해 안달이래? 차라리 벌레가 몽땅 없어지면 세상이 훨씬 더 살 만해질 텐데." 어렸을 적 우리 집 벽에는 약간 사나워 보이는 생김새를 한 불도그를 껴안고 있는 귀여운 여자아이 그림이 걸려 있었다. 그리고 그림에는 이런 글귀가 붙어 있었다. "누구나 사랑해 주는 이가 있습니다." 우리가 여기서 보게 될 이야기의 주인공들은 자신들이 보호하려는 생물들을 열정적으로 보살피는 사람들이다. 그들 역시, 모든 종이 생태계(상호 연결된 생명의 그물)에서 저마다 고유한 자리를 차지하고 있고, 그런 면에서 중요하다는 사실을 잘 알고 있다. 바로 그렇기 때문에 가끔은 그 비용이 아무리 크다 해도 들일 만한 가치가 있는 것이다.

우리와 같은 행성 위에 살고 있는 동물들이 각자 나름대로 가치가 있다는 사실을 아는 것은 매우 중요하다. 우리는 너무 많은 종을 망쳐 버렸고, 이 상황을 바로잡을 수 있느냐는 우리에게 달려 있다.

황금사자타마린
Leontopithecus rosalia

내가 황금사자타마린을 처음 만난 곳은 2007년 어느 아름다운 봄날 아침 워싱턴 DC의 국립 공원이었다. 또 여기서 데브라 클라이먼 박사도 만날 수 있었는데, 박사는 친절하게도 자신의 일평생을 바쳐 온 그 종에 대한 방대한 지식을 내게 아낌없이 나눠 주려 했다.

황금사자타마린은 1800년대 초반만 해도 동부 브라질의 대서양 해안 숲에서 흔히 볼 수 있었다. 하지만 20세기 후반의 50년간 그 수가 극적으로 줄었는데, 이국적인 애완동물용으로, 그리고 동물원 전시용으로 포획된 데다 숲 서식지가 가축 방목을 위한 목초지 조성과 농업과 삼림 경작을 목적으로 파괴되었기 때문이다. 오늘날 대서양 해안 숲에 남아 있는 개체 수는 예전에 비하면 겨우 7퍼센트밖에 되지 않고, 그 대부분이 흩어져 있다.

영장류 동물학의 아버지에게 구조되다

사자타마린은 검은사자타마린(_Leontopithecus chrysopygus_), 황금머리사자

국립 동물원의 조그만 포유류 우리에서 브라질의 레이 숲으로 풀어 놓기에 앞서 황금사자타마린의 나무 타는 실력을 확인하고 있는 데브라 클라이먼(제시 코언, 스미소니언 국립 동물원 제공).

타마린(*L. chrysomelas*), 검은얼굴사자타마린(*L. caissara*), 황금사자타마린(*L. rosalia*) 4종이 있다. 황금사자타마린은 신세계영장류 중에서 가장 심각한 위기에 처한 종으로 손꼽힌다. 만약 브라질의 영장류 동물학의 아버지라 불리는 코임브라필로 박사와 동료인 알세오 마그나니니의 헌신과 열정, 고집이 없었더라면 이들은 멸종했을지도 모른다.

이 두 과학자는 황금사자타마린 번식 프로그램을 실행해야 한다는 사실을 1962년에 일찌감치 깨닫고, 이들을 보호된 삼림에 재도입하는 것을 목표로 삼았다. 그러나 두 사람은 거의 지원을 얻지 못했고, 설비를 구축하려는 시도는 실패로 돌아갔다. 하지만 1960년대와 1970년대 내내 사비를 써 가면서 작업을 계속했고, 타마린들을 찾아 수많은 지역과 마을을 방문했으며 지역민들, 특히 사냥꾼들과 대화를 나누었다. 작업은 고되어서 좌절감을 느낀 적이 한두 번이 아니었다. 한번은 이상적인 재도입 지역이 될 만한 2곳을 발견했지만, 1년 뒤에 돌아와 보니 둘 다 수없이 많은 다른 숲 지역들과 마찬가지로 이미 파괴된 다음이었다.

실로 힘들면서도 특별히 가치 있는 시기이기도 했는데, 이들이 수집한, 사자타마린들과 그 서식지의 절박한 위기를 확실히 말해 주는 자료들은 타마린들을 구하기 위한 싸움에 반드시 필요했기 때문이다. 그리고 두 사람은 코임브라필로 박사의 고집 덕분에 장차 포소 다스 안타스 생물 보호 구역(황금사자타마린을 보호할 목적으로 설립된)이 될 숲 지역을 봐 둘 수 있었다. 그 곳은 브라질 최초의 생물학적 보호 구역이었다.

1972년에는 "사자마모셋(당시에는 그렇게 불렸다.) 구하기"라고 명명된

획기적인 회담이 열려, 유럽과 미국, 브라질에서 온 28명의 생물학자들이 한자리에 모였다. 멸종을 향해 가는 황금사자타마린을 구해 내야 한다는 문제의 시급성을 국제적으로 알리는 데 초점을 맞춘 회의였다. 타마린을 야생 상태에서 보호하기 위한 계획안이 세워졌고, 브라질 정부는 코임브라필로 박사의 번식 프로그램을 지원하기로 했으며, 동물원에 포획 번식 프로그램을 설립하기 위한 전 지구적 협력 전략이 수립되었다. 워싱턴 DC의 국립 동물원에서 황금사자타마린 보호 프로그램을 이끌어 낸 것 역시 바로 이 회담이었다. 그리고 데브라가 오랫동안 이 조그만 영장류를 지키는 데 이바지할 수 있도록 만든 것도 이 회담이었다.

황금사자타마린 가족을 만나다

내가 국립 동물원을 방문한 것은 그 회담이 있은 지 35년 후였다. 나는 황금사자타마린을 가까이서 본 적이 없었기 때문에 데브라와 보호자인 에릭 스미스가 새로이 구축된 황금사자타마린 가족 집단의 울타리로 나를 데리고 가 준 것은 대단한 선물이나 마찬가지였다. 거기서 나는 어른 1쌍인 에두아르도와 라란자, 청소년 단계의 암컷 삼바와 기젤라, 그리고 새끼인 마라와 모를 만났다. 나는 완전히 반해 버렸다. 온몸을 뒤덮고 얼굴에 사자 갈기 같은 윤곽을 그리는 눈부신 황금빛 털을 지닌 이 동물들은 마치 깊은 숲 속에 숨겨진 살아 있는 보석 같았다. 한편으로는 새로운 고향에 이렇게 이방인들이 몰려와도 괜찮을까 하는 걱정을 하면서 그들을 보고 있으려니, 그들의 멸종을 미리 방지한 그 모든 사람들이 흘린 땀과 눈물에 대해 감사하는 마음이 솟구쳤다.

그 후 우리는 타마린 이야기를 하기 위해 모여 앉았다. 나는 데브라에게 어떻게 이 일에 참여하게 되었느냐고 물었다. 데브라는 자연도 애완동물도 전혀 볼 수 없는 뉴욕 교외에서 의사가 되는 것을 목표로 자랐다고 말했다. 이윽고 대학 프로젝트의 일환으로 동물원에서 늑대 무리를 관찰하게 되면서 거기에 매료되었고, 자신이 하고 싶은 일이 동물 행동 연구라는 사실을 깨달았다. 데브라는 런던 동물원에 있을 때 데스먼드 모리스와 함께 일했는데, 공교롭게도 나 역시 그와 함께 일한 적이 있다. 데브라는 포유류의 비교 및 사회 번식 행동을 전공했고 다른 종에 관련된 일도 많이 했다. 그러다가 황금사자타마린이 처한 고난에 대해 알게 되었다.

"저는 매혹적인 그 조그만 동물들을 위해 최선을 다하기로 결심했어요." 데브라가 말했다. 기금을 모으고 정보를 수집하는 일에 착수했고, 협력 번식 프로그램을 시작했다. 많은 사람들이 그러한 계획이 아무 소용없을 거라고 믿었다. 데브라는 당시 자기가 들은 충고를 회상하면서 입가에 웃음을 띠었다. "타마린 일에는 끼어들지 말라더군요. 어차피 멸종하게 되어 있으니까. 괜히 경력에 오점을 남기지 말라는 거였죠."

"제가 그 충고를 따르지 않았다는 게 너무 기뻐요." 데브라가 덧붙였다. 사실 그건 우리 모두에게 행운이었고, 특히 황금사자타마린에게는 말할 것도 없었다!

데브라는 황금사자타마린을 보유하고 있는 모든 동물원에 연락을 취했고, 타마린의 번식 행동과 관련해 거의 아무런 정보도 알려져 있지 않다는 사실을 깨달았다. "일부일처제로 관리해야 하는지, 아니면 일부다처제 번식 집단으로 관리해야 하는지조차 아는 사람이 없었어요." 데브라가 말했다. 그렇지만 결국 데브라는 야생 타마린 무리 하나가 어른 1쌍과 그 새끼들 2마리에서 8마리 정도로 이루어진다는 가설을 세우게 되었다. 그리고 동물원 측에 가족 무리가 자연적으로 형성되도록 어른 쌍을 간섭하지 말고 그대로 내버려 두라고 자문했다. 그것이 성공으로 가는 열쇠가 되었다. 시간이 지나면서 타마린의 자연적인 섭식과 사회 체제에 관해 더 많은 사실이 알려지고 타마린들을 보호하는 데 적용되면서 상황은 개선되었다. 하지만 그렇다고는 해도 1975년 말 브라질 외부의 16개 기관 전체에 퍼져 있는 황금사자타마린은 여전히 83마리밖에 되지 않았고 그 외에는 브라질의 시설에 있는 39마리가 전부였다.

야생으로 돌아가다

포획 개체군이 점차 증가하면서 데브라는 다음 단계에 초점을 맞추기 시작했다. 바로 이 종을 야생으로 돌려보내는 것이었다. 물론 첫 단계는 타마린들이 안전하게 살 수 있는 환경 찾기였다. "저는 타마린 방생 희망 지역인 보호 구역을 직접 찾아가 보려고 브라질로 떠났어요." 데브라는 그때 일을 회상했다. "대서양 해안 숲은 면적이 심각하게 줄었고, 심지어 보호 구역까지 가 보았는데도 숲은 거의 남아 있지 않았어요. 끔찍했던 건, 보호 구역의 관문에 있는 경비원이 타마린에게 목줄을 매어 애완용으로 데리고 있는 거였어요! 그런 곳에서 재도입 계획이 성공을 거둔다는 건 어불성설이다 싶었죠. 그렇지만 타마린들의 자연 서식지 중에서 남은 곳이라고는 거기뿐이었어요. 그러니 남은 곳을 근거지로 삼을 수밖에 없었죠."

과학자 겸 자연 보호 운동가인 벤저민 벡 박사가 방생 프로그램의 책임 관리를 맡았다. 처음에는 기초 작업부터 다져야 했다. 데브라와 벤은 브라질을 몇 차례나 오가며 브라질의 동료들과 긴밀한 협력 관계를 구축했다. 1984년에는 모든 준비가 완료되었다. 방생 지역이 확보되었고, 브라질의 담당 동료들과 직원들이 임명되었다. 1순위로 선택된 포획 황금사자타마린이 숲에 방생되었다.

"첫 방생 후에 깨달은 게 있어요." 데브라가 말했다. "포획 출생한 동물들이 숲을 제집처럼 돌아다니지 못한다는 거였죠. 말 그대로 복잡한 3차원 환경을 헤쳐 나갈 방법을 알지 못했으니까요." 그렇지만 타마린은 가까스로 적응에 성공했고, 동시에 팀은 타마린의 행동에 대해서 많은 사실들을 알아내기 시작했다. 데브라의 말에 따르면 어느 날 데브라가 사춘기 암컷과 그 남동생인 론과 마크를 추적하고 있을 때였다. 나머지 집단과 떨어져 있던 남매들은 점점 더 먼 곳까지 들어가면서 새로운 세계를 탐험했고, 해 질 무렵이 되자 데브라는 이들이 길을 잃을까 봐 걱정이 되었다. 그런데 갑자기 암컷이 이상한 소리를 내더니 자신감 넘치는 태도로 앞장서 가면서 계속 소리를 질러댔다. 론과 마크는 그 뒤를 졸졸 따랐고 데브라 역시 뒤를 쫓았다. "제가 마치 그 가족의 일원이 된 것 같은 기분이 들었어요." 데브라가 말했다. "모두가 계속 그 외침을 따라갔지요." 그리고 30분도 채 안 되어, 일행은 둥지 상자로 돌아와 있었다. 이윽고 연구자들은 이 외침이 "가자!"라는 뜻임을 알게 되었다. 결국 그 외침에 "가자 외침(vamonos call)"이라는 이름이 붙었다.

숲에 적응하기

이 일 직후, 데브라와 벤은 대담하고 혁신적인 결정을 내렸다. 황금사자타마린 가족을 워싱턴 DC의 국립 동물원 부지에 있는 조그만 숲에 자유롭게 풀어 놓기로 했다. 그러면 타마린들은 방생되기 전에 나무 꼭대기를 옮겨 다니는 이동 방식에 좀 더 친숙해질 수 있을 터였다. 그 계획은 벤의 지도하에 성공을 거두었다. 데브라가 말했다. "무엇보다 일단 밖에 나가면 타마린들은 본능적으로 제가 야생에서 들었던 그 부드러운 '가자 외침'을 내기 시작해요. 정말 깜짝 놀랐죠!"

타마린들은 나무 타는 기술만 익힌 것이 아니었다. 타마린 가족 무리는 야생에서 그랬던 것과 똑같이 약 100제곱미터의 조그만 독자 영역을 구축했다. 데브라와 벤은 이제 타마린들이 동물원을 떠나지 않겠구나 하는 생각이 들었다. 그리고 다행스럽게도 그 생각은 사실로 입증되었다.

벤은 브라질의 방생 프로그램에서 가장 흥미로웠던 것이 방생 준비 훈련 단계에 있는 황금사자타마린의 생태가 야생의 생존 방식과 그다지 차이가 없다는 점(좁은 틈새에서 손가락으로 먹이를 끄집어내거나 과일 껍질을 벗기는 법을 배우는 것처럼)이었다고 말했다. 중요한 것은 유연한 방생 방식이었다. 처음 숲 생활을 시작하는 타마린에게는 먹이와 은신처를 제공하지만, 타마린들이 자연적인 먹이를 먹기 시작하면 현장 연구자들은 점차적으로 타마린들에게 먹이를 덜 주고 관찰 횟수를 줄여 나갔다. 처음에는 하루에 1번씩 방문하던 것을 나중에는 1주일에 사흘로, 1주일에 하루로, 이윽고 1달에 하루로 줄였다. 다치거나 길을 잃은 타마린은 포획되어 치료를 받고 다시 야생으로 돌려보내졌다. 5년 후에는 모든 무리가 자립했다. 벤의 설명에 의하면 성공의 열쇠는 암컷들이 번식을 하는 나이까지 살아남는 것이었다. 야생에서 태어난 어린 타마린들은 무사히 지낼 수 있을 것 같았다. "왜냐하면 그들은 야생 타마린의 두뇌를 가지고 태어날 테니까요." 벤이 말했다.

야생에서 들려온 더 많은 이야기들

나는 벤에게 더 들려줄 일화가 있느냐고 물었다. 벤은 1988년에 네 식구와 같이 도착한 에밀리 이야기를 들려주었다. 에밀리 가족은 숲으로 옮겨져 나무에 고정시켜 놓은 둥우리 상자에 입주했다. 둘째 날 밤은 무척 춥고 습했다. 에밀리는 어리둥절한 것 같았다. 에밀리는 나뭇가지의 맨 꼭대기까지 올라가서 쪼그려 앉은 채 비를 맞았다. 벤과 동료인 안드레아 마르틴스 역시 쪼그리고 앉아서 에밀리를 지켜보았다. 결국 날이 저물기 시작해서 두 사람은 안락한 둥우리 상자 속에 있는 가족들과 떨어져 흠뻑 젖은 채 나뭇가지 끝에 동그마니 앉아 있는 조그만 에밀리를 두고 떠나지 않을 수 없었다.

한편 저녁 식사를 위해 모인 사람들 역시 흠뻑 젖은 채 추위에 휩싸여 조용하고 우울한 무리를 이루었다. "우리 중에서 편안히 잠을 잔 사람은 아무도 없었어요." 벤이 말했다. 사람들은 다음날 아침 일찍 나갔다. 나무에 도착해 보니 에밀리는 땅바닥에 누워 있었는데 비록 몸은 엄청나게 차가웠지만 아직 살아 있었다. 안드레아는 에밀리를 품속에 넣어서 캠프로 데려왔다. 에밀리는 점점 온기를 되찾았고, 그날 저녁 무렵에는 물기가 다 말라서 폭신폭신해졌다. 그 후로 에밀리는 무사히 살아남았을뿐더러 새끼까지 몇 마리 낳았다. "에밀리는 정말 순해요." 벤이 말했다.

어느 날 에밀리와 아들이 사라졌다. 불행히도 타마린들을 (불법으로) 애완용으로 팔려고 훔쳐 가는 사람들이 있어서, 몇 년 동안 적어도 22마리나 되는 타마린이 도둑맞았다. 그렇지만 놀랍게도 한 수의학자가 에밀리의 문신을 알아보고 도난당한 타마린임을 알아차린 덕에 에밀리는 숲으로 돌아올 수 있었다. 에밀리는 곧 정착해서 새 가정을 꾸렸다. 믿을 수 없는 일이지만, 에밀리는 이후에 또 도둑에게 잡혀 갔다가 다시 되돌아왔다!

이름이냐 번호냐

벤은 더 이상 현장에서는 타마린에게 이름을 붙이지 않고 단순히 번호를 매긴다고 말했다. 타마린 프로젝트는 이름이나 번호로 개체를 식별하는 것과 관련해 흥미로운 사연이 있다. "처음에는 타마린에게 번호를 매겼어요. 당시에는 그게 더 과학적으로 보였거든요." 데브라가 회상한다. "그렇지만 (동료인) 데이비드 케슬러가 장난삼아 사람 손에 길러진 타마린에게 에제키엘 아틀라스 드러먼드 대령이라는 이름을 붙였는데, 그게 그만 고착이 되어 버렸지 뭐예요. 그래서 그 후로는 그냥 내내 이름을 쓰고 있어요."

비록 포획 번식 프로그램에서는 여전히 이름을 사용하지만 현장에서는 번호로 바꾸었다. 번호가 더 과학적이어서가 아니라, 결국 무사히 살아남는 타마린의 수가 적을 경우에는 이름을 붙였을 때 아픔이 너무 크기 때문이다. 야생에서 2년째 말에는 대략 80퍼센트가 죽거나 실종된다. 타마린 프로젝트에 참여한 사람들은 타마린들을 이름으로 부르지 않았을 때 그나마 상실감이 덜하다는 것을 깨달았다.

팀원들은 표식을 달고 있지 않은 타마린이 숲에서 발견되면 그것이 곧 성공 사례라는 사실을 알고 있다. 그 개체가 야생에서 태어나 자기 영역을 스스로 찾고 구축했다는 뜻이기 때문이다. 심지어 몇 마리는 1.6킬로미터도 더 떨어진 개방된 농경지까지 가기도 했다. 팀은 더 이상 가족 단위를 밀착 관찰하는 데 시간을 쏟지 않는다. 이따금씩 타마린들의 건강과 번식, 생존율을 감시하는 정도면 충분하다.

이처럼 야생에 재도입된 타마린들이 번성하는 와중에, 원래부터 야생 상태였던 황금사자타마린 무리들은 여전히 심각한 위기에 처해 있었다. 1990년대에는 철저한 조사 결과 총 60마리로 이루어진 타마린 12집단이 비티 콘도를 건축하기 위해 벌목될 예정인 매우 작은 숲

9곳에 살고 있다는 사실이 밝혀졌다. 그리하여 1994년에서 1997년 사이에 그중 6집단(43개체)이 지금은 우니앙 생물 보호 구역이 된 곳으로 재배치되었다.

장기적 성공의 비결: 브라질 사람들에게 넘겨라

황금사자타마린 재도입 프로그램을 시작할 때부터 데브라는 성공을 위한 핵심 요소는 지역 농장주들의 태도라는 사실을 알고 있었다. 타마린 가족 집단은 점점 그 수가 늘고 있었으며, 나중에는 농장주들의 사유지인 남은 숲에 재도입될 터였다. 그리하여 브라질 사람들로 이루어진 팀은 초기 단계부터 지역 주민들과 연대를 다지는 작업을 해 왔다. 데브라의 말에 따르면 이 일은 처음에는 쉽지 않았다. 농장주들 중 적지 않은 사람들이 적대적인 태도를 보였기 때문이다. "그렇지만 아마 그 일이 가장 중요한 일이었지 싶어요. 비록 저는 나중에 은퇴를 하더라도 제가 하던 일은 안정적으로 자리를 잡아 계속 이어지도록 만들고 싶었는데, 그러려면 브라질 사람들에게 그 일을 넘겨야 했거든요."

넓게 보면 지금 바로 그런 일이 일어나고 있다. 1992년에 브라질에서는 황금사자타마린 협회가 창립되어 황금사자타마린에 관련된 모든 보호 사업을 통합하고 지역 공동체들에게 보호 프로그램에 관한 교육을 제공하는 임무를 맡았다. 젊고 정력적인 브라질 사람인 드니스 램발디가 회장을 맡고 있는 이 협회는 타마린 개체군을 감시하고 경제적 곤란을 겪는 농장주들이 농경 삼림 기술을 습득하는 것을 돕는 한편으로, 젊은 브라질 사람들에게 타마린 보호 훈련을 시킨다. 또한 브라질 정부 부처들과 긴밀히 협력해 전국적으로 자연 보호를 증진하기도 한다.

2003년 황금사자타마린은 위기에 처한 종들을 등재하는 국제자연 보호 연맹의 적색 목록에서 "심각한 멸종 위기 종"에서 "멸종 위기 종"으로 한 단계 내려왔다. 목록에 오른 영장류 중에서는 유일하게 사람들의 노력으로 한 단계 내려서게 된 종이다. 이 일은 확실히 그 종의 생존을 위해 헌신하는 수많은 사람들과 조직들에게 이정표를 제공했다.

물론 모든 보호 프로젝트가 그렇지만 관심 있는 사람들이라면 그저 뒤로 물러앉아 쉬고 있을 수만은 없다. 서식지는 여전히 파괴되고 있고, 그나마 남은 숲은 지속적으로 파편화되고 있다는 것이 타마린의 생존을 가장 심각하게 위협하는 요소다. 따라서 황금사자타마린 협회가 타마린 서식지를 서로 연결하기 위해 숲 회랑을 구축하고 있다는 소식은 무척 고무적이다. 그렇게만 된다면 고립된 작은 무리 내에서 번식이 이루어지는 것을 막는 데 도움이 되리라. 이런 회랑들 중 맨 처음 구축된 것은 길이가 19킬로미터 정도로, 지금은 거의 완성 단계이다. 그리고 점점 더 많은 목장주들이 자신들의 사유지에 타마린 무리를 도입하는 데 동의하고 있다.

이 글을 쓸 당시, 타마린은 포소 다스 안타스 생물 보호 구역 인근 사유지 목장 21곳에서 살고 있었다. 브라질의 통화 도안이 바뀔 때, 브라질 사람들은 투표를 통해 황금사자타마린을 20달러 지폐에 그려 넣기로 했다. 황금사자타마린은 이제 브라질에서 자연 보호의 상징이다.

"제가 1972년 동물원의 타마린들과 일하기 시작했을 때, 동물원에는 황금사자타마린이 70마리쯤 있었어요." 데브라가 말했다. 1980년대 말에 그 수는 거의 500마리까지 늘어서, 일부 개체에게 불임 시술을 해서 개체 수를 정체시키기로 결정이 내려졌다. 오늘날에는 동물원과 수족관에 도합 470마리 정도가 있으며, 무리들은 세심한 관리를 받고 있다. "1984년에 제가 재도입 프로젝트를 시작했을 때는 타마린이 야생에 채 500마리도 안 되었죠." 데브라가 말했다. 재도입을 위한 노력 덕분에 이제 야생에 살고 있는 타마린의 개체 수는 대략 1,600에서 1,700마리에 이른다.

멀리 본머스의 고향집에서 이 글을 쓰고 있는 지금, 나는 데브라가 나를 에두아르도와 라란자, 그리고 그 가족에게 소개해 주었던 4월의 어느 날을 돌이켜 본다. 어른 수컷이 데브라에게 가까이 다가오던 모습이 기억난다. 데브라는 관리자가 건네준 바나나 하나를 들고 있었는데 그 조그만 동물은 바나나를 받아 가려고 점잖게 손을 내밀었다. 마치 마법처럼 느껴졌던 그 순간은, 지구 별에서 영원히 사라질 뻔했던 이 매혹적인 종을 구하기 위해 열정적으로 노력한 한 여성에 대한 이 조그만 영장류의 신뢰를 상징하는 것 같았다.

아메리카악어
Crocodylus acutus

나도 그렇지만 대개의 사람들이 물속에서 악어를 만난다고 생각하면 소름이 끼칠 것이다. 어머니가 러디어드 키플링의 『그냥 그런 이야기(*Just So Stories*)』 중 제일 재미있는 「코끼리 코가 길어진 이유」를 읽어 주셨을 때 코끼리가 안됐다고 생각했던 게 아직도 기억에 생생하다. 이 이야기에서 불쌍한 아기 코끼리는 물을 마시려고 "아주 크고 흐리고 더럽고 기름진 림포포 강"으로 어정어정 갔다가 악어에게 그만 조그맣고 짧은 코를 물리고 말았다. 악어는 계속 당겼고 코끼리도 계속 당겼다. 다행히도 코끼리의 삼촌들과 이모들이 급히 구하러 달려왔다. 코끼리들도 계속 당겼지만, 악어도 계속 당겨서, 아기 코끼리가 구조되었을 때는 지금처럼 코가 길게 늘어나 있었다.

현실에서는 커다란 영양이(심지어 물소조차) 물을 마시러 갔다가 악어에게 끌려가는 무시무시한 일이 실제로 일어난다. 아무리 필사적으로 저항해도 소용없이, 이 동물들은 결국 죽음이 기다리는 물속으로 끌려 들어간다. 처음 곰비에 왔을 때 어머니와 나는 우리 캠프 근처 호숫가에 악어 2마리가 출몰하니 조심하라는 이야기를 들었다. 그런 상황이었으니 누가 뭐라 해도 우리는 그 호수에 헤엄치러 갈 마음

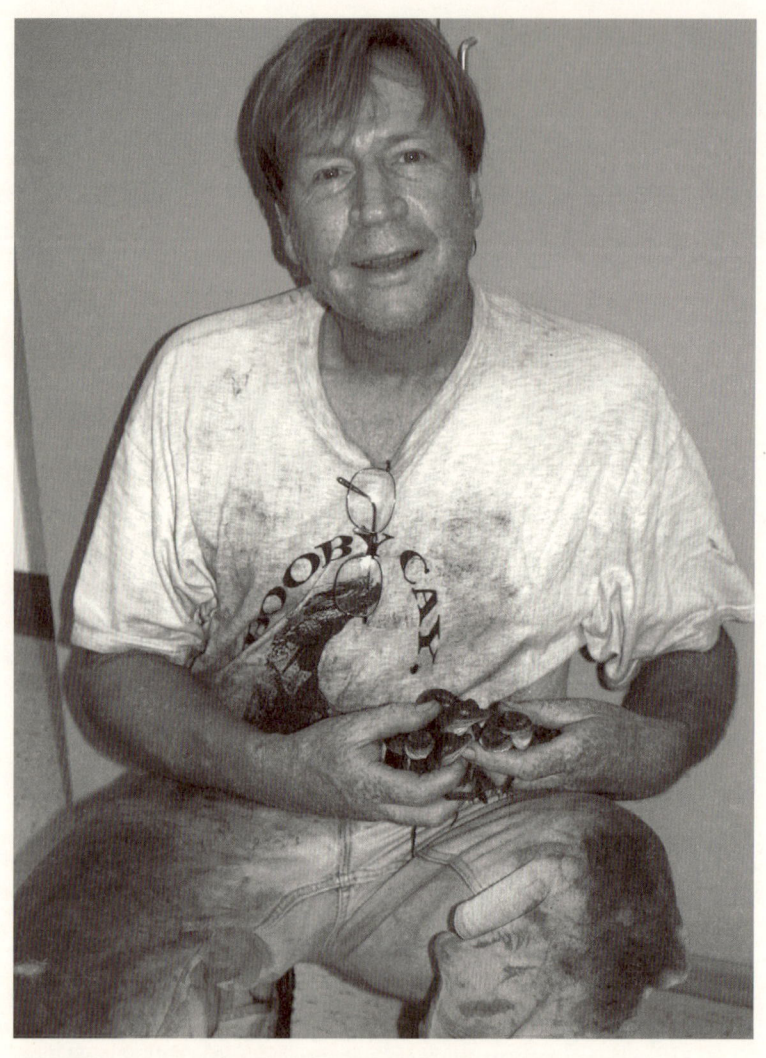

2007년 터키 곶 원자력 발전소에서 아메리카악어의 미래를 지켜주려고 애쓰고 있는 조 바실레프스키가 알에서 깨어난 야생 악어 새끼 3마리와 함께 자세를 취하고 있다(조지프 A. 바실레프스키 제공).

이 없었다. 사실 그 악어 중 1마리가 하마터면 요리사의 아내를 물어 갈 뻔한 적도 있었다. 나중에 들은 이야기로, 악어들은 당시 우리는 전혀 몰랐지만 그 동네에서 주술 치료사로 이름을 떨쳤던 이디 마타타의 "친구"(마녀와 검은 고양이의 관계처럼)였다고 한다. 마타타가 그곳을 떠났을 때에는 두 악어도 사라졌다. 사실, 탄자니아의 강력한 주술 치료사들에 대해서는 악어와 관련된 이야기들이 흔히 떠돈다.

'점잖고' '소심한' 악어

그렇지만 이들은 모두 아프리카악어나 나일악어에 관한 이야기들이다. 이 악어들은 미시시피악어(아메리카알리게이터)와 행동 면에서 비슷하다. 이 장에서는 아메리카악어(아메리카크로커다일)에 관한 이야기를 들려드릴 것이다. 크로코다일과 알리게이터는 서로 무척 다른 동물이다(둘 다 악어목에 속해 있고 일반인들이 보기에는 비슷해서 혼동하기 쉽다. — 옮긴이). 크로코다일은 훨씬 점잖고 소심하지만, 불행히도 알리게이터로 착각당하는 바람에 공포의 대상이 되고 핍박을 받는다. 그래도 일단 차이를 알게 되면 그 둘을 구분하기가 쉽다. 우선 크로코다일은 올리브그린색에서 회갈색이고 몸에 검은 반점이 있는 데 비해, 알리게이터는 통짜로 검은색이다. 둘째로, 크로코다일은 주둥이가 훨씬 좁고 아래턱 양쪽 가에 있는 넷째 이빨이 위턱 밖으로 툭 튀어나와 있다. 플로리다에서 크로코다일이 인간을 습격했다는 보고는 한번도 없었다. 비록 멕시코와 코스타리카에서는 몇 차례 그런 일이 있었다는 이야기가 있지만 말이다.

아메리카악어는 쿠바, 자메이카, 히스파니올라, 그리고 베네수엘라에서 유카탄에 이르는 카리브 해 해변과 페루에서 멕시코에 이르는 태평양 해변까지 그 서식 범위가 대단히 넓다. 플로리다에서 발견되는 북쪽 아종은 적어도 6만 년 동안 친족들과 떨어져 살아왔다(비록 아직 정식 발표되지 않은 최근의 DNA 연구에 따르면 쿠바의 아메리카악어들과 비교적 최근에 섞이긴 했지만). 1970년대 초엽에 이르자 플로리다 아종은 다른 전 세계의 많은 악어들과 마찬가지로 은신처에서 사냥을 당하거나, 인간의 개발 아래 거대한 야생 서식지를 파괴당해서 멸종 위기로 내몰렸다. 1975년에 이 악어들은 멸종 위기 종으로 분류되었다. 살아남은 개체 수는 200에서 400마리를 넘지 않는다고 추산되었다.

2006년 11월에 나는 거의 30년간 악어 연구에 몸 바쳐 온 플로리다 대학교의 야생 생물학자인 프랭크 마조티와 반가운 전화 통화를 나누었다. 1977년 당시 대학원생이었던 프랭크는 에버글레이즈 국립공원에서 악어 현장 연구를 돕고 있었다. 사람들은 악어들이 급박한 위기에 몰려 있는 것 같다는 사실 말고는 악어들에 대해 그다지 아는 바가 없었다. 연구자들이 답을 구하고자 한 질문 중 하나는 다음과 같았다. 새끼 악어들이 얼마나 살아남을 것이며 그들은 무엇 때문에 죽어 가고 있는가?

프랭크는 가끔씩 푸른꽃게가 악어 새끼들을 먹는 장면을 목격했지만 이미 죽은 녀석을 먹어 치우고 있는 것이려니 했다. 이윽고 잊지 못할 어느 날, 프랭크가 물속에서 힘겹게 파닥거리고 있는 파충류의 꼬리를 보고 움켜잡아 끌어내 보니 그것은 꽃게에게 단단히 물린 악어 새끼였다. 꽃게는 먹잇감의 몸통 정중앙에 집게발 하나를 두르고 다른 집게발은 머리통에 두르고 있었다. 프랭크는 악어 새끼를 겨우 떼어 냈지만 이미 숨이 멎은 다음이었다. 그런데 그 일이 있기 바로 얼마 전에 누군가가 삼림 감시원 처소 벽에 잡지에서 오려 낸 만화를 붙여 놓았었다.

"도마뱀에게 인공호흡을 하고 있는 남자가 그려진 만화였어요." 프랭크가 말했다. "만화 주인공은 도마뱀의 목에 입술을 딱 갖다 대고 숨을 불어넣고 있었지요." 프랭크는 악어에게 바로 그 행위를 했다! 그러자 몇 초 후에 악어는 물을 뱉어 내고 완전히 되살아나 곧 가던 길을 갈 준비를 했다. 전 세계에서 악어에게 생명의 입맞춤을 한 사람이 프랭크 말고 또 있을까!

한밤중 야생에서의 사랑

프랭크는 아이였을 때 타잔 책을 모조리 읽고 비슷한 다른 이야기들까지 찾아 읽었다고 하는데, 나 역시 마찬가지였다. 그렇지만 내가 타잔에게 반했다면 프랭크는 타잔이 되고 싶어 했다. "시간이 흐르면서 170센티미터짜리 사춘기 소년이 타잔이 된다는 건 불가능하다는 사실을 깨닫게 되었지요!" 프랭크가 말했다. 그렇지만 대학 시절 프랭크는 몇 차례 악어 연구에 참가할 기회를 얻었다. 악어들이 야행성이어서 연구자들은 해 진 다음에 야외에 나가 있어야 했는데, 프랭크는 그것도 마음에 들었다. 당시 연구자들은 연구 목적으로 새끼 악어를 몇 마리 키우고 있었다. "저는 악어 1쌍을 대략 180센티미터가 될 때까지 키웠는데, 방생을 보내기 전까지 그들에 대해서 무척 잘 알게 되었죠." 악어 이야기를 할 때 프랭크는 목소리에서 열의를 감추지 못했다. "이들은 악어계에서 진짜 천사들이에요. 방어심도 공격성도 제일 없어요. 수줍음이 많죠." 프랭크가 말했다. "점잖은 편이에요." 이렇게 말하면서 프랭크는 웃음을 터뜨렸다. 하지만 먹잇감의 시점에서 보면 그리 점잖다고 하기는 힘들지 않을까(악어는 게, 물고기, 뱀, 거북이, 새, 작은 포유류를 잡아먹고, 너구리나 토끼보다 큰 먹이는 거의 먹지 않는다.)!

프랭크는 박사 학위를 마치고 플로리다에서 악어 둥지를 연구하기 시작했다. 처음 연구가 시작된 1930년대부터, 프랭크는 이전에 악어 둥지가 있었다는 기록이 담긴 정보들을 찾을 수 있는 한 모조리 수집했다. 그리고 나서 각 지역을 답사해서 악어들의 흔적을 찾아보려 했지만 허사였다. 마침내 1987년, 프랭크는 플로리다 만에 있는 에버글레이즈 국립 공원의 클럽 키에서 둥지 하나를 찾아냈다. "거기서 둥지를 보았다고 마지막으로 기록된 해는 1953년이었어요." 프랭크가 말했다. 프랭크가 그 둥지를 발견한 것은 벌써 20년 전의 이야기였지만, 그 목소리에 담긴 흥분은 전화선을 타고 플로리다에서 내 고향 집인 본머스까지 고스란히 전해졌다!

악어의 모성애

나는 암컷 악어들이 (침팬지들과 똑같이!) 11살에서 13살이 되어야 성적으로 성숙하며 (역시 침팬지와 똑같이) 수명이 60년 정도 된다는 사실을 알고 매혹을 느꼈다. 암컷 악어는 늦겨울에서 초봄에 걸친 시기에 짝짓기를 하고 나면 고지대의 해변이나 강바닥 같은 곳에 둥지 구멍을 파고 20에서 50개쯤 되는 알을 낳은 뒤 흙으로 잘 덮어 둔다. 그러고 나면 둥지를 떠났다가 대략 85일이 지나 돌아오는데, 이때쯤이 바로 새끼가 알에서 깨어나서 흙을 뚫고 나오는 데 어미의 도움이 필요한 시점이다. 둥지에 도착한 어미는 땅에 귀를 대고 새끼들이 알을 깨고 나올 때 내는 쩍쩍거리는 소리를 듣는다. 이윽고 땅을 파헤쳐 새끼를 파내 입에 물고 물속으로 데려간다. 그러면 20센티미터 정도 되는 새끼 악어들은 혼자 힘으로 바다 어귀를 향해 헤엄쳐 간다. 프랭크는 이런 어미의 행동에 대한 기억을 떠올릴 때가 가장 행복하다고 말했다.

출생 후 첫 1년간 새끼 악어의 생존율은 6퍼센트에서 50퍼센트 사이인데, 강우량과 자연적인 물의 흐름도 생존율에 영향을 미친다. 새끼들은 고염분을 견디지 못한다. 역사적으로, 에버글레이즈 습지를 흐르는 민물은 플로리다 만으로 흘러들면서 물의 염도를 낮추어 새끼 악어들에게 필요한 조건을 만들어 주었다. 물론 문제는 물의 자연적인 흐름이 오래전에 깨져 버렸다는 것이다. 지난 수십 년간, 물은 "관리되었다." 농업용으로 공원 밖 지역 저수지에 보관되었다가, 필요 없다 싶으면 갑자기 대량으로 방류되었다. 이는 습지로 들어오는 민물의 느리고 비교적 꾸준한 흐름을 붕괴시켜 습지의 수위와 플로리다 만의 염도에 영향을 미쳤고, 그리하여 식물군과 동물군에 대혼란을 일으켰다.

발전소가 아메리카악어를 구한 이야기

그럼에도 과학자들은 1975년에 비하면 오늘날 플로리다에 악어들이 4배나 더 늘었다고 추산한다. 놀라운 일은 이러한 성장이 한 발전소가 세운 공적 덕분이라는 것이다! 1970년대에 터키 곶에 위치한 플로리다 발전소는 공장에서 나온 물을 식혀 다시 만으로 내보내는 270킬로미터짜리 수로를 만들었다. 그리고 악어들은 이 수로가 이상적인 서식 공간임을 알아차리고 수로들 사이의 부드러운 흙에 둥지를 팠다. 1978년에 수로에서 새끼 악어들이 발견되자, 회사는 참으로 장하게도 대단한 관심을 보이고 자문 회사를 고용해 악어들을 관찰하는 임무를 맡겼다. 그 이래, 그곳에 둥지를 트는 악어들의 개체 수는 꾸준히 성장하고 있다.

나는 터키 곶의 악어들에 관한 정보를 얻으려고, 1996년부터 줄곧 그곳에서 일하고 있는 조 바실레프스키에게 연락을 취했다. 조가 맡고 있는 일 중 하나는 악어들의 움직임을 뒤쫓으면서 따뜻하고 염분이 풍부한 수로에서 발견되는 악어들의 발자국과 "꼬리를 끈 흔적"을 일일이 추적하는 것이다. 조는 잡히는 악어 모두에게 마이크로칩 인식표를 달아 준다.

"수천 마리는 잡았을걸요." 2008년 봄에 전화 통화를 했을 때 조가 말했다. "아메리카악어들은 그리 사납지 않아요. 일단 잡혔구나 싶으면 항복해 버리고 말지요. 다른 악어들은 끝장을 볼 때까지 저항하는데 말이에요."

발전소의 냉각 수로 시스템 내부와 그 인근에 있는 아메리카악어 개체군(막 알을 깨고 나온 새끼까지 포함해서)을 조사하는 데는 1985년 이래 사용된 것과 동일한 방법이 사용되었다. 결과는 극적인 증가세를 보여 주었다. 첫 해에는 겨우 19개체가 있었을 뿐이었는데, 10년 후에는 그 수가 40개체가 되었고, 2005년에는 400개체로 늘었다.

악어는 또한 에버글레이즈 국립 공원 남부 내륙 지역과 1980년에 설립된 키라고의 넓이 27제곱킬로미터의 크로코다일 호수 국립 야생 보호 구역에도 둥지를 틀었다. 그러니 서식지의 90퍼센트는 보호 구역이거나 무척 협조적인 회사의 사유지였다. 그리고 더욱 강력한 보호하에 개체 수가 늘면서, 악어들은 내륙의 배수구에서 골프장의 연못까지 사람들이 사는 지역에도 모습을 나타내고 있다. 프랭크가 말했듯이, 이러한 이유 때문에 사람들에게 아메리카악어의 소심한 성격에 대해 알리고, 아메리카악어와 그보다 훨씬 사나운 알리게이터를 구분하는 법을 알려 주는 일이 무척 중요하다.

악어의 유용함

악어들은 생태계에서 중요하고 흥미로운 역할을 한다. 조의 말을 들어 보자. "예를 들어 이곳 플로리다는 외래종 때문에 끔찍하게 골머리를 앓고 있어요. 특이한 애완동물들, 예를 들면 이구아나나 비단뱀이 야생으로 풀려나거든요. 다행히도 악어는 먹이 사슬의 정점에 있어요. 자기들보다 작은 건 뭐든지 잡아먹기 때문에 외래종을 통제하는 데 크게 도움이 되죠!"

역설적이게도 악어 개체군의 건강함을 보여 주는 신호 중 하나는 제 새끼를 잡아먹는 것이다. "수가 늘어나면, 악어들은 스스로 개체군을 통제합니다." 조가 말했다. "점점 더 많은 악어들이 알에서 깨어나는 새끼들을 잡아먹는 것을 볼 수 있어요. 일부는 그냥 맛만 보기도 하죠."

지금까지는 아메리카악어의 귀환을 성공 사례로 볼 수 있다. 그러나 그 궁극적인 운명은(플로리다의 수많은 식물군과 동물군과 마찬가지로) 에버글레이즈가 복구되느냐에 달려 있다. 우리는 공학자들이 생물학자들과 협력하여 물 흐름을 한층 자연적으로 안정화하는 데 성공하기를 기원해야 한다. 프랭크 마조티와 조 바실레프스키의 열정과 고집, 그리고 악어 자체의 존재 덕분에, 언젠가는 이 모든 상황이 달라질 수 있으리라.

매
Falco peregrinus

매가 먹잇감인 작은 새를 뒤쫓아 선을 그리며 창공을 가로질러 다이빙하는 마법 같은 광경을 처음 보았을 때, 나는 마치 혜성을 보았을 때와 같은 경이로움으로 마음이 울렁거리는 것을 느꼈다. 사실 어느 새를 막론하고 난다는 것 자체가 대단한 일이다. 땅에 묶여 있는 우리 인간들이 하늘을 나는 방법을 찾아 그토록 오랫동안 노력을 기울인 것도 무리가 아니다. 사람들은 대부분 한번쯤은 하늘을 나는 꿈을 꾼 적이 있을 것이다(사실 우리 어머니는 한번은 너무 생생한 꿈을 꾸는 바람에 반쯤 잠에 취한 상태로 잠자리에서 일어나 침대 가장자리에서 날아올랐다가 쿵 하고 바닥에 떨어져 온 가족을 깨운 적도 있다!).

나는 어렸을 때 남자아이와 매가 등장하는 이야기를 읽었다. 하도 오래전 일이라 매의 종류가 무엇이었는지, 아이가 황무지에 숨어 있었는데 왜 그랬는지 하는 세세한 부분은 기억나지 않지만, 아무튼 둘은 서로를 너무나 사랑했고 아이는 매에게 두건을 씌우거나 족쇄를 채울 수가 없었다. 그리고 황무지에 숨어 있는 동안 매가 둘이 먹을 먹이를 사냥해 왔다. 나는 자유의 상징인 새에게 족쇄를 채우고 길들이고 제약하는 매 사냥에 대해 늘 양가감정을 느꼈다. 새들이 타고

매를 원래의 사냥터로 돌려놓기 위한 미국 전역의 대규모 프로젝트를 이끌고 있는 매 사냥꾼 톰 케이드(J. 셔우드 챌머스/매 기금 제공).

난 권리를 빼앗긴 채 새장에 갇혀 있다고 생각하면 슬프고 화가 나곤 했다. 하지만 이 장에서 이야기할 영광스러운 매의 복원 작전에서 매 사냥꾼들이 맹활약을 한 데에는 그저 감탄할 따름이다. 사실 그 일에서 가장 앞장을 선 톰 케이드는 매 사냥꾼이었고, 열정적인 매 사냥꾼 동료들의 지식과 기술로부터 큰 도움을 받았다.

매는(흰매와 함께) 매 사냥이라는 고대 기술에서 오랫동안 가장 적합한 새로 여겨졌다. 미국 박물학자인 로저 토리 피터슨은 이렇게 썼다. "인류는 태고의 그림자로부터 처음 모습을 드러냈을 적에 이미 손목에 매를 얹고 있었다." 단지 먹이를 사냥하는 데에만 이용될 때도 있었지만, 대개 매 사냥은 귀족들을 위한 스포츠였다. 북아메리카에서 매 사냥이 시작된 것은 1900년대 들어서였고, 매는 거기서도 최고의 애호 종이 되었다.

이 매에 대해서는 그 아름다움과 속도, 창공에서 먹이를 향해 내리꽂는 치명적인 급강하를 증언하는 수많은 문헌들이 있다. 특히 『매의 귀환: 끈기와 협력이 이루어 낸 북아메리카의 전설(Return of the Peregrine: A North American Saga of Tenacity and Teamwork)』이라는 책은 매가 미국에서 거의 멸종 위기에 처했던 사연과 그들을 구제해 야생으로 되돌려 보낸 사람들의 믿기 어려운 이야기를 기록하고 있다. 나는 톰 케이드에게서 직접 얻은 정보를 제외하면 주로 이 책에서 이 장에 실린 정보의 대부분을 얻었다.

매들은 원래 남극 대륙을 제외한 지구상 거의 모든 곳에서 볼 수 있었다. 그리고 늘 북아메리카보다는 유럽에서 더 많이 모습을 보였다. 사실 제2차 세계 대전 동안, 영국 남부에서는 수많은 매들이 전서

구들을 위협한다는 이유로 죽임을 당했다. 그렇지만 전쟁이 끝나고 나자 일부 조류학자들은 영국의 매들에게 무언가 문제가 생긴 게 아닐까 하는 의혹을 품기 시작했다. 그리고 1960년대에, 조류학 기금은 고(故) 데렉 래트클리프(영국 정부의 자연 보호 회의 소속 책임 과학자를 지낸)에게 영국 전역의 매 둥지 조사를 의뢰했다. 래트클리프는 영국 남부에서 매 개체 수가 실로 심각한 하락세를 보이고 있으며, 그 외 지역과 웨일스에서도 수가 줄었고, 스코틀랜드의 외딴 지역들에서만 정상적으로 번식하고 있다는 사실을 밝혀냈다.

조류학 기금은 어쩌면 제2차 세계 대전 이후에 영국 농업에 도입된 독성이 매우 강한 유기 염소계 살충제가 그 원인일지도 모른다는 의견을 제시했다. 1940년대 후반부터는 종자를 먹는 새들이 살충제 처리된 밭에서 먹이를 먹은 결과로 죽어 가고 있다는 보고가 쏟아져 나왔다. 맹금류들의 시체도 발견되었는데, 오염된 먹이를 먹고 중독사한 것 같았다.

1963년에 래트클리프가 실시한 2차 연구 결과 매 수가 더욱 극적으로 감소했음이 밝혀졌다. 남부에서는 그 감소세가 특히 심해서 발견된 매는 겨우 3쌍이 다였다. 다시금, 이전과 별다른 변화를 보이지 않는 곳은 오로지 스코틀랜드의 외딴 지역들뿐이었다. 유럽에서 들어온 보고서들은 매를 비롯한 새 개체군에서 비슷한 감소세를 기록하고 있었다.

DDT 금지를 위한 투쟁

그토록 많은 새들이 죽임을 당하고 있다는 사실이 점점 더 많은 이들에게 알려지면서 거대한 대중적 호소가 터져 나왔다. 영국 정부는 몽크스 우드 연구소의 과학자들에게 살충제의 역효과에 대한 연구를 위탁했다. 그러는 와중에 유기 염소계를 비롯한 독성 살충제의 사용을 제한하는 일련의 "자체적인 금지" 사항들이 권장되었다. 래트클리프는 심지어 주인이 있는 독수리나 매 둥지의 알들이 깨져 있는 것까지 발견했다. 화학 약품이 알껍데기의 두께에 영향을 미치는 것이 아닌가 하는 의혹을 품고는 그 가설을 확인하기 위해 썩은 알 하나를 몽크스 우드로 보냈다. 검사 결과 알에서는 DDE(DDT의 지역 상품)와 그 밖의 화학 살충제 잔류물 성분이 검출되었다.

레이첼 카슨이 1962년 미국에서 수많은 새와 곤충들이 죽어 가고 있는 현상에 대한 연구 결과를 담은 『침묵의 봄(Silent Spring)』을 펴냈을 때 영국에서는 이미 화학 살충제의 영향을 연구 중이었던 것이다. 그리고 유럽에서 들어온 보고서들에 따르면 매를 비롯한 새 개체군이 비슷한 감소세를 보였는데, 이 역시 살충제 탓으로 여겨졌다.

한편 미국에서도 수많은 조류학자들과 매 사냥꾼들이 역시 그와 유사하게 매 개체군이 줄어드는 현상을 우려하고 있었는데, 그중에는 위스콘신 대학교 교수인 조 히키도 있었다. 1939년에 히키는 미시시피 동부 애팔래치아매의 실제 둥지 부지에 대한 확장 연구를 실시했다. 1963년, 히키는 대니얼 버거(13년째 미시시피의 매 개체군에 대해 연례 조사를 하고 있던)를 채용해 자신이 20년도 더 전에 연구를 실행했던 지역의 둥지 부지를 맡겼다. 1964년, 버거와 그 팀원들은 미국의 14개 주와 캐나다의 1개 주로 답사를 떠났다. 하지만 임자 있는 둥지는 단 하나도 찾지 못했고 3개월 내내 매도 보지 못했다. 미국 동부에서 애팔래치아매 군락은 초토화 상태였다.

이 충격적인 소식에 이어, 히키는 곧 래트클리프로부터 영국의 살충제 사용 현황에 관한 이야기를 들었다. 히키는 매 사냥꾼, 과학자, 정부 관료, 심지어 농업과 제약 회사의 대표들까지 아우르는 모든 이익 단체들을 한자리에 모으는 회합을 조직하는 데 나섰다. 1965년 중반에 위스콘신에서 열린 이 회합은 훗날 매디슨 회담이라고 불리게 된다. 래트클리프는 그 회담에 모인 단체들에게 영국에서 벌어지고 있는 상황을 설명했다. 그리고 자기가 막 다녀온, 유럽 11개국 출신 과학자 71명이 참가한 회담에 관해 보고했는데, 그 과학자들은 전반적으로 지속적인 살충제 사용, 구체적으로 유기 염소계 살충제 사용이 야생 생물에게 심각한 위협으로 작용하고 있다는 결론을 내렸다.

"회담 후 거의 즉시, 사람들은 매의 알과 죽은 새의 조직에 눈길을 돌리기 시작했습니다. 그리고 DDT와 그에 해당하는 지역 생산품인 DDE를 찾아냈지요." 톰 케이드가 이렇게 썼다. "그 지점부터, DDT가 매들이 직면하고 있는 문제의 주된 원인이라는 사실이 대단히 명확해졌습니다." 그렇지만 농약과 농업 산업체들의 강력한 반발을 감안할 때, 정부가 그런 독극물들을 금지시키게 만들려면 좀 더 과학적인 '증거'가 필요했다. 이들 이익 집단들은 알껍데기가 얇아지는 것과 일부 살충제 사용 사이의 상호 관계는 임의적이고 우발적일 뿐이라고 주장했다.

그리하여 래트클리프는 정밀하게 측정한 알의 무게와 길이, 너비를 기준으로 알껍데기의 두께를 계산하고 그 수치를 적용해 영국 전역에서 수집한 알을 검사하는 방법을 고안했다. 그는 1947년 이래 줄곧 알의 두께가 눈에 띄게 줄어들고 있음을 확인했다. 그러는 와중에 미국 어류·야생 생물 관리국의 패튜센트 야생 연구소 소속 과학자들은 DDT와 DDE가 황조롱이를 비롯한 다양한 조류 종에게 미치는 영향을 조사하고 있었다. 실험 결과, 다양한 화학 약품들이 비교적 소량으로도 황조롱이의 알껍데기를 얇게 만들 수 있다는 사실이 밝혀졌고, 그것이 살충제에 영향을 받은 먹이를 먹음으로써 오염된 야생 황조롱이들의 상태와도 관련이 있음을 보여 주었다.

"DDT 금지는 실현 가능성이 없다"

과학적인 증거가 쌓이고 있었지만 저항도 그만큼 거세졌다. 사실 매디슨 회담에 참석한 린든 존슨 대통령의 과학 자문들은 "DDT를 사용 금지하는 것은 실현 가능성이 없다."라고 선언했다.

톰이 말했다. "우리 중 많은 이들이 그 선언을 어디 한번 도전해 보라는 말로 받아들였지요."

살충제 규제는 새로이 조직된 환경 보호국 관할이었는데, 보호국은 자연 보호 기금이 내린 법원 명령을 받아 1971년 중반에 DDT에 관한 청문회를 실시했다. 청문회는 8개월에 걸쳐 증인 125명을 소환했고, 그 후 리처드 닉슨 대통령이 초대 환경 보호국 행정관으로 임명한 윌리엄 러클셔스는 대통령 지원하에 전국적인 DDT 금지령을 대담하게 실행해 나갔다.

자자한 원성을 피할 수는 없었지만, 미국 대법원은 결국 판을 뒤집어 버렸다. 수많은 과학자들이 내놓은, 화학 물질이 맹금류, 특히 매와 흰머리독수리, 물수리, 갈색사다새에게 영향을 미친다는 증거는 반박이 불가능했다. 비록 오래고 고된 싸움이었지만 이 싸움은 자연 보호 운동 측의 중요한 승리 사례로 남았고 환경에 폭넓은 이익을 미치는 환경법의 전례를 수립했다.

캐나다에서는 이미 DDT를 금지한 상태였고, 몇몇 유럽 국가의 자연 보호 운동가들은 DDT를 비롯한 해로운 화학 물질들의 사용을 금지하려고 로비 활동을 하던 참이었다. 영국 정부가 살충제에 사용되는 대다수 독성 화학 물질을 자발적으로 금지한 것은, 농장주들의 자발적인 사용량 감소와 더불어 1979년까지 살충제 대부분이 이미 폐기되고 있다는 뜻이었고, 1979년에는 마침내 유럽 연합이 살충제 사용을 금지했다.

매 번식의 본질을 발견하다

톰 케이드는 DDT 사용을 금지한다는 궁극적인 목표를 가지고 1970년에 매 기금을 창립했고, 매를 미국 동부에 재도입한다는 포부를 품고 포획 번식 프로그램을 위한 준비를 시작했다. 그러나 비록 미국과 유럽에서 일부 매 사냥꾼들이 소소하게 성공을 거둔 사례가 있긴 했지만, 매를 포획 상태로 번식시키는 방법에 대해서는 거의 알려진 바가 없었다. 이미 1950년대 후반에 매 개체군에 문제가 있다는 것을 알아차린 일부 매 사냥꾼들은 북아메리카 매 사냥꾼 협회를 창립했고, 1961년에는 여러 주에서 온 45명의 매 사냥꾼들이 한데 모여 그 상황을 논의하기 위해 창립 회의를 열었다. 그리고 몇 사람이 포획 번식 방법을 제안했다.

역시 매 사냥꾼이었던 톰은 야심찬 계획을 거듭 밀어붙이면서 다른 매 사냥꾼들로부터 충고와 도움을 구했다. 새끼 매들이 부모의 가르침 없이도 사냥하는 법을 배울 수 있다는 사실을 알려 준 것 역시 다른 매 사냥꾼이었다. 그리고 매 사냥꾼들은 엘리자베스 시대 이래 "해킹(hacking)" 방법을 써 왔는데, 일종의 전세 마차 같은 것을 언덕 꼭대기로 끌고 가 아직 날기 전인 새끼 매를 그 안에 넣어 두는 방법이었다. 매에게는 매일 먹이가 배달되었고, 날 수 있게 되면 새끼들은 마음대로 왔다 갔다 할 수 있었다. 이윽고 새끼들의 근육 긴장도가 발달해서 스스로 새를 잡을 수 있는 단계에 이르면 다시 포획해서 수련을 시작했다. 톰은 재도입 계획의 일환으로 해킹 방법을 이용하기로 마음먹었다. 무엇보다 중요한 것으로, 매 사냥꾼들은 매의 본성이 포획 번식에 잘 맞는다는 사실을 알았다. 톰은 이렇게 썼다. "비록 하늘의 제왕이자 사냥터의 주인이지만 매는 또한 수세기 동안…… 그 점잖고 차분한 기질 때문에 사람의 부림을 받기에 딱 안성맞춤이었다……."

톰은 코넬 대학교에서 교편을 잡았고 그 대학교에 있는 유명한 조류학 연구소와도 연이 있었던 덕분에 그곳에 매 번식 시설을 차릴 수 있었다. 번식 시설은 매 궁전이라는 애정 어린 이름으로 불렸다. 처음 몇 마리를 다루는 과정은 하인츠 멍 박사에게 의탁했는데, 박사는 뉴욕 주립 대학교 뉴 폴츠의 교수였다. 예리한 매 사냥꾼이면서 코넬의 동창생인 멍 박사는 독립적인 소규모 번식 프로그램을 구축하여, 자신의 번식 쌍과 새끼들을 톰의 프로그램에 빌려 주었다.

톰과 매 기금 직원은 시행착오를 거쳐 가장 짧은 시간에 가장 많은 수의 새들을 번식시키는 법을 배웠다. 프로그램에서는 자연적인 번식 방법은 물론이고 알을 빼돌리는 방법에다 인공 수정까지 이용했고, 알은 둥지를 튼 매나 부화기를 이용해 키웠다. 사람들은 새가 포획되는 나이(나이 든 개체들은 거의 번식을 하지 않았다.)와 새끼 새를 취급하는 방법에 성공 여부가 달려 있다는 사실을 점차 깨달았다. 그리고 새끼들을 무리로 키우는 것이 좋고 전국 곳곳의 적절한 장소에 세워지고 있던 해킹 상자로 새끼들을 옮기는 시기는 태어난 지 5주째가 가장 적합하다는 사실을 알아냈다.

필리스 데이그와 짐 위버는 특히 프로그램 전반에 핵심 역할을 했다. "두 사람이 코넬 대학교의 프로그램을 돌아가게 했지요." 톰이 말해 주었다. "필리스는 안 하는 일 없이 다 했어요. 비서 일, 회계, 기금 모금, 아기 새 먹이 주기, 현장 보조까지." 톰은 누군가 한 사람은 새들과 늘 붙어 있어야 한다고 느꼈는데, 그로부터 몇 년간 필리스는 실제로 매 궁전에 눌러 살았다. 애초에 그곳에는 창문 하나 없었고, 『매의 귀환』을 보면 필리스가 매 기금의 "사무실"에서 혼자 보낸 어둡고 폭풍이 몰아치던 밤들에 대한 이야기를 읽을 수 있다. 사실, 그 사무실은 매년 소방국으로부터 질타를 받았지만 위대한 일을 달성하려는 소규모 단체의 사람들은 아랑곳없이 그곳을 계속 이용했다.

코넬 대학교에서 초기 단계부터 일한 사람 중에는 짐 위버도 있었다. 톰은 짐이 새들을 관리하고 포획 상태에서 새들의 건강을 유지하는 데 탁월한 재능을 가지고 있다고 했다. 더욱 중요한 점은, 짐이 관리자 겸 팀장으로서 뛰어난 능력을 보여 주었으며 충실하고 헌신적인 동료들을 모아 팀을 꾸릴 수 있었다는 사실이다. 그 동료 중 한 사람이 빌 번햄인데, 빌은 복원 프로그램에서 수년간 일하고 나서 결국 세계 맹금류 연구소를 창설했다. 빌은 2006년에 59세라는 아까운 나이로 죽기 전까지 매 기금의 회장을 지냈다.

사랑에 빠진 매

이 이야기를 조사하면서 즐거웠던 일 하나는 다양한 매의 성격에 대해 알게 된 것이었다. 코넬 번식 프로그램에서 유독 활달했던 페퍼 하사관이라는 수컷에 관한 이야기가 특히 재미있었다. 페퍼 하사관은 짝으로 제공된 암컷들과 잘 지내보려고 하기는커녕 오히려 못살게 굴기만 했다. 그렇지만 톰이 나중에 적어 보낸 이야기에 따르면 페퍼 하사관은 암컷 6마리를 연달아 퇴짜 놓고 나서 끝내 "칠레에서 온 자그마한 라틴 숙녀와 사랑에 빠졌습니다." 그 두 새는 즉각 서로를 받아들였다. "둘은 구애를 시작했고 수컷이 암컷에게 먹이를 물어다 주기 시작했습니다. 그리고 암컷은 한창 털갈이 철에 우리한테 왔는데도, 어찌된 영문인지 털갈이를 더욱 가속화해서 그해 봄에 번식 상태

참을성 있게 '교미 모자'를 쓰고 있는 번식 생물학자 칼 샌드포트. 빌 하인리히에 따르면 칼은 아마도 전 세계에서 그 어느 누구보다도 포획 번식 매들을 많이 키웠을 거라고 한다(매기금 사진 제공).

로 되돌아왔습니다. 그리고 둘은 그 후로 매년 수많은 새끼들을 낳았지요."

인공 수정, 줄여서 AI는 암컷이 수컷의 구애를 받아들이기를 거부할 때, 아니면 수컷이 그 어떤 암컷과도 짝짓기를 거부할 때만 필요한 도구로 여겨진다. 그런 수컷 중에 BC(맥주 캔, Beer Can)가 있었는데, 녀석은 태어난 지 이틀 만에 야생에서 거두어졌다. BC는 사람 손에 키워졌고 인간에게 각인되어 암컷을 철저히 거부했다. 따라서 BC가 번식 프로그램에 소속되었을 때, BC는 인공 수정을 위한 정자 제공자가 되어야 했고, 윌리엄 하인리히는 BC에게 정자를 받아내는 임무를 떠맡았다. 이 절차는 BC에게 스트레스를 주었다. "무척 수치스러운 일이기도 했지요!" 하인리히는 말했다. 그리하여 레스 보이드가 "교미 모자"를 고안했다는 소식을 듣자 하인리히는 레스를 설득해서 그리로 찾아와 사용 방법을 보여 달라고 했다.

레스는 하인리히에게 죽은 새를 들고 BC 방 둥지의 선반으로 기어 올라가라고 말했다. BC가 먹이를 받아먹으려고 날아오르자 하인리히는 구애의 외침을 흉내 내면서 눈 맞춤을 하려고 애를 썼다. 그러고 나서는 머리가 선반과 같은 높이가 되도록 고개를 숙여서 BC가 그의 모자와 교미할 수 있게 했다. 그리고 구애의 외침을 지르면서 고개를 숙였다. 하지만 BC는 그냥 죽은 새로 배만 채웠다. 레스는 하인리히에게 BC가 관심을 가질 때까지 눈 맞춤에서 고개 숙이기까지 전체 과정을 되풀이하도록 지시했다. 하인리히가 참을성 있게 이 행동을 10번쯤 하고 나자 레스는 끝내 웃음을 참지 못했고, 하인리히는 괜히 바보 짓만 했다고 생각하면서 기어 내려와 다시는 안 하겠다고 했다.

깊이 뉘우친 레스가 하인리히에게 진짜로 거의 성공할 뻔했다고, 그리고 그 광대 짓이 인간 관찰자에게는 아무리 우스워 보여도 BC의 관심을 살 수 있는 한 절대로 불합리한 짓이 아니라고 설득하는 데에는 시간이 좀 걸렸다! 그리하여 하인리히는 "기절할 만큼 웃긴" 구애 행위를 하루에 3번씩 계속했다. 그리고 이틀 후, BC는 매 기금의 첫 자발적 정자 기증자가 되었다. 그 이후로 BC는 하루에 몇 차례씩 질 좋은 정자를 기꺼이 제공하고 있다. 어쩌면 즐거워하는 것 같기도 하다! 그 결과 BC가 자기도 알지 못한 채 씨를 뿌린 수많은 새끼 새들은 드넓은 북아메리카의 하늘을 날아다니고 있다.

창공으로 돌아가다

1974년에 매 기금은 번식 프로그램에 속한 새끼들 4마리를 처음으로 야생으로 내보내는 시험적 방생을 실시했다. 그중 2마리는, 콜로라도에서 얇은 알껍데기 때문에 한배의 알을 잃고 가짜 알들(매 기금이 제공한)을 품고 있던 야생 매 1쌍에게 입양되었다. 이 가짜 알들을 새끼 2마리로 바꿔 치우자 새끼들은 성공적으로 받아들여져 길러졌다. 나머지 포획 번식 새끼 2마리는 하인츠 멍 박사에게 보내졌는데, 박사는 자기 대학 캠퍼스에 있는 19층짜리 탑 꼭대기에 해킹 시설을 지어놓았다. 이들 역시 무사히 성장했다. 그리고 포획 출생 매들로서 미국에서는 첫 시험 방생 대상이 되었다.

이듬해, 새끼 16마리가 서로 다른 5곳의 해킹 부지로 보내졌다. 이들 새끼 새들 다수는 다음 해에 해킹 부지나 그 근처로 돌아왔다. "1976년에는 무척이나 많은 개체가 돌아왔기 때문에 우리는 더 많은 새들을 성공적으로 방생할 수 있겠다고, 이 종을 회복하는 데는 그다지 어려움이 없겠다고 상당히 자신했지요." 톰이 말했다.

"그때 미국 전역의 매 사냥꾼들이 번식 프로젝트에 도움을 주기 위해 자기들이 소유한 매를 빌려 주었습니다." 그뿐만이 아니다. 매 사냥계에 오래전부터 전해지는 해킹 기술까지 알려 주었는데, 그 기술들이 없었다면 야생으로 재도입하는 계획이 난항을 겪었을 것이다. 사실, 맨 처음에 방생을 실시한 것은 모두 매 사냥꾼들이었다. 비록 프로젝트가 점점 널리 알려지면서 온갖 분야의 수많은 지원자들이 "해킹 부지 보조"로서 그들을 지원해 주었지만 말이다. 이는 무척고된 일이어서, 지원자들은 여러 주 동안 해킹 부지에서 캠핑을 하고, 곰과 말코손바닥사슴과 마주치거나 방울뱀에게 물리는 위험은 말할 것도 없고 더위와 추위, 벌레들, 심지어 산불의 위험까지 감수해야 했다. 그렇지만 거의 모든 사람들이 불평 없이 고난을 받아들였고, 매를 진정으로 우러러보면서 그들의 미래를 지켜 주려고 노력했다. "매가 하늘을 완전히 장악하는 광경을 저는 처음 봤어요." 해킹 부지 보조자인 재닛 린디컴의 얘기다. 그때의 지원자들 중 훗날 보전 생물학계에 종사하게 된 사람들이 적지 않다.

1976년에는 5주째에 방생된 매들의 생존율이 높았다. 1980년대 무렵에는 매 기금이 미국 동부 12곳 이상의 주들(메인 주에서 조지아 주까지)과 로키 산맥의 몇몇 주에 새들을 도입하고 있었다. 물론 프로젝트를 비판하는 사람들도 있었다. 일부 과학자들은 알래스카 출신 매들이 캐나다, 멕시코, 남아메리카, 유럽의 개체들과 번식하여 유전적 순수성을 잃어버릴 것을 우려했다. 그러나 톰이 지적하듯이, "미국에는 동부 종이 전혀 남아 있지 않았고, 우리는 그들의 빈자리를 메우기 위해 찾아낼 수 있는 조합은 전부 이용했습니다. 그렇지만 번식하는 종의 절대 다수는 북아메리카 출신입니다."

한편 동부의 매들은 전통적으로 단거리 이주밖에 하지 않는데, 장거리 이주를 하는 무리 출신 개체들이 그곳에서 새로운 무리를 확립하는 데 이용되었기 때문에, 도입된 새들이 새로운 환경에 적응하지 못할까 봐 우려하는 비판자들도 있다. "그렇지만 두고 보면 괜찮아질 겁니다." 톰이 말했다. "사실 북극 무리에서 방생된 새들이 가을에 남아메리카로 이주하긴 했지만요. 특히 첫해에는 그런 일이 더 많았고요." 다른 새들은 전혀 이주를 하지 않았고, 멀리 북쪽으로 이주한 예는 알려진 바로는 전혀 없다.

전면적 복원: 꿈의 실현

이 장에서 나는 이제껏 미국 동부 프로그램이 펼쳐 온 투쟁과 그 궁극적인 성공에 초점을 맞추었다. 매들이 완전히 자취를 감춘 지역이 바로 동부였고, 그 상황을 돌려놓을 수 있었던 것은 어디까지나 포획 번식과 재도입 노력 덕분이었기 때문이다. 하지만 톰 케이드가 지적하듯이, 매 기금의 목표는 미국 전역에 걸쳐 이렇게 멋진 새들의 개체군을 DDT 이전 시절로 되돌리는 것이다. 사실 톰이 강조하듯이, DDT가 금지된 이후 나머지 개체군의 생존율과 출산율이 높아지면서 북아메리카의 매는 대부분 자연적으로 회복되었다. 북극매(*Falco peregrinus tundrius*)는 포획 번식이나 재도입 과정 없이도 자연적으로 개체수를 회복했다. 그리고 남서부와 멕시코 대다수 지역에서도 자연적인 복원이 이루어졌다. 서부(캘리포니아, 콜로라도, 뉴멕시코, 유타, 아이다호, 워싱턴, 몬태나, 와이오밍)의 자연적인 회복세는 포획 번식 새들이 방생되면서 더욱 탄력을 받았다.

매 기금은 1975년 콜로라도에 2차로 번식 설비를 구축했고, 그 프로그램은 1985년에 제리 크레이그의 지도하에 매년 100마리 이상의 새들을 출산한다는 목표를 이루었다. 또한 리처드 파이프 아래 남부 캐나다에서 실행 중인 복원 프로그램도 있다. 이 프로그램은 아메리카매(*Falco peregrinus anatum*) 아종의 서식지를 보호하고 있는데, 여기서는 포획 번식 대상으로 아메리카매만을 이용했다. 톰의 말에 따르면, 이 프로그램들은 해킹과 양육, 교차 양육을 통해 매 새끼를 도합 거의 7,000마리나 방생했다.

매의 대도시 재도입이 성공한 덕분에, 미국인들은 새로운 관심거리를 갖게 되었다. 여기에 보이는 다 자란 새는 오하이오 주 신시내티의 유니언 센트럴 건물 24층에서 알을 품고 있다(론 오스팅 제공).

감사를 표하며

1999년에 매 기금은 매들이 멸종 위기 종 목록에서 공식적으로 지워진 날을 기념하는 축하연을 열었고, 1,000명이 넘는 사람들이 그 연회에 참석했다. 톰은 이런 연설을 했다. "소중한 친구들과 동료 여러분, 우리는 매를 위한 선한 싸움을 했고, 위대한 승리를 얻어 냈습니다……. 우리가 함께 성취한 것은 진정 위대한 성공이었고, 저는 매의 회복이 자연 보호 운동의 연대기에 20세기의 주요 사건으로 기록될 거라고 믿습니다. 그렇지만, 다들 아시다시피 자연 보호란 연달아 닥치는 도전을 마주해야 하는 일입니다. 자연 보호를 위한 싸움은 끝나지 않습니다. 그러니 여러분께 삼가 권합니다. 계속해서 새로운 도전들을 마주하십시오. 왜냐하면 그 도전들은 분명히 우리를 기다리고 있고, 앞으로도 늘 기다리고 있을 테니까요. 지구를 온갖 눈부신 형태를 가진 생명들이 건강하게 살아갈 수 있는 곳으로 만들려고 노력하는 사람들을 말입니다."

스칼렛과 레트: 도시의 영웅들

대중에게 매의 인지도를 높이는 데 도움을 준 놀라운 일이 하나 있다. 도심에 있는 높은 건물의 창턱에서 나는 법을 익힌 매들이 이후 그리로 돌아와 새끼들을 키우는 것이다. 새끼 새들은 나중에 이사를 가서 더 자연적인 장소에 둥지를 틀 것으로 예상되었다. 그렇지만 매가 이따금씩 전깃줄로 날아들어 목숨을 잃는 위험을 감안하더라도 도시의 삶에는 이득이 있다. 아메리카수리부엉이와 검독수리, 이 두 천적을 피할 수 있다는 것이다. 2000년에 중서부에는 전체 둥지의 70퍼센트가 도심 근처에 있었고, 또 그중 다수가 발전소에 있었다. 교각 역시 매가 둥지를 지을 때 선호하는 장소다. 유럽에서도 야생 매들이 최근에 도시로 이사를 왔다.

여러 해에 걸쳐, 매들은 사람들에게 엄청난 호기심의 대상이 되었다. 이제는 매 둥지를 내려다보고 최근의 변화상을 지속적으로 알려 주는 비디오 모니터가 흔히 설치되어 있고, 웹사이트들도 넘쳐 난다. 한 둥지는 특히나 커다란 관심을 끌었다. 서전트 페퍼와 "작은 라틴 애인" 사이에서 난 딸인 스칼렛은 메릴랜드의 낡은 포탑에서 날개를 편 포획 번식 매의 2차 무리에 속한다. 스칼렛은 1978년에 라이트 스트리트 100번지, 볼티모어 항을 내려다보는 보험사 건물 33층에 모습을 드러냈다. 이듬해 봄에는 스칼렛이 바로 그 건물의 창에 비친 자기 모습에 구애의 외침을 내지르는 것이 관찰되었다. 매 기금(그 새들을 계속 밀접 관찰하고 있는)은 보험사를 설득해 창틀에 둥우리 선반을 설치하려 했고, 보험사에서는 빌딩의 외관을 망치지 않는 한 수락하겠다고 대답했다. 그리하여 스칼렛은 분홍색 스페인 화강암에 둥지를 틀고 알을 낳았다! 그리고 곧 대규모의 감탄한 군중을 불러 모았다.

이윽고 근처에 수컷 2마리가 방생되었지만 스칼렛은 둘 다 본체만체했고, 두 수컷은 떠나 버렸다. 그러나 스칼렛는 알 3개(무정란임이 분명했지만)를 낳았고, 매 기금에서 그 알 대신 갖다 놓은 새끼 2마리를 무사히 키워 냈다. 다음 4번의 번식철 동안 스칼렛은 계속 자기 마음에 든 창문 선반에 눌러 살았다. 여러 수컷들이 근처에 방생되었지만 전혀 성공을 거두지 못하다가, 마침내 1980년에 스칼렛은 레트와 짝을 지었다. 둘은 무정란을 낳았지만 그 대신 입양된 새끼들을 무사히 키워 냈다. 불행히도 레트는 비둘기를 잡아먹고 스트리크닌(매우 독성이 강한 알칼로이드 ─ 옮긴이)에 중독되어 죽었다. 다음 해에 스칼렛이 선택한 방생 수컷인 애슐리는 총에 맞았다가 회복되었지만 프랜시스 스콧 키 브리지에서 자동차에 부딪혀 죽고 말았다.

그러는 와중에 대중은 스칼렛의 애정 행보를 매번 충실히 뒤쫓고 있었고, 스칼렛이 다음번 젊은 수컷을 찾아냈을 때는 축하 분위기 일색이었다. 그 수컷에게는 보르가르라는 이름이 붙었는데, 이번에 그들 사이에서 태어난 알은 무사히 깨어났다. 스칼렛이 유정란을 낳은 것은 이번이 처음이었다. 안타깝게도 스칼렛은 이윽고 중증 후두염으로 죽었다. 그렇지만 스칼렛이 창시한 분홍 스페인 화강암 창문턱에 둥지를 트는 전통은 그 뒤로도 이어졌다. 보르가르는 다른 배우자를 끌어들였고, 새로운 매들이 나타날 때마다 대중은 그 운명에 눈과 귀를 기울였다.

스칼렛과 그 애인들의 이야기는 매가 겪는 고난을 대중적으로 널리 알리는 데 많은 도움을 주었다. 사람들은 스칼렛의 동반자들이 중독되거나 총에 맞으면 걱정을 했다. 그리고 스칼렛이 6년간 그 창문턱을 본부 삼아 살면서 입양아 18마리와 친자 4마리를 키운 데 경이로움을 느꼈다. 그리고 사람들은 스칼렛이 처음 알을 낳은 이래 22년이라는 세월 동안 60마리도 넘는 새끼들이 볼티모어의 라이트 스트리트 100번지 건물의 인공 둥지에서 성공적으로 자라났다는 데 자부심을 느꼈다.

동물원과 수족관 협회에서 아메리카송장벌레 관리를 담당하고 있는 루 페로티는 이 송장벌레들의 열정적인 옹호자이다. 사진 속에서 루는 매사추세츠 낸터킷 섬에서 송장벌레 알 덩어리를 확인하고 있다. "누군가가 나서서 이 벌레들을 반드시 구해야 합니다." 루가 내게 한 말이다(루의 오른팔 안쪽에 새겨진 문신을 주목하시라.)(로저 윌리엄스 파크 동물원 제공).

아메리카송장벌레
Nicrophorus americanus

아메리카송장벌레는 서식지와 생태계를 관리하는 데 심대한(하지만 알아주는 사람이 거의 없는) 역할을 하는 수백만 마리의 곤충들을 비롯한 무척추동물들 중 그저 하나일 뿐이다. 대다수 사람들은 그 모두를 "징그러운 꿈틀이"나 "벌레"의 범주로 뭉뚱그린다. 나비와 같은 소수는 아름다운 외양 덕분에 경탄과 사랑을 받기도 하지만(비록 애벌레는 그런 관심을 받지 못하거나 심지어 혐오의 대상이 되지만) 거미와 같은 다른 것들은 도매금으로 두려움, 심지어 공포의 씨앗이 된다. 바퀴벌레들은 혐오 대상이다. 수많은 곤충 종이 우리 곡식에 해를 끼친다고 해서 핍박을 받는다. 방대한 지역의 곡식을 약탈하는 이집트땅메뚜기 같은 것들이 그 예다. 그리고 우리 인간을 포함해 다른 생명체를 초토화할 수 있는 병을 옮기는 모기나 체체파리, 벼룩, 진드기 같은 종들도 수두룩하다.

이들이 농장주들과 정원사들, 정부들로부터 공격을 받는 이유이다. 불행히도 우리 인간은 화학 살충제를 무기로 택했고, 그 선택은 너무 많은 생태계의 끔찍한 손실로 이어졌다. 목표한 생물과 더불어 수없이 많은 생명체들이 직접적으로 죽임을 당하거나 중독된 벌레를 먹이 사슬의 윗단계에 있는 생명체들이 잡아먹고 죽었다.

그렇지만 우리 인간이나 우리 식량을 해치는 종 하나가 있다면 셀 수 없이 많은 종들이 자기들이 사는 환경을 좋게 만들기 위해 때로는 보이지 않는 곳에서 일하고 있다. 처음 내가 이 사실을 깨달은 것은 어릴 적, 길 위에서 오도 가도 못 하고 있는 지렁이들을 집어 들고 서는(알베르트 슈바이처 박사도 그랬다고 한다.) 그들이 흙을 건강하게 만드는 데 기여한다는 사실을 알게 되었을 때였다. 우리 인간 종을 비롯해 먹이 사슬의 윗단계에 있는 종들의 양식이 되는 무척추동물이 수백만 가지도 넘는다. 세상에는 흰개미나 메뚜기, 딱정벌레 애벌레를 먹는 사람들이 많고, 실은 나도 그런 것들을 먹어 본 적이 있다! 곡식 대부분은 벌들이 가루받이를 하고 있으니, 북아메리카와 유럽에서 벌통이 초토화되는 지금의 상황은 정말이지 우려가 된다.

아메리카송장벌레는 어떨까? 만약 녀석들이 우리 환경에서 어떤 역할을 맡고 있다면 그 역할이란 무엇일까? 2007년 3월 18일에 로드 아일랜드 프로비던스의 로저 윌리엄스 파크 동물원으로 루 페로티와 잭 멀비나를 만나러 갔을 때, 나는 바로 그 역할의 실체를 알게 되었다. 생물학자들은 이미 1989년에 미국 송장벌레 개체 수가 급격한 하락세를 겪고 있다는 사실을 알아차렸고, 그 외에 멸종 위기 종 법령하에 목록에 오른 곤충들은 얼마 되지 않았다고 한다. 그러고 나서 1993년에 로저 윌리엄스 파크 동물원은 미국 어류·야생 생물 관리국의 위탁을 받아 번식 프로그램을 시작했다. 2006년에 송장벌레는 곤충 종으로는 처음으로 종 생존 계획의 관리를 받게 되었다. 루는 현재 동물원과 수족관 협회에서 아메리카송장벌레를 담당하고 있다.

루가 송장벌레에 대해 이야기하기 시작하자 나는 곧 녀석들이 완벽한 대변인을 두었다고 확신하게 되었다. 루는 곤충에게 뜨거운 관심을 가진 남자였고, 스스로 말한 바에 따르면 어렸을 적부터 "꿈틀꿈틀 기어 다니는 것이라면 뭐든 사랑했다." 내가 이 책을 쓰려고 정보를 수집하던 중에 만났던 많은 사람들이 그랬듯이, 루는 무척추동물에 대한 사랑을 이해하고 지지해 주는 부모님이 계셨다(다른 동물들에 대해서도 마찬가지여서 9살인 루에게 보아뱀을 키우도록 허락해 주셨을 정도다!).

이야기를 들려주면서 루는 점점 더 기운이 넘쳤다. "누군가 나서서 이 송장벌레들을 구해야 해요." 루가 말했다. 그리고 자기가 나서서 바로 그 일을 하고 있었다. 여기서 내가 루에게 전해 들은, 이 놀라운 송장벌레들이 하고 있는 일을 독자 여러분께 들려드리고자 한다. 사람들은 대개 그 벌레들이 얼마나 매력이 넘치는지를 모르고 있다. 확실히 나도 그랬다.

아메리카송장벌레는 북아메리카에서 녀석이 속한 속(屬, genus) 내에서 가장 덩치가 큰 편이라서 더러 "대왕송장벌레"라고 불린다. 한때 이 송장벌레들은 북아메리카의 온화한 지역인 동부 35개 주 전역의 숲에 살면서 초지 서식지(적당한 크기의 사체와 그것을 묻기에 알맞은 흙이 있는 곳이라면 어디든)를 헤집고 다녔다. 그렇지만 1920년에 동부의 개체군은 거의 사라져 버렸다. 1970년에는 온타리오, 켄터키, 오하이오, 미주리에서 이 곤충들을 볼 수 없게 되었다. 그리고 1980년대에는 미국 중서부 전역에서 그 수가 급속히 줄었다.

오늘날 송장벌레가 존재한다고 알려진 곳은 오로지 7군데밖에 없다. 블록 섬(로드아일랜드), 동부 오클라호마의 한 카운티, 알래스카, 네브래스카, 사우스다코타, 캔자스에 흩어진 개체군, 그리고 최근에 텍사스의 군사 설비에서 발견된 개체군이 전부다. 이 종이 대대로 살아온 서식지에서 가파른 하락세를 보이는 것은 서식지 손실 및 파편화와 더불어, 전서구가 멸종하고 검은발족제비와 뇌조의 수가 엄청나게 감소한 것과 관계가 있는 듯하다. 이 모두는 송장벌레에게 이상적인 크기의 사체를 제공했다.

왜 우리는 송장벌레가 필요한가

앞서 물었던 질문으로 돌아가 보자. 아메리카송장벌레가 사라진다는 것이 중요한 문제일까? 그 답은, 루와 잭이 강조하듯이, 단호히 말해 "그렇다."이다. 송장벌레들은 사체, 즉 죽은 동물의 고기를 먹는다. 루는 송장벌레를 "자연에서 가장 효율적인 재활용 전문가"라고 부르는데, 부패하는 동물을 재활용해 생태계로 돌려놓는 책임을 맡고 있기 때문이다. 그리고 그럼으로써 흙에 영양분을 돌려주고, 영양분은 식물 성장을 자극한다. 또한 이 부지런한 송장벌레는 사체를 땅속에 묻어 파리와 개미 수가 유행병 유발 수준에 도달하는 것을 막는다.

루는 송장벌레들이 먹을거리를 발견하는 방법을 설명했다. 이들은 더듬이의 촉각을 이용해 3킬로미터나 떨어져 있는 사체의 "냄새를 맡을" 수 있다. 수컷은 해 질 무렵 하늘을 시끄럽게 날아 보통 해가 저물자마자 자기가 찾아낸 사체에 도달한다. 그러고 나면 그 수컷(과 그 만찬을 발견한 다른 수컷들)은 암컷이 저항할 수 없는 페로몬을 내뿜는다. 따라서 보통 사체 하나에 송장벌레 여러 마리가 모여 있는 광경을 쉽게 관찰할 수 있다. 이들은 아마도 거기서 짝을 짓는 듯한데, 1쌍이 밥상을 독차지하기 전까지 적지 않은 싸움이 벌어진다. 그러고 나면 협력해서 사체를 묻는다. 이것은 고된 노동이 될 수 있다. 큰어치 하나 크기의 사체를 묻는 데 대략 12시간이 걸리니 말이다.

부모가 함께 새끼를 키우는 송장벌레

일단 사체가 안전하게 땅 밑으로 내려가면 송장벌레들은 사체에서 깃털이나 털을 뽑고 항문과 구강의 분비물로 뒤덮는데, 그러면 송장벌레 유충이 나중에 먹을 수 있도록 살코기를 보존할 수 있다. 다음으로, 짝짓기를 완료한 암컷은 그날 안에 사체 가까이에 파 놓은 굴속의 작은 방에 수정된 알을 낳는다. 부모는 여기서 알이 깨기를 기다리는데, 그러려면 이틀이나 사흘쯤 걸린다. 그리고 엄마와 아빠가 함께 유충을 '식품 저장실'로 데려간다. 거기서 새끼 송장벌레들이(그리고 이 부분이 바로 내가 홀딱 반한 부분인데) 먹이를 달라는 신호로 부모의 턱을 건드리면 부모는 새끼를 위해 음식물을 게워 낸다. 얼마나 경이로운 일인가. 부모가 같이 새끼를 보살피는 곤충 종이라니!

보통 사체가 안전하게 땅 밑으로 내려갈 때쯤이면 이미 파리들이 와서 알을 낳아 놓은 다음이다. 재빨리 알에서 깨어난 구더기들은 새끼 송장벌레들과 먹이를 놓고 경쟁한다. 그렇지만 바로 가까이에 지원군이 있다. 어른 송장벌레의 몸통에 타고 있던 조그만 오렌지색 진드기들이 민첩하게 사체를 타고 올라가 파리 알과 구더기를 잡아먹는 것이다. 배를 채운 송장벌레 유충은 대략 2주면 흙을 뚫고 들어가 번데기가 되고, 부모는 떠난다. 그때 이 오렌지색 진드기는 다시 송장벌레의 등에 뛰어 올라탄다. 그리고 어린 송장벌레들은 45일이 지나 땅 위에 모습을 드러낸다.

루와 그 팀은 포획 번식 프로그램에서 대단한 성공을 거두었다. 2006년 말까지 3,000마리도 넘는 송장벌레가 양육되어 낸터킷 섬의 야생 지역에 방생되었다. 포획 번식 암컷들은(각각은 유전적으로 적당한 짝과 짝짓기를 시켰다.) 플라스틱 용기에 담겨 방생지로 이송되었다. 이들은 이글루 냉각기에 배치되었는데, 왜냐하면 송장벌레는 지나친 열기를 견디지 못하기 때문이다. 그리고 다른 냉각기 하나에는 송장벌레들이 새끼를 낳을 메추라기의 사체를 담아 갔다. 루는 웃으며 이렇게 말했다. "마침 페리를 타고 냉각기를 옮긴 때가 관광 철의 최고조였는데, 끔찍한 냄새 때문에 사람들이 가까이 오지 않아서 저는 무척 여유롭게 여행을 할 수 있었답니다."

방생지에는 송장벌레들을 위해 미리 구덩이를 파 놓았다. 복원 팀은 메추라기 사체를 그 구덩이에 놓고, 나중에 와서도 찾을 수 있도록 메추라기의 발에 작은 오렌지색 깃발이 달린 실을 묶어 두었다. 송장벌레들은 이제 구덩이에 방생되었고, 일이 바람대로만 돌아간다면 녀석들은 자기들이 번식 과정을 곧바로 시작할 수 있다는 사실을 깨달을 터였다! 낸터킷이 방생지로 선택된 이유는 블록 섬과 마찬가지로 포유류 경쟁자가 없기 때문이었다. 그렇지만 얼마 후, 까마귀와 갈매기 같은 새들이 오렌지색 깃발이 먹을거리가 있는 곳을 가리킨다는 사실을 알아채고 사체를 파헤쳤기 때문에, 복원 팀은 송장벌레의 둥지 위에 보호용으로 그물망을 놓아야 했다.

    루는 아이들에게 곤충 이야기를 들려주는 일이 정말 즐겁다고 했다. 우리는 아이들의 호기심에 불을 댕기는 일이 그리 어렵지 않다는 데 동의했다. 아이들은 원래가 호기심이 많다. 그리고 아이들은 "꿈틀꿈틀 기어 다니는 것들"에게 무서움을 느낄 수도 있지만, 홀딱 빠질 수도 있다. 나는 거미, 잠자리, 호박벌 같은 것들을 시간 가는 줄 모르고 관찰했던 내 어릴 적 이야기를 루에게 들려주었다. 내 아들은 어렸을 때 개미들이 질서정연하게 흰개미 둥지를 침략하여 저마다 턱 위에 불행한 희생자를 실어 오는 것을 지켜보곤 했다. 그리고 이제 4살인 내 조카 손자는 땅 위를 기어가는 달팽이를 발견하고는 갑자기 달팽이를 창틀에 올려놓더니 창문 너머로 관찰하려고 집안으로 달려 들어갔는데, 마치 마술을 부리듯 발 없이도 앞으로 기어가는 달팽이의 기술에 매혹당한 것이 분명했다.

    루는 불행히도 아메리카송장벌레를 구조하기 위한 노력에 어른들을 끌어들이는 과정에서는 훨씬 어려움을 겪었다. "보통 처음 묻는 말은 이겁니다." 루가 말했다. "그 벌레가 우리 집 정원의 꽃과 나무들을 파먹지는 않을까요?" 사람들이 그저 잠깐만 시간을 내어 귀를 기울인다면, 아이 적에 가졌던 호기심과 경이감을 되살린다면, 그 삶이 얼마나 더 풍요로워질까. 확실히 루와 잭과 함께한 이른 아침의 짧은 시간 동안 나는 완전히 다른, 매혹적인 세계에 도취되었다. 거대한 곤충들이 새끼를 키우고, 조그만 진드기들은 공짜 식사와 식당까지의 무상 이동을 제공받는 대신 그 후원자의 경쟁자들을 제거해 주는 세계였다.

그곳을 다녀온 이후 나는 루가 보낸 아름다운 아메리카송장벌레 사진을 받았는데, 사진에서는 송장벌레의 오렌지색과 검은색이 선명하게 빛났다. 이 글을 쓰는 지금 내 방 벽에 기대어 세워져 있는 그 사진은 내게 자연 세계의 온갖 마법을 떠올리게 한다.

따오기
Nipponia Nippon

따오기를 멸종에서 구하려 노력하고 그 일에서 엄청난 성공을 거둔 중국인 과학자 시용메이 박사의 이야기를 처음 알게 된 것은 국제 두루미 재단(ICF) 소속의 조지 아치볼드를 통해서였다. 조지는 자기가 새 중에서도 특히 따오기를 가장 좋아한다면서, 녀석들이 얼마나 아름다운지를 보여 주려고 내게 사진까지 보냈다. 놀랍게도, 조지와 이야기를 나누고 2주 후 나는 2007년 상하이에 있는 동안 시용메이 박사를 직접 만날 수 있었는데, 정말 보람찬 만남이었다! 한 연구 현장에서 다른 연구 현장으로 차를 타고 가는 동안(그 외의 시간은 전혀 없었으니까), 박사와 나는 이 특별한 새들에 대해서, 그리고 박사가 그 새들을 얼마나 사랑하는지에 대해서 이야기를 나누었다.

한때 일본 서부, 중국, 한국, 시베리아에는 수많은 따오기가 살았지만 1930년 무렵에는 거의 자취를 감추었다. 이 새들은 무자비하게 사냥당했는데, 특히 아름다운 깃털과 산모들이 따오기를 먹으면 기력을 되찾을 수 있다는 믿음 때문이었다. 1945년에 제2차 세계 대전이 끝날 무렵에는 남아 있던 개체군이 사냥과 살충제, 서식지 손실로 인해 서식지 전역에서 거의 멸종했다는 결론이 내려졌다. 특히 따오

시용메이의 열정과 굳은 의지는 이 아름다운 새들의 멸종을
예방하는 데 일조했다. 시용메이는 오랜 여행길에 가지고
다니면서 보려고 이 사진을 찍었다고 한다(시용메이 제공).

기들에게 가장 큰 재앙을 안긴 사건은 겨울철에 달팽이가 사람에게 옮기는 병의 확산을 막으려고 논두렁의 물을 빼 버린 것이었다.

시간이 지나면서 따오기들이 인간에 의존하도록 진화했다는 사실은 흥미롭다. 따오기는 서식지로 논두렁이 필요했다. 이 새들은 높은 경사지에 있는 나무 위에서 홰를 치고 번식을 했으며, 자기들이 둥지를 짓는 나무 근처에 인간이 살고 있으면 가장 편안해 했다.

1978년에는 한국에서 따오기가 멸종했다(조지 아치볼드는 포획 번식을 위해 한국의 비무장 지대에 있는 따오기들의 겨울철 체류지에 마지막 남은 4마리를 잡으려는 영웅적인 노력을 펼쳤지만 실패하고 말았다.). 1981년에는 일본에서 마지막 남은 5마리가 포획되어 번식 센터로 옮겨졌지만 새들은 번식을 하지 않았다.

중국이 마지막 따오기를 찾다

그러는 와중에 중국에서는 따오기의 운명에 대한 우려가 커지고 있었다. 베이징 동물학 재단의 리우옌저우 박사는 중국 중부에서 따오기들을 찾는 조사단을 조직했지만 첫 3년간은 아무런 흔적도 찾지 못했다. 이윽고 1981년, 조사단은 고대의 수도인 시안에서 그리 멀지 않은 친링 산에서 7마리가 무리를 지어 살고 있는 것을 발견했다.

삼림부 장관은 즉시 이 귀중한 새들(자기 종의 최후 생존자들)에 대한 보호 조치를 취하기로 합의를 보았다. 농부들은 벼논에 독성 화학 물질을 사용하지 않는 대신 보상금을 받기로 했고, 덕분에 서식지 조건은 점차 개선되었다. 동시에, 새들에게 가능한 한 도움을 줄 목적으로 혁신적인 기술 몇 가지가 고안되었다. 그중에는 뱀의 피해를 줄이기 위해 둥지 나무의 몸통을 부드러운 플라스틱 물질로 감싸는 방법도 있었다. 또한 둥지 아래에 그물을 쳐 놓은 덕분에 힘센 형제들에게 밀려 떨어진 약한 새끼들은 둥지로 올려져 다시 살아날 기회를 얻거나, 아니면(새끼들이 너무 약할 경우에는 더러는 연거푸 2번이나 둥지에서 밀려나기도 했다.) 포획되어 보살핌을 받을 수도 있었다. 이 새들은 그 후 포획 번식 프로그램의 일원이 되었다.

혁신적인 포획 프로그램

이 모든 방법들을 적용한 결과, 야생 개체군은 증가하기 시작했다. 그렇지만 그 속도는 무척 더뎠다. 시용메이 박사는 1988년에 처음 따오기 연구를 시작했다. 야생 따오기는 1년에 1번밖에 새끼를 낳지 않는다고 한다. 그리고 그중에서 살아남는 새끼는 평균 2마리였다. 그러나 박사는 포획 상태에서는 1년에 2~3번까지 새끼를 낳고, 그중 평균 7마리가 살아남는다는 사실을 알아냈다. 그리하여 1990년에는 번식 프로그램을 시작하기로 결정이 내려졌고, 2006년에는 중국에 연구소가 모두 합해 4곳이 있었다.

    그러는 동안 시용메이 박사와 팀은 이 아름다운 새들을 점점 더 잘 알게 되었고 번식 프로그램은 큰 성공을 거두었다. 거기에는 틀림없이 박사가 감정적으로 이 새들을 사랑하게 된 덕도 있었으리라. 박사는 포획 상태에 있는 새들에게 가능한 한 야생에서 먹는 것과 동일한 먹이를 포함한 식단을 제공하려고 애썼다. 논에 많이 사는 미꾸라지나 조그만 생선 같은 것들이었다. 박사는 처음으로 포획에서 태어난 1쌍의 따오기가 성공적으로 새끼들을 키워 낸 것을 보고 얼마나 흥분했는지 모른다고 했다. 그 전에는 이따금씩 부모가 자기가 낳은 알을 깨거나 새끼들을 죽이는 일이 있었는데, 박사는 번식 센터의 환경이 새들에게 맞지 않았기 때문이라고 믿게 되었다.

그리하여 2000년에 박사는 산기슭에 초록색 나일론으로 된 거대한 우리를 구축했다. 우리는 나무로 둘러쳐졌고, 안에는 진짜 나무들이 자라고 있었다. 이 울타리 안에서 번식이 성공적으로 이루어졌다는 사실은, 선호하는 조건이 갖춰지기만 한다면 부모가 포획 상태에서 자기 새끼들을 잘 보살필 수 있음을 입증했다.

박사는 따오기들이 먹이에 끌려 모여든 다양한 야생 새들과 교류하는 모습을 보게 되었다. "야생 새들이 우리 지붕의 철사에 내려앉으면 포획된 새들을 소리쳐 부르고, 그러면 포획 새들이 응답을 합니다." 박사는 야생 새들이 포획 새들의 넘치는 식량을 부러워한다고 믿지만, 포획 새들이 얼마 되지 않는 자기들의 식단에 만족한다고는 생각지 않는다. 박사는 따오기들이 방문객들이 떠날 때 방문객들과 함께 날아올라 떠나고 싶어 할 거라고 생각했다.

박사는 또한 어린 포획 따오기 2마리에 대한 이야기도 들려주었는데, 이 2마리는 1999년에 일본 천황에게 선물로 보내졌다. 박사는 이 새들을 너무나 잘 알고 있는 터라, 녀석들이 새로운 환경에서 틀림없이 외로움을 느낄 거라고 생각했다. 그리하여 자연적인 먹이인 미꾸라지와 그 쌍이 원래 쓰던 밥그릇을 새들과 함께 일본으로 보냈다.

번식 철에는 그 1쌍을 위해 나뭇가지들이 제공되었고, 결국 알 하나가 깨어났다. 수컷이었다. 다음 해에도 암컷 1마리가 일본으로 보내졌다. 그리고 일본에서는 이 3마리를 시조로 삼아 새로운 번식 프로그램이 구축되었다. 내가 듣기로, 2008년에 일본의 포획 따오기 개체 수는 107마리에 이르렀다고 한다.

야생으로 돌아가다

2008년 현재, 중국에 있는 따오기는 야생에 있는 500마리와 포획 프로그램에 있는 500마리를 합쳐 1,000마리 정도다. 그리고 포획 새들 중 일부를 야생으로 풀어 놓으려는 계획도 있다. 한종 저수지에 따오기들의 서식지를 복원한다는 대규모 계획이 한창 진행 중이다. 농업용 살충제 사용은 엄격한 통제를 받고 있으며, 인공 저수지 여러 곳이 강과 이어져 새들과 벼농사꾼들의 상황을 개선시킬 것이다. 또한 몇몇 초지들을 저수지로 만들 계획도 있다. 그 지역 91개 마을의 주민들에게 따오기와 서식지에 대해 알려 주는 교육 프로그램도 준비되어 있다.

어쩌면 언젠가는 이 거룩한 새들을 야생에서 보게 될지도 모르겠다. 나는 하늘을 나는 따오기의 아름다운 사진을 보내 준 데 대해서, 그리고 무엇보다 시용메이 박사를 소개해 주어 박사에게서 직접 들은 놀라운 이야기들을 독자 여러분과 나눌 수 있게 해 준 데 대해 조지에게 감사를 전하고 싶다.

아메리카흰두루미
Grus americana

두루미에게는 거의 신비에 가까운 무언가가 있다. 고대부터 존재해 온 두루미 속 새들의 거칠고 큰 울음소리는 마치 과거의 메아리처럼 들린다. 두루미는 또한 우아한 새들이기도 하다. 긴 다리와 긴 목, 길고 날카로운 부리는 모두 두루미가 초지와 습지에서 먹이를 찾기에 유리하도록 만들어 준다. 오늘날 세상에는 수많은 두루미 종이 있지만, 그 대부분이 위기에 처해 있다.

이 장은 수없이 많은 사람들이 아메리카흰두루미를 멸종으로부터 구하기 위해 몸 바쳐 노력한 이야기를 다룬다. 아메리카흰두루미는 북아메리카 토종 두루미로는 유일하다. 키는 90센티미터에서 120센티미터 정도이며, 머리 꼭대기의 눈부신 붉은 모자를 제외하면 온통 눈처럼 하얀 깃털, 얼굴의 검은 무늬, 그리고 비행 중에 명확히 드러나는 검은 첫째 날개깃을 가진 이 새들은 위엄이 넘친다. 특히 새끼를 보호할 때는 기다란 창 같은 부리와 무서운 황금색 눈에 위압감이 더해진다.

유럽 사람들이 처음 북아메리카에 발을 디뎠을 때, 아메리카흰두루미는 적어도 1만 마리는 있는 것으로 추산되었다. 이 새들은 중

조지 아치볼드가 지 위즈와 춤을 추고 있다. 지 위즈는 조지가 끈질긴 "구애 끝에" 연계를 맺어 알을 낳게 한 저 유명한 암컷 아메리카흰두루미 텍스가 낳은 유일한 새끼다(데이비드 톰슨 / 국제 두루미 재단).

앙 멕시코의 고원 지대와, 텍사스와 루이지애나의 걸프 해안, 델라웨어와 체사피크 만을 비롯한 남동부 대서양의 해변에서 겨울을 났다. 미국의 중앙 대초원에서 저 멀리 캐나다의 중앙 앨버타까지, 번식지도 넓었다. 그렇지만 19세기 말이 되자 철새 아메리카흰두루미는 더 이상 미국의 어느 곳에서도 번식하지 않았다. 그리고 1930년이 되자 앨버타 평원에서도 번식하지 않았다. 사실, 아무도 마지막 남은 철새들의 번식지를 알지 못했다. 그저 캐나다 어딘가라고만 추측할 따름이었다.

루이지애나에서는 1930년대까지 텃새 아메리카흰두루미 무리가 계속 번식했지만, 1940년에는 겨우 13마리밖에 남지 않았고, 그나마도 허리케인 때문에 산산이 흩어져 6마리밖에 살아남지 못했다. 종말의 위기가 닥친 것이다. 채 30마리도 안 되는 철새 아메리카흰두루미들이 가을에 캐나다 북부의 어딘지 모를 번식지를 떠나 텍사스(아란사스 국립 야생 보호 구역)에 도착한 것이 바로 이 무렵이었다. 아메리카흰두루미에게 남은 날은 손으로 꼽을 수 있을 것 같았고, 대다수 사람들은 이 새들을 구하기 위해 할 수 있는 일이 아무것도 없다고 느꼈다.

그렇지만 몇몇 사람들은 그래도 끝까지 애를 써 보기로 마음먹었다. 미국 어류·야생 생물 관리국과 캐나다의 담당 기관인 캐나다 야생 보호국과 오두본 협회가 서로 협력하여 이 종의 멸종을 막으려는 절박한 노력에 참여했다. 우선은 새들에 대해 좀 더 많은 정보를 알아내는 것이 문제였다. 그리고 알아낸 정보는 대개 좌절스러운 것이었다. 두루미들은 사냥꾼이나, 작물에 해를 입힐지 모른다는 이유로 두루미를 미워하는 농부들의 표적이 되었다. 아예 내놓고 "그 귀찮은 것들이 내 눈에 띄기만 하면 바로 쏴 버리겠다."고 맹세하는 사람도 있었다. 1953년에 텍사스까지 무사히 도달한 두루미는 겨우 71마리였다.

야생 보호 단체들은 마지막 구호 활동으로 인식 전환 캠페인을 개시했다. 아메리카흰두루미 보호 협회가 참여하여 인식 확산에 조력했다. 이들은 두루미의 이주 경로(알려진 한)에 사는 사람들에게 두루미와 그 역사, 그리고 현재의 혹독한 상황에 대해 알렸다. 그리고 사람들의 도움을 구했다. 이러한 노력은 제대로 효과를 발휘해서, 사람들은 더 이상 두루미를 총으로 쏘지 않게 되었다. 그러는 와중에 역시 조직에 참여한 시민들이 정부를 압박해 두루미 보호법을 강화하도록 로비 활동을 펼쳤다.

그리하여 1954년에는 혁신이 일어났다. 캐나다의 삼림 감시원인 G. M. 윌슨과 헬리콥터 조종사인 돈 랜델스가 북부 캐나다의 멀리 떨어진 우드 버팔로 국립 공원의 북쪽 늪지와 연못에서 계피색 새끼를 데리고 있는 하얀 새 2마리를 발견했다. 아메리카흰두루미의 마지막 번식지를 찾아낸 것이다. 이 새들은 매년 2차례씩 북부 캐나다에서 텍사스까지 거의 4만 킬로미터를 왕복하는 고된 이주를 했다.

보호 활동과 이주 경로 내 인식 전환 캠페인을 펼친 결과, 이 조그만 무리는 점차 그 수를 늘려 갔다. 1964년에는 텍사스에 두루미 42마리가 도달했고, 그 이듬해에는 더 늘었다. 그렇지만 상황은 아직 위태로웠다. 그리하여 1966년에는 캐나다 야생 보호국과 미국 어류·야생생물 관리국이 마침내 서로 협력해 포획 번식 프로그램을 구축하기로 합의했다. 모든 사람이 그 계획에 동의한 것은 아니었지만, 국립 야생 보호국 2곳이 그 계획을 맡아 실행했다.

알도둑 어니 키트를 만나 보세요!

나는 친구인 톰 맹겔슨의 주선으로 어니 키트와 전화 통화를 할 수 있었다. 어니는 그 번식 계획을 처음 시작한 이들에 속한다. 우리는 오랫동안 이야기를 나누었는데, 어니의 말에 따르면 자기가 아메리카흰두루미 일에 참여하게 된 것은 우연이었다고 한다. 캐나다 야생 보호국은 포획 번식 군집을 위해 둥지를 찾고, 알을 안전하게 이송하는 일을 맡을 현장 생물학자가 필요했는데, 그 일을 할 수 있는 사람은 어니뿐이었다.

계획이 세워졌다. 두루미는 보통 알을 2개 낳지만, 일반적으로 1마리밖에 키우지 않았고, 알 둘 중 하나는 상해 있는 경우가 많았다. 그리하여 알이 2개 이상 있는 둥지를 찾아낼 때마다 어니는 그 알들을 시험해 보았다. "두루미 학자인 로드 드레비엔한테 배운 건데, 알을 미지근한 물에 띄우는 것만으로 둥지 안의 알이 상한 알인지 아닌지를 알 수 있어요."(이 방법이라면 나도 잘 아는데, 탄자니아에 처음 정착했을 때 계란을 사기 전에 매번 이 검사를 했기 때문이다!) 알이 둘 다 멀쩡할 경우 어니는 하나를 가져갔다. 그리고 둘 다 상한 알이라면 알들을 치워 버리고 다른 둥지에서 가져온 멀쩡한 알 하나를 갖다 놓았다. 남은 알들은 모두 패튜센트 야생 보호 연구소에 보내 부화시켜서 포획 번식 개체군의 시조로 삼았다.

어니는 알을 수집하는 임무를 띠고 처음으로 본부를 나선 1967년 6월 2일의 이야기를 들려주었다. "미국에서는 둥지에서 소중한 알들을 본부로 옮겨 오는 데 쓸 특수 스티로폼 상자를 제작했어요." 어

어니 키트가 캐나다의 우드 버팔로 국립 공원의 야생 두루미 둥지에서 알 2개 중 하나를 수집하고 있다. 어니는 포획 번식 프로그램을 위해 모든 귀중한 알들을 두꺼운 울 양말 한 짝에 담아 옮긴다(어니 키트).

니가 말했다. "헬리콥터가 막 착륙을 준비하는데 갑자기 그 상자를 깜박 잊고 안 가져왔다는 사실이 떠올랐지 뭡니까!" 이제 와서 돌아갔다가는 일정이(그리고 예산도) 어그러질 터였다. 본부의 불길한 경고 메모가 눈앞에 생생했다. "실수는 용납되지 않음!" 조금이라도 삐끗했다가는 일이 틀어질 가능성이 많았고, 너무 많은 감시의 눈길이 어니와 그의 팀을 지켜보고 있었다.

마침 운 좋게도, 습지에 발이 젖을 것을 대비해 두꺼운 울 양말을 가져온 것이 생각났다. 그리하여 멀쩡한 알 2개 중 하나를 양말 안에 넣어서 발가락 부분에 안정적으로 고정시켰다. 그리고 조심스럽게 양말의 발목 부분을 잡고 기다리는 헬리콥터로 돌아갔다. "양말이 너무 쓰기 편해서, 그 잘난 알 상자는 한번도 쓸 일이 없었어요." 어니가 말해 주었다. "두루미 일을 해 온 지난 25년 동안, 저는 400개가 넘는 알을 한번도 깨뜨리지 않고 안전하게 운송했습니다. 두꺼운 울 양말에 담아서 말이지요!"

현장의 이야기들

어니는 두루미 1쌍에 관한 이야기를 들려주었는데, 이 쌍은 하마처럼 생긴 호수 근처에 둥지를 지었기 때문에 하마 호수 쌍이라고 불렸다. 어니는 한번은 공중에서 조사하던 중에 그들의 둥지가 빈 것을 알아차렸다고 한다. 며칠 후에는 알이 하나밖에 남지 않은 것이 보였다. 그리고 그 이틀 후에 "알은 사라졌더군요. 비록 한쪽 부모가 여전히 둥지를 지키고 있었지만요." 11일 후, 알을 주우러 가는 날에 어니는 다시 한번 둥지 위로 날아갔다. 두루미는 둥지에서 알을 품고 있었다. 그렇지만 새가 일어섰을 때 보니, 둥지는 여전히 비어 있었다.

"하마 호수 쌍은 거의 2주일이나 빈 둥지를 지키고 있었어요! 어쩌면 우리에게 무슨 말인가를 하고 있었던 걸까요?" 헬리콥터가 착륙했을 때, 어니는 막 다른 둥지에서 수집한 알 하나를 둥지에 놓았다. 하마 호수 쌍은 입양 알을 부화시켰고, 어니는 그 새끼가 완전히 자라기 전에 식별표를 다는 뿌듯한 임무를 맡았다.

항공기는 어니가 땅에 내려갈 때마다 머리 위를 선회하면서 혹시 곰이나 큰사슴이 다가오면 경고해 주려고 현장을 감시했다. 한번은 어니가 한 둥지로 가까이 갈 때 세스나 기가 머리 위로 저공 비행을 했다(이는 위험 신호였다.). 아니나다를까 흑곰이 이쪽으로 오는 것이 보였다. 운 좋게도 다 자란 곰이 아니라 2~3살 정도 된 녀석이었다. "저는 말라붙은 낙엽송 가지를 주워 들어 나무에 대고 마구 때리기 시작했어요. 목청을 있는 대로 끌어내어 소리를 고래고래 지르면서요." 어니가 말했다. 대략 27미터 앞에 있던 곰은 어니를 보더니 돌아서서 도망가 버렸다. 근처 둥지의 알들은 부화가 너무 임박해 있어서, 새끼의 짹짹거리는 소리가 명확히 들릴 정도였다. 어니가 쫓아 버리지 않았더라면 곰은 분명히 둥지를 찾아내서 덮쳤으리라.

이주를 뒤쫓기

어니는 알만 수집한 것이 아니라 세스나 206을 타고 이주하는 두루미를 뒤쫓으면서 무선 전파로 새들을 추적하고 유용한 정보를 수집하기도 했다. 어느 해 가을에는 톰 맹겔슨이 초청을 받아 합류해, 어니가 경로를 계획하는 데 온 신경을 쏟고 조종사가 비행기를 조종하는 데 집중하는 동안 동영상과 사진으로 여행을 기록하고 시각적으로 두루미의 자취를 쫓기도 했다.

이주하는 두루미들은 상승 온난 기류를 타고 선회해 상승한 다음에는 거대한 날개로 전혀 힘들이지 않고 활강했다. "역풍에 악천후일 때는 잠깐만 날거나 아예 날지 않습니다." 톰이 말했다. "그렇지만 좋은 날에는 640킬로미터 넘게 날 수 있어요." 운 좋게도 아메리카흰두루미는 흰 깃털과 거대한 날개폭 때문에 비교적 쉽게 눈에 띈다. "우리는 매번 거의 50퍼센트 정도 그들의 모습을 뒤쫓을 수 있어요." 톰이 말했다. "그리고 40에서 160킬로미터 반경 이내에 있는 새들이 보내는 무선 전파를 받을 수 있지요."

"두루미들이 무한한 창공과 끝이 없는 풍광 위를 그처럼 우아하게 나는 모습을 지켜보던 그때는 제 인생에서 가장 벅찬 순간이었죠."

어니도 같은 심정이다. 어니는 이렇게 말했다. "두루미들과 함께 이주할 능력과 기회를 얻게 된 것은…… 제 25년 연구 인생의 꽃이라고 할 수 있습니다."

한 무리는 너무 약해

어니와 다른 이들이 우드 버팔로/아란사스 무리의 상황을 보고하고 있을 때, 미국과 캐나다 아메리카흰두루미 복원 팀의 두루미 생물학자들과 자연 보호 운동가들은 다른 계획을 세우고 있었다. 야생에 1무리밖에 남아 있지 않은 상황은 누가 뭐래도 너무 위태로웠다. 만약 질병이나 재난이 덮쳐 오면 루이지애나 무리처럼 전멸하고 말지도 모르는 일이었다.

맨 처음 계획 중에는 두루미의 알들을 아이다호에 있는 캐나다두루미의 둥지에 갖다 두는 것이 있었다. 이 시도는 실패로 돌아갔는데, 입양된 새끼들이 실제 바라던 대로 뉴멕시코까지 캐나다두루미 무리를 따라가긴 했지만 자기 종과는 절대로 구애나 짝짓기를 하지 않았기 때문이다. 새끼 두루미는 많은 다른 조류 종과 마찬가지로 알에서 깨자마자 부모에게 각인을 하는데, 이 중요한 시기에 같은 종의 새들이 보이지 않으면 뭐든 상관없이 맨 처음 보이는 움직이는 물체에 각인을 해 버리고 만다. 불행히도, 이 두루미들은 캐나다두루미 무리에 각인을 해서 성년기에 이르자 캐나다두루미에게 구애를 했다.

그러는 동안에 국제 두루미 재단의 창립자인 조지 아치볼드를 비롯한 일단의 전문가들은 플로리다 키시미의 광대한 지역에 텃새 무리를 구축하려는 노력을 시작해야 한다고 생각하게 되었다. 그리하여 그 후, 2005년까지 매년 개체 수를 끌어올리기 위해 더 많은 새끼들이 그리로 보내졌다. 이 새들은 또래 쌍을 형성하여 독자 영역을 구축하고 야생 새들과 똑같이 둥지를 지었다. 그렇지만 여기에는 문제가 많았다. 특히 스라소니가 새들을 잡아먹는 것이 문제였다. 2005년에는 그 모든 고된 작업과 부풀었던 희망도 아랑곳없이, 포획 출생 새끼들의 방생을 중단한다는 결정이 내려졌고, 얼마 남지 않은 플로리다의 아메리카흰두루미의 미래는 불투명해 보였다.

두루미와 인간과 비행기들

비록 철새 무리와 관련된 상황은 순조롭게 진행되고 있었지만, 엄청난 비용까지 들여가며 새로운 무리를 구축하려던 노력은 2번 다 실패로 돌아갔다. 하지만 새로운 이주 무리를 구축해야 한다는 필요는 여전히 변함이 없었다. 이윽고 혁신적인 발상이 나왔다. 어린 두루미들에게 초경량 항공기를 뒤쫓아 날도록 가르칠 수 있지 않을까? 나는 캘리포니아 회담에서 만난 빌 리시먼에게서 그 이야기를 들었는데, 빌은 헌신적이고 열정적인 동물학자였다. 결국 빌은 전직 사업가인 조 더프와 협력 관계를 맺었고, 두 사람은 멸종 위기 종이 아닌 캐나다기러기를 대상으로 실험하면서 점점 더 기술을 완벽하게 다듬어 갔다. 대중적으로 널리 알려진 영화인 「아름다운 비행(Fly Away Home)」이 그 기술을 소개하고 있다.

 빌과 조는 1990년대 후반에, 캐나다두루미를 대상으로 실험한 결과를 캐나다/아메리카흰두루미 복원 팀의 연례 회의에서 제시하면서, 아메리카흰두루미에게도 이 방법을 사용하도록 설득할 수 있을 거라는 희망에 부풀었다. 하지만 그 계획이 승인을 받는 데는 5년이나 걸렸다(빌과 조가 그저 또 영화를 만들고 싶어서 저러나 보다고 생각한 사람들이 많았던 것이다!). 그리하여 1999년, 포획에서 태어난 어린 아메리카흰두루미들에게 위스콘신에서 플로리다로 날아가는 법을 가르치는 것을 목표로 한 이주 작전이 시작되었다.

이주 작전

2006년에, 나는 조로부터 초대를 받았다. 아메리카흰두루미 훈련에 직접 참여하고 싶지 않냐는 것이었다. 그것도 초경량 비행기를 타고. 비록 내 일정은 이미 빈틈없이 꽉 짜여 있었지만 도저히 거부할 수 없는 제안이었기에 결국 미국/캐나다 가을 일정 중 이틀을 비우기로 했다. 그리고 그 이틀은 내 평생 절대로 잊지 못할 날들이 되었다.

조 더프와 작전 감독인 리즈 콘디가 위스콘신 주 매디슨 공항에서 나를 맞았다. 니세다 국립 야생 보호 구역에 있는 트레일러 야영지로 가는 1시간 동안, 빗방울이 내내 조용히 차창을 두드렸다. 그리고 그날 밤 잠에서 깰 때마다, 트레일러의 양철 지붕에 떨어지는 빗소리가 들렸다.

사실, 그날 아침 날씨는 훈련에 적절하지 않아서, 대신 팀 사람들을 더 만나서 프로그램에 대한 설명을 자세히 듣기로 했다. 그해 초에는 태어난 지 45일쯤 된 두루미 18마리가 패튜센트 야생 연구소에 도착했다. 이 새끼 두루미들이 인간 양부모에게 각인하지 않게 하려고 사람들은 흰 가운 같은 의상과 검은 고무장화와 눈까지 가리는 면 탈을 뒤집어쓴 채로 두루미들을 키우고 방생을 대비한 훈련을 시켰다. 사람들은 부모 두루미들이 내는 소리와 새끼들이 따라가는 법을 배울 초경량 비행기의 소리를 담은 녹음기를 가져갔다. 또 관리자는 어른 두루미의 머리와 목을 본떠 만든, 금색 눈과 길고 검은 부리와 눈에 띄는 붉은 왕관을 완비한 헝겊 인형을 가지고 있었다. 손과 팔을 덮어 가린 그 의상의 소매 끝에는 인형(흰 천 속에는 금속관이 감춰져 있었다.)의 기다란 흰 목이 달려 있었다. 그 '목'에는 곡물이 들어 있어서, 인형이 땅을 쪼면 구멍을 통해 곡물을 내보냈다.

조와 함께 초경량 비행기를 타고 날기 전에 두루미 옷을 입고 있는 나. 이주 작전은 포획 번식 두루미들을 위스콘신에서 플로리다까지 초경량 '부모'를 쫓아 날도록 훈련시킨다 (ⓒwww.operationmigration.org).

　니세다에서, 가을철 이주를 앞둔 그 여름 동안 이주 작전 소속 조종사들과 생물학자들, 수의사들과 인턴들은 패튜센트에서 병아리 초기부터 시작된 교육을 계속했다.

　바로 그날 아침, 나는 울타리 안에 갇혀 있는 청년 두루미들도 방문했는데, 그 울타리의 반은 얕은 물속에 있었다. 녀석들은 아름다운 금색과 흰색 깃털을 가진 젊은이들이었다. 나는 두루미 옷을 입고, 두루미 인형 머리를 빌려서 조와 다른 두 비행사들인 브루크와 크리스를 뒤따라 살균기를 통과해 울타리로 향했다. 이 특별하고 고무적인 프로젝트에 내가 정말로 참여하고 있다는 사실이 도무지 실감이 나지 않았지만, 눈에는 어느새 눈물이 차올랐다. 일단 두루미의 가청 영역에 들어간 다음에는 한마디도 말을 해서는 안 되었다.

무리의 일원으로 함께 사는 법을 배운 어린 두루미들은 어른들만큼 키가 컸지만, 여전히 백색과 금색으로 된 사춘기 깃털을 입고 있었다. 어린 두루미들의 길고 끝이 검은 날개는 매일의 훈련 비행으로 강건해져 플로리다까지 대략 2,000킬로미터의 여행을 떠날 준비를 거의 마친 상태였다. 녀석들은 무척 호기심이 많아서 관심이 가는 것이면 무엇이든 부리로 점잖게 찔러 시험해 보았다. 이따금씩 내 친구인 인간 두루미가 내게 포도를 건넸다. 그러면 나는 지레로 내 인형의 부리를 열어 과일을 쥐고 두루미들에게 주었다. 두루미들은 포도를 무척 좋아했다.

내가 지혜로운 고대 새를 마주 보고 있고, 내가 아닌 다른 존재의 생명력과 직접 연결되어 있다는 신비로운 느낌이 들었다. 내 안의 인간은 작아졌다. 그리고 한 녀석은 내 '날개' 끝을 잡아당기고, 다른 녀석은 내 장화를 찌르고, 또 다른 녀석은 인형 머리의 촉감을 느껴 보고 하면서 가만 놔두지를 않는 바람에 나는 결국 인형 머리를 치우고 새들과 얼굴을 마주했다. 그러느라 시간이 가는 줄도 몰랐고 그저 너무 일찍 떠나야 해서 아쉬운 마음뿐이었다.

두루미들과 함께 날다

이튿날 아침 6시에 밖을 내다보니, 하늘은 맑았고 바람도 거의 없었다. 날기에 완벽한 날이었다! 나는 격납고에서 하얀 두루미 옷으로 갈아입었다. 그러자 이어폰으로 말소리가 들려왔고, 마침내 헬멧이 왔다. 조종사들은 초경량 비행기를 격납고 밖으로 꺼냈다. 나는 조 뒤편에 있는 좁은 승객석으로 기어 올라갔다. 벨트를 매고 나자 조는 내가 자기 말을 들을 수 있도록 내 헤드폰을 연결하고 시동을 걸기 위해 코드를 당긴 다음 활주로로 이동했다. 그렇게 우리는 이륙했다.

황금빛 도는 창백하고 푸른 아침 공기가 우리를 에워싸더니 질주하듯 지나쳤고, 기분이 무척 상쾌했다. 난생 처음으로 진짜 내가 하늘을 날고 있다는, 공기와 구름과 하늘의 일부가 되었다는 느낌이 들었다. 다른 초경량 비행기 셋은 잠에서 깨어나는 풍경 속을 미끄러지면서 두루미 울타리와 인접한 활주로를 향해 날았다. 거기서 우리는 모두 하강을 했고 두루미들은 울타리에서 풀려나 어색한 부모 무리, 즉 변장한 인간들과 영 이상한 비행 기계들에 합류했다! 네 비행사들 중 크리스가 18마리 두루미 사이로 조심스레 활주하자 7마리 정도가 비행기를 쫓아 달렸다. 크리스가 이륙하자 새들도 이륙해 부모인 초경량 비행기와 조그만 새끼들이 함께 날아올랐다. 땅에 남아 있는 새끼들은 조종사 브루크 주위를 빙빙 돌아서 이륙하는 것을 무척 어렵게 만들었지만, 브루크는 기어이 이륙에 성공했고, 1마리를 제외한 나머지는 모두 브루크를 뒤쫓아 날아올랐다. 브루크는 남아 있는 두루미를 지나쳐 큰 원을 그리며 날았고, 그러자 마지막 1마리도 끝내 따라오기로 마음을 먹었다.

우리는 모두 곧 공중에 떠올랐다. 추가된 내 몸무게 때문에 조는 두루미들이 우리를 따라올 수 있을 만큼 충분히 비행기의 속도를 줄일 수는 없었지만, 새들은 대부분 우리와 무척 가까이 있었다. 조종사들은 서로 교신하여, 혼자 따로 날아가 버린 두루미를 데려오려고 뒤로 돌아가기도 했고, 뒤따르는 작은 무리에 몇 마리가 더 합류하는지 어떤지도 알 수 있었다. 한 녀석은 자기가 따라가고 있는 초경량 비행기의 프로펠러 후류 속에서 활주하는 법을 완전히 숙지해서 거의 날개를 퍼덕이지 않고도 날 수 있었다.

한편 내가 조 뒤에 앉아서 느낀 기분을 묘사하기란 쉽지 않다. 야생 보호 구역 위로 그 작고 약한 기계를 타고 날면서 보니, 각각 뒤에 두루미들을 달고 나는 초경량 비행기들이 마치 거대한 새들처럼 보였고, 비 온 다음의 신선함으로 가득한, 눈부신 아침볕과 떠오르는 해와 황금빛 구름으로 이루어진 전체 광경의 완벽한 일부처럼 느껴졌다. 비행기와 새들은 아래 있는 잔잔한 수면에 반사되어 빛을 발했다. 나는 두루미들 자체에 새로운 감정을 느꼈는데, 거의 우리의 영혼이 하나로 합쳐지는 듯한 기분이었다.

그 아름다운 어린 아메리카흰두루미들과 함께 천상과 지상 사이를 떠돌며 영원히 날고만 싶었다. 시끄러운 엔진 소리만 아니었어도 천국에 있는 기분을 느꼈을 테고, 나는 아마도 자신이 새라고 믿었으리라.

나는 오랜 이주 시기 동안 조에게 정기적으로 전화를 했다. 하지만 나쁜 날씨 때문에 비행을 하지 못한 날들이 어찌나 많았던지 깜짝 놀랄 정도였다. 마침내 기다리던 소식이 왔다. 새들이 모두 플로리다까지 날아갔다고 했다. 2,000킬로미터를 여행한 끝에 모두가 채서하위츠카 국립 야생 보호 지역에 있는 널찍한 새 겨울 집에 무사히 도착했다. 이제 인간 팀은 집과 가족에게로 돌아올 수 있었다. 그리고 두루미들은, 마침내 삶의 정착지를 찾을 것이다. 노련한 관리자들이 밤에는 새들을 울타리에 넣고, 매일 아침 새로운 서식지를 탐험하도록 풀어 줄 터였다. 넓은 연못에 구축된 울타리에는 2가지 목적이 있었다. 새끼들을 밤의 포식자들로부터 안전하게 지키는 것, 그리고 밤에 물에서 자는 법을 계속해서 가르치는 것이었다.

그러고 나서 몇 달 후에 조가 다시 전화를 걸어 왔는데, 이번에는 절망적인 소식이었다. 20명이나 되는 사람의 목숨을 빼앗은 폭풍우가 울타리를 덮치는 바람에, 그 와중에 벼락을 맞아 이 멋진 새들이 1마리만 남기고 모두 죽었다는 것이다. 그렇지만 우리 인간들 때문에 멸종의 위기로 내몰린 동물들을 구조하려는 싸움에서, 이런 후퇴는 몇 번이든 그저 견뎌 내는 수밖에 없다. 조를 비롯해 이주 작전 팀 사람들도 포기할 마음이 조금도 없었다.

같은 해에 좋은 소식이 들려왔다. 2006년 여름에 적어도 두루미 6쌍이 니세다에서 둥지를 틀고 알을 낳았는데 비록 그중 어른으로 자란 것은 1마리뿐이었지만, 그 1마리도 인간에게 훈련된 부모를 쫓아 플로리다로 날아갔다고 한다. 그리고 이듬해인 2007년 봄, 두 어른 새들은(1호 가족이라고 불리게 된) 다시금 니세다에서 둥지를 틀고 알 하나를 낳았다.

패튜센트에서 알과 새들을 만나다

조와 함께 초경량 비행기를 타고 하늘을 날았던 그때로부터 5개월이 지난 어느 눈부신 봄날, 나는 메릴랜드에 있는 패튜센트 야생 보호 연구소의 아메리카흰두루미 번식 프로그램을 방문했다. 그곳은 야생으로 방생된 모든 두루미들의 3분의 2를 키워 낸 곳이다. 두루미 프로그램의 감독인 존 프렌치가 팀원 몇 명과 함께 나를 맞으러 나왔고, 자기들이 하고 있는 일을 설명해 주었다. 현재 패튜센트는 이주 작전을 위해 계획된 새끼들 모두를 키우고 훈련하는 책임을 맡고 있다. 과학자들과 수의사들, 지원자들, 그리고 새들을 직접 돌보는 두루미 관리자들이 한 팀을 이루어 훈련을 수행한다. 이곳에서 일하는 이들 중 다수가 그곳에서 10~20년을 보낸 사람들로, 두루미 프로젝트는 이 사람들 덕분에 안정적으로 유지될 수 있었다.

알 중에는 이곳 프로그램 소속 번식 새들이 낳은 것도 있었고, 국제 두루미 재단을 비롯한 시설들에서 보내온 것도 있었다. 내가 방문했을 당시에는 45개의 알이 각자 다양한 부화 상태에 있어서, 이곳 사람들의 말을 빌리자면 "병아리 철"의 절정기였다. 실제로 내가 거기 있는 동안 알 하나가 부화를 해서, 가서 보기도 했다. 병아리들은 알 속에 있을 때도 사람 목소리를 들으면 안 된다. 이미 말했듯이, 새끼들은 거의 태어난 순간부터 두루미들이 새끼를 부르는 소리와 초경량 비행기의 비행음이 녹음된 테이프를 듣게 된다. 사람들이 알려 준 바에 따르면, 적어도 부화 단계 내내 하루에 4번씩은 이 녹음된 소리를 들려준다고 한다.

부화 중인 알에 점차 다가가자, 병아리가 알을 뚫고 나오려고 애쓰면서 쨱쨱거리는 애타는 소리가 들려왔고, 새끼가 이미 쪼아 놓은 조그만 네모난 구멍들 사이로 자그마한 부리가 언뜻언뜻 보였다. 나는 도와주고 싶어 못 견딜 지경이었지만, 존의 말에 따르면 세상에 나오고자 하는 최초의 투쟁은 병아리의 생존에 더할 수 없이 중요했다. 스스로 알을 깨고 나오지 못하는 병아리들은 대개 약해서 야생에서 살아남기 힘들다. 스스로 깨고 나오는 녀석들은 보통 튼튼한 녀석들로, 마치 이틀간의 고된 시험이 끈기와 결단력(야생에서 고된 삶을 살아야 하는 새들에게 이는 무척 중요한 특질이다.)을 높여 주는 것 같았다. 우리는 그 고생을 하고 태어난 병아리에게 이주 작전에 큰 기부를 한 내 친구의 이름을 따서 애디슨이라는 이름을 붙여 주었다.

다음으로, 나는 다시 두루미 의상을 입고, 관리자인 캐슬린(케이시) 오말리와 댄 스프레이그를 따라 습지 지역으로 매일 산책을 나가는 2주령 병아리 뒤를 쫓았다. 새끼들의 급격히 자라는 다리를 튼튼히 하려면 이런 규칙적인 운동이 반드시 필요하다. 또한 그 산책을 통해 병아리는 두루미 인형 속에 숨은 사람들을 따라 땅속과 물속을 뒤져 사냥을 하면서 습지 환경에 익숙해질 수 있다.

돌아가는 길에, 병아리는 작은 순환 트랙을 따라 나는 시끄러운 초경량 비행기를 '부모'와 함께 쫓아갔다. 병아리는 나이가 들면 비행기를 따라가는 법을 배우게 된다. 비행기를 타고 트랙을 따라 날 시기가 되면 관리자는 일반적인 인형 머리를 벗고 특별히 긴 목(로봇 두루미라고 하는)을 쓰게 되는데, 그 이유는 비행기에 앉은 채로도 계속 병아리와 교신하기 위해서이다. 로봇 두루미는, 내가 니세다에서 썼던 인형처럼, 관리자가 방아쇠를 당길 때마다 배고픈 병아리에게 '특식'인 밀웜(mealworm)을 먹여 줄 수 있다. 병아리가 비행기를 따라갈 때는 자주 보상을 해 주는 것이 중요하다. 병아리들은 겨우 태어난 지 5일째부터 매일 단위로 훈련을 시작한다. 병아리들이 조와 이주 작전 팀이 있는 위스콘신으로 보내질 무렵이면 이미 땅 위에서 비행기를 뒤따라가는 훈련을 몇 주 동안 받아서 비행 훈련을 시작할 준비를 마친 다음이다.

질병과 가슴앓이와 계속된 결심

패튜센트를 다녀온 지 4개월 후, 나는 당시에 있던 알 45개에서 깨어난 병아리들 중 겨우 17마리만이 개인 제트기를 통해 위스콘신의 이주 작전에 보내질 준비를 마쳤다는 사실을 알게 되었다. 케이시는 다양한 질병과 유전적 문제들(척추 만곡, 심장 문제와 약한 다리 등) 때문에 손실이 컸다고 설명했다. 케이시는 1984년 이래 아메리카흰두루미 번식 프로그램에 참여해서 병아리들을 300마리 이상 키워 냈는데, 그건 세계 기록이었다! 케이시는 분명히 그 일에 재능을 타고났다. 케이시가 책임을 맡은 첫해 동안 생존율이 겨우 50퍼센트에서 97퍼센트로 뛰어올랐으니 말이다.

케이시는 두루미들을 살리려고 씨름하면서 밤을 샌 적이 한두 번이 아니라고 한다. 그리고 몇 주 동안 수의사들과 하루 종일 붙어 일한 적도 있다. 한번은 사료에 유독성 곰팡이가 피는 바람에 새들의

90퍼센트(캐나다두루미와 아메리카흰두루미 모두)가 병에 걸렸다. "우리는 녀석들을 살리려고 개별적으로 튜브를 통해 먹이를 먹여야 했어요." 케이시가 회상했다. "6주 동안 하루도 쉬지 않고 일했어요……. 끔찍한 시기였죠. 그렇지만 결국 이겨냈어요."

가을에 훨씬 더 큰 무리를 이끌고 날리라던 꿈이 이뤄지지 못하게 되었다는 소식을 알린 사람은 조였다. "그래도 훈련할 병아리가 적어도 17마리는 있으니까요. 그리고 아메리카흰두루미를 살리려고 처음 노력하기 시작했을 때는 전 세계에 있는 아메리카흰두루미를 전부 합쳐도 그만큼도 안 되었어요." 조는 애디슨이 실로 잘 버텨 내고 있다고 자신있게 말했다. "아주 기운차고 팔팔해요."

텍사스의 원래 무리를 방문하다

그러는 한편, 패튜센트에 최초 포획 번식 계획을 위해 처음 알들을 제공한 야생 우드 버팔로/아란사스 무리는 꾸준히 수를 늘렸다. 2006년 가을에는 237마리가 캐나다에서 텍사스의 아란사스로 돌아왔고, 병아리 45마리가 모두 어른으로 자랐으며 신기록도 나왔다. 바로 일곱 '쌍둥이'였다(7쌍이 3개씩 낳은 알이 모두 부화했다는 뜻이다.). 그리고 이듬해에는 266마리의 야생 아메리카흰두루미가 보호 구역에서 겨울을 났다.

아란사스 국립 야생 보호 구역은 1937년에 프랭클린 D. 루스벨트 대통령이 지정했는데, 늪지대 서식지의 소금기 있는 못을 풍족한 먹이 공급원(꽃게 같은 수중 생물들)으로 이용하는 철새들을 비롯한 새들을 보호하기 위해서였다. 당시 이 땅이 보호되지 않았더라면 우리는 지금 이 이야기를 여러분에게 들려드릴 수 없었으리라. 불행히도 텍사스 해변의 습지는 인구의 압박, 과도한 운송업, 그리고 외래종의 도입으로 점점 더 침식되고 있었다. 그리고 약 24제곱킬로미터의 늪지대를 떡 하니 갈라놓는 내륙 수로를 짓기 위해 운하가 준설되었을 때, 보호 구역에서는 6제곱킬로미터의 지역이 말 그대로 사라져 버렸다.

새천년이 열릴 즈음에는 원래 보호 구역의 대략 20퍼센트가 손실된 것으로 추정되었다. 마침내 사람들은 어떻게든 하지 않으면 안 되겠다는 결단을 내렸다. 그리하여 지금은 늪지대를 보호하고 복원하려는 대규모 공사가 진행 중이다. 수로변의 강둑은 염분 늪의 침식을 철저히 막는 두꺼운 매트로 둘러쳐졌다. 새로운 제방을 구축하고, 담장 안쪽에는 강바닥에서 긁어 낸 원료들을 쌓고 늪지대 식물들의 씨를 뿌렸다. 언젠가 두루미들이 이 인공 서식지로 옮겨 오기를 바라고 기대하면서 미리 준비를 한 것이다.

2002년에 나는 아란사스에서 열릴, 전체 국립 야생 보호 구역 체제의 100주년 기념 축하 행사 준비를 돕고 있었다. 나는 오래전부터 늪지대를 보존하기 위한 기금을 기부해 온 코노코필립스의 주선으로 행사에 참석했다. 행사에서 만난 미국 어류·야생 생물 관리국의 아란사스 아메리카흰두루미 담당자인 톰 스텐은 만찬 때 자기가 보물처럼 아끼는 아메리카흰두루미의 날개 깃털을 내게 선물했다(그것을 소유하는 데 필요한 정부 허가증도 같이 주었다!). 그런데 그 전에 먼저 잠깐 시간이 나서 연구용 보트로 야외에 갔다 온 이야기를 해야겠다. 수로를 따라 천천히 이동하는 동안 장밋빛 노랑부리저어새가 재빨리 날아서 지나쳤는데, 그 분홍색 날개가 석양에 얼마나 눈부시게 빛나던지. 이윽고 들려온 아메리카흰두루미의 외침은 대기를 온통 마법으로 가득 채웠다. 두루미 1쌍이 거기 있었다. 녀석들은 몸을 곧추세우고 우뚝 서 있다가 이윽고 습지의 꽃게들과 개구리를 찾아 고개를 숙였다. 우리는 그 후로 2쌍을 더 보았는데, 이윽고 완전히 땅거미가 지는 바람에 도로 돌아오지 않을 수 없었다. 우리는 굳이 가까이 가려고 하지 않았다. 새들이 거기 있는 것을 알았으니, 그리고 고대부터 겨울에 먹이를 찾던 자기들의 땅에 여전히 돌아온다는 것을 알았으니 그것으로 족했다. 그리고 마지막으로, 우리는 어두워져 가는 습지 위로 서서히 배어드는 야생 아메리카흰두루미의 울음소리를 들었다.

지난 몇 년을 돌이켜 보며 앉아 있는 지금, 이 장면이 내 머릿속에 생생히 떠오른다. 이 고대의 새들은 그 모든 일들, 그 모든 역경을 이기고 살아남았고, 그것은 이 깨달음의 여행 동안 내가 만난, 그리고 아직 만나지 못한 모든 이들의 상상력과 헌신과 결단력 덕분이다. 아메리카흰두루미가 북아메리카의 늪지대와 초원, 강과 하늘에서 사라져서는 안 된다는 사실을 모두에게 알리기 위해 한평생을 바친 사람들 말이다.

조지와 텍스의 연애담

조지 아치볼드는 모든 종류의 두루미를 위해 일생을 바쳤다. 특히 아메리카흰두루미를 보전하는 일에서 핵심적인 역할을 했는데 그중에는 아주 특별한 일도 있었다. 텍스라는 아메리카흰두루미에게 조지가 구애를 한 매혹적인 이야기를 들어보자.

1966년 샌안토니오 동물원에서 부화한 암컷 두루미인 텍스는 사람 손에 키워져 인간에게 각인했다. 텍스는 독특한 유전자를 가지고 있는 희귀하고 귀중한 새여서, 반드시 새끼를 낳아야 했지만 10년간 이어진, 적절한 수컷 두루미를 소개하려는 노력은 모두 실패로 돌아갔다. 텍스는 백인 남성을 좋아했다. 조지는 손으로 키워진 두루미들이 인간과 가까운 관계를 형성하면 가끔씩 알을 낳기도 한다는 사실을 알았다. 그래서 자원해서 텍스에게 "구애를 하기로" 했다.

텍스가 국제 두루미 재단에 온 것은 1976년 여름이었는데, 재단에서는 이 특별한 쌍을 위한 거처를 마련했다. 텍스의 거처에는 양동이 2개를 두었는데, 하나에는 민물을 채웠고 다른 하나에는 영양가 있는 작은 알약들을 놓아 두었다. 조지 쪽에는 간이 침대와 책상과 타자기가 있었다.

텍스는 거의 하루 종일 조지를 가까이에서 살펴보았고, 가끔씩은 조지를 끌고 밖으로 나가기도 했다.

두루미들은 고개를 숙이고 뛰어오르고 달리고 공중에 물건을 던져 올리는 눈에 띄는 구애의 춤을 가지고 있다. 조지는 텍스와의 관계를 더욱 끈끈하게 만들려고, 처음 관계를 맺은 몇 달 동안 하루에 몇 차례씩 텍스와 더불어 이 우아한 공연을 하기로 했다.

그리고 이 공연은 제대로 효과를 발휘했다. 이듬해 봄에 텍스는 처음으로 알 하나를 낳았다. 하지만 인공 수정에 들어간 알은 안타깝게도 수정에 실패했다. 그리하여 조지의 구애의 춤은 계속되었다. 이듬해 봄에도 다시 알 하나를 낳았지만 병아리가 알을 깨고 나오다 죽는 바람에 큰 실망만을 안겼다. 그리고 다음 3년 동안은 조지가 업무상 중국에 가 있어야 해서 다른 이들이 텍스와 춤을 추었다. 하지만 텍스는 다른 사람들을 위해서는 알을 낳지 않았다.

"1982년 봄, 저는 텍스와 본격적으로 노력을 했어요." 조지가 말했다. 조지는 6주 동안 새벽부터 땅거미 질 무렵까지, 1주일에 7일 매시간을 텍스와 함께 보냈다. 그러자 텍스는 다시 알 하나를 낳았고 이번에는 병아리가 깨어났다. 이름은 지 위즈(Gee Whiz)라고 붙였다.

그로부터 3주 후, 조지는 조니 카슨의 「투나잇 쇼」에 출연하기로 되어 있었는데, 출연 전에 텍스가 너구리에게 죽임을 당했다는 소식을 들었다. 조지는 그 소식을 듣고도 예정대로 텔레비전에 나가서, 2200만 시청자들에게 자기의 구애 이야기를 들려준 후 슬픈 소식을 전했다.

"스튜디오의 관객들은 숨을 멈췄고, 비탄의 파도가 전국적으로 퍼지는 듯했습니다." 조지가 말했다. "저는 텍스가 구애의 춤과 죽음을 통해서 사람들에게 위기에 처한 종들의 시련을 널리 알리는 데 크나큰 기여를 했다고 생각합니다."

지 위즈는 무사히 살아남아 결국 암컷 두루미와 짝을 지었다. 그 후손들 중 다수는 다시 야생으로 도입되었고 텍스의 유전자들은 아메리카흰두루미의 포획 군락과 야생 군락 모두에서 씩씩하게 살아 있다.

마다가스카르거북
Geochelone yniphora

내 친구인 앨리슨 졸리는 유명한 영장류학자 겸 작가인데, 소알라라 반도라고 불리는 동북부 마다가스카르 외딴 곳에 사는 마다가스카르거북 이야기를 내게 처음 들려준 사람이다. 이 거북은 아래쪽 껍데기 일부가 앞다리 사이로 쟁기처럼 튀어나와 있기 때문에 쟁기거북이라고도 불린다.

"기막히게 재미있는 녀석들이에요." 앨리슨이 말했다. "수컷은 턱 밑에 앞으로 튀어나와 있는, 아래쪽 껍데기의 긴 '쟁기'로 창 시합을 한답니다. 경쟁자를 뒤집는 게 목적이죠. 이 거북이들은 축구공만큼 커요. 뒤집힌 거북이는 다시 원래대로 뒤집으려고 발판을 찾아 등을 대고 거칠게 흔들죠." 비록 싸움에 진 수컷에게는 틀림없이 재미있기는커녕 더없이 치욕적인 상황이겠지만 말이다!

이 거북이들은 대나무 관목 숲과 널찍한 사바나로 이루어진 1,500제곱킬로미터 넓이의 지역 안에서 살아가는데 일군의 헌신적인 보호주의자들이 없었더라면 거의 틀림없이 멸종의 심연으로 곤두박질치고 말았을 것이다. 거북이들은 식용으로 사냥당하지는 않았지만, 국제적인 희귀종이니만큼 수집가들에게 팔아넘기려고 거북이를

마다가스카르거북 복원에 영원히 이름을 남긴 돈 레이드가 서북
마다가스카르에서 암컷 거북과 함께 있다. 거북의 등껍데기에는
무선 송신기가 붙어 있다(돈 레이드).

잡아가는 무책임한 사람들과 아프리카에서 수입된 숲돼지들로 마다가스카르거북의 서식지는 득시글댔다. 지역민들은 이 거북을 닭과 함께 두면 새들이 건강해진다고 믿는다. 그런데 희한한 것이, 남부 마다가스카르 사람들은 근연종인 "마다가스카르방사상거북"을 같은 이유로 가금류와 함께 둔다는 것이다. 그러고 보면 그 이야기가 완전히 미신은 아닐지도 모르겠다.

1986년에, 듀렐 야생 보호 기금은 마다가스카르 정부와 협력 관계를 맺고 세계 자연 보호 기금의 지원을 받아 마다가스카르거북 프로젝트를 개시했다. 돈 레이드는 10년 넘게 이 프로그램의 감독을 맡아 왔으며, 그의 이름은 이 프로그램과 관련해 영원히 기억될 것이다. 나는 돈과 전화 통화를 했는데, 돈은 숲 한가운데에 있는 조그만 현장 연구지에 처음 도착해서 보니 자연 보호라는 게 뭘 하자는 건지 도통 이해하지 못할뿐더러 백인들이 하는 일이라면 의심의 눈초리부터 보내는 부족민들에게 둘러싸여 있더라고 말했다. 세계 자연 보호 기금 소속 생물학자 몇 사람이 이따금씩 왔다 갈 뿐이었고, 근처에 큰 차량이 다닐 수 있는 도로가 있었지만 우기에는 통행이 무척 어려웠다. 돈이 맡은 일은 이 거북들을 멸종 위기에서 구하기 위해 포획 번식 프로그램을 시작하는 것이었다.

시행착오

"처음 시작했을 때 우리는 완전히 아무것도 없는 상태에서 출발해야 했습니다." 돈이 말을 이었다. "거북이의 행동에 관해 뭐 하나 아는 사람이 아무도 없었죠. 뭘 먹고 사는지도 전혀 몰랐어요. 그래서 숲으로 식물 채집을 나가서 거북이들이 뭘 좋아할지를 무작정 추측하는 식으로 시작해야 했죠." 사람들은 시행착오를 통해 배웠다. 그리하여 거북이들이 외래종 선인장을 무척 좋아한다는 것을 알았다. "어찌나 좋아하던지 약도 그 잎 하고 같이 주면 먹더라고요." 돈이 웃으며 말했다. 이 동물들은 정말 희한하다고 돈이 말했다. "그 오랜 몇 주간의 건기 동안, 아무것도 안 하고 그저 가만히 앉아만 있는 거예요."

돈은 거북 총 8마리를 가지고 포획 번식을 시작했는데, 그중 수컷은 5마리였고 모두 지역민에게서 징발한 것이었다. 몇 년에 걸쳐 점차적으로 징발되는 거북이가 늘어나고 새끼가 알을 까면서, 포획 개체군이 성장했다.

1월에서 7월 사이에 각 암컷은 28일에서 30일 간격으로 깊이가 15센티미터쯤 되는 둥지를 1~7개까지 팠다. "밤에만 둥지를 틀더군요." 돈이 말했다. "그리고 둥지 하나마다 거대한 알을 딱 하나씩만 낳아요. 그것도 한밤중에." 놀랍게도, 알들은 모두 각기 2주 안에 부화했는데, 우기 내에서도 최고로 습윤한 시기였다.

번식 프로그램이 시행된 첫해인 1987년 11월에 기온을 확인하려고 (하루에 3차례씩 늘 그렇게 했다.) 점심시간에 밖에 나갔을 때, 돈은 둥지 구멍 가운데의 흙이 내려앉은 듯이 보이는 것을 알아차렸다. "움직임이 보였어요." 돈은 숟가락을 가져다 모래 아래를 조심스럽게 느껴 보았다. "그러자 알에서 깬 새끼가 나왔어요!" 그 뒤를 더 많은 새끼들이 따라 나왔다.

첫 발자국은 믿음이다

나는 돈 말고 또 다른 사람, 조애나 더빈 하고도 길게 이야기를 나누었는데, 조애나는 이 프로그램에 1990년 처음 몸을 담았다. 조애나는 팀원들과 함께 지역민들의 신뢰와 관심을, 그리고 마침내 지원을 얻기 위해 투쟁하면서 겪은 놀라운 경험담을 들려주었다.

조애나가 말하기를, 지역민들은 처음에는 가금류의 새끼들을 건강하게 유지해 준다는 것만 빼면 거북이들에게 별 관심이 없었다. 하물며 거북이의 보전에는 확실히 조금도 관심이 없었다. 조애나는 마을 원로들에게 충고를 구해 보라는 조언을 들었는데, 원로들은 (처음에는 말도 안 하려고 했지만) 보호 팀이 조상들로부터 허락을 받아야 한다고 말했다. 19세기 이 지역의 마지막 왕인 응드라노코사 왕이 종종 백성들에게 돌아와 원로의 몸을 빌려 말을 한다고 했다. 왕은 마을 의식에도 자주 참석했다.

어느 날 조애나는 돈을 따라 치료가 필요한 아픈 사람이 있는 마을로 들어갔다. 두 사람은 꼬박 하룻밤과 낮을 앉은 채로 지켜보았다. 마을 사람들이 찬송가를 여러 곡 불렀고, 그들 중 몇 사람은 무아지경으로 들어갔으며, 죽은 사람들이 여럿 찾아왔고, 나이 든 여자들은 젊은 남자들이 되었다. 한참 동안 이어진 소개 의식 후 오래지 않아 조애나는 왕을 만났다. 물론 왕은 원로를 통해 이야기했다. 회담은 성공적으로 이루어져, 왕은 마침내 보호 팀이 마다가스카르거북의 친구들이므로 마을에서 이들을 받아들여야 한다고 선언했다. 그리고 마을 사람들을 한데 모아 거북과 그 서식지를 보호하기 위해 필요한 것들을 논하는 문화 행사를 열라고 했다. 연회 일정이 잡혔다.

마침내 모든 준비가 끝났다. 마을에서 몇 마리씩 갹출한 소들로 이루어진 거대한 소 떼를 관목 숲을 따라 빙빙 몰아가는 전통적인 방법으로 연회 공간을 정화했다. 노래, 춤, 찬송, 그리고 왕 자신이 참석하는 거대한 연회가 열렸다. 나는 옛날 곰비 현장 연구지에서 흑마법을 몰아내기 위해 닭이나 흰 범의 같은 것들을 사는 데 들인 돈을 연구 예산에 청구했을 때 겪은 난처한 상황이 떠올라서, 조애나에게 누가 자금을 댔느냐고 물어보았다. "조직은 마을 원로들이 했고요. 듀렐 재단이 돈을 댔죠." 조애나가 말했다.

마침내 마다가스카르거북에 대해 논의할 차례가 되었고, 서식지의 가장 핵심 지역을 보호해야 한다는 결정이 내려졌다. "우리는 예전에는 환경을 관리했소." 원로 한 사람이 말했다. "하는 법도 알지. 다만 아무도 더 이상 그러려고 하지 않을 뿐이오."

거북의 서식지는 번식 센터에서 약 241킬로미터 떨어진 외딴 장소에 있었다. 돈은 그곳이 너무 멀다고 생각했다. 돈 자신도 현장 연구를 하기는 했지만, 상세한 현장 연구는 로라 스미스가 수행했다. 로라가 거북이들의 행동과 필요 조건들을 연구한 덕분에(이는 듀렐 프로그램의 일부이기도 했다.) 연구 팀은 보호된 서식지를 설립하기에 가장 좋은 지역을 낙점할 수 있었다.

무아지경과 기도 후 방생

물론, 거북을 야생으로 돌려보낸다는 번식 프로그램의 궁극적 목표가 실현되려면 그 전에 충분히 안전한 서식지를 마련하는 일이 필수였다. 그리하여 1998년의 어느 좋은 날, 그 거북이들의 서식지로 가장 적합한 서북부 마다가스카르의 발리 만 지역이 국립 공원으로 선포되었다. 전임 경비원 8명과 마을 경비 순찰대 40명이 그곳에 배치되어 밀렵꾼과 산불을 감시하고 보호하는 일을 맡았다.

처음에는 젊은 녀석들이 방생되어 감시되었다. 거북이들은 즉각 적응해서 번식 프로그램의 또래 쌍들과 동등한 성장률을 보였다. 죽거나 밀렵당하는 일도 없었고 심각한 산불도 일어나지 않았다.

방생이 처음 대규모로 실행된 것은 2005년 말이었는데, 이때는 어린 거북 20마리가 숲에 있는 거대한 임시 울타리로 방생되었다. 이 행사는 전 세계적으로 자연 보호 기금을 거두며 민물거북과 바다거북들의 복지를 증진하는 데 이바지하는 브리티시첼로니아 그룹의 소식지에 실렸다.

"해 질 녘에 마을에 갔더니 마을 사람들이 우리를 엄청 격렬하게 환영하면서 푸른 잎과 꽃으로 된 사슬로 치장하고 특별한 야자수로 지붕을 인 은신처로 데려가더군요." 듀렐 야생 보호 기금 산하 마다가스카르 프로그램의 자연 보호 담당자인 리처드 루이스의 말이다. 마을 사람들이 연설을 하고(말하고 싶은 사람은 누구나 할 수 있었다!) 밤새워 춤을 춘 후, 그 팀과 거북이들은 마침내 다음날 아침 숲을 향해 출발했다. 숲가에 지어진 조그만 현장 연구지에 모두 모였다. 영적 지도자

한 사람이 기도를 하면서 왕과 조상들에게 보살핌을 빌었다. 한 원로는 무아지경으로 들어가 왕이 되어 자연 보호 팀의 노고를 치하했다.

마침내 그 고된 노동과 계획과 축하 행사를 전혀 알 리 없는 어린 거북 20마리가 숲으로 옮겨져 5마리씩 실내 울타리에 들어갔다. 거북이들은 등껍데기에 풀로 붙인 무선 송신기를 장착한 채 1달간 그곳에서 지내며 방생되기 앞서 미리 새로운 서식지에 적응하게 된다.

앞으로 몇 년간, 더욱 많은 마다가스카르거북들이 야생으로 방생될 것이다. 그 프로그램이 성공을 거둔 것은, 특히 듀렐과 돈 레이드를 비롯해서 너무나 많은 사람들이 헌신과 열정과 노고를 기울인 덕분이다. 앞으로도 프로그램이 지속되기 위해서는 지역민들의 선한 의지가 계속되어야만 할 것이다.

내 어릴 적 거북이

이 이야기를 쓰고 있자니 내가 어릴 때 키운 거북이 2마리가 생각난다(물론 마다가스카르거북은 아니었다!). 우리는 야생 거북이들을 위기로 몰아가고 있는 애완동물 거래에 대해서나, 거북이들이 이송 중에 겪는 열악한 상황에 대해서는 전혀 몰랐다. 먼저 우리 집에 온 것은 수컷인 퍼시 비시(초등학생의 유머로, 거북이가 "셸리"(영국 시인인 퍼시 비시 셸리의 Shelley는 '껍데기가 있는'이라는 뜻의 shelly와 발음이 같다. — 옮긴이)라는 데 착안해서 붙인 이름이었다!)였다.

어느 날은 아무리 찾아봐도 거북이가 보이질 않아서, 우리는 아주 도망가 버렸나 보다고 생각했다. 하지만 반갑게도 거북이는 6주 후에 다시 나타났다. 그것도 암컷을 데리고! 도대체 짝을 어디서 찾아냈는지 도저히 상상도 안 가는 것이, 우리 지역은 거북이가 널린 곳이 절대로 아니었기 때문이다. 나는 암컷에게 해리엇이라는 이름을 붙였고, 그 이래 둘은 어디를 가나 붙어 다녔다. 아마 해리엇이 성적으로 잘 받아들이는 때에는 퍼시 비시가 더욱 가까이 붙어 다니는 것 같았다. 퍼시 비시는 해리엇을 가까이 따라잡으면 머리를 집어넣고 앞으로 돌진해 해리엇의 등껍데기에 부딪혀 딱 하는 커다란 소리를 냈다.

수컷은 꼭 우리 할머니가 티타임에 정원에서 손님을 접대하고 있을 때면 특히 더 뜨거운 애정 행각을 벌였다. 할머니는 우리 꼬마 아가씨들이 그 광경을 못 보게 하려고 애를 쓰셨지만, 보수적인 빅토리아 시대 정서는 아랑곳없이, 우리는 퍼시가 그 정복하기 힘든 애인의 껍데기를 타고 오르려고 몇 번이나 안간힘을 쓴 끝에 결국 실패하고 그 모든 과정에 진력이 난 해리엇이 그냥 몸을 빼 버리는 모습을 집중해서 지켜보곤 했다. 거북이로 산다는 것도 쉽지 않은 모양이었다!

내 아들은 영국에 마지막으로 수입된 거북들 중에서 등껍데기가 손상된 암컷 2마리를 구조했다. 1마리가 먼저 죽자 남은 녀석도 기운을 잃은 것 같아서 우리는 곧 죽겠거니 했다. 하지만 기쁘게도 녀석은 옆집의 조그만 검은 고양이와 친구가 되었다. 날이면 날마다 우리는 고양이가 오두막 안에 있는 외로운 거북이 옆에 웅크리고 앉아 있는 것을 보았다. 끝내 거북이는 체스터 동물원에 있는 군락으로 보내졌고, 그곳에 적응해서 잘 살았다.

타이완송어
Oncorhynchus masou formosanus

내가 이 물고기 이야기를 들은 것은 1996년 타이완을 처음 방문했을 때였다. 나를 초대해 준 사람은 당시 타이완 정부의 정보국장이자 외교 책임자였던 제이슨 후였다. 두 아이의 아버지로 환경 보호에 뜨거운 관심을 가지고 있던 제이슨은 국제 보전 단체들에 잘 알려진 사람을 초대하여 사람들의 이목을 끌면 환경 보호에 도움이 되리라고 생각했던 것이다. 덕분에 나는 핵심적인 결정권자들과 의미 있는 대화를 나눌 수 있었고, 많은 언론에서 내 방문을 호의적으로 다뤄 주었으며, 마침내 타이완을 떠나기 직전에는 대통령인 리텅후이와 회담을 가질 수 있었다.

회담 결과는 긍정적이었다. 우리는 동물, 환경, 다양한 자연 보호에 관련된 이야기를 나누었다. 나는 대통령에게 내가 전 세계를 여행할 때 가지고 다니는 상징들(캘리포니아콘도르의 깃털 같은 것) 몇 가지를 보여 주면서, 타이완의 성공 사례를 상징하는 것으로 가져갈 만한 게 있느냐고 물었다. 그러자 대통령은 타이완송어를 멸종으로부터 구해 낸 이야기를 들려주었다. 물론 그 이야기는 무척이나 매력적이었지만, 건어물을 가지고 세계를 돌아다니는 건 나로서도 좀 무리였다!

유일무이한 종을 살리는 기쁨. 타이완송어를 멸종에서 구하고 복원하려는 노력에서 견인차 역할을 하고 있는 랴오린엔 박사(랴오린엔).

빙하 시대의 생존자

타이완송어는 빙하 시대부터 줄곧 차가운 계곡물에 갇혀 살았다. 치치아완 시내의 해발 고도 1.5킬로미터 이상 지역에서만 볼 수 있는데, 그곳 수온은 섭씨 18도 이하로 떨어질 때도 있다. 연구에 따르면 타이완송어는 정확히 그 수온에 해당하는 극도로 깨끗한, 흐르는 물에서만 살 수 있다고 한다.

옛날에는 수가 많아서 토착민들의 주식으로 이용되었던 이 물고기는 토착민들에게 '분반(bunban)'이라는 이름으로 불렸다. 그렇지만 과도한 조업과 공해 때문에 지난 세기 말에는 겨우 400마리 정도밖에 남지 않았다고 알려졌고, 그리하여 세계에서 가장 희귀한 어류에 속하게 되었다. 다가오는 멸종을 막으려면 무슨 일이든 해야만 했다.

그리고 1990년대 말에 그 무슨 일이 행해졌다. 셰이파 국립 공원의 한 헌신적인 팀이 타이완송어를 보호하고 복원하기로 결정한 것이다. 그 팀의 핵심 소속원인 랴오린옌(당시에는 박사 과정을 밟고 있었다.)이 특히 헌신적이었다. 유감스럽게도 최근에 타이완을 방문했을 때 랴오린옌 박사를 직접 만나지는 못했다. 그리고 박사는 영어를 못 하고 나는 중국어를 못 하니 전화로 이야기를 나눌 수도 없었다. 다행히 JGI 타이완의 이사인 켈리 퀵이 나 대신 박사와 대화를 하고 박사가 준 정보를 통역해 주었다.

랴오는 어릴 적부터 동물을 사랑했다. 원래는 수의사가 되고 싶었지만 대학은 양식학부에 들어갔다. "사실은 그거나 그거나 똑같아요." 박사가 말했다. "물고기들도 아플 때가 있고, 동물 각각을 고치는 대신 물고기들로 이루어진 전체 연못을 고치는 거니까요!" 학교를 마치고 나서 박사는 셰이파 국립 공원에 지원해서 들어갔다.

"타이완송어는 심하게 까다로운 종이라 정확한 수온의 맑은 물을 필요로 하는 데다 식단까지 무척 특수하기 때문에 자연적인 환경으로 복원한다는 게 쉽지 않아요." 랴오가 말했다. "그렇지만 우리 팀은 어떻게든 해내고야 말겠다고 결심했지요." 팀은 치어의 수를 늘릴 방법을 찾으려고 머리를 싸맸고, 치어들이 먹이를 먹게 만들려고 며칠씩 밤을 새기도 했다. "문제는 물고기들이 살아 있는 유기물을 더 좋아한다는 거였죠." 랴오가 설명했다. "그렇지만 산에서는 물벼룩을 구하기가 힘들고, 새우는 그리 마땅한 대안이 아니었어요." 그러니 사료를 먹이는 방법밖에 없었다. 랴오는 수를 써서 먹이가 마치 살아 있는 것처럼 물 위에 떠다니게 만들었다고 한다. "그리고 대담한 축에 속하는 녀석들이 먼저 미끼를 물기 시작하면 소심한 녀석들도 그 뒤를 따르죠."

랴오가 그 프로젝트에서 일하기 시작했을 때, 복원지인 연못은 잦은 태풍과 홍수로 끔찍한 상태였다. 마치 버려진 구덩이처럼 보일 지경이었다. 장비도 임시적이고 적절하지 못했다. "당시에는 정말 고생했어요." 랴오가 회상했다. "연못은 저 높은 산꼭대기에 있어서 가장 단순한 유지 비품을 얻는 것조차 힘들었습니다." 그럼에도, 팀은 점차 조건을 개선시켜 나갔다.

목숨을 걸고 지켜 낸 송어

2004년에는 유례없이 강력한 태풍이 타이완에 불어 닥치는 바람에, 현장에 나가 있던 팀은 연못의 수위가 높아지고 귀중한 물고기들이 홍수에 휩쓸려 가는 상황을 하릴없이 지켜보아야 했다. 팀은 가능한 한 많은 물고기를 살려 내려고 분투했지만 그것은 목숨을 걸어야 하는 위험한 작업이었다. 한순간에 급격한 물살에 휩쓸려 갈 수도 있었다. 거기다 물고기들만 잃은 게 아니라 수도와 전기까지 끊겼다. 팀은 응급용 물 보충 트럭을 들여왔다. 지역 호텔에서는 얼음 덩어리를 빌려 왔다. 몇 년간 해 온 고된 작업이 거의 모두 사라져 버리다시피 했다. "정말 안타깝죠." 랴오가 말했다. "그렇지만 우리는 언제든지 처음부터 다시 시작하면 돼요."

사실, 그 재앙 덕분에 복원 팀은 귀중한 물고기들에게 더 안전한 환경이 필요하다는 사실을 절감했고, 셰이파 국립 공원에 타이완송어 생태학 연구소를 설립하기로 결심했다. 모금은 쉽지 않았지만 몇 달간의 부단한 노력은 끝내 결실을 맺었다. 2007년에는 전력과 수도 공급을 안정적으로 확보하는 시설을 완비한 연구소가 완공되었다. 개장 행사로 거대한 축하연이 열렸는데, 그 지역 초등학교의 춤패가 전통춤을 공연하고 아타얄 원주민의 부족가를 불렀다. 손님들은 모두 타이완송어의 육지 재서식과 보호를 상징하는 묘목을 심었다. "우리는 팀 작업을 통해 생태학 연구소에서 송어 치어를 번식시키고 그 개체 수를 5,000마리로 유지하는 데 힘을 보탤 수 있습니다." 공원 소장이 말했다.

연구소의 첫 교육 프로그램이 그 축하연을 통해 시작되었다. '대자연의 어머니와의 대화' 프로그램은 환경을 보호하고 위기에 처한 종들을 보호하는 것이 얼마나 중요한가를 이야기했다. 특히 물론 "자연의 보물인 물고기," 즉 타이완송어는 말할 것도 없이 말이다. 프로젝트가 시작되고 몇 년 동안, 국립 대학교 소속의 수많은 과학자들이 프로젝트에 참여했다. 조그만 물고기는 선사 시대로부터의 오랜 역사와 생태나 행동 등의 면면들로 인해 다양한 층의 관심을 불러일으켰다. 타이완 사람들은 고유종인 타이완송어에 대한 자부심을 가지고, 그것을 보호하고자 최선을 다하기로 결심했다.

보완 개체군에 대한 필요

태풍이나 질병이 언제고 타이완송어 개체군을 모조리 쓸어 버릴지 모를 위태로운 상황에서, 복원 팀은 만일의 사태를 대비해 추가로 보완 개체군을 구축하기로 결정했다. 폭넓은 연구 결과 적절한 장소로 보이는 두 지역을 찾아냈는데, 체칠란과 난후 강이었다. 랴오 박사의 말에 따르면 물고기 대략 1,000마리가 새로운 부지에 방생되었다고 한다. 그로부터 2년 후에 시행된 조사는 80마리에서 90마리로 이루어진 개체군이 체칠란 강에 살고 있으며 그중에는 2세대도 포함되어 있음을 알렸다. 난후 강에서는 치어 40마리가 발견되었다.

따라서 장기적으로 볼 때 타이완송어의 생존 전망은 밝다. 국립공원은 2008년으로 10년째 치치아완 강 저수지 지역을 보호하려 노력하고 있는데, 그곳 송어들은 지난 몇 년간 2,000개체 정도로 무척 안정적인 상태를 유지하고 있다. 복원 프로젝트가 시작되었을 때 수백 마리였던 데 비하면 엄청난 변화다.

무척 특별한 기억

나는 랴오의 개인적인 이야기를 들을 수 있도록 연락을 좀 취해 줄 것을 켈리에게 부탁했다.

랴오는 자기가 1999년에 팀에 합류했을 때 일어난 일을 써 보냈다. "처음 인공 수정을 위해 타이완송어를 포획하려고 했을 때, 제가 물고기를 제대로 잡을 수 있을지 엄청 걱정됐어요. 수정할 수 있는 암컷을 잡아야 했거든요. 키지아완 협곡에 야생 송어가 500마리는 있을 텐데, 제가 제대로 잡았는지 알 방법이 없잖아요? 임무를 맡긴 했지만 너무 겁이 나서, 그저 행운만 빌었죠."

당시, 팀은 성숙한 송어를 잡기에 가장 좋은 방법은 그물을 쓰는 것임을 발견했다. 그리고 물에 그림자가 전혀 비치지 않도록 작업은 밤에만 해야 했다. 랴오는 그물을 던지러 계곡으로 가는 팀의 책임을 맡았고 또 다른 팀은 물고기들을 받기 위해 연구실에서 기다리고 있었다. "그때 꼬박 3시간 동안 그물을 던졌어요." 랴오가 그때의 기억을 떠올렸다. "그물을 던질 때마다 매번 열심히 결과를 확인했죠." 그렇지만 몇 번이고 그물은 빈 채로 올라왔고, 3시간이 다 갈 무렵이 되었을 때 잡힌 것은 겨우 송어 1마리, 그것도 수놈이었다. 팀은 완전히 지쳐 버려서, 그날은 그걸로 접자고 결정했다.

"그런데 그때," 랴오가 말했다. "강둑 근처에 암컷 송어가 누워 있는 게 보였어요. 알이 꽉 찬 게 확실히 보였죠. 잡아서 수놈과 함께 서둘러 연구실로 데려갔어요." 그 말에서는 흥분과 전율이 고스란히 전해졌다. "우리가 잡은 송어는 이미 알을 낳을 준비를 마쳤더군요. 그저 부드럽게 쥐어짜서 수정만 하면 되었어요. 알이 600개도 넘게 나왔죠! 사람들이 그렇게 아름다운 암컷 송어는 처음 보았대요. 정말 제게는 행운의 물고기였어요!"

랴오는 일 때문에 집이 있는 킬룽에서 멀리 떨어져 있어야 할 때가 많았는데, 차로 달려도 3시간이 걸리는 거리였다. 그렇지만 일이 아무리 힘들어도, "자유롭게 풀려난 송어가 강에서 가볍게 헤엄치는 모습을 보면 제 희생은 보상이 되고도 남아요." 랴오는 우리 각자가 지구를 보호하는 데 자기 몫을 해야 한다는 사실을 늘 사람들에게 일러 준다. "물고기들은 오염된 물에서는 살아남을 수 없어요." 랴오가 말했다. "우리도 마찬가지에요! 만약 타이완송어가 멸종하면 인간들 역시 결국은 지구에서 사라질지도 모릅니다."

밴쿠버마못
Marmota vancouverensis

집고양이만 한 몸집에 무게는 2~7킬로그램 정도인 밴쿠버마못은 이루 말할 수 없이 매력적인 동물이다. 두꺼운 초콜릿색 털에 흰 주둥이, 거기에 더해 애교 넘치는 표정까지, 월트디즈니의 옛날 캐릭터들을 꼭 닮은 녀석은 역사적으로 밴쿠버 섬, 그중에서도 눈사태와 폭풍, 불로 만들어지고 유지된 아고산대 초원에서 살았다. 그리고 섬에는 그런 초원이 많지 않은 탓에 마못들도 그 수가 많았던 적이 없다.

밴쿠버마못이 과학계에서 하나의 종으로 처음 인식된 것은 1910년에 박물관 표본용으로 몇 마리가 포획되었을 때였다. 이후로 드물게 관측이 되다가 1973년 브리티시콜롬비아 대학교의 더그 허드가 두 군락을 바탕으로 마못의 행동을 연구하기 시작했다. 그로부터 몇 년 후에는 지역 박물학자들이 조직적인 개체 수 측정을 개시했다. 그리고 1987년, 앤드루 브라이언트가 석사 학위를 위한 단기 연구 프로젝트로 시작한 것이 지금까지 20년도 넘게 이어지고 있다! 그 연구를 계기로 앤드루는 망각의 강 너머로 사라지려는 밴쿠버마못을 보호하기 위한 노력에 깊숙이 발을 들여놓게 되었다.

앤드루 브라이언트는 이 마법 같은 포유류를 보호하느라 일생을 바쳤다. 브리티시콜롬비아 밴쿠버 섬 팻 호수에서 바바라와 함께(앤드루 브라이언트).

마못 사나이 앤드루를 만나 보세요

나는 2007년 12월에 앤드루에게 전화를 걸어 (마못과 관련해) 오랜 이야기를 나누었는데, 그는 당시 밴쿠버 섬 나나이모 시 근처 조그만 농장에 살고 있었다. 나는 이 책에 나온 다른 많은 사람들과도 그랬듯이, 앤드루와 직접 마주앉아 얼굴을 보며 대화할 기회가 오기를 학수고대했다. 그리고 2008년 11월에 드디어 그 기회가 와서, 내가 묵고 있던 밴쿠버 호텔의 점심 식사 시간에 우리는 조용히 대화를 나눌 수 있었다. 원래는 내가 직접 마못을 보러 갈 예정이었지만, 철이 맞지 않아서 마못은 모두 동면 중이었다. 사실 마못들은 매년 꽤 여러 달간 동면을 한다. 그래서 앤드루는 그 대신 장난감 마못 봉제 인형을 선물로 주었다! 하지만 마못을 구하기 위해 고생한 사람과 마주앉아 이야기를 나눌 기회를 얻는다는 것은, 어떤 면에서 직접 마못을 보는 것보다도 오히려 더 나았다. 앤드루는 알고 보니 나와 똑같은 영혼을 가진 남자로 유머 감각이 대단했고, 자기 일에 대해 숨길 수 없는 열정이 있었으며, 자기 인생의 그토록 많은 부분을 차지한 마못들을 깊이 사랑했다.

밴쿠버 섬의 완전 벌채

앤드루가 들려준 이야기에 따르면 어린 마못들은 전통적으로 "십대" (보통 2살 무렵)가 되는 해 봄에 산꼭대기의 집을 떠나 근처 산꼭대기로 가서 거기서 번식을 하고 일평생을 산다고 한다. 그렇지만 앤드루가 연구를 시작했을 즈음인 1970년대에서 1980년대에는 이미 오랫동안 그곳 숲에 무제한적인 완전 벌채가 행해진 다음이라, 마못의 행동에 변화가 일어났다. 그리고 목재 회사는 무심결에 마못이 선호하는 자연적인 서식지와 유사한 새로운 서식지를 만들어 냈다. 탁 트여 있고 먹이로 삼을 만한 풀과 다른 식물들로 뒤덮여 있으며, 나무가 없고 마못이 굴을 팔 수 있는 좋은 흙이 있는 땅이었다.

그리하여 수많은 십대 마못들이 더 이상 다른 산꼭대기로 귀찮게 여행하는 대신 완전 벌채 지역을 서식지로 삼았다. 서식지가 새로 생기자 마못 개체군이 치솟는 결과가 빚어졌고, 그 10년간의 말기에 이르자 대략 150마리에서 2배가 넘는 300마리에서 350마리까지 껑충 뛰어올랐다. "만약 덤으로 포식자 인구까지 불어나는 일만 없었어도 완전 벌채는 마못에게 득이 되었을 겁니다." 앤드루가 말했다.

그러나 마못은 새로운 서식지를 돌아다니는 데 주로 벌채용 도로를 선호한 탓에 역시 그곳에 살던 많은 쿠거와 늑대, 황금독수리의 손쉬운 먹잇감이 되었다. 포식자들은 특히 나무가 다시 자라기 시작한 곳에 모습을 감추고 먹잇감을 노리곤 했다. 앤드루의 말에 따르면 그 풍부한 새로운 지역은 "'마못을 빨아들이는 하수구'가 되었습니다. 그리로 이사 간 마못은 거의 살아남지 못했거든요." 그리하여 야생 개체 수는 급감했다. 1998년에는 야생 마못이 70마리밖에 없었고, 5년 뒤에는 30마리로 하락했다. 이 최후의 감소세에 기여한 것이 바로 포획 번식 프로그램에서 실행한 마못 수집이었으니 역설적인 일이다. 1997년에서 2004년 사이에는 야생에서 태어난 56마리의 마못이 포획 번식 프로그램에 들어갔다.

"벌목 회사들이 없었다면……"

연구 초기 단계에 앤드루는 마못들이 살고 있는 사유지인 벌목 현장에서 마못을 관찰하기 위해 거의 하루도 빠짐없이 산에 올랐다. 앤드루는 새벽 3시 반이나 4시쯤에 "마못 씨, 그린 산을 향하다." 하는 식으로 기록을 남겼다. 그렇게 몇 달이 흐르면서 벌목꾼들은 도대체 저 남자가 꼭두새벽부터 남의 산에서 뭘 하나 궁금해 하기 시작했고, 어느 날 아침 맥밀란블뢰델 사에서 일하고 있던 벌목꾼인 웨인 오키피가 "마못 씨"가 무슨 일을 하는지 알아봐야겠다고 결심하고 차를 몰아갔다.

"그날 아침은 모든 게 완벽했지요." 앤드루가 말했다. "암컷 하나를 마취해서 꼬리표를 붙이고, 멋진 데이글로(Day-Glo) 안전 조끼를 입고 빛을 반사하는 안전모를 쓴 채 마못을 잡고 있는 웨인의 사진을 찍었지요. 웨인이 그러더군요, '야, 이거 멋진데요. 언제 한번 내려와서 우리 회사 사람들 하고 점심이나 하면서 이 이야기를 꼭 좀 들려주세요.' 그래서 그렇게 했죠."

앤드루의 이야기는 엄청난 호응을 얻었고, 그로 인해 앤드루는 우선 벌목 십장과 만나고, 그 후로 삼림 관리자, 마침내는 회사 경영직의 저 높은 자리에 앉아 있는 스탠 콜먼까지 만났다. "어느 새 제가 사진과 슬라이드와 지도로 무장을 한 채 벌목 회사의 이사회실에 앉아

맥밀란블뢰델 사에서 일하는 벌목꾼인 웨인 오키피가 아이리스를 안고 있다. 벌목 사업이 밴쿠버마못에게 도움이 되는 쪽으로 방향을 트는 중요한 순간이었다(앤드루 브라이언트).

있더군요. 벌목이 마못에게 미치는 영향에 관해 제가 아는 전부를 그 사람에게 이야기하고 있었죠." 스탠은 앤드루의 이야기를 끈기 있게 듣고 나서 물었다. "제가 무슨 일을 해 드리면 좋겠습니까?"

"지금 동물들에 대한 윤리적인 책임을 지든가, 아니면 직접 당신들 손으로 그 멸종을 초래하든가 알아서 하라고 했죠." 앤드루가 말했다. 그 회의 이후로 스탠은 마못의 가장 큰 후원자가 되어, 회사에서 마못을 보호하는 데 지원할 수 있는 일은 모두 하도록 독려했다.

앤드루가 즐겨 하는 말이 있다. 밴쿠버마못은 캐나다에서 공식적으로 멸종 위기 종 목록에 오른 첫 종이고, 또한 국제 자연 보호 연맹과 미국 어류·야생 생물 관리국 기록에도 멸종 위기 종으로 올라 있는데, 이런 목록들은 "궁극적으로 마못을 돕는 데 거의, 혹은 전혀 아무런 도움도 되지 않았어요. 그런데 지역 벌목꾼들이 자연 환경을 사랑한 것이 결국 마못에게 도움이 되는 결과를 초래한 겁니다." 회사에서 기부받은 캐나다 달러 100만 달러는, 앤드루가 오랫동안 과학 자문 위원으로 일하고 있는 비영리 기관인 마못 복원 기금을 창립하는 토대가 되었다.

　나중에 그 토지는 1999년에 바이어호이저 사에 넘어갔다가 이후 다시 팔렸다. 오늘날 마못 서식지의 소유주는 아일랜드 팀버랜즈와 팀버 웨스트 포레스츠다. 아직까지 지주들은 모두 지속적인 자금 지원의 형태로 마못 보호에 이바지하겠다는 약속을 지키고 있다. "그리고 가장 역설적인 건," 앤드루가 말한다. "벌목 회사들이 아니었더라면 우리는 그런 일들을 아예 시작도 못했으리라는 겁니다!" 아직 벌목이 계속되고 있긴 하지만 그래도 이제는 보호 구역이 지정되어 있다고 한다. 숲이 재생된다면 보전 방책들도 실현될 수 있을 것이다.

본격적인 복원 작업

마못 복원 팀의 추산에 따르면, 마못 종을 완벽하게 "복원"하려면 밴쿠버 섬의 각각 독립된 3개 지역에 흩어져 있는 400에서 600마리의 마못이 모두 필요하다. 1997년부터 2001년까지, 팀은 포획 번식 프로그램을 포함한 복원과 재도입 계획을 세웠는데, 토론토 동물원과 캘거리 동물원, 사유지인 마운틴 뷰 브리딩과 랭리(밴쿠버 근처)의 보전 센터, 그리고 밴쿠버 섬 워싱턴 산의 특수 시설에서 그 계획을 실행하고 있다. 방생지의 조건은 환경이 적합하고 포식자의 위험이 적은 곳이어야 했다. 번식 프로그램에서 처음으로 새끼가 태어난 해는 2000년이었는데, 이들 중 첫 무리가 2003년에 야생으로 방생되었다.

　방생 후 현장 관찰을 해 보니 번식 출생 마못들은 자연적으로 포식자 인식 기술을 습득했으며, 쿠거 또는 늑대가 다가오거나 머리 위로 독수리가 날면 다른 마못들에게 휘파람을 불어 경고를 했다. 2004년은 팀이 시금석을 세웠다고 할 만한 해였는데, 바로 이 해에 포획 출생 마못이 야생 암컷과 짝을 지어, 그 이듬해에 번식 프로그램 최초로 야생에서 새끼를 낳았기 때문이다. 마못은 더 이전의 군락이 사멸한 곳에 마련된, 철저하게 보호되는 자연 서식지에 살고 있다. 앤드루는 2008년이 마못에게는 엄청난 성공의 해였다고 말했다. 포획 번식 프로그램은 "한배에 태어난 새끼 수에서 최다 기록을 세웠고(9마리가 태어났다.) 57마리의 마못이 야생으로 방생되었습니다." 그리고 총 열한 배의 새끼 33마리가 야생에서 태어났다고 기록되었는데, 그들 다수는 포획 번식 쌍에게서 태어났다. 10월에는 포획 상태에 190마리가, 야생 상태에 대략 130마리가 있었다. "전부 해서 320마리라는 건, 1998년의 70마리에 비하면 엄청난 변화죠." 앤드루가 자랑스레 말했다. 게다가 이 개체들은 12곳의 산에 흩어져 있었다. 5년 전에는 마못이 사는 산이 채 5곳도 안 되었는데 말이다.

　야생 새끼는 꼬리표가 붙고 군락의 전 개체가 각자 개별적으로 식별되었다. 하나하나에 번호가 붙었고, 이름이 붙은 녀석들도 적지 않았다. 그리고 각 개체의 유전자에 대한 자료도 수집되었다. 유전적 다양성이 유지되고 있다는 것은 마못 복원 팀이 얼마든지 자랑하고도 남을 일이다. 포획 번식 프로그램이 개시된 이래 단 하나의 대립 형질도 손실되지 않았다(비록 전체 군락이 멸종했을 때 일부 유전자가 손실되긴 했을 테지만.).

　복원 계획이 성공을 거두려면 마못 수가 스스로 군락을 유지할 수 있는 규모인 400에서 600마리에 도달해야 하고, 야생 군락의 개체 수를 그 정도까지 높이려면 앞으로도 매년 포획 마못을 방생하는 작업이 필요하다. 앤드루는 앞으로 15년에서 20년 정도면 그렇게 되리라고 내다본다. 비록 장기적인 전망을 생각하면 포식자의 수, 지속적인 지원, 지구 온난화 같은 여러 요소들을 염두에 두어야겠지만 말이다. 그렇다 해도 이것저것 다 따져보았을 때, 앤드루는 밴쿠버마못이 산꼭대기의 그 전통적인 서식지로 완전히 복원될 거라는 낙관적인 전망을 품고 있다.

오프라 윈프리, 프랭클린과 모든 이들

그리고 물론 가장 중요한 역할을 한 것은 마못들로, 저마다 뚜렷한 개성을 가진 이들은 모두 제각각 프로젝트에 커다란 기여를 했다. 앤드루는 학위를 따려고 자료를 모으던 시절에 개체를 식별하는 데 번호가 아니라 이름을 쓴다고 해서 감독관들한테 야단을 맞았다. 하지만 앤드루는 이름이 더 기억하기 쉽다고 하는데, 나야 물론 동감하는 이야기다! 앤드루는 마못 하나하나를 전부 알았다. "저는 녀석들이 어디 사는지, 뭘 하고 있는지, 어디 가면 볼 수 있는지도 다 알아요." 앤드루는 가장 아끼는 암컷 마못에게 오프라 윈프리라는 이름을 붙이고 10년간이나 알고 지냈다. "오프라는 평생 11마리의 새끼를 낳고 갔는데, 아마 늑대에게 죽었을 거예요." 또 프랭클린도 있는데, 이 녀석은 아직 이름을 붙이기 전, 강아지 때 꼬리표를 달고 얼마 동안 관찰을 받다가 이듬해에 모습을 감춰 버렸다. 그러고는 5년 후에 멀쩡하고 기운이 넘치는 모습으로 프랭클린 산에 다시 나타났다. 녀석이 프랭클린이라는 이름으로 불리게 된 것은 이때부터였다. "그 이래," 앤드루가 말했다, "프랭클린은 엄청나게 많은 새끼들을 보았지요."

앤드루는 마못을 구하려는 노력이 결실을 맺도록 도와준 모든 이들을 아낌없이 칭찬했다. "저는 거인들의 목말을 타고 많은 사람들의 도움을 받는 호사를 누렸어요. 그리고 무엇보다 중요한 것으로, 동료들과 자원봉사자들을 막론하고 엄청나게 많은 유능한 사람들의 헌신이 없었더라면, 꿈은 그냥 꿈으로만 남았을 겁니다. 그 이야기는 아무리 강조해도 모자라요……. 마못에게 미래의 가능성을 되찾아 준 건 바로 팀의 협력이에요!"

그렇지만 이 유쾌한 동물의 생존을 확보하는 데 누구보다도 더 많은 일을 한 사람은 바로 앤드루다. 나는 지난 20년간 일이 잘 풀리지 않아 힘들 때, 주로 어디에서 힘을 얻었느냐고 물었다. 그러자 앤드루는 웃으며 짧게 대답했다. "저는 이 조그만 녀석들을 정말 사랑해요. 녀석들은 진짜 생존자들이에요. 그 어떤 동물도 감히 적응하지 못할 곳에 사는 법을 배웠으니까요."

검은발족제비는 한때 야생에서 사라졌지만 이제는 구조되어
원래 서식지인 북아메리카 대평원 전역의 선택된 지역에
돌아왔다(토머스 맹겔슨).

말라 혹은 붉은토끼왈라비. 오스트레일리아 앨리스 스프링스 사막 공원에 방생된 포획 번식 말라(피터 넌).

오른쪽 – 캘리포니아콘도르는 절박한 위기에서
포획 번식을 통해 구제되었다. "시위"는
바하칼리포니아에서 포획 번식 독수리들에게
어른 수컷 멘토 역할을 했다(마이크 월리스).
아래 – 붉은늑대는 한때 야생에서 완전히
멸종됐지만 이제는 복원되고 있다. 사진 속에서는
아비 늑대가 노스캐롤라이나에서 새끼를
어루만지고 있다(그렉 코치).

위 – 타키 또는 프르제발스키말. 이 몽고 토종마는 1968년에 야생에서 멸종했다. 고맙게도 유럽 동물원에 몇 마리가 남아서, 1994년에는 몽골의 후스타이 국립공원에 있는 고향으로 돌아올 수 있었다(크리스토퍼 A. 마이어스). 아래 – 고대부터 살아온 고향인 브라질의 강우림을 이제 다시 자유로이 돌아다니게 된 황금사자타마린(메간 머피, 스미소니언 국립 동물원).

아메리카악어. 플로리다 에버글레이즈 습지에서 먹이를 먹고 있는 어른 악어를 포착한 사진. 이 수줍음 많은 악어가 최근에 돌아온 것은 멸종 위기 종을 구한 성공 사례지만, 이 동물의 미래는 습지의 환경 복원에 달려 있다(조지프 A. 바실레프스키).

매는 미국 동부에서 완전히 멸종했는데, 주된 이유는 DDT 사용의 확산이었다. 이 새들이 이 지역에서 다시 복원된 것은 전적으로 포획 번식 프로그램 덕분이어서 그만큼 반향이 크다. 사진 속에서는 어미가 캐나다 누너뷔트의 야생 지대에서 새끼들에게 모이를 주고 있다(토머스 맹겔슨).

"자연의 가장 효율적인 재활용꾼"으로 알려진 아메리카송장벌레는 1900년대에 거의 멸종했다. 우리가 이 중요한 송장벌레를 잃게 된다면 개미와 파리들이 급증해 돌림병이 발생할 수도 있다. 사진은 매사추세츠 주 낸터킷 섬 야생 지대에서 발견된 녀석이다(로저 윌리엄스 파크 동물원).

따오기. 한때는 이 놀라운 새들이 전 세계에 겨우 9마리밖에 남지 않았다. 지금은 중국에 거의 1,000마리나 있다(비요른 안데르손).

아메리카흰두루미들은 캐나다 서스캐치원 주의 번식지에서
자유롭게 살고 있다. 헤아릴 수 없이 많은 사람들의 막대한 노력
덕분에 아메리카흰두루미는 멸종을 피할 수 있었다(토머스
맹겔슨).
마다가스카르거북. 두 수컷이 창 시합, 즉 지배권 다툼을 하고
있다. 승리자는 자기가 선택한 암컷과 짝을 지을 것이다.
심각한 위기에 처해 있던 마다가스카르거북 포획 번식
프로그램은 겨우 8마리를 바탕으로 시작되었는데, 그중
5마리는 수컷이었다(돈 레이드).

위 – 밴쿠버마못. 토론토 동물원 포획 번식 프로그램에서 태어난 수컷인 온슬로가 밴쿠버 섬의 헤일리 호수에서 더 밝은 미래를 내다보고 있다. 온슬로의 짝인 하이다는 2004년에 방생되어 야생에서 새끼를 낳았는데, 포획 번식 마못으로서는 처음으로 성공한 출산 사례였다(앤드루 브라이언트).

아래 – 수마트라코뿔소 어미가 새끼인 수치와 함께 서 있는데, 수치는 신시내티 동식물원에서 둘째로 태어난 수마트라코뿔소다. 캘리포니아콘도르와 마찬가지로, 이 희귀한 코뿔소의 포획 번식을 두고 처음에는 논란이 빚어졌지만, 찬성 측의 끈기가 이겼다. 포획 상태에서 처음 태어난 안달라스는 토착 서식지인 인도네시아의 고향으로 돌아가 이제 수마트라의 보호된 지역에서 살고 있다(데이비드 제니크).

위 – 회색늑대가 옐로스톤 국립 공원의 토착 서식지로 돌아온 것은 공식적인 "세계 10대 자연 보호 프로그램" 목록의 정상을 차지했다. 비록 늑대들은 미국 서부에서는 아직 논란거리가 되고 있지만, 이들이 돌아온 것은 사람들과 포식자들이 함께 살아갈 수 있음을 입증한다(토머스 맹젤슨).

아래 – 스페인이 심각한 위기에 처한 이베리아스라소니를 잃고 말았다면 얼마나 비극이었을까. 운 좋게도, 프로그램의 진행 상황은 계획보다 앞서 가고 있어서, 야생 개체군은 느리게나마 성장 중이다. 우리는 그냥 늑대들의 서식지만 지켜 주면 된다. 사진에 보이는 살리에고는 2006년에 태어난 새끼인 카마리나, 카스타뉴엘라와 함께 있다(헥토르 가리도).

위 - 야생 쌍봉낙타. 자이언트판다보다 더 심각한 위기에 처한, 중국과 몽골 출신의 이 독특한 야생 낙타는 포획 번식과 서식지 보호를 통해 구조되고 있다. 이것은 야생 낙타와 그 새로 태어난 새끼를 찍은 유일한 사진이다. 어미는 혹독한 고비 사막으로 혼자 헤치고 들어가 새끼를 낳았는데, 새끼는 아직 태어난 지 하루도 되지 않았다(존 헤어).

아래 - 인도 마나스 국립 공원에서 마지막으로 남아 있던 피그미돼지 6마리를 포획함으로써 시작된 포획 번식 프로그램은 결국 성공을 거두었다. 원래의 6마리로부터 이제는 대략 80마리의 피그미돼지가 생겨났다(구탐 나라얀).

자이언트판다. "아주 귀여운 꼬마"라는 이름을 가진 수린은 샌디에이고 동물원에서 2005년 8월 2일에 태어났다. 결국 녀석은 중국의 포획 번식 자연 보호 구역으로 옮겨졌다. 자이언트판다들이 직면한 가장 큰 시련은 적절한 서식지가 부족하다는 것이다(켄 본).

스피디는 오스트리아 출신 붉은볼따오기 중에서 초경량 항공기를 뒤따라 새로운 이주 경로를 배운 첫 타자에 속한다. 이 새들이 유럽에서 살아남으려면 겨울에 기후가 더 따뜻한 이탈리아로 날아가는 능력을 반드시 습득해야 한다(마커스 웅솔드).

콜롬비아분지피그미토끼. 심각한 멸종 위기에 처해 있는 이 귀여운 토끼들은 포획 번식을 통해 명맥을 이어 가고 있다. 사진 속에 있는 녀석은 동부 워싱턴에 재도입된 피그미토끼 무리에서 태어난 첫(그리고 지금까지 알려진 바로는 유일한) 새끼이다(렌 졸리).

위 – 애트워터초원뇌조. 한때 이 새들은 미국 대평원의 대략 2만 4000제곱킬로미터에 이르는 지역에 퍼져 있었다. 그렇지만 지금은 그중 1퍼센트밖에 남지 않았다. 사진 속에서는 수컷이 텍사스 이글 호수에 있는 국립 야생 보호 구역에서 "벼락같은" 과시 행위를 하고 있다(그레이디 앨런).

아래 – 아시아 혹은 오리엔탈흰색등독수리. 아시아독수리 개체군은 10년도 채 안 되는 사이에 기존의 3퍼센트 이하로 감소했는데 이는 그 어떤 조류 종보다도 더 가파른 감소세다. 이 종을 살리고 복원하려는 노력은 포획 번식과 폭넓은 대중 교육 활동을 통해 진행 중이다. 인도의 코르벳 국립 공원의 히말라야 산맥 산기슭의 작은 언덕에서 야생 독수리 삼총사가 볕을 쬐고 있다(나낙 C. 딩그라).

● 세인의 현장 수첩 ●

수마트라코뿔소
Dicerorhinus sumatrensi

나는 2001년 가을, 신시내티 주에서 태어난 지 겨우 몇 시간 된 아기 수마트라코뿔소인 안달라스를 만났다. 지나치다 싶게 큰 눈과 놀랍도록 두꺼운 붉은 털을 가진, 이루 말로 다 할 수 없을 만큼 귀여운 이 녀석은 수년간의 기다림 끝에 기적적으로 태어나서 나를 더욱 기쁘게 했다. 코뿔소는 여러 가지 개성이 있는데 사실 "귀엽다"라는 게 코뿔소의 전형적인 특징이라고 하기는 힘들다. 하지만 녀석은 112년 만에 처음으로 포획 상태에서 태어난 수마트라코뿔소였다. 붉고 긴 털 때문에 별명이 "털북숭이 코뿔소"인 수마트라코뿔소는 포획 상태에서 가장 심각한 멸종 위기에 처해 있는 대형 포유류다. 말레이시아와 인도네시아에 서식하며, 총 개체 수가 300마리도 채 안 되는 멸종 위기 종이다.

이 동물은 아주 오랫동안 깊은 숲 속 어두운 그림자 속에 감춰져 있었다. 세상에서 녀석들이 사라지지 않게 하려는 간절한 희망에서 이 미꾸라지 같은 종의 생활 방식을 알아내는 데는 수많은 사람들의 명석한 두뇌가 필요했고, 그보다 더 필요한 것은 너른 가슴이었다.

세상에서 세 번째로 수마트라코뿔소가 태어난 지 6년 후에, 「투데이 쇼」는 이 코뿔소의 이름을 공모했다. 당선된 이름은 하라판이었는데, 인도네시아어로 "희망"이라는 뜻이었다. "하라판"은 이 사면초가에 처한 종에게 희망의 상징이었으니, 그보다 더 걸맞은 이름이 또 있을까 싶다. 녀석은 태어난 지 겨우 1시간 만에 비틀비틀 걷기 시작했는데, 이내 동물원 내 모든 사람들의 마음을 사로잡아 버렸다. 그리고 태어나서 처음 몇 주 동안은 15분에서 30분마다 젖을 먹었기 때문에 (지금까지 거의 기록되지 않은 이 종의 성장률은 놀라울 정도다. 하라판은 태어났을 때 무게가 40킬로그램이었고, 4주령에는 90킬로그램을 기록했다. 완전히 다 자란 다음에는 680킬로그램쯤 나갔다.) 우리는 녀석이 큰 덩치로 자라날 것을 조금도 의심하지 않았다.

안달라스와 하라판, 그리고 그 누이동생인 수치가 태어나게 된 사연은, 포획 번식이 얼마나 고된 과정인지를 여실하게 보여 주는 뛰어난 실례이다. 미국 동물원들이 협회를 일으키고 인도네시아 정부와 협력해 수마트라코뿔소를 구하려는 야심찬 계획을 발진시킨 것이 1990년의 일이다. 목재와 농토를 목적으로 벌목지로 지정된 남아시아의 숲 지대에 살고 있는 코뿔소들을 수입해 포획 번식을 시키자는 것이었다. 이는 멸종에 대비한 보험으로 코뿔소들을 번식시키는 목적만이 아니라, 미국 동물원들이 앞장서서 남아시아 야생 환경의 위기에 대한 인식을 대중에게 일깨우려는 의도도 있었는데, 막상 미국으로 운송된 코뿔소는 7마리에 불과했다.

포획 번식 계획은 착수 당시부터 논란거리가 되었다. 캘리포니아콘도르를 야생에서 데려다 포획 번식을 시켰을 때와 무척 비슷하게, 세계 자연 보호 기금 아시아 태평양 지부 출신들을 비롯해서 자연 보호 운동가들 중에 포획에 반대하는 사람들이 일부 있었다. 이들이 주로 우려한 것은 이 알 수 없는 종의 관리 요건에 대해 거의 아무것도 알려진 바가 없다는 사실이었다.

결국 부족한 관리 지식 탓에 포획 코뿔소 몇 마리가 목숨을 잃는 결과가 빚어지기도 했는데, 그 희생양이 된 것은 1990년에 최초로 수입된 코뿔소들이었다. 놀랍도록 예민한 이 동물을 어떻게 보살펴야 하는가를 알아내는 일이 그 어떤 계획보다도 어려웠다. 코뿔소들이 처음 미국에 왔을 때는 상황이 엄청나게 좋아 보였다. 이들은 먹이로 준 큰조아재비 건초와 자주개자리를 엄청나게 먹어 치웠고, 사람들은 타고나길 비사교적인 이 동물들이 사촌인 아프리카코뿔소들처럼 동물원에 정착해서 번성하기를 희망했다.

그러나 수마트라코뿔소는 평원 코뿔소와는 달리 풀을 잘 소화하지 못했다. 바깥세상과 격리된 울창한 강우림에서 온 이 코뿔소들의 서식 환경과 섭식 기호에 대해서는 거의 알려진 바가 없었다. 그러니 녀석들은 건초와 곡식을 먹고는 있었지만 그 먹이로부터 필요한 영양분을 전부 얻지는 못했다. 곧 동물원으로 옮겨진 코뿔소들 다수가 시름시름 앓기 시작했다. 그리고 그로부터 4년 후인 1994년, 포획 상태에 남아 있는 털북숭이 코뿔소는 겨우 신시내티 동물원에 있는 3마리가 다였다.

그러고 나서 코뿔소의 앞날을 바꾸는 깨달음의 순간이 찾아왔다. 당시 이푸가 며칠 동안 자리에서 일어나지도 먹지도 않아서, 동물원 수의사들과 관리인들, 그리고 동물원 감독관인 에드 마루스카는 이푸를 위해 무슨 일을 해야 할지를 놓고 이따금은 우울하고 이따금은 논쟁적인 회의를 열고 있었다. 이푸는 말 그대로 생명의 불씨가 꺼져 가고 있었다. 그 문제를 둘러싸고 숱한 논쟁과 씨름을 벌인 끝에, 사람들은 이 종이 너무 희귀하고, 이푸가 잠재적인 씨종자로 너무 귀중하기 때문에 안락사는 시킬 수 없다는 결론을 내렸다. 하지만 무언가 하지 않으면 안 되었다.

그리고 놀라운 해결책이 나타났다. 코뿔소 관리 책임자는 스티브 로모라는 무뚝뚝한, 말하자면 인간 코뿔소 같은 한 남자가 바로 이푸의 건강에 관한 수수께끼를 푼 것이다. 스티브는 당시의 이야기를 이렇게 들려주었다. "우리 동물원에 있는 암컷 수마트라코뿔소인 마하투가 건초와 알약을 먹으며 점점 기력을 잃고 죽어 가는 것을 보니 이들에게는 이 식단이 통하지 않는다는 걸 알겠더군요."

스티브는 1984년에 미국 동물원이 처음으로 구조한 수마트라코뿔소인 에람과 에롱게를 보살피는 임무를 맡고 말레이시아로 파견되었을 때 수마트라코뿔소의 자연 식단에 대해 알게 되었다고 한다. 스티브가 기억하기로 에람은 음식을 먹을 때 꼭 "무화과에 든 것과 똑같은…… 끈적끈적한 즙이 엄청 많은 잭프루트를" 같이 먹었다. 그리고 스티브가 알기로, 미국에 잭프루트는 없어도 무화과는 분명히 있었다.

"이푸가 살아날 거라고 생각한 사람은 아무도 없었어요. 저까지 포함해서요." 스티브가 말했다. 스티브가 무화과를 주문한 것은 이푸에게 "마지막 만찬"을 차려 주기 위해서였다. 그러나 스티브가 무화과를 우리로 가져가 물에 씻기 시작하자 앉아서 이푸를 보고 있던 관리인이 소리쳤다. "보세요, 뭘 가져왔는지는 모르겠지만 이푸가 이틀 만에 처음으로 고개를 들었어요!"

12미터 거리에서, 그리고 수컷 코뿔소를 가둬 둘 만큼 단단한 마구간 문을 넘어서 이푸가 그 냄새를 맡은 것이다. 그리고 무화과를 가져다주자 이푸는 일어서서 먹이를 먹기 시작했다. 사실, 이푸는 그것을 겨우 이틀 만에 다 먹어 치우고, 오늘날까지 캘리포니아에서 냉장 상자에 담겨 날아오는 무화과를 줄곧 먹고 있다. 이 수마트라코뿔소는 이제 세계에서 가장 식비가 많이 드는 동물이 된 셈이다!

그로부터 13년이 지난 지금, 이푸는 수마트라코뿔소 수컷으로는 역사상 유일하게 포획 번식을 하고 있다. 이푸는 귀여운 하라판을 비롯해 새끼를 3마리 낳았고 여전히 팔팔하게 살아 있다. 그리고 코뿔소의 식단에 관한 스티브의 가르침은 수마트라코뿔소를 두고 있는 동물원으로부터 인도네시아의 보호 지역 변두리에 있는 소수 포획 개체 관리 구역에 이르기까지 전 세계에 전해졌다.

오늘날까지 샌디에이고 동물원은 수마트라코뿔소의 먹이로 쓸 무화과 가지를 수집해 신시내티 동물원으로 보내고 있다.

번식 과정의 불운과 수수께끼들

이푸에게 어떻게 먹이를 먹일지 알아내는 것은 가장 먼저 풀어야 했던 수수께끼였다. 암컷과 성공적으로 짝짓기를 시킬 방법을 알아내는 것 역시 그에 못지않게 절박했다. 관리인들이 암놈과 수놈을 같은 마당에 풀어 놓을 때마다 녀석들은 서로 싸우고 추격하고 괴성을 지르고 들이받았는데, 가끔은 유혈극까지 벌어졌다. 아마 그 마당 밖의 아수라장도 상상이 갈 것이다. 내가 장담하는데, 괴성을 지른 건 코뿔소들만이 아니었으리라.

그리하여 관리자들이 그 사이에 끼어들어 코뿔소들을 서로 떼어 놓으려고 소방 호스를 써야 했던 적이 한두 번이 아니었다. 이 일은 신시내티 동물원이 테리 로스라는 이름의 젊은 번식 생리학자를 채용할 때까지 계속되었는데, 테리는 워싱턴 DC의 국립 동물원 산하 연구소와 자연 보호 담당 부서에서 일하고 있었다. 테리와 팀은 몇 달에 걸쳐 에미의 대소변 속 호르몬 수치를 연구했다. 마침내 수의 기술자들은 에미를 진정시켜 피를 받고, 난소에 매일 초음파 검진을 실시했다. 그리고 1997년에 테리의 팀원들은 에미의 발정기, 또는 수용기가 겨우 24시간에서 36시간밖에 지속되지 않는다는 결론을 내렸으니, 성공적인 짝짓기의 핵심은 그 기간을 정확히 포착하는 것이었다.

소방 호스 대기

테리는 짝짓기를 위해 에미와 이푸를 함께 풀어 놓을 정확한 날짜를 잡았다. 그날 아침, 모든 사람들은 흥분해서 신경이 날카롭게 곤두섰다. 그리고 물론 관리자들은 마당 주변에서 으레 그러듯이 소방 호스를 준비하고 있었다. 그렇지만 그 봄날 아침 소방 호스들은 소화전으로 되돌아갔으니, 녀석들이 놀랍도록 다정하게 번식 행위를 선보였던 것이다.

그날 이푸는 에미와 47차례나 교미를 시도했는데, 제대로 성공하지는 못했지만 우려할 만한 싸움이나 추격전은 한 번도 벌어지지 않았다. 그리고 그로부터 21일 후에 테리가 다시금 번식을 위해 둘을 함께 풀어 놓자, 이번에는 이푸가 드디어 성공을 거두었다. 곧 에미가 임신했음이 밝혀졌고, 모두가 기뻐했다. 그렇지만 시련은 아직 끝나지 않았다. 그 후로 몇 년간, 에미는 임신을 하고 90일 안에 유산하기를 되풀이했다. 결국 1997년에서 2000년 사이에 5차례나 태아를 잃었기 때문에, 또다시 에미가 임신했을 때 테리는 프로게스테론을 매일 일정량 먹였다. 그 호르몬이 말에게 사용된다는 사실을 테리는 알고 있었다.

처방은 효과를 발휘했다! 2001년 9월 13일, 안달라스(수마트라 섬을 부르는 원래 이름 중 하나였다.)라는 이름의 수놈 코뿔소가 신시내티 동물원에서 태어났다. 결국 이 모든 시도와 시련에서, 에미는 비범한 어미임을 입증했다. 안달라스는 출생 시 몸무게가 32킬로그램이었고 태어난 지 15분 만에 일어서서 걸었다. 그리고 게걸스럽게 젖을 빨더니, 급기야 출생한 지 1년 만에 400킬로그램에 도달했다. 안달라스는 로스앤젤레스 동물원에서 4년을 보내고 나서 인도네시아로 보내졌는데, 그곳에는 보호 구역 변두리에서 털북숭이 코뿔소가 소규모로 번식하고 있었다.

안달라스가 고향으로 돌아간 사건은 국제 언론의 주목을 받았으며 이 심각하게 위기에 처한 종의 포획 번식이 가능할 뿐만이 아니라 성공할 가능성이 있다는 사실을 널리 알려, 이 프로그램에 더욱 큰 힘을 보태 주었다. 모두의 바람은 공원 근처에 포획 번식 군락을 확립, 어린 코뿔소들이 야생에 쉽게 방생될 수 있도록 해 야생의 개체군을 강화하는 것이었다.

한편 지난 몇 년간 에미와 이푸는 계속해서 번식에 성공했다. 에미는 이제 노련한 산모라서 프로게스테론을 처방받지 않고도 태아를 사산하지 않는다. 다음 계획은 인도네시아의 보호 구역에서 안달라스를 다른 두 암컷과 교미시켜 포획 개체의 유전적 다양성을 높이는 것이다.

　고작해서 코뿔소 몇 마리를 번식시키는 것으로 이 종을 구할 수 있겠냐고? 물론 그것만으로는 안 된다. 사람들이 이런 종들과 그 서식지를 보호하는 데 자발적으로 투신하게 만들려면 우선 자기가 사는 곳에 있는 야생 동물의 귀중함을 일깨워 줘야 한다. 어쩌면 이 포획 번식 프로그램의 성공이 낳은 가장 중요한 결과는 대중에게 야생 털북숭이 코뿔소들을 보호해야 한다는 인식을 널리 퍼뜨리고 헌신적인 지지자들을 더 많이 얻어 낸 것인지도 모른다. 전 세계적으로, 그리고 특히 인도네시아에서 말이다.

● 세인의 현장 수첩 ●

회색늑대
Canis Wolf

내가 야생 늑대를 처음 본 곳은 옐로스톤 국립 공원 북부의 라마 계곡이었다. 나는 그저 이 늑대들을 본 것만으로도 기적을 믿게 되었다고 단언할 수 있다. 왜냐하면 한때 그 지역에서 무자비하게 싹쓸이되었던 회색늑대가 옐로스톤으로 돌아온 일은 기적이라 부르기에 조금도 손색이 없기 때문이다.

오랫동안 사나운 포식자로서 공포의 대상이 된 이 사회적 동물은 사실 인간에게 무척 중요한 동물이다. 늑대들은 우리가 사랑하는 개들의 조상일 뿐만 아니라 자연 보호를 위한 중요한 상징이기도 하다. 미국 서부의 그레이터 옐로스톤 생태계에 회색늑대를 재도입한다는 계획이 성공을 거둔 사례는, 무시할 수 없는 반향과 적잖은 논쟁을 불러일으켰다. 어쩌면 가장 큰 기적은 목장주들이 총을 도입한 이래 처음으로 늑대들과 공존을 시작했다는 것이리라. 그리고 재도입을 계속 반대하는 목장주들이 일부 있긴 하지만, 이미 늑대들은 돌아왔고 모든 상황을 감안하면 다시 떠날 일은 없을 것 같다.

그 결과, 옐로스톤 국립 공원의 회색늑대 귀환은 공식적으로 "전 세계 자연 보호 프로그램 최고 10위" 중에서 순위 1위에 올랐다. 서부의 자연 보호 운동가들과 목장주들과 연방 생물학자들과 몽상가들이라는 서로 어울리지 않는 사람들이 힘을 합쳐 이런 성공을 일구기까지는 수십 년의 노동과 교육과 논쟁과 해명이 필요했다.

내가 생각하기에, 늑대 복원 작업이 그토록 중요한 이유는 이 일이 늑대들이 수백 년간 박해를 받아 온 뒤에 일어났기 때문이다. 1600년대 이래, 수많은 인간 거주지에서 회색늑대에게 현상금을 거는 문서들의 기록을 찾을 수 있는데, 이는 사람들이 지상에서 이 종을 아예 지워 버리기를 얼마나 간절히 바랐는가를 보여 준다. 수세기 동안 미국인들은 늑대를 몰살하기 위해 부단히 노력했다. 그리고 20세기 초에 드디어 그 목표가 달성되었다. 한때 48개 주의 거의 전역에 살았던 1종이 이제는 거의 완전히 사라졌다(미네소타에서는 극소수의 늑대들이 살아남을 수 있었다.).

이처럼 거의 완벽한 싹쓸이가 가능했던 것은 그저 늑대의 다리를 못 쓰게 만드는 덫 때문만은 아니었다. 무자비한 사냥과 현상금 때문도 아니었다. 늑대들을 최종적으로 몰아낸 것은 거대한 지역에 걸쳐 폭넓게 사용된 독극물이었다. 그리고 늑대들을 다시 데려오는 데에는 미국 서부의 적절한 서식지로 늑대들을 돌려놓자는 대중의 목소리와 노력과 지원이 필요했다.

마이크 필립스는 몬태나 주 보즈맨에 본부를 두고 있는 터너 멸종 위기 종 기금의 전무 이사이다. 1994년에서 1997년까지 옐로스톤 국립 공원에서 회색늑대 복원 프로그램을 맡아 운영했는데 복원 프로그램이 시작되기 이미 10년 전에 미국 남서부에 붉은늑대 군락을 재구축하는 프로젝트에 참여한 경험이 있었다(이 책 뒷부분에서 제인이 그 이야기를 들려줄 것이다.). 여러 복원 프로젝트에 참여하는 과정에서 마이크는 지역 사람들의 우려를 듣고 그들의 말에 귀를 기울이는 것이 얼마나 중요한가를 배웠다고 한다.

"우리가 하려는 일이 어떤 일인가를 지역민들에게 반드시 정확하게 알려야 해요. 안 그러면 그 사람들은 '그런 일을 하겠다고요? 어림도 없어요!' 하고 말하기 쉽거든요. 그리고 서부 전역의 목장주들은 흔히 이런 소리를 하죠. '우린 사실 회색늑대한테 그다지 불만은 없어요. 늑대와 같이 살아도 돼요. 하지만 우리의 생활 방식이 간섭을 받는 게 싫다는 겁니다. 우리가 하는 일에 더 이상 연방 정부가 개입하는 건 달갑지 않아요.' 그 사람들은 프로젝트를 자신이 알고 있는 서부가 변한다는 것을 상징하는 지표라고 보는 거죠."

물론, 프로젝트의 목표는 늑대들을 사유 목장이 아니라 옐로스톤 국립 공원의 연방 토지로 되돌려 놓는다는 것이었고, 전국적 조사 결과에 따르면 압도적으로 많은 수의 미국인들이 늑대가 다시금 번성하는 것을 보고 싶어 했다. 마이크 필립스에게 기운을 북돋아 주는 것이 있다. "그건 멸종 위기종 법에 대해 30년 넘게 초당파적 지원이 이어지고 있다는 사실입니다. 법에 관해서는 논란과 논박이 많았지만, 미국인들은 대표자들에게 자기들이 이 나라에서 멸종을 원하지 않고 받아들이지 않으며 감시를 지속하겠다는 이야기를 꾸준히 해 나가고 있어요."

마이크는 69년 만에 처음으로 옐로스톤 국립 공원에 늑대들이 자유롭게 풀려난 1995년 3월의 어느 날 아침에 바로 그곳 우리 안에 있었다. 그 프로젝트가 복잡해진 것은 늑대 복원 과정에 사회 정치적 시련이나 세부 계획이 걸린 행정적 난관만이 아니라 생물학적인 난관도 있었기 때문이다.

"이전에 다른 늑대 복원 프로젝트를 겪어 보았기 때문에, 옐로스톤에 늑대들을 그냥 풀어 놓기만 하면 녀석들이 그곳을 떠나리라는 걸 이미 알고 있었어요." 마이크가 말했다. "그렇지만 우리 프로그램의 목적은 늑대들을 옐로스톤에 돌려놓는 거였으니까, 늑대들이 그 지역에 남으려는 강력한 의향을 지니게 할 수 있는 방식을 택해야 했어요. 그래서 늑대들이 방생지에 더 오랫동안 포획 상태로 남아 있게 만들 환경 순응 프로그램을 준비했어요. 그러니까 먹을 것과 마실 물을 제공해야 한다는 뜻이었지요."

물은 물론 더 쉬운 부분이었다. "그야 겨울에는 그냥 눈을 먹으면 되니까요." 마이크가 말했다. "그렇지만 늑대에게 제공해야 하는 식량의 양을 한번 생각해 보세요. 늑대 1마리당 식량을 하루에 2킬로그램씩 제공해야 했죠. 20마리를 풀어 놓으면 하루에 45킬로그램, 1주일이면 300킬로그램, 한 달이면 1,360킬로그램이에요. 눈덩이처럼 불어나는 거죠."

마이크는 복원 프로그램이 그처럼 성공을 거둔 데 깜짝 놀랐다. "무슨 기준을 들이대든 그 프로그램은 성공이라고밖에 할 수 없었어요. 기대한 것보다 더 빨리 개체군이 성장했죠. 그리고 특히 놀라운 것은 무리의 다수가 관찰 범위 내에 남았다는 겁니다. 오늘날 방문객들은 옐로스톤 공원의 북쪽 지역에서 이 늑대들을 일상적으로 볼 수 있어요."

그리고 늑대들의 전망에 관해서, 마이크는 과연 생물학자다운 부분에 중점을 두었다. "염두에 두어야 할 요소가 하나 있는데, 회색늑대들이 생태적으로 대단히 만능이라는 겁니다. 이들이 번창하는 데는 운이 많이 필요 없어요. 대체로 그냥 내버려 두기만 하면 되고, 이들은 자기들보다 큰 먹이를 먹는데, 영역 근처에 먹이가 있기만 하면 돼요. 늑대들은 넓은 땅과 먹을 것 약간만 주면 알아서 잘 산답니다."

마이크는 기본적으로 옐로스톤에 있는 늑대들의 미래에 대해 걱정하지 않고, 전반적으로는 북부 로키 산맥에 있는 늑대들의 미래에 대해서도 거의 걱정하지 않는다. 마이크 필립스의 노력과, 회색늑대 복원 프로그램에 참여한 다른 수많은 사람들의 노력 덕분에, 오늘날에는 서부에서 다시금 야생 늑대들을 볼 수 있다. 루이스와 클라크가 2세기 전에 그랬던 것처럼 말이다.

3부 포기란 없다

앞서 우리는 멸종의 벼랑에서 구제되어 자연으로 재도입된 종에 관한 이야기를 다루었다. 비록 그들 중 인간의 보살핌을 전혀 받지 않고 온전히 자기들의 힘만으로 살아남은 종은 거의 없었지만 말이다. 그리고 인구 성장, 서식지 손실, 공해, 밀렵, 기후 변화를 비롯한 위험 요소들은 사라지지 않을 전망이라, 이들과 그 서식지를 보존하려는 노력에 경계를 소홀히 해서는 안 된다.

3부에 등장하는 종들은 그보다 미래가 더 불투명하다. 이들은 멸종의 심연으로 넘어가려는 찰나에 구제되었지만 이런저런 이유로 아직 야생에 재도입되지 못하고 있다.

몽고와 중국의 광대한 사막에 사는 야생 쌍봉낙타는 사냥꾼들에게 위협을 받고 있으며, 주위 산의 눈 녹은 물이 농경수로 새어 나가기 때문에 식수가 부족한 데다, 아마도 지구 온난화 때문에 더욱더 그 수가 줄어들 것이다. 야생 쌍봉낙타의 미래는 중국과 몽고 정부가 지속적으로 대화를 나누느냐, 그리고 야생 쌍봉낙타가 안전하게 살 수 있으며 필요 조건이 구비된 곳을 찾아내려는 정치적 의지가 있느냐에 달려 있다. 또 이베리아스라소니가 야생에서 살아남을 수 있느냐는 권력자들이 그 자연 서식지에 대한 인간의 침입을 막아 줄 마음을 얼마나 갖고 있느냐에 달려 있다. 스라소니들이 도로를 안전하게 건너는 법을 배울 수 있느냐도 중요하다!

어떤 종은 서식지의 현실에 적응하기 위해 포획 번식 기간 중에 재훈련을 받아야 한다. 포획 상태에서 태어난 자이언트판다는 자연 서식지에서 살아남아 적합한 먹이를 찾아낼 수 있도록 길러져야 하고, 지금까지 그렇게 길러지고 있다. 그리고 붉은볼따오기들에게 새로운 이주 경로를 가르치는 일은 아직 시범 단계이다. 일의 진행 상황은 무척 고무적이긴 하지만 말이다.

나는 이런 종들이 야생에서 더 안전하게 살아갈 수 있는 미래를 확보하는 데 동참한 사람들을 많이 만났는데, 이들 중에는 오랜 세월 그 일을 해 온 사람들이 적지 않다. 동물들에게, 그리고 미래 세대에게 다행스러운 것은, 이 사람들이 절대로 그 일을 포기하지 않으리라는 사실이다. 그 아무리 고된 시련이 닥치더라도 말이다.

일러둘 말이 또 하나 있다. 이 이야기들은 대중에게 널리 알릴 가치가 충분한, 셀 수 없이 많은 노력들 중 대표 주자들이다. 그중 일부(예를 들면 양쯔강악어)는 우리 웹사이트에서 볼 수 있다. 내가 이 책을 쓰는 도중에 직면한 문제들 중 하나는 전 세계에서 위기에 몰린 종들을 구제하기 위해 행해진 감탄스러운 노력들의 사례가 말 그대로 너무 많다는 것이었다. 예를 들어 바로 오늘만 하더라도 영국 내 고향 근처에 사는 조그맣고 아름다운 주홍거미 이야기가 내 귀에 들어왔다. 그 수는 한때 50마리로까지 떨어졌었는데, 포획 번식 덕분에 이제는 1,000마리나 된다. 앞으로도 우리 웹사이트를 통해 이런 계속되는 프로젝트들과, 우리 지구의 생물학적 다양성을 유지하고 복원하는 데 이바지하는 과학자들과 일반 시민들을 더욱더 많이 알렸으면 좋겠다.

지구상에서 과연 어떤 미래가 생명을 기다리고 있는지, 다방면에 걸친 우리의 노력이 상황을 동물들과 그들의 세계를 위해 좋은 방향으로 돌려놓을 수 있을지 어떨지, 우리는 알 수 없다. 다만 중요한 것은 절대로 포기하지 않고 끝까지 노력하는 것이다.

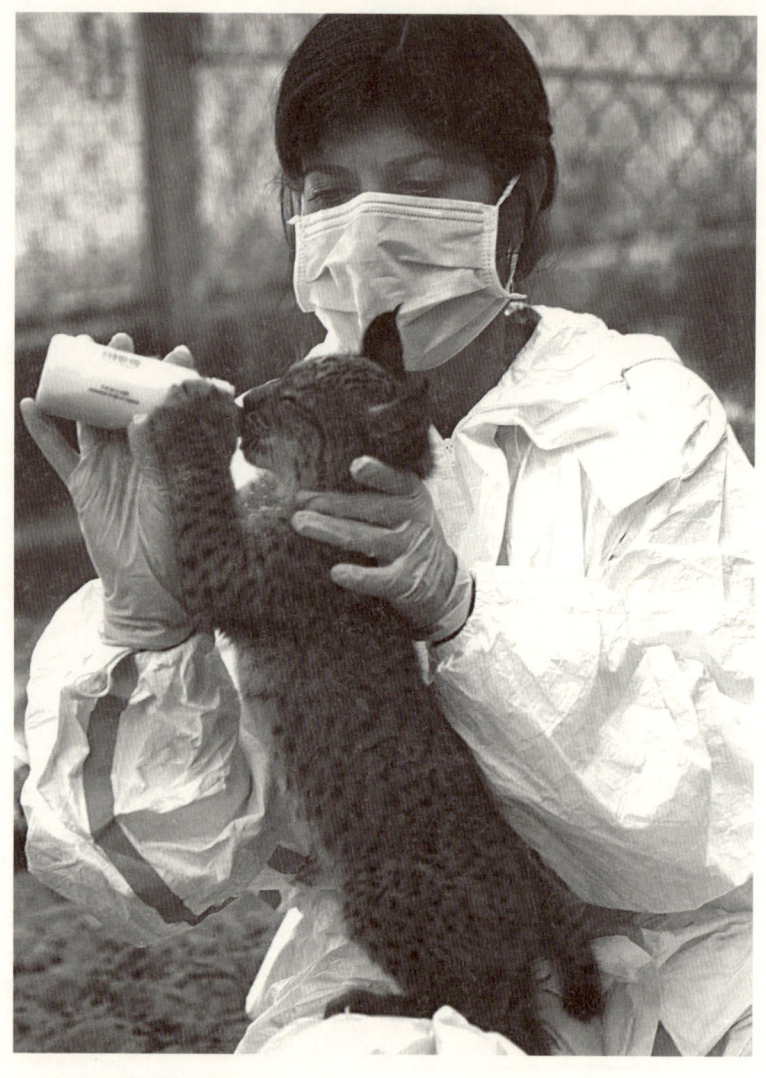

아스트리드 바르가스와 그 직원들은 스페인의 국보와 같은
이베리아스라소니를 구하기 위해 쉼 없이 일하고 있다. 사진에
보이는 어린 암컷인 에스프리에고는 어미인 알리아가에게
버림받았다(호세 M. 페레즈 데 아얄라).

이베리아스라소니
Lynx pardinus

내가 이베리아스라소니 이야기를 처음 접한 것은 2006년 6월, 이베리아 항공의 기내 잡지인 《론다 이베리아》를 통해서였다. 나는 스페인에서 영국으로 돌아오는 길이었다. 그 내용에 따르면, 이베리아 반도 토종인 이 스라소니들은 세계에서 가장 심각한 위기에 처해 있는 고양잇과 동물이다. 기사에는 스라소니 복원 계획을 주도하고 있는 생물학자인 미구엘 앙헬 시몬이 소개되어 있었다. 나는 즉시 그 사람을 만나 보고 싶어졌다.

그로부터 1년 후 바르셀로나에 갔을 때, 마침내 그 바람을 이룰 수 있었다. 미구엘 앙헬이 현장 연구소를 떠나 나와 이야기를 나누려고 날아온 것이다. 나는 통역을 자원한 JGI 스페인 지부의 전무인 페란 구알라와 함께, 내가 묵고 있는 조그만 호텔의 구석진 조용한 테이블에서 미구엘과 마주앉았다.

미구엘 앙헬은 군인 같이 수염을 짧게 기르고 유능한 사업가를 연상시키는 외모에 마르고 강단 있는 남자였다. 스라소니에 관한 자기 일에 대단한 열정을 가지고 있었다.

미구엘과 그의 팀이 안달루시아 전역에 걸쳐 이베리아스라소니 개체군에 대한 조사를 최초로 시행한 것은 2001년이었다. 팀은 몰래 카메라를 설치하고 스라소니의 존재를 입증하는 대변 따위의 신호를 찾았다. 그 결과 그 종이 심각한 위기에 처해 있다는 사실이 밝혀졌다. 스라소니의 수에 악영향을 미친 것은 서식지 손실, 사냥, 다른 동물들을 잡으려고 놓아 둔 덫뿐만이 아니라 스라소니의 주된 먹잇감인 토끼들이 돌림병으로 거의 전멸하다시피한 일이었다. 사실, 이 지역의 이름인 히스패니아는 원래 페니키아 말로 "토끼들의 땅"을 뜻하는데, 그런 땅에서 토끼들이 완전히 사라졌던 것이다. 미구엘이 말하는 바에 따르면 적지 않은 스라소니가 굶주림으로 죽었음이 분명했다. 미구엘이 실시한 조사 결과, 남부 스페인의 2개 지역에서 살아남은 스라소니는 100에서 200마리밖에 되지 않았다. 스페인 내륙과 포르투갈에서는 지난 20년 사이 이 스라소니가 멸종했다. 이 아름다운 동물들이 멸종하는 것을 막으려면 절박한 조치가 필요함이 분명했다.

스라소니의 친구가 되어 주세요

유럽 연합에 지원금을 신청한 결과, 그때까지 위기에 처한 종들에 관한 프로젝트 중에서 가장 큰 보조금을 얻어 낼 수 있었다. 2006년에서 2011년까지 2600만 유로를 지원해 준다는 것이었다. 스라소니 복원 프로그램은 11개 기관과의 협력하에 구축되었다. 자연 보호 단체 4곳, 정부 부서 4곳, 사냥 조직 3곳이었다. 살아남은 스라소니 대부분이 하엔의 안두하르, 코르도바의 사르데냐, 또는 우엘바의 도냐나의 농촌에 있는 사유지에 살고 있었으므로, 지주들의 협력을 얻어 내려는 노력이 지극히 중요했다.

처음에는 쉽지 않았다. 스라소니는 새끼 염소를 잡아먹을뿐더러, 많은 농부들은 스라소니가 양을 죽일지 모른다는 우려도 품었다. 가끔이지만 실제로 그런 일이 일어나기도 했다. 그리하여, 미구엘과 그의 팀은 프로젝트 초기 단계에 스라소니에게 살해당한 양의 기록을 모조리 조사하고 농부들에게 보상금을 지불했다. 살해자가 알고 보니 늑대였다 할지라도 말이다. 시작된 계획 하나는, 자연 보호 실적이 우수한 지주들에게 상금을 주는 것이었다.

차츰 지주들의 태도에 변화가 일어났다. 자기들 땅이 60제곱킬로미터든, 0.2제곱킬로미터든, 아니면 정원이 딸린 여름 별장이든, 점점 더 많은 지주들이 스라소니 복원 팀과 계약을 체결하기 시작했다. 이 지주들은 우선 자기네 땅에 있는 스라소니를 보호하기로 했다. 그리고 둘째로는 더 이상 토끼를 쏘지 않고 스라소니를 위해 남겨 두기로 했으며, 그리고 셋째로는 스라소니 팀이 자기네 땅에서 일하면서 재도입(스라소니와 토끼)을 통제하고 감시하는 것을 허락하기로 했다. 그리하여 실상 자기 사유지에 스라소니가 있다는 것은 지주들에게 뭔가 특혜에 가까운 것이 되었다. 알고 보면 실제로 스라소니가 토템 동물인 지역도 있었다. 그리하여 스라소니는 이제 각각 98개의 개별적 조약을 통해, 약 1,400제곱킬로미터에 이르는 땅 전역에서 보호를 받고 있다.

물론 복원 작업은 고통스러우리만큼 진행 속도가 더디다. 암컷은 2년에 1차례 새끼를 낳고, 보통은 2마리 이상 키우지 않는다. 그럼에도, 2005년에는 주된 연구지 중 1곳에서 암컷 약 20마리가 봄에 새끼 40마리를 낳았다. 그리고 가을까지는 그중 대략 30마리가 살아남았다. 그렇지만 미구엘은 이때가 바로 문제가 시작된 시기라고 했다. 막 어른이 된 스라소니들이 새로운 영역을 찾아 떠나기 시작했기 때문이다. 수컷들은 1살 때 떠난다. 암컷들은 이듬해까지 있을 수도 있다. 그리고 나이와 상관없이 많은 스라소니가 그냥 혼자 떠나서 모습을 감춰 버린다. 다행히 이제는 GPS 위성 추적이 가능한 무선 전파 목걸이를 사용하게 되었다고 한다. 마침내 스라소니들이 어디로 가는지를 알아낼 수 있게 된 것이다.

우리 책에 실을 만한 이야깃거리가 있느냐고 묻자, 미구엘은 복원 프로그램이 제대로 돌아가고 있음을 입증하는 이야기를 들려주었다. 1997년에는 한 지역에 어른 스라소니가 7마리밖에 없었다(사진 트랩으로 확인했다.) 암놈 2마리와 수놈 2마리, 그리고 새끼 1마리였다. 아무도 이 단출한 무리가 살아남을 가능성이 있다고는 생각하지 않았는데, 특히 토끼들 사이에 돌림병이 번졌기 때문이다. 그런 상황에서, 담당자인 삼림 감시원의 어린 아들이 스라소니 새끼에게 이름을 짓는 임무를 맡았다. 사내아이는 조금도 망설이지 않고 피카추라는 이름을 골랐다. 그리고 피카추는 다른 모든 어른 스라소니 7마리와 함께 살아남아 사람들을 놀라고 기쁘게 했다. 그리하여 지금 그 지역에는 스라소니 45마리가 있다. 미구엘은 말한다. "그리고 그중에 피카추가 왕이에요."

스라소니를 만나러 가다

복원 프로그램에서는 포획 번식 프로그램을 구축한다는 결정을 추가로 내렸다. 미구엘 및 그의 팀과 긴밀히 협력하는 일군의 과학자들이 유전적 다양성을 확보하려면 어느 지역에서 어떤 스라소니들을 포획해야 하는지를 정하기로 했다. 원칙은 엄격했다. 한 어미에게서 태어난 새끼 3마리가 6개월령이 될 때까지 살아남아야 그중 1마리를 포획할 수 있었다. 새끼들은 두 번식 지역 중 1곳으로 보내진다.

 미구엘은 도냐나의 엘 아세부체 연구소를 책임지고 있는 아스트리드 바르가스와 긴밀히 협력하고 있었는데, 전화로 나를 아스트리드에게 소개해 주었다. 그로부터 1년 후, 나는 동생 주디와 함께 세비야에 착륙해 번식 센터까지 데려다 줄 차를 기다리고 있었다. 그런데 전날 밤에 벌어진 비극 때문에 아스트리드 본인은 공항으로 우리를 맞으러 올 형편이 못 되었다. 전날 밤, 번식 암컷들과 새끼들을 텔레비전 모니터로 감시하던 자원봉사자들이 자고 있던 아스트리드를 깨웠다. 새끼들 사이에 심각한 싸움이 벌어졌기 때문이었는데, 이는 지난 1달간 벌써 여섯 번째 있는 일이었다. 이번에는 에스페란자(스페인어로 '희망'을 뜻한다. — 옮긴이)의 새끼들이었다. 아스트리드가 도착했을 때는 이미 암컷 새끼가 목에 치명상을 입은 후였다.

 알고 보니 새끼들이 서로 싸움을 벌여 목숨을 잃은 것은 번식 프로그램이 시작되고 나서 이번이 두 번째라고 했다. 그리하여 연구소에 도착했을 때 우리를 맞이한 팀원들, 아스트리드, 안토니오 리바스(토네), 후아나 베르가라(관리인장)와 헌신적인 자원봉사자 몇 사람은 다소 기가 죽어 있었다. 속이 상한 것도 당연했다. 사람들은 나중에 그 싸움 장면을 녹화한 것을 내게 보여 주었는데, 느닷없이 시작된 것도 그렇고, 어찌나 격렬하게 싸우던지 충격적일 정도였다.

아스트리드는 내게 번식 센터에서 형제 살해가 처음으로 벌어진 때를 절대로 잊을 수 없다고 말했다. 그때 어미는 살리에가로, 줄여서 살리라고 불렀는데, 포획 상태에서 최초로 새끼를 낳은 어미였다. 살리는 나무랄 데 없는 어미였고, 새끼 3마리는 모두 잘 자라고 있었다. 그러나 어느 날, 새끼들이 6주령이 되었을 때, 가장 큰 새끼인 브레조와 그 누이동생 하나가 장난스럽게 시작한 다툼이 갑자기 치명적인 전투로 번졌고, 둘은 맹렬히 싸우기 시작했다. 살리는 당황한 것 같았고, 양쪽을 물어 흔들어서 떼어 놓으려 했다. 그렇지만 브레조는 포기하지 않았고, 결국 자기도 심한 상처를 입은 채로 동생의 목을 물어 죽이고 말았다.

"우리는 갑자기 행복한 가족에서 끔찍한 위기 상황으로 떨어졌지요. 새끼 하나는 죽고, 하나는 부상을 입고, 그리고 완전히 충격을 받아서는 몇 번이고 셋째를 입으로 물고 우리 안을 정신없이 서성거렸지요." 아스트리드가 말했다.

아스트리드는 연락이 닿는 모든 전문가에게 미친 듯이 연락을 취했다. 마침내 그때까지 20년째 유라시아스라소니를 연구하고 있는 러시아 과학자 세르게이 나이덴코 박사와 연락이 닿았다. 박사는 20년 중 18년간 포획 스라소니들 사이의 형제 다툼을 보아 왔으며, 결국 그것이 정상적인 행동이라고 여기게 되었다는 이야기를 들려주었다. 그렇지만 아무도 그의 말을 믿지 않았고, 관리를 제대로 못한 탓이라고 비난받았다고도 했다. 아스트리드는 나이덴코 박사와 이야기를 나누고 나서 마음을 놓았다. "마치 구세주를 만난 심정이었어요." 아스트리드가 말했다.

상처 입은 새끼를 어머니에게 돌려보내도 괜찮더냐고 묻자 박사는 괜찮았다고, 100퍼센트 문제없다고 대답했다. 그렇지만 무척 조심스럽게 해야 한다고 경고했다. 아스트리드는 이 시점에서 어려운 결정을 내려야 했다. 브레조에게 어미와 어미의 젖이 필요하다는 사실을 알았지만, 언론과 관계 기관들이 매의 눈을 하고 감시하고 있었다. 만약 잘못된 결정을 내려서 또 다른 귀중한 스라소니의 목숨을 잃게 되면 어쩌지? 그렇게 되었을 때 쏟아질 비난은 전체 번식 프로그램의 입지를 흔들어 놓을지도 몰랐다. 그렇지만 스라소니를 야생으로 돌려보낸다는 목표를 생각하면 어미가 직접 새끼를 키우게 하는 것이 너무나 중요했다. 그래서 아스트리드는 적지 않은 우려를 안고 위험을 감수하기로 결정했다.

브레조는 하루 반나절 동안 어미로부터 떨어져 있었다. 그러므로 먼저 어미가 종종 하듯이 어미의 오줌을 뿌려 주었다. "우리는 노력했어요." 아스트리드가 말했다. "인간의 냄새를 가능한 한 살리의 냄새로 덮으려고요." 일단 브레조가 우리 안으로 들어가자 살리는 새끼를 핥아 주고 오줌을 뿌리고 뉘어서 젖을 물렸다. "브레조는 천국에 있는 것 같았어요." 아스트리드가 말했다. "그 장면이 어찌나 행복해 보이고 감동적이었던지, 저는 아직도 그 생각만 하면 소름이 돋아요."

그 뒤로 태어난 새끼들 역시 형제들 간에 종종 싸움을 벌였다. 싸움은 늘 새끼들이 6주령일 때 발생했고, 뚜렷한 이유도 없었다.

어미와 새끼들

나는 아스트리드가 그 프로그램에서 스라소니들을 얼마나 극진히 보살피는지를 직접 볼 기회를 얻었다. 아스트리드와 관리인장인 후아나 베르가라는 나를 우선 전날 밤에 죽은 새끼의 어미인 에스페란자를 방문하도록 데려갔다. 그런 사건이 있었는데도, 아니 어쩌면 그 사건 때문에 더더욱, 에스페란자는 아스트리드와 후아나를 만나서 무척이나 기뻐하는 것 같았다. 비록 연구소에서는 스라소니 새끼들을 키울 때 나중에 야생에 방생할 것을 대비해 인간과의 접촉을 가능한 한 줄였지만, 에스페란자는 인간의 손에 자라서 인간과는 특별한 관계였다.

안전 장화와 고무장갑으로 무장한 우리가 가까이 다가가자, 에스페란자는 반갑다는 듯 쌕쌕거리는 소리를 내면서 철망에 대고 몸을 비볐다. 그러고는 거듭해서 머리로 철망을 들이받았는데, 아스트리드는 그게 애정의 표시라고 말했다. 분명히 에스페란자는 우리의 관심을 끌고 싶어 하는 것 같았다. 내 느낌일 뿐이지만 지난밤 일로 스트레스를 받고 나서 이렇게 우리와 만나니 안심이 되는 것 같기도 했다. 에스페란자는 집고양이가 기분 좋을 때 하듯이 가르랑거리는 소리를 냈다. 아스트리드가 말하기를, 에스페란자는 2001년에 생후 1주일 된 새끼로 처음 발견되었는데, 거의 죽기 직전이었다고 한다. 다행히 헤레즈 동물원 수의사들이 살려 냈고 그 후로 수의사들의 손에 길러져, 거의 1살이 될 때까지 에스페란자는 다른 스라소니는 한번도 보지 못했다.

팀이 스라소니 가족을 거대한 야외 울타리 안에 살게 한 것은 어미가 새끼들을 직접 가르치도록 하기 위해서였다. 어미는 여기서 새끼에게 사냥하는 법을 가르쳤다. 물론 그러기 위해 우리 안에 토끼들도 키워졌다. 한 커다란 우리 안에서는 스라소니 새끼 3마리가 놀고 있었다. 어미는 새끼들을 토실한 검은 토끼 쪽으로 데려갔지만 새끼들은 토끼를 해치려는 욕망을 조금도 보이지 않았고, 토끼도 겁내는 기색이 전혀 없었다. 거의 같이 놀고 싶어 하는 것처럼 보일 정도였다! 관리인은 내게 그 스라소니들 중 한 녀석은 우리 안에 몇 주 동안 남아 있던 토끼를 끝내 죽이려 하지 않았다고 말했다. 그리하여 그 토끼는 수많은 자기 동족들이 순식간에 죽임을 당하는 것을 목격해야 했다. 물론 이것은 프로그램의 힘든 부분이다. 아스트리드는 늘 토끼들에게 미안하다고 했다. 4살배기 아들인 마리오가 시설을 방문할 때마다 늘 토끼들을 보러 가고 싶어 하기 때문에도 더 가슴이 아팠다. 마리오는 늘 토끼들을 집으로 데려가게 해 달라고 졸랐단다.

연구소에는 번식 수컷 2마리가 있어서, 나는 아스트리드를 따라 녀석들을 보러 갔다. 이들은 숨이 멎을 만큼 아름다운 생명체였다. 1마리는 꽤 멀찍이 누워서 우리를 예의 주시했다. 다른 1마리는 그물망 가까운 곳에 있긴 했지만 우리가 가까이 가자 침을 뱉고 위협적인 쳇소리를 냈다. 녀석은 3살 때까지 야생에서 살았다고 한다. 그러다가 아주 심각한 상처를 입고 연구소로 옮겨졌는데, 방생하기에는 너무 위험한 상태였다. 우리가 녀석을 보고 있는데, 아스트리드가 말하길 상처 입은 스라소니가 1마리 더 있다고 했다. 안달루시아에서 온 비치오사라는 암컷이었는데, 듣고 보니 바르셀로나에서 미구엘과 만났을 때 미구엘이 이야기한 녀석이었다. 미구엘은 무선 전파 목걸이에서 나오는 신호를 뒤쫓아 비치오사를 찾아냈는데, 거의 죽음의 문턱에 다다른 상태였다. 비치오사는 번식 철에 벌어진 싸움으로 심각한 부상을 입었고, 스라소니의 평균 몸무게인 10킬로그램에 훨씬 못 미치는 5킬로그램에 지나지 않았다. 하지만 제대로 치료를 받고 먹이를 잘 먹은 덕분에 비치오사는 놀랍게도 3주 만에 건강을 회복했다.

아스트리드가 데리러 가기 전에 녀석은 이미 미구엘의 팀에게서 비치오사라는 이름('악랄한', '지독한'이라는 뜻이다.)을 얻었다. "그렇지만 녀석은 전혀 독종이 아니었어요." 아스트리드가 말했다. "그냥 먹고 또 먹고, 먹을 생각밖에 없었죠!" 비치오사는 번식 철 끝 무렵에 다시 제 영역 내로 방생되었고, 그 즉시 한 수컷과 짝을 지어 9주 뒤에는 새끼 2마리를 낳았다.

나는 아스트리드의 시설을 직접 보고 몹시 감탄했다. 그곳에는 야외 지역과 굴 안쪽까지 전부 지켜보는 카메라들이 달려 있었다. 텔레비전 모니터는 24시간 작동 중이었고, 직원들이나 자원봉사자들이 1년 내내, 그중에서도 출산과 새끼를 기르는 3개월간에는 특히나 집중적으로 상황을 감시했다. 이 모든 녹화 장면들은 스라소니의 행동에 관한 귀중한 정보를 제공했다.

하지만 가장 놀라운 것은 독특한 채혈 방식이었다. 마취를 한다거나 어떤 방식으로든 인간이 손을 대려고 하면 스라소니들은 엄청난 스트레스를 받았다. 그리하여 한 독일 과학자가 거대한 빈대를 이용해 채혈을 한다는 기발한 생각을 떠올렸다! 스라소니는 밤에 코르크로 만든 층 위에서 잠을 잔다. 그 코르크에 조그만 구멍을 뚫고, 배고픈 빈대를 둔다. 그러면 빈대는 스라소니의 따뜻한 몸으로 직진해 피를 빨기 시작한다. 그리고 벌레가 피를 소화하기 시작할 무렵인 20분 후 침대 밑면에서 벌레를 떼어 내 주사기로 피를 회수하는 것이다. 그동안 스라소니는 아무런 방해를 받지 않은 채로 계속 잠을 잔다. 거기다 벌레는 재활용할 수도 있다(물론 빈대에 대한 윤리적 처우를 원하는 사람들은 이를 알면 화를 낼지도 모르겠다!)!

비극적인 죽음

그곳을 떠나기 전에 주디와 나는 전날 밤에 일어난 치명적인 공격이 녹화된 적외선 카메라 화면을 보았다. 8분 분량이었다. 시작은 스라소니들의 야간 본부인 바위 턱에서 희생자가 아무런 이유도 없이 등 뒤에서 오빠에게 습격을 당하는 장면이었다. 이윽고 둘은 본격적으로 싸우기 시작했다. 희생자는 처음부터 방어하는 쪽이었고, 등을 대고 누워서 뒷다리로 발길질을 했다. 그리고 발길질은 2분 후에 멈췄다. 에스페란자는 즉각 현장으로 돌진해 희생자를 잡아서 끌어내리려고 했다. 에스페란자는 3차례나 양쪽을 떼어 놓았지만 공격자는 포기하려 들지 않았다. 아스트리드가 호출을 받고 5분 안에 현장에 도착했지만 이미 때를 놓쳤다. 희생자는 폐에 구멍이 났고 갈비뼈 몇 대가 부러졌다.

죽은 새끼가 치워지고 나서 에스페란자는 이상하게 행동했다. 살아남은 새끼가 굴로 돌아가려고 할 때마다(늘 하던 대로 새끼 목의 뒷덜미를 물고 운반하는 방법을 이때는 사용할 수 없는 것 같았다.) 새끼가 저항하거나 말거나 강제로 굴에 들어가지 못하게 끌어냈다. 이 일은 몇 번이고 되풀이되었다. 무슨 이유에서인지 에스페란자는 새끼가 굴로 들어가는 것을 원치 않았다.

나중에 아스트리드의 말을 들으니, 세심한 부검 결과 실제로 새끼에게 치명상을 입힌 것은 수컷 형제가 아니라 새끼들을 서로 떼어놓으려 애쓴 어미였음이 밝혀졌다고 한다. "에스페란자는 늘 새끼들을 잘 보살피려고 했지만 태도가 거칠었어요. 본능에 따라 둘을 떼어놓으려 한 것은 옳았지만, 포획 양육된 처지라 다른 스라소니와 함께 놀며 자라지 못했고, 그러니 자기 힘이 얼마나 센지 알 기회가 없었죠." 아스트리드가 말했다. "그게 바로 치명적이었던 겁니다."

야생에서 스라소니의 미래

그날 저녁, 나는 아스트리드와 토네와 하빗수와 주디와 같이 도냐나 국립 공원의 스라소니 서식지를 향했다. 하빗수는 바로 전 주에 그곳의 광활한 개간지에서 키 작은 나무들 사이로 스라소니 어미와 새끼들 3마리가 뛰노는 것을 보았다고 했는데, 우리는 스라소니의 그림자도 보지 못했다.

공원까지 운전해 가는 길에, 우리는 앞길에 놓인 수많은 문제들과 어려움들에 관한 이야기를 나누었다. 무엇보다 적절한 서식지를 찾고 보호하는 것이 주요했다. 심지어 국립 공원조차 반드시 안전하다고는 할 수 없었다. 도냐나 국립 공원 완충 지대의 일부는 골프장으로 용도 변경되었다. 또한 매년 수많은 사람들이 이른바 나무에 마술처럼 나타나는 동정녀 마리아의 형상을 기리는 로시오의 마리아 축제를 위해 순례를 왔다. 불행히도 순례자들은 번식 철 한중간에 주된 스라소니 서식지, 즉 국립 공원 한가운데를 가로질렀다. 또한 그밖에도 아름다운 해변에 이끌려 그 지역을 찾는 관광객들이 늘어 갔다. 그리고 도로 교통량이 늘면서, 길에서 죽는 스라소니 수도 늘었다(전체 사망률의 5퍼센트를 차지했다.).

그렇긴 해도, 사람들과 함께 작고 친절한 식당에 둘러앉아 맛있는 저녁을 먹으며 이야기를 나누고 있으려니 비관적이기보다는 낙관적인 기분이 들었다. 우선 무엇보다 도냐나의 스라소니 개체 수는 이제 40에서 50마리 정도로 안정되었다. 물론 중요한 것은 번식 암컷의 수와 매년 태어나는 새끼들의 수다. 최근 몇 해 동안 암컷 수는 대략 10마리에서 15마리 사이를 유지했다.

그리고 스라소니가 사용하는 법을 배웠으면 하는 바람에서, 차도 아래로 터널을 구축하는 공사도 시작되었다. 다른 곳에서도 동물들이 그런 터널을 이용하는 법을 배운 사례가 있었다. 또한 길 위로 교각을 구축하는 방법도 검토 중이다. 마지막으로 가장 중요한 것은, 사람들이 토끼 수를 늘릴 방법을 찾으려고 애쓰고 있다는 점이다.

우리는 마지막 남은 스페인산 적포도주를 다 따르고, 이베리아스라소니의 복원과, 꿈을 현실로 만들려고 온 힘을 다해 노력하고 있는 헌신적인 사람들을 위해 축배를 들었다.

후기

시간이 흘러 2008년 가을, 아스트리드가 포획 번식 프로그램이 2008년 중반까지 계획보다 앞서 가고 있다는 소식을 전해 왔다. 그에 따르면 52마리가 포획 상태에 있는데, 그중 24마리는 시설에서 태어났다고 한다. 이제 스라소니를 위한 방생 지역이 마련되기만 하면, 애초의 계획보다 1년 앞당겨 2009년에는 포획 상태에서 태어난 새끼들이 야생으로 재도입될 수 있을 것이다. 그리고 2006년 후반 이래 도냐나에서 이베리아스라소니가 자동차에 치여 죽은 일은 한번도 없었기 때문에, 그 지역은 포획 출생 스라소니를 재도입하기에 적절했다.

그 후에 미구엘이 연락해 와서, 그곳의 번식 암컷 수가 19마리까지 늘었고, 2008년 9월에는 17마리에서 21마리의 새끼들이 새로 태어나 무사히 살아남았다는 소식을 전해 주었다. 스페인의 놀라운 동물인 이베리아스라소니가 다시금 야생에서 번창할 수 있는 적절한 서식지(순례자들이나 골프장의 위협으로부터 안전하고 보호받은 서식지)를 얻을 수 있을지는 아직 나오지 않은 배심원의 평결에 달려 있지만, 적어도 지금까지 들려오는 소식들은 희망적이다.

쌍봉낙타
Camelus bactrianus ferus

지구상에서 가장 황량한 곳으로 손꼽히는 몽고와 중국의 고비 사막에는 진짜 야생 (쌍혹) 낙타들이 아직 살고 있다. 쌍봉낙타들이 포획되어 가축으로 길러지기 시작한 것은 지금으로부터 대략 4,000년 전이다. 시간이 흐르면서 처음 가축화된 무리의 후손들은 점차 유전적으로 제 야생 친척들과 달라졌다.

내가 이 낙타들에 대해 알고 있는 사실들은 전부 이 낙타들을 구하려고 그 누구보다도 많은 일을 한 남자, 존 헤어로부터 들은 것이다. 사실 존이나, 존이 협조를 이끌어 낸 중국인과 몽고인 동료들이 아니었더라면 쌍봉낙타들은 분명히 돌아올 수 없는 강을 건넜으리라. 내가 존 헤어와 처음 만난 것은 1997년, 그가 쓴 책 『타타리의 사라진 낙타들(The Lost Camels of Tartary)』이 출간되기 직전이었다.

존은 한때 영국 해외 파병단 소속이었는데, 그 여단은 거칠지 않으면서 강건하고, 유능하면서 단호한, 모험에 대한 열정이 있는 구식 여단이었다. 여러 해에 걸쳐 존은 내게 쌍봉낙타를 살리기 위해 자기가 했던 일에 관해 많은 이야기를 들려주었다. 처음 만났을 때 나는 존이 유인원을 모르는 것만큼이나 낙타들을 몰랐다. 나는 스톡홀름

모험가, 탐험가이자 열정적인 야생 쌍봉낙타 지킴이인 존 헤어. 티베트 북쪽 국경 근처에서 심각한 위기에 처한 야생 낙타들을 위한 피난처를 조사하던 중, 길들인 야생 쌍봉낙타와 함께(유안 레이).

의 콜마르덴 동물원에 있는 길들여진 쌍봉낙타를 그저 호기심에 한 번 타 본 게 전부였고, 존은 나이지리아에서 복무할 때 야생 침팬지 몇 마리를 흘끗 본 게 다였다. 그렇지만 우리는 기본적으로 둘 다 야생의 세계에 속한 인간들이었고, 그 세계를 구하기 위해서가 아니라면 그곳을 떠날 마음이 없었다. 존은 내게 자기가 가진 지식을 아낌없이 나눠 주었고, 중국과 몽고의 사람들, 그리고 야생 낙타들과 함께 지낸 세월의 일부를 내게 적어 보내 주었다.

"저는 지난 20년간 야생 쌍봉낙타가 아직도 살고 있는 중국과 몽고 고비의 소수 민족 거주지 4곳을 돌아다녔습니다. 하지만 사막의 모험이 처음 시작된 곳은 그 두 나라가 아니라 모스크바였습니다." 존은 이렇게 썼다.

1992년에 폴리테크닉 박물관의 환경 사진전에 참가하려고 모스크바에 가 있을 때였습니다. 접객처에서 스탈린 같은 수염을 기른 검은 양복의 사내가 눈에 띄기에, 무법천지 같은 모스크바에서 살 만하냐고 물어보았지요. 모스크바는 당시에 공산주의와 법과 질서가 모조리 무너진 상태라 사람이 살기에 위험한 곳이었거든요. 당시 낙타들과 고비 사막 같은 건 저와는 아무 상관이 없는 이야기였죠. 알고 보니 그 남자는 페테르 구닌이라는 교수였는데, 더듬거리는 영어로 이렇게 말하더군요. "저는 러시아 과학 아카데미에서 일합니다. 저는 고비 사막으로 나가는 러시아/몽고 합동 탐사대를 이끌고 있죠. 덕분에 매년 모스크바를 떠날 수 있어서 살 만은 합니다." 그래서 저는 "그 탐험대에 혹시 외국인도 데려가시나요?" 하고 물었죠. 데려가만 주신다면 제 오른팔이라도 떼 드리겠다고요.

페테르 구닌은 덥수룩한 수염을 쓸어내리더니 웃으며 이렇게 말하더군요. "모스크바에는 외국인의 오른팔을 팔 만한 곳이 없는데요. 아무리 마피아라도 거기까진 관심이 없을 겁니다. 무슨 일을 하실 수 있는데요? 혹시 과학자십니까?" 저는 불행히도 아니라고 대답했습니다. 그리고 뭔가 그럴싸한 말을 찾아내려고 머리를 쥐어짠 끝에 이렇게 말했지요. "저는 사진을 찍을 수 있습니다. 카메라맨으로 갈 수 있어요." "제 동료인 안톨리가 다음번 탐험에 공식 사진사로 참가하기로 되어 있어서요." 페테르가 대답하더군요. "과학과 관련이 있는 일로 뭐 할 줄 아시는 건 없나요? 당신을 끼워 넣는 걸 아카데미에 정당화시켜야 하니까요." "혹시 탐험에 낙타를 이용하세요?" 제가 물었지요. "낙타라면 아프리카에서 많이 다뤄 봤거든요." "바로 그겁니다." 페테르가 소리쳤지요. "낙타! 우리는 낙타 전문가가 필요해요. 몽고 고비에서 쌍봉낙타 개체 수 연구를 맡을 사람이 필요합니다."

"저는 쌍봉낙타에 대해서는 아무것도 모르는데요." 제가 그랬지요. "전혀요. 그런 동물이 있는지도 몰랐는걸요." "우리와 같이 가면 쌍봉낙타의 모든 걸 알게 될 겁니다." 페테르 구닌이 말했지요. 그렇게 말하더니 찡긋 윙크를 하더군요. "만약 외환만 바꿀 수 있다면요." "얼마나 필요하신데요?" "1,500달러. 거기다 본인 항공료 하고요." "구해 보겠습니다." 저는 일순간도 망설이지 않고 대답했습니다. 어디 가면 그 돈을 구할 수 있을지, 아니면 제가 하고 있던 일을 미룰 수 있을지 어떨지도 전혀 모르면서요. 그저 이 사람 좋은 러시아 교수를 따라 몽고 고비 사막으로 가야 한다는 생각밖에 없었습니다.

이 우연한 만남의 결과로 존은 중국과 몽고의 사막으로 7차례 탐험을 떠났고, 아마도 야생 낙타와 그 습성, 서식지, 개체군 상태, 역사에 대해 누구 못지않게, 어쩌면 그 누구보다도 더 많이 알게 되었다.

쌍봉낙타는 주로 관목을 먹고 살며, 풍부한 지방 저장고인 혹이 있어서 식량 없이도 오랜 기간을 버틸 수 있다. 또 물 없이도 오랜 기간을 버틸 수 있는데 사람들이 대개 알고 있는 것과는 달리, 낙타의 혹에 물이 들어 있지는 않다. 하지만 낙타는 일단 물을 찾아내면 1번에 56리터나 마셔서, 그것으로 그간 손실한 수분을 다시 채워 비축할 수 있다. 200년 전에는 이 낙타들이 남부 몽고와 북서부 중국, 그리고 카자흐스탄의 사막까지, 바위투성이 산이나 평원, 고지의 모래 언덕을 가리지 않고 널리 퍼져 있었다. 하지만 오랜 세월 박해를 당해 온 결과, 그 종은 지금 4곳의 서식지에서 조그만 군락으로 흩어져 살고 있는데, 그중 세 군락은 북서부 중국에 있고(대략 650마리), 하나는 몽고에 있다(대략 450마리).

낙타의 천적은 인간?

낙타들의 적은 바로 인간이다. 낙타를 사냥하고, 그렇잖아도 살기 힘든 사막 환경에서 유전을 채굴하고, 낙타의 고향의 심장부에서 핵 실험을 실시하고, 황금을 찾으려고 시안화칼륨을 사용해 그나마 얼마 안 되는 목초지까지 중독시키는 인간들 말이다. 지금 남은 개체 수는 1,000마리도 채 안 될지 모른다. 쌍봉낙타는 자이언트판다보다 더 심각한 멸종 위기에 처해 있다.

존은 이렇게 써 보냈다. "저는 이 겁 많고 만나기 힘든 동물들을 연구하는 탐험대를 여러 차례 이끌었는데, 그중 4번은 가축화된 쌍봉낙타를 타고 갔습니다. 그리고 그 연구 환경은 상상할 수 있는 한 가장 아름다운, 숨이 멎도록 아름다운 나라였지만 우리에게는 적대적이었습니다. 저는 40년도 넘게 폐쇄돼 있던 금지 구역으로 들어가서, 가순 고비를 북쪽에서 남쪽으로 최초로 가로지르는 기록을 세웠지요. 그리고 운 좋게도 고대 도시인 루란의 잃어버린 기지를 우연히 만나기도 했고요. 그리고 또한, 길들인 낙타를 쫓든 쌍봉낙타를 쫓든, 아니면 단봉낙타를 쫓든, 아니면 그 야생 친척들을 찾아 수평선을 탐색하고 있든, 그건 제가 가장 하고 싶은 일이었어요. 바로 탐험이죠. 낙타들 덕분에 제가 가장 하고 싶은 일을 할 수 있게 된 셈입니다."

존은 자기들의 사막 환경에 너무나 이상적으로 적응한 이 놀라운 생명체들을 가면 갈수록 더욱 존경하게 되었다. 존이 말했다. "최근에는 단봉낙타인 파샤와 함께 3달 반에 걸쳐 사하라를 가로질렀습니다. 저는 파샤를 매일 타고 다녔는데, 그렇게 좋은 동반자는 다시 없을 겁니다. 나중에는 마치 개처럼 저를 따르더군요. 자기가 가장 좋아하는 마른 대추야자 열매가 들어 있는 제 바지 주머니에 대고 코를 킁킁거리는 겁니다."

1997년에 존은 야생 낙타 보호 기금을 설립했는데, 이 공인 자선 단체는 영국에서 쌍봉낙타 보호를 목적으로 기금을 모은다. 야생 낙타 보호 기금은 저명한 중국 과학자들과 협력하여 중국 정부를 설득해 약 17만 제곱킬로미터의 아르진 샨 롭 뉘르 야생 낙타 국립 자연 보호 구역을 설립하게 만들었다. 폴란드 국토보다도 크고 거의 텍사스에 맞먹는 크기였다.

그 지역은 땅 밑에서 솟아나는 짜디짠 흙탕물을 제외하면 거의 1년 내내 물이 없어서 생물이 거의 살지 못하는 황량하고 거친 사막 지대다. 그래도 옛날에는 봄에 산에서 내려오는 눈 녹은 물 덕분에 민물이 약간은 있었으나 사람들이 댐을 구축하고 농경을 위해 물을 지나치게 끌어다 쓰는 바람에, 남부의 산악 지대를 제외하고는 물이 거의 고갈되어 버렸다. 하지만 야생 쌍봉낙타는 길들인 쌍봉낙타라면 거들떠보지도 않을 짠 물을 마시고 살아남는 법을 익혔다. 물론 얻을 수만 있다면 단물을 훨씬 좋아하지만 말이다.

내가 처음 존을 만났을 무렵, 존은 이 자연 보호 구역을 위한 삼림 감시 거점 5군데를 세우기 위한 기금을 마련 중이었고, 나는 너그러운 내 친구 프레드 매처와 로버트 섀드를 설득해 그중 3곳을 세우기 위한 기금을 얻어 냈다. 사실 그 일은 그리 어렵지 않았는데, 두 사람 다 낙타와 녀석들의 야생 서식지, 그리고 그들을 구하기 위해 목숨을 건 사나이에 대한 이야기에 홀딱 반했기 때문이다. 그리고 둘 다 자연 세계를 보존하는 데 늘 열정적이었다.

존과 나는 나중에 다시 베이징에서 우연히 마주쳤는데, 알고 보니 존은 JGI 중국 지부에서 중국과 몽고 정부 대표들이 관련된 워크숍을 소집하는 일을 하고 있었다. 양국에 인접한 사막 서식지에서 야생 낙타의 생존을 확보하려면 양국의 협력이 필요했다. 몽고의 야생 낙타는 이미 1982년부터 고비 사막의 보호 구역 A에서 보호를 받고 있었고, 중국에 새로 구축된 자연 보호 구역에서도 보호를 받고 있었지만, 그 두 나라 간에는 전혀 소통이 이루어지지 않았다. 하지만 존이 소집한 워크숍으로 중국 정부와 몽고 정부가 상호 조인한 역사적인 합의가 도출되어 두 나라는 앞으로 국경 양편에서 야생 낙타 보호에 협력하기로 했다. 또한 야생 낙타 자료 교환 프로그램에서도 협력을 이어 가기로 합의했다.

그러나 쌍봉낙타를 보호하려는 움직임들이 아무리 성공을 거두고 있어도, 여전히 낙타들의 미래에 대해서는 심각한 우려가 남아 있다. 낙타들은 고기와 가죽 때문에 수세기 동안 무자비하게 사냥당했고, 지금도 사냥당하고 있다. 한편에서는 낙타를 '스포츠로' 사냥하고, 다른 한편에서는 낙타들이 사막의 귀중한 물과 목초를 두고 자기네 가축과 경쟁한다는 이유로 사냥한다. 역설적인 것은, 가순 고비 사막이 핵 실험 부지로 사용되었던 45년간은 엄격한 출입 금지 구역이었던 덕분에 그곳이 낙타들의 유일한 피난처로 남을 수 있었다는 사실이다. 그러나 한때 금지 구역이었던 사막에 이제는 가스관이 건축되었고, 또한 맹독성 시안화칼륨으로 환경을 오염시키는 불법적인 금광 채굴꾼들이 득시글거린다. 가축 낙타들과 번식해 잡종을 낳는 것 역시 쌍봉낙타의 생존에 큰 위협으로 작용하고 있다. 이런 모든 이유들 때문에, 존과 야생 낙타 보호 기금은 쌍봉낙타 포획 번식 프로그램을 시작하는 것이 무척 중요하다고 생각한다.

2003년에 몽고 정부는 그러한 제안을 승인해 주었을 뿐 아니라 너그럽게도 포획 번식에 적합한 지역을 기증하기까지 했다. 그레이트 고비 보호 구역 A 근방에 있는 재킨-우스는 연중 내내 이용할 수 있는 민물 샘이 있는 곳이다. 이곳에는 튼튼한 담장이 세워졌고, 건초를 저장하는 헛간, 그리고 포획된 야생 낙타들과 새로 태어난 새끼들이 극한의 기후를 피할 수 있는 우리가 3곳 지어졌다. 이 우리는 몽고의 기후가 겨울에 섭씨 4도 이하로 떨어질 정도로 대단히 엄혹한 데다, 암컷들이 1년 중 가장 추운 12월부터 4월 사이에 새끼를 낳기 때문에 무척 중요하다.

여름철에 번식기가 지나고 짝짓기의 열기가 가라앉으면 낙타는 울타리에서 풀려나 원래 고향 근처에서 무리 지어 풀을 뜯을 수 있게 된다. 이 시기 동안, 야생 낙타 보호 기금에 고용되어 낙타들을 보살피는 임무를 맡은 몽고의 목동들과 그 가족들은 낙타들을 끊임없이 주시한다. 그리고 울타리 안쪽 지역의 풀들은 그 틈에 다시 자랄 수 있다.

존은 이렇게 썼다. "계획의 첫 3년이 끝나갈 무렵에는 야생 어미 11마리와 몽고 목동이 포획한 야생 낙타 수컷 사이에서 쌍봉낙타 새끼 7마리가 태어났습니다."

나와 마지막으로 만났을 때 존은 대단히 반가운 소식을 들려주었다. 최근 런던에서 성황리에 열린 동물학 협회의 에지 펠로십 훈련 강좌가 끝나고, 존은 젊은 과학자 두 사람을 초빙해 영국에 있는 자기 땅에 지은 이동식 원형 텐트에서 이틀 밤을 묵고 가게 했다. 한 사람은 중국인이고 한 사람은 몽고인이었다. "거기서 두 사람은 같이 노래를 하고 위스키를 주거니 받거니 하면서 서로에 대한 편견을 없애고 우정을 다지게 되었지요."라고 존은 썼다. 그 두 과학자들은 이제 가까운 친구가 되어, 각자 자기 나라에서 쌍봉낙타들이 처한 문제들에 대해 정기적으로 정보를 주고받고 있다. 존은 이렇게 말한다. "기술이 아무리 경이롭게 발전했어도, 여전히, 그리고 앞으로도, 가장 중요한 건 사람 사이의 소통이거든요."

헤어지기 전에 존은 내게 쌍봉낙타가 번식 철에 떨어뜨린 털로 짠, 세상에서 겨우 6개밖에 없는 겨울 모자 하나를 내 주었다. 곧 있으면 더 많은 모자를 만들 수 있게 될 것이다. 목동의 아내가 조그맣게 가내 수공업을 시작해서, 야생 낙타 보호 기금 웹사이트를 통해 상품들을 팔고 있다. 내가 가장 아끼는 소지품이자, 중국과 몽고 사막에 사는 사람들과 낙타들의 희망적인 미래를 상징하는 이 부드러운 모자는 내가 글을 쓰는 지금도 바로 내 곁에 있다.

자이언트판다
Ailuropoda melanoleuca

나는 야생에서 판다를 본 적이 한번도 없다. 심지어 현장에서 판다를 수년간 연구한 사람들 중에서도 야생 판다를 직접 본 사람은 얼마 되지 않는다. 내가 본 판다는 중국 정부가 1972년에 워싱턴 DC에 있는 스미소니언 국립 동물원에 처음으로 보낸 1쌍을 포함해 이곳저곳의 대형 동물원에 빌려 준 몇 마리가 다였다. 더 최근에는 베이징 동물원에 있는 판다를 보러 간 적도 있는데, 수컷이 나뭇가지 위에서 어슬렁거리고 있는 모습을 보고는 좀 놀라고 말았다. 물론 지금은 판다가 나무에 자주 오른다는 사실을 안다. 특히 어린 녀석들은 더 그렇고 말이다. 하지만 그 전에는 판다가 나뭇잎 사이에 있는 모습을 한번도 떠올려 보지 못했다. 사실 별로 놀랍지도 않은 게, 동물원에서 판다에게 나무를 오를 기회를 준 것은 최근의 일이기 때문이다.

자이언트판다의 고향은 남부 중국, 티베트 고원 동쪽에 있는 온대 혼종 활엽수 삼림이다. 비록 지금 야생에 있는 판다 수는 대략 1,600마리지만, 아직 판다의 미래가 안전하다고 말하기는 이르다. 문제는 다양한데, 그중 서식지 손실보다 더 심각한 것으로 판다들의 식성을 꼽을 수 있다. 판다는 곰이지만 다른 곰과는 달리 특수한 종의

샌디에이고 동물원의 자이언트판다 담당 팀장인 돈 린드버그가 동물원에서 둘째로 태어난 새끼인 메이셩을 안고 있다. 메이셩은 4살 때 중국으로 옮겨져 워룽의 자이언트판다 번식 프로그램에 소속되었다(샌디에이고 동물원).

대나무만 먹고 산다. 뿐만 아니라 대나무는 영양가가 없기 때문에 그만큼 엄청난 양을 먹어야 한다. 그러므로 1978년에 판다 서식지에서 대나무가 대량으로 괴사한 것은 엄청난 우려를 불러일으켰다. 중국의 국가적 상징인 자이언트판다가 멸종한다는 것은 생각할 수도 없는 일이었다. 그리하여 정부는 무슨 일이 벌어지고 있는지를 파악하려고 과학자들을 현장으로 보냈다.

최초의 야생 현장 연구

후진추 교수와 동료들은 치옹라이 산맥에 있는 워롱 자연 보호 구역에 오두막을 세웠다. 이들은 3년 후에 바로 그곳에서 내 오랜 친구인 조지 섈러 박사를 만나게 되는데, 박사는 세계 자연 보호 기금의 후원을 받아 중국 팀과 협력해 현장 연구를 실시하기로 되어 있었다. 당시에는 중국 상황이 좋지 않았다. 거기서 4년 반을 보낸 후, 조지는 자기가 그곳에서 해 줄 수 있는 일이 더는 없다고 느끼고 프로젝트를 떠났다. 조지는 나중에 당시를 돌이켜 보며 이렇게 썼다. "저는 엄습해 오는 절망으로 가득했습니다. 두려운 멸종의 그림자가 점점 더 판다를 뒤덮고 있는 것처럼 보였지요."

사실, 1975년에서 1989년 사이에 쓰촨 지방 내 자이언트판다 서식지의 절반이 벌목과 농경 때문에 사라졌다. 남은 숲은 도로 개통을 비롯한 개발로 파편화되었다. 이런 일들은 무엇보다 대나무의 번식에 영향을 미쳤는데, 대나무는 울창한 숲으로 둘러싸여 있을 때 가장 잘 자라기 때문이다. 자이언트판다 군락은 작은 단위로 흩어져 각자 고립되었다. 그리고 조지가 써 보낸 바에 따르면 그것은 "멸종의 청사진"이나 다름없었다. 거기다 판다를 죽이는 밀렵꾼들까지 있었다.

판원시 역시 1970년대에 칭링 산맥에서 연구를 개시하면서 자이언트판다 일에 관여하기 시작했다. 문화 혁명 때문에 공식적으로 연구를 하기가 힘든 상황이라, 다른 판다 연구자들 몇 사람으로부터 학술적인 보증서를 얻은 다음에야 연구를 시작할 수 있었다. 그런 상황에서도 판원시의 프로젝트는 13년이나 지속되어, 모두 중국인으로 이루어진 판원시의 팀은 21마리의 판다들에게 무선 전파 목걸이를 채워 추적하고, 판다의 행동 모든 측면에 관해 귀중한 정보를 수집했다.

2부에서 자세히 다룬 황금사자타마린 이야기에 나온 데브라 클라이먼은 1978년에 처음 중국을 방문한 이래 자이언트판다 보호 계획에도 참여했고, 판원시와도 아주 잘 아는 사이가 되었다. 그렇게 왕래하던 중에, 1992년 11월에 판은 데브라의 50회 생일을 기념해 처음으로 야생 판다를 보여 주겠다고 약속했다. 데브라는 암컷 1마리와 새끼가 둥지를 틀고 있는 동굴로 판의 팀원 몇 사람과 함께 나섰다. 그렇지만 막상 가 보니 판다들은 이미 자취를 감춘 다음이었다. 판은 풀이 죽었다. 그런데 갑자기 판다의 외침 소리가 계곡 너머에서 들려왔다. "이윽고 제 눈앞에는 야생 판다가 1마리도 아니고 3마리나 있었어요. 1마리는 나무 위에, 2마리는 땅 위에요." 데브라가 말했다. "믿을 수 없을 만큼 보기 드문 광경이었어요. 왜냐하면 거기 연구자들은 봄 번식 철에도 판다들이 함께 밖에 나와 있는 걸 본 적이 거의 없었고, 하물며 11월에는 어림도 없는 일이었거든요. 판도 저만큼 소름이 돋았대요!"

1990년대 중반에는 매슈 더닌 박사라는 또 다른 생물학자가 워룽 자연 보호 구역의 연구 팀에 합류했는데, 매슈는 지금 JGI 중국 지부의 이사로 있다. 매슈는 판다들이 지나갔다는 사실을 알려 주는 무언의 신호들, 즉 먹고 남은 대나무 조각과 똥을 찾아 울창하고 가파른 숲 경사 지대를 10년이나 힘겹게 오르내렸지만 그동안 야생 자이언트판다는 단 1차례 보았다고 했다.

이따금은 학생들이 현장 실험 기간을 채우려고 몇 달간 팀에 합류하기도 했다. 연구 지역이 워낙 넓은 터라 팀은 몇 명씩 나뉘어 날이 저물 때까지 각자 다른 지역을 탐사하고 돌아와 얻은 정보를 나눴다고 한다. 매슈가 말했다. "어느 날 저녁, 또다시 판다는 그림자도 못 본 채 하루를 공치고 돌아오는데, 갑자기 무슨 일이 생겼구나 싶었어요. 프로젝트에 합류한 지 2개월밖에 안 된 학생 하나가 자이언트판다를 가까이서 본 것으로도 모자라 사진까지 찍어 온 겁니다!" 중국 연구자들이 다가갔을 때 판다는 틀림없이 자고 있었던 모양으로, 이윽고 잠에서 깬 듯 비틀비틀 움직였다. 사람들은 판다가 완전히 잠에서 깨어나서 서둘러 모습을 감추기 전에 5, 6분 정도 그 모습을 지켜보았다. 그때까지 매슈가 판다를 본 것은 얼핏 먼 산등성이를 따라 움직이는 모습이 다였다.

워룽에서 오랜 세월 지내면서 매슈는 지역 출신 고용인들 다수와 서로 알고 지내게 되었다. "그 사람들한테 배운 게 아주 많습니다." 매슈가 말했다. "그 사람들은 돈을 아주 조금밖에 받지 못했지만 그래도 기운이 넘치고 열정적이었습니다. 마치 그 일이 너무 하고 싶어서

택한 사람들처럼요. 하지만 사실 일자리를 얻을 기회 자체가 거의 없었으니 아마 다른 선택지가 없었겠지요."

관리자인 위풍은 소수 민족 출신으로 거의 15년째 워롱에서 일하고 있었다. 위풍은 그 보호 구역과 거기서 자기가 맡은 역할에 대해 진정으로 자부심을 갖고 있었다. 매슈가 말했다. "그동안 내내 이 남자는 아예 숲에서 살면서 그곳을 보살폈답니다." 비록 별다른 수가 없어서 그 일을 받아들였을지 몰라도, 어느 날 위풍은 매슈에게 프로젝트에 들어온 이래 한번도 가족을 만나러 가지 못했다는 이야기를 했다. 다른 이유가 아니라 그냥 거기까지 갈 돈이 없었던 것이다. 맷은 위풍의 가족이 나라 반대편의 먼 곳에 있나 보다 했다. "그런데 알고 보니 차로 겨우 2시간 거리지 뭡니까." 그리고 물론 맷은 위풍을 거기까지 태워다 주었다.

포획 번식

중국인들은 포획 번식 프로그램에 많은 노력과 돈을 쏟아 부었지만 오랫동안 성공을 거두지 못했다. 수많은 서구 과학자들이 워롱 번식 센터로 초청을 받아 중국 과학자들과 단기간 일을 하고 떠났다. 그리고 데브라 역시 1982년에 몇 달간 그곳에 있었다. 당시에 그곳까지 가기란 쉽지 않았다. 대로를 벗어나 1시간가량 오르막길을 걸어 올라가야 했다. 데브라의 말에 따르면 "사람들이 판다를 직접 들어서 옮겨야 했어요. 판다 1마리당 일꾼 둘이 붙어서 그 경사지고 미끄러운 길을 따라, 산기슭에 뚫어 놓은 기다란 터널 2곳을 지나갔지요."

데브라가 말하기를, 당시 포획 번식의 문제 중 하나는 판다의 행동에 대한 이해가 부족해서 그것이 적절하지 못한 관리로 이어진다는 것이었다. 판다들은 따로따로 우리에 넣어져서, 사회화 과정을 겪을 기회가 전혀 없었다. 심지어 번식 철에조차 서로 공격할까 겁나서 암컷과 수컷을 같이 두지 못하는 형편이었다. 그리하여 직접적인 교미보다는 인공 수정이 더 선호되었고, 실제로 암컷과 자연적으로 짝짓기를 시킬 수컷도 거의 없었다. 데브라가 생각하기에 수컷이 나무에 오를 기회가 전혀 없어서 다리와 하반신을 제대로 발달시키지 못했다는 것도 어느 정도 그 원인에 속했다. 교미 도중에 암컷이 수컷의 무게를 제대로 버티지 못하거나, 수컷이 교미 자세를 유지하지 못하는 경우가 종종 있었다.

이윽고 1990년대 중후반에는 샌디에이고와 애틀랜타 동물학 협회가 중국의 요청을 받아 워롱에서 중국 동료들과 협력할 과학자들을 파견했다. 나와 가까운 친구인 돈 린드버그와 그의 박사후 과정생인 론 스와이스굿과 애틀랜타 출신 레베카 스나이더는 거기서 대단히 성공적인 결과를 일구어 냈다. 또한 중국 동물원들, 특히 워롱과 청두의 동물원들 역시 판다들을 번식시키려고 한창 노력하던 중이었다.

성공

마침내 2000년을 기점으로 출산율이 사망률을 앞지르기 시작했고,

맷 더닌이 중국의 워롱 자연 보호 구역에서 일하던 중, 7개월 된 판다를 검진하고 있다(맷 더닌).

2005년에는 포획 개체 수가 눈에 띄게 늘었다. 데브라는 이렇게 말했다. "이것은 판다를 관리하는 방식의 변화가 초래한 직접적인 결과였어요. 포획 개체 수가 최근 대단히 증가한 것은 모두 포획 프로그램의 환경이 더 나아지고 자연적인 짝짓기가 늘어난 덕분이에요." 또 다른 요소는 쌍둥이를 낳아 새끼 2마리를 한꺼번에 키워야 하는 어미 판다를 돕는 혁신적인 방법이었는데, 처음에 이 방법을 개발한 곳은 청두 동물원 포획 번식 연구소였다. 그 이전에는 어미가 대개 새끼 2마리 중 1마리를 버리는 것이 보통이었다. 그도 놀랍지 않은 것이, 판다 새끼 2마리를 키운다는 것은 엄청난 노동이었다. 판다 새끼들은 고양이와 마찬가지로 태어나서 몇 주 동안은 자극을 주지 않으면 대소변조차 스스로 해결하지 못한다. 그러니 새끼가 하나일 때라면 괜찮지만, 둘이라면 보살피기가 쉽지 않다. 하지만 이제는 인간 관리자가 어미를 도와준다. 쌍둥이의 순번을 정해서 어미가 1마리를 보살피는 동안 인간 대리모가 나머지 1마리를 맡는 것이다. 이 모든 노력의 결과로 2008년에는 워롱에서 유아의 생존율이 95퍼센트에 이르렀는데, 20년 전의 50퍼센트에 비하면 그 수치가 크게 늘었다.

자이언트판다 새끼의 첫 달

최근에 오랜 친구인 해리 슈워머와 저녁을 함께했는데, 해리 역시 자이언트판다 번식 프로그램에 관여하고 있는 비엔나 동물원의 감독관이다. 비엔나 동물원에서는 최근 처음으로 판다가 태어났다고 한다.

관리인장인 에블린 둥켈은 어미인 양양이 처음에는 야외 우리에 나뭇가지로 가를 두른 둥지를 만들었지만 이후에는 따로 마련해 둔 둥지 상자에 들어갔다는 소식을 전해 주었다. 그로부터 이틀 후 아침, 에블린은 끽끽거리는 소리를 들었는데, 그 소리는 "분명히 양양이 내는 소리는 아니었어요."

양양은 훌륭한 어미였고, 아기인 푸룽이 2개월령 반이 될 때까지 밥을 먹으러 밖에 나오는 몇 시간을 제외하면 거의 둥지 안에 틀어박혀 지냈다. 에블린은 이런 편지를 써 보냈다. "이제는 푸룽이 거의 1살이 다 되어서 자신감을 가지고 주변을 탐색하고 있어요. 아직은 주로 젖을 먹지만 대나무에도 무척 관심이 많답니다. 그리고 다른 식물의 잎이나 가지를 먹어 보는 것도 좋아해요. 우리 안에는 녀석이 올라가 보지 않은 나무가 없어요. 올라가서 낮잠을 자 보지 않은 지대도 없고요."

해리 슈워머와 직원들은 자이언트판다를 야생에 재도입하는 프로그램을 두고 중국 과학자들과 논의 중이다. 해리를 비롯한 사람들은 새끼들을 키울 때 인간 관리인들과의 접촉을 최소한도로 줄이는 것이 중요하다고 믿는다. 하지만 앞으로 보겠지만, 아직 다른 시련들도 많이 놓여 있다.

야생으로 재도입하는 데 관련된 문제들

중국에서 판다를 야생으로 재도입한다는 계획은 1991년에 거부되었고, 1997년과 2000년에도 재차 거부되었는데 그 이유는 지식이 불충분하다는 것, 특히 야생 판다와 그 서식지의 생태에 관련한 지식이 충분치 않다는 것이었다. 또한 그런 장기 프로젝트를 뒷받침할 기금이 부족하다는 이유도 있었다. 그리고 현 포획 번식 체제로서는 적절한 방생지 후보를 제공할 수 없다는 게 최종 이유였다. 그러나 2006년에는 워룽 번식 센터에서 태어난 어린 수컷 샹샹이 워룽 자연 보호 구역으로 방생되었다. 샹샹은 적어도 내가 본 다큐멘터리 영화 속에서는 잘 지내고 있는 것 같았다. 관리인은 샹샹에게 좋은 대나무를 고르는 법을 가르쳐 주었고, 목걸이에서 나오는 무선 전파를 판독한 결과에 따르면 샹샹은 가끔씩 8킬로미터 넘게 여행을 하기도 했다. 하지만 그 후에는 늘 방생 지역으로 돌아왔다. 비록 시작은 이처럼 좋았지만, 그 끝은 비극이었다. 샹샹은 공격을 당해 상처를 입었는데, 가해자는 그 지역의 토박이 판다인 것이 틀림없었다. 샹샹은 그 부상에서는 회복되었지만 또다시 공격을 받았고 그때 입은 상처 때문에 죽고 말았다.

관광과 인식 확산

오늘날 중국, 특히 판다에 대한 지역적 자부심이 강한 쓰촨 지방의 청두에는 학생들에게 자이언트판다의 행동과 보호법에 관해 가르치는 학교가 많다. 그리고 실로 자이언트판다는 청두를 관광 지도에 올려놓았다. 워룽 자이언트판다 보호소로 가는 길목에 있는 청두를 방문한 관광객들은 이곳에서 판다에 대한 강연을 듣고, 영화를 보고, 조그만 판다 새끼들과 놀 수도 있다. 그랬으니 2008년의 지진으로 쓰촨 지방의 산이 초토화되었을 때 그곳을 찾은 미국 단체 관광객들이 얼마나 놀랐을까. 당시 《뉴욕 타임스》에는 그 단체 관광객들의 인터뷰가 실렸는데, 관광객들에게 길을 안내해 준 판다 관리인들의 "친절함과 영웅적 행동"에 대한 칭찬 일색이었다. "관리인들은 자신들의 목숨을 걸었어요." 한 방문객은 이야기했다. "모든 게 위험한 상황이었어요." 그리고 일단 모든 관광객들이 위험에서 벗어나자 관리인들은 서둘러 돌아가 판다를 팔 밑에 낀 채 위험한 바위투성이 길을 이리저리 피해 가면서 13마리의 판다를 구해 냈다. 지진 동안 우리는 거의 대부분이 붕괴되어, 판다 1마리가 죽고 2마리가 부상을 입었으며 6마리가 도망쳤다(그중 4마리는 나중에 다시 사로잡혔다.).

물론 지진으로 타격을 입은 수많은 사람들, 특히 허술하게 지어진 학교의 아이들에게는 즉각 우려와 애도가 쏟아졌다(JGI 산하 루츠 앤 슈츠 그룹의 학교 10곳 모두 타격을 입었다. 학교와 학생들 다수가 집을 잃었고 많은 이들이 가족을 잃었다. 학생들이 다니던 학교는 대개 무너지든가 못 쓰게 되었다. 소년 하나는 목숨을 잃었다.).

또한 전국적, 아니 국제적으로 야생 판다에 대한 우려의 목소리가 높아졌는데, 야생 판다 대부분은 쓰촨 산맥의 44 자연 보호 구역에 살고 있었다. 선도적인 판다 전문가이자 국제 자연 보호 재단의 중국 이사인 루즈 박사는 연구자들이 인간들의 비극을 해결하려고 노력하는 와중에도 야생 판다들이 입은 피해를 파악하려 애쓰고 있다고 말했다.

"지금은 판다의 시대"

중국의 자연 보호 정책은 1990년대 내내 변화를 겪었는데, 당시는 개벌(皆伐, clear cutting)로 인해 유역을 보호해 주는 초목이 손실되어 양쯔강 유역이 대량 범람한 결과, 정부가 가파른 언덕에서 상업적인 벌목을 금지하고 대규모의 재삼림화 계획을 개시한 시기였다. 자이언트판다로서는 운 좋게도, 그 지역 대부분은 판다의 서식지에 속했다. 중국인에게 자이언트판다는 국보나 다름없었고, 자이언트판다를 위해 새로운 보호 구역을 별도 지정하는 일이 갑자기 수월하게 진행될 기미를 보였다. 가장 최근으로는 2006년, 쓰촨과 간수의 지역 정부들이 중국 전역에 서식하는, 추산 1,590마리에 이르는 야생 자이언트판다의 절반이 고향으로 삼고 있는 민샨 산맥 지역에 흩어져 있는 자연 보호 구역을 확장하고 서로 연결하는 데 합의하면서, 중국 정부는 판다 서식지를 보호하고자 하는 의지를 더욱 강력하게 표명했다.

여러 해 동안 판다 보전을 논의하기 위한 회담들이 베를린(1984년), 도쿄(1986년), 중국 항저우(1988년), 워싱턴 DC(1991년)에서 개최되었다. 2000년에는 중국, 유럽, 북아메리카에서 온 과학자들이 샌디에이고 동물학 협회에 모여 자이언트판다에 대한 현재의 지식을 교류하기도 했다. 판다2000이라는 이름으로 알려진 이 회담은 새로운 협력 관계와 우정을 구축하고 엄청난 양의 정보를 제공했는데, 그 정보는 『자이언트판다: 생물학과 보전(Giant Panda: Biology and Conservation)』이라는 알찬 책으로 집대성되었다. 그리고 책의 서문에서 돈 린드버그는 이렇게 썼다. "아마도 이 회담에서 이끌어 낸 가장 명확한 합의는 지금이 바로 판다의 시대라는 것이리라."

그리고 1980년대에 그토록 비관에 빠져 중국을 떠났던 조지 샐러는 이 책의 머리말에 이렇게 적었다. "오늘날 자이언트판다를 구할 수 있는 전망은 이전 그 어느 때보다도 밝다."

판다의 탄생: 새로운 협력의 상징

몇 달 전, 나는 캐나다에서 도널드 린드버그와 만나 워룽과 샌디에이고에서 판다 번식 프로그램에 참여했던 과거 시절 이야기를 들었다. 도널드가 판다의 출산 현장을 직접 참관했다는 이야기를 듣고, 나는 그 일과 관련해서 일화를 하나만 보내 달라고 부탁했다. 그 일은 1980년대 후반에 국립 동물학 공원에서 판다 1마리가 태어난 후 처음 있는 일이었다. 이번에는 1999년, 샌디에이고에서였다.

바이윈의 임신 과정은 순조로웠다.

한 수의학자가 최근에 바이윈의 자궁을 초음파로 투시해서 태아가 있음을 확인했어요. 그리고 바이윈의 호르몬 상태를 보면 며칠 내로 출산을 할 것 같았지요. 이제 24시간 경비가 시작되어, 직원들은 비디오 모니터를 통해 출산 굴 속에 있는 어미를 관찰하면서 숨을 죽인 채 기다리고 있었습니다. 이 중요한 순간에 일이 아주 잘못될 수도 있다는 증거가 많아서, 다들 희망과 불안으로 온통 들끓었지요.

첫 산통의 확실한 신호가 그날 아침 일찍 찾아왔어요. 자궁 수축 속도가 빨라졌고, 갑자기 날카롭게 긁는 듯한 울부짖음 소리가 들렸는데, 열심히 지켜보고 있던 감시자들이 그때까지 한번도 들어보지 못한 소리였지요. 그 즉시, 중국 워룽 센터에서 교대로 와 있던, 이전에 출산을 목격한 바 있는 두 직원이 엄지손가락을 치켜들어 신호를 보냈어요.

처음 어미가 되는 바이원이 몸을 구부리고 태어난 지 몇 초밖에 안 된 새끼를 굴 바닥에서 안아 올렸을 때, 모두들 비디오 화면에서 눈길을 떼지 못했지요. 바이원은 새끼를 넓은 배 위에 올려놓고 맹렬히 핥아 대기 시작했습니다. 그러자 곧 새끼는 새로운 소리를 내더군요. 나중에 우리는 그 소리를 만족의 신호라고 부르게 되었지요. 그러고는 태어난 후 첫 낮잠으로 곯아떨어졌답니다.

흥분으로 공기가 불꽃을 튀길 정도였어요. 방에 있던 사람들 모두 소리를 지르고 박수를 치고 싶었지만 우리 근처라 어미에게 동요를 줄까 봐 엄청난 자제력을 발휘해야 했지요. 바로 그 뒤 며칠 동안 지역 매체뿐만이 아니라 「굿모닝 아메리카」와 「투데이 쇼」가 이 희귀한 사건에 대한 뉴스거리를 얻으려고 소식을 물어 오곤 했습니다. 중국에서는 비밀리에 로스앤젤레스의 중국 영사관으로 외교 서신을 보냈고, 이 신생아는 100일째에 '중국-미국'이라는 뜻인 화메이란 이름이 붙여졌지요.

그 사건이 상징하는 바는 분명했습니다. 아기가 하나 태어났다고 해서 그 종이 살아나는 것은 아닙니다. 하지만 이제는 판다 보전 계획에서 이정표 하나가 제시되었습니다.

피그미돼지
Porcula salvania

나는 늘 돼지들이 좋았다. 내가 처음 '길들인' 동물은 그런터라는 이름(내가 지어 준)의 새들백 종이었다. 녀석은 10마리쯤 되는 친구들과 함께 들판에서 살았다. 어느 해인가 여름 방학 동안, 매일같이 점심을 먹고 나서 사과속을 가져다준 끝에, 녀석은 드디어 내게 자기 등을 긁도록 허락해 주었다. 얼마나 뿌듯했던지!

곰비에서 보낸 세월 중 가장 소중한 기억 하나는 숲에서 꼼짝도 않고 앉아 있는 내게 멧돼지 무리가 다가온 일이다. 녀석들은 나를 보고 도대체 누굴까 궁리하면서 쳐다보고 냄새를 맡다가 더 가까이 다가와서 끝내 나를 포위해 버렸다. 하나가 쿵쿵거리는 경계음을 내자 녀석들은 모두 몇 미터 밖으로 도망쳤지만, 곧 다시 돌아와서 침묵 속에서 나를 계속 주시했다. 그리고 마침내 다시 움직이기 시작해서는 땅에 떨어진 음불라 열매를 주워 먹으며 낙엽 사이를 부스럭부스럭 지나갔다. 또 다른 돼지 가족을 본 적도 있는데, 무릎을 굽히고 풀을 뜯으며, 달릴 때는 꼬리를 바짝 치켜세우고, 밤이면 가장 좋은 굴 잠자리를 놓고 서로 경쟁하는 세렝게티 평원의 혹멧돼지였다. 그리고 독일이나 헝가리, 체코 공화국에서 밤에 차를 몰고 가다가 야생 멧돼지

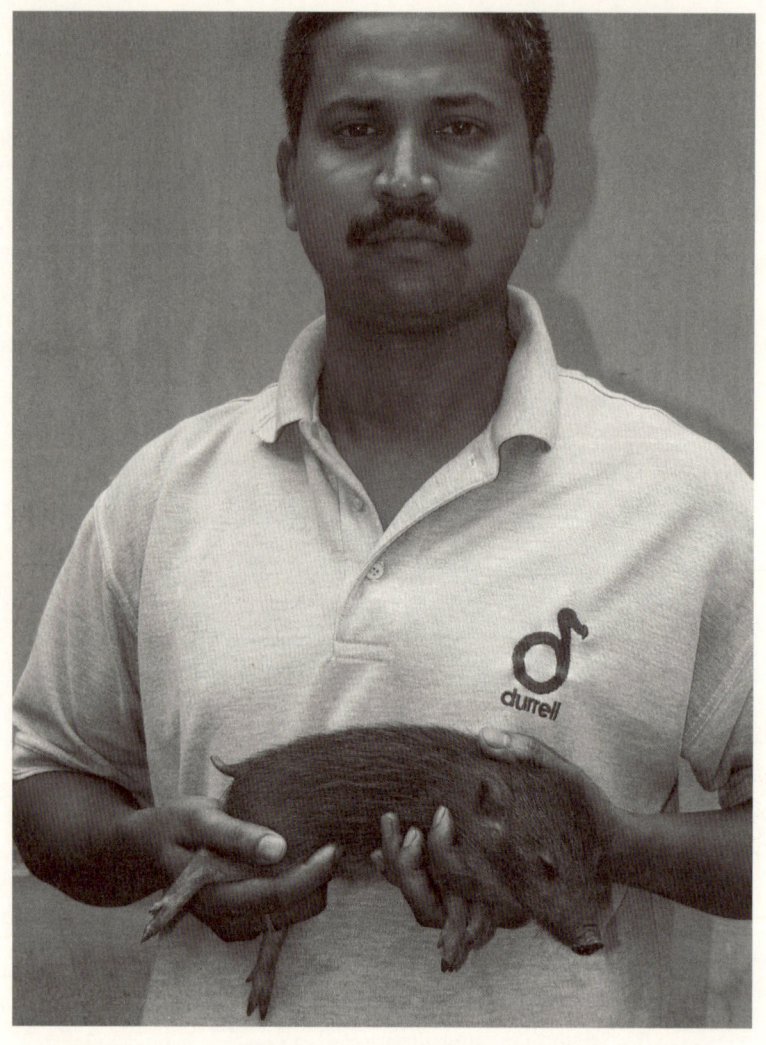

피그미돼지는 한때 개체 수가 격감하여 인도의 마나스 국립 공원에 마지막으로 살아남은 겨우 몇 마리가 전부였다. 수많은 헌신적인 사람들이 이 독특하고 무척이나 영리한 동물을 포획 번식을 통해 되살리는 데 힘을 보탰다(구탐 나라얀).

를 얼핏 본 적도 있다.

내가 처음 본 피그미돼지는 취리히 동물원에 있던 1쌍이었는데, 내 눈을 거의 믿지 못할 지경이었다. 키는 대략 30센티미터에 몸무게가 기껏해야 9킬로그램밖에 안 나가는 돼지라니! 나는 녀석들이 새끼임에 틀림없다고 믿었지만, 거친 털과 짧고 오동통한 다리와 아주 작은 꼬리에 흑갈색 몸통을 지닌 이 녀석들은 덩치만 작았지 완벽하게 다 자란 어른들이었다. 이마와 목덜미에는 희미한 볏 같은 것이 있었고 주둥이는 끝으로 갈수록 좁아졌다. 수컷의 입가에는 살짝 비어져 나온 송곳니가 보였다.

이 조그마한 존재들을 1847년 세상에 처음 알린 남자는 B. H.(브라이언 휴턴) 호지슨이었는데, 아마 그도 무척 놀랐으리라. 호지슨은 이 종이 돼지가 아니라고 생각했고, 나중에 다른 과학자들이 피그미돼지가 야생 멧돼지와 친척 간이라고 공표하는 일도 있었지만 결국은 호지슨이 옳았음이 판명되었다. 최근에 실시한 유전자 조사에 따르면 피그미돼지는 가까운 친척이 전혀 없는 고유한 속이다.

피그미돼지는 울창한 초원 지대에서 뿌리와 덩이줄기, 다양한 무척추동물과 달걀 등등으로 이루어진 잡식성 식단을 섭취하며, 너무 덥지 않은 날이면 낮 동안에 먹이를 먹는다. 이들은 무척 정교한 둥지를 만드는데, 흔히 주둥이와 발굽으로 여물통을 파고, 가장자리에 흙을 쌓고 입으로 풀을 물어 와 그 풀들을 구부려 둘레를 두르고 지붕을 만든다. 암컷 2마리와 그 새끼들이 한 둥지에서 살고, 어른 수컷은 보통 따로 둥지를 만들어 혼자 산다. 주된 포식자는 비단뱀과 아시아들개, 그리고 물론 인간이다(사소한 데 집착하는 사람들을 위해 밝혀 두자면, 피그미돼지는 피그미돼지를 빠는 이(*Haematopinus oliveri*)의 유일한 숙주다. 이 이는 심각한 멸종 위기 종으로 분류되어 있으며, 학명은 페커리와 하마 전문 집단인 국제 자연 보호 연맹 돼지 협회의 회장인 윌리엄 올리버의 이름을 따서 붙여졌다.).

내가 피그미돼지 1쌍을 취리히에서 처음 만났을 때는 이들이 그처럼 위기에 처해 있다는 사실을 전혀 알지 못했다. 피그미돼지는 한때 부탄에서 북인도와 네팔까지 널리 퍼져 있었다. 그렇지만 지난 20세기 내내, 이 돼지들의 야생 개체 수는 여러 가지 복합적인 요인으로 인해 감소했다. 브라흐마푸트라 범람원 지역의 인구 증가, 과도한 방목, 상업적인 벌목과 범람 통제 프로그램, 지붕을 잇기 위한 벌초, 그리고 특히, 화전 같은 것들이 그 요인들이다. 그 결과, 1950년대 후반에 이르러 피그미돼지들은 멸종되었다고 여겨졌고, 1961년에는 멸종 목록에 올랐다.

그로부터 10년 후, 아삼 출신의 차 재배자인 J. 테시에-얀델이 영국 저지에 있는 제럴드 듀렐의 동물원을 방문해서 제럴드에게 아삼에서 특별히 관심이 있는 동물이 있느냐고 물었다. 듀렐은 웃으면서 "있어요, 피그미돼지를 가져다주세요." 하고 말했다. 하지만 듀렐은 실제로 피그미돼지를 얻게 될 줄은 몰랐다! 얀델이 티 가든 시장에 내다 팔리고 있는 피그미돼지 4마리를 발견한 것이다! 이 녀석들은 근처의 숲이 불타고 있을 때 농원에 숨어 있다가 붙잡혔다. 듀렐은 번식을 시킬 수 있기를 바랐지만 자문을 얻을 전문가가 없는 형편이라 아무런 수확도 얻지 못했다. 하지만 듀렐은 그 뒤로도 야생 피그미돼지 몇 마리를 더 입수할 수 있었다. 어쨌든 피그미돼지가 멸종하지 않았다는 것은 틀림없는 사실이었으니, 듀렐은 기쁨에 차서 포획 번식 프로그램을 위한 계획을 세우고 현장 연구를 위한 자금을 확보했다.

당시 제럴드 듀렐 저지 동물원의 과학 간사였던 윌리엄 올리버는 1970년대 중반에 폭넓은 현장 조사를 조직한 결과, 히말라야 남부 평원의 아삼에 남은 소규모 집단의 피그미돼지가 그 종의 유일한 생존자라는 결론을 내렸다. 그 수는 많아야 1,000마리를 넘지 않았고, 서식지 파괴는 계속되고 있었다.

내가 만난 그 2마리의 피그미돼지가 쳐리히 동물원에 보내진 것은 1977년이었다. 처음에는 전체적인 상황이 원만하게 돌아갔다. 암돼지는 건강한 새끼 돼지들을 출산했다. 그렇지만 이후 어미는 "사고"로 죽었다. 새끼들은 여전히 건강했지만, 이제 그중 유일한 암컷은 불행히도 아버지와 오빠들 사이에 남겨졌다. 그리하여 겨우 1살 때 새끼를 뱄고(너무 어렸을 때다.) 출산 중에 목숨을 잃었다. 포획 번식 프로그램의 희망은 그렇게 꺼져 버렸다. 유럽에 보내진 유일한 다른 피그미돼지들은 1898년에 런던 동물원에 보내진 것들뿐이었고, 그 쌍은 둘 다 미처 새끼를 보기 전에 죽었다.

1996년에, 듀렐 야생 보호 기금(당시에는 저지 야생 보호 기금이었다.)은 유럽 연합으로부터 구와하티(아삼의 수도)에서 포획 번식 프로그램을 개시해도 된다는 허가를 얻었고, 그 프로그램을 위해 마나스 국립 공원에 있는 그 종의 마지막 생존 개체군 중에서 6마리가 포획되었다.

나는 2008년 초에 제럴드의 아내인 리의 조언에 따라 그 프로그램의 수장인 구탐 나라얀에게 전화를 걸었다. 인도에서 전해져 오는 구탐의 목소리는 따뜻했고, 구탐은 너그럽게 시간을 내어 주었다. 시작부터 직원으로 함께 일해 온 탁월한 수의사 파라그 데카의 도움 덕분에 번식 프로그램은 잘 돌아가고 있다고 한다. "우리는 확고한 번식 지침, 그리고 상식을 바탕으로 일하고 있습니다." 구탐은 말했다. 보통 1년에 태어나는 새끼 수는 4~5마리 정도다. 태어날 때 무게는 기껏해야 150그램에서 170그램을 넘지 않고, 몸 색깔은 처음에는 회색을 띤 분홍색이었다가 2주령쯤 되면 흐릿한 노란 줄무늬가 생기기 시작한다. 그리고 수명은 야생에서 8년이지만 포획 프로그램에서는 10살까지 살기도 한다.

나는 구탐에게 그 프로젝트에서 보낸 오랜 세월 동안 있었던 일화를, 뭐라도 좋으니 들려달라고 부탁했다. 그러자 구탐은 2002년 10월의 어느 추운 날 반쯤 얼어붙어서 거의 죽은 채로 강에 떠내려 오던 어린 돼지를 발견하고 구해 낸 마나스의 삼림 경비원 이야기를 들려주었다. 수의사인 파라그 데카는 마나스로 달려가 그 새끼 돼지를 살려 내려고 갖은 애를 썼다. 수컷이었던 새끼는 상태가 악화되어 구와하티의 번식 센터로 이송되었는데, 거의 불가능한 확률을 이기고 기적처럼 회복되었다. 그리고 녀석은 이후 번식 프로그램에 귀중한 존재가 되어, 지난 6년 동안 몇 번이나 새끼를 낳아 프로그램에 야생의 새로운 유전자를 보탰다.

"원래는 겨우 6마리였던 것이 이제는 대략 80마리나 됩니다. 센터 2곳에 나뉘어 있지요." 구탐은 그 돼지들이 야생으로 방생될 준비가 되었지만, 문제는 지속적인 환경 파괴라고 말한다. 구탐의 목소리에서는 좌절이 묻어 나왔다. 구탐의 말에 따르면 "피그미돼지는 엄청나게 예민한 지시 생물입니다." 향초를 비롯한 초원 식물들의 구성 변화에 무척 민감하게 반응한다. 그리고 구탐은 이어서 "피그미돼지는 둥지를 지으려면 반드시 풀이 필요합니다."라고 강조했다. 이 돼지들은 둥지에 숨어서 열기와 냉기로부터 몸을 지키기 때문이다. "피그미돼지는 1년 내내 풀이 필요합니다. 녀석들 모두가요."

한편 듀렐 야생 보호 기금은 피그미돼지 보전 프로그램, 그리고 아삼 숲 관리국과 협력하여, 윌리엄 올리버의 지휘 아래 장기적인 관리 계획을 짜고 적절한 방생 부지를 찾아내려고 애쓰고 있다. 그리고 2008년 봄, 내가 구탐과 이야기를 나눈 지 딱 4개월 만에 피그미돼지 전체 16개체(수컷 7마리와 암컷 9마리)로 이루어진 3그룹이 나메리 국립 공원 근처 시설로 보내졌는데, 목표는 2차로 야생 군락을 구축한다는 것이었다. 거기서 돼지들은 인간과는 최소한도로 접촉을 줄이고, 5개월간 자연적인 초원 서식지를 본떠 만든 방생 준비 울타리 안에 지내면서 앞으로 야생에서 살아가기 위한 준비를 갖추었다.

마침내 돼지들이 구와하티에서 177킬로미터 동북쪽으로 떨어진 최종 목적지, 소나이 루파이 야생 보호지로 옮겨 가는 날이 왔다. 준비된 울타리에서 2주를 보낸 돼지들은 이제 열린 울타리 문을 넘어 자유롭게 원하는 곳으로 떠날 수 있었다. 연구 팀은 몰래 카메라나 배설물, 둥지를 이용해 돼지들을 계속 지켜볼 것이다. 구탐은 바로 얼마 전에 내게 이메일을 보내어 피그미돼지들이 무사히 지내고 있으며 암컷 1마리가 야생에서 새끼를 낳았다고 알려 주었다.

또한 해당 지역에서는 마을 단위 대규모 교육 복지 프로그램도 시작되었는데, 지역민들이 협조해 주지 않는다면 이 조그만 돼지들이 야생에서 살아남을 가능성이 거의 없기 때문이었다. 이 글을 쓰는 지금, 아삼에서는 방생 가능지 후보로 그곳이 물망에 올랐는데, 나메리와 오랑 국립 공원이다. 구탐이 이 조그맣고 매혹적인 돼지들과 그들을 살리기 위해 너무나 열심히 일하는 헌신적인 사람들을 만나러 오라며 나를 초대했는데, 언젠가 인도에 갈 일이 있을 때 반드시 그 초대에 응할 생각이다.

붉은볼따오기
Geronticus eremita

2008년 2월, 나는 오스트리아 그루나우의 콘라트 로렌츠 재단에 살고 있는 붉은볼따오기 32마리 중 하나인 루비오를 만났다. 이 새들은 몸길이가 70센티미터 정도 되고, 부리는 다른 따오기들과 마찬가지로 길고 굽어 있다. 목덜미 주변에는 눈에 확연히 띄는 깃털 술 장식이 있지만, 청소년기를 지나면 머리는 얼굴 깃이나 왕관 깃 하나 없는 대머리가 된다. 나는 이 따오기들이 평소와 마찬가지로 우리 주변을 자유롭게 날아다니는 모습을 풀밭에 앉아서 구경할 수 있었으면 하고 바랐지만, 당시는 이 따오기들이 잡아먹히는 일이 이례적으로 많아져서, 불행히도 한시적으로 따오기들은 전부 갇혀 있었다.

나는 관리인 한 사람과 그 프로젝트를 책임지고 있는 프리츠 요한네스 박사와 함께 거대한 조류 비행 사육장으로 들어갔다. 가까이서 본 따오기들은 대단히 아름다웠으며, 다행히 날씨도 좋았다. 차가운 겨울 태양은 따오기의 검은색 일색인 깃털에서 눈부신 무지개 같은 광택을 끌어냈고, 기다란 분홍색 부리와 분홍색 다리를 환히 비추었다. 깃털이 청동색인 청소년들은 아직 깃털 모자를 잃기 전이었다.

처음에 새들은 관리인들과 프리츠로부터 밀웜을 받아먹는 편을

오스트리아에서 손으로 키워진 붉은볼따오기인 루비오를 만난
것은 내게 엄청난 행운이었다. 녀석이 초경량 비행기를 따라
겨울을 날 남쪽으로 이주하는 법을 배우고 있다(마커스 웅솔드).

더 좋아했지만, 좀 있으려니 루비오가 나도 괜찮겠다 싶었는지 프리츠의 어깨에서 내게로 옮겨 왔다. 루비오는 엄청난 양의 밀웜을 먹어 치우고 나서 내 매무새를 가다듬는 작업에 본격적으로 돌입했다. 루비오의 부리가 얼마나 따뜻하던지, 그리고 내 머리카락을 매만지는 부리 놀림이 어찌나 섬세하고 부드러운지 나는 정말 놀라고 말았다. 또한 루비오는 한발 더 나아가 내 귀와 콧구멍까지 조사하려 했는데, 사실 그리 기분 좋지만은 않은 일이었다!

결국 루비오를 달래어 관리인에게 돌아가게 만들 수 있었다. 그렇지만 그 전에 녀석은 내 겉옷 등판에 흰색 액체로 자기 흔적을 남기고야 말았다. 물론 이것은 행운의 상징이었으므로, 나는 고마운 마음을 가지려고 애썼다!

JGI 오스트리아 팀과 함께 내가 그곳에 갔던 것은 붉은볼따오기들에게 오스트리아에서 이탈리아 남쪽으로 이주하는 법을 가르친다는 계획에 관해 알고 싶어서였다. 루비오의 조류 비행 사육장 옆에 있는 조류 사육장에는 알프스를 건너는 봄 이주를 도울 새들이 살고 있었다.

유럽에서 멸종되다

이 따오기는 한때 남부 유럽에서 서북부 아프리카와 중동에 걸친 메마른 산맥 지대에 서식했다. 그러나 오늘날은 극도로 희귀한 종이 되었고, 살충제 사용과 서식지 손실, 거기다 맛있는 고기 때문에 인기 있는 사냥감이 된 결과로 거의 모든 서식지에서 멸종한 상태다. 유럽에서는 17세기를 마지막으로 사라졌다. 중동에서는 1980년대에 터키에 마지막으로 남은 야생 군락의 모든 개체들이 포획 번식을 위해 사로잡힌 후 멸종한 것으로 여겨졌다.

모로코 산맥에서는 1950년대에서 1980년 말 사이에 마지막 남은 이주 군락이 사라졌다. 그러나 천만 다행히도 1960년대에 유럽 동물원의 전시용으로 그 군락에서 온 새들 일부가 포획되었고, 그리하여 국제적인 동물원 번식 프로그램을 위한 시조가 되었다. 나는 그 후손들을 인스브루크에서 보았는데, 그곳에서 40년간 번식을 해 오고 있었다.

2000년에, 야생에 남아 있는 (이주하지 않는) 붉은볼따오기의 번식 무리는 오로지 모로코의 수스 마사 국립 공원에 남아 있는 대략 85마리가 전부라고 여겨졌다. 그러나 그때 조그만 무리가 시리아 사막에서 발견되어 동물학자들을 놀라고 기쁘게 했다. 겨우 7마리였지만, 둥지 3곳에서 새끼가 자라고 있었다. 그리고 2003년에는 새끼 7마리가 어른으로 자랐다.

인간이 주도한 이주

내가 오스트리아에서 방문한 (보통) 자유롭게 날아다니는 번식 군락은 1997년에 구축되었다. 붉은볼따오기는 여름철에는 알프스에서 곤충을 비롯한 무척추동물들을 잡아먹으면서 얼마든지 잘 살 수 있었지만, 겨울철에는 야생 환경을 견뎌 내지 못했다. 이 군락이 자립하기 위해서는 예전에 그랬듯이 더 따뜻한 곳으로 이주하는 법을 반드시 배워야 했던 것이다. 그리하여 (캐나다기러기와 앞 부에서 설명한 아메리카흰두루미의 혁신적인 작업을 기반으로) 따오기 역시 초경량 비행기(트라이크라고도 한다.)를 쫓아 알프스에서 이탈리아의 토스카나에 이르는 이주 경로를 따라 나는 법을 배울 수 있을지 그 실행 가능성을 파악하는 연구가 계획되었다.

앞서 나온, 인간에게 각인하는 것을 막도록 이상한 흰 가운을 입은 관리인들에게 키워진 아메리카흰두루미와는 달리, 따오기들은 손으로 키워져서 관리인들과 가까운 관계를 맺고 있었다. 녀석들에게는 트라이크의 소음을 일상적으로 들려주었고, 양부모, 즉 프리츠의 아내인 앙겔리카는 나중에 비행기를 몰 때 쓸 헬멧을 늘 착용했다.

훈련을 시작했을 즈음에 새들은 앙겔리카가 아무리 줄기차게 불러 대도 트라이크로부터 너무 멀리 떨어져 날았다. 그렇지만 갈수록 더 잘 따라오기 시작했고, 트라이크 2대를 따라 따오기 9마리가 날아가는 최초의 성공적인 이주가 2004년 8월 17일에 시작되었다. 그리고 그로부터 겨우 2개월 후인 9월 22일에, 트라이크와 붉은볼따오기 7마리는 세계 자연 보호 기금이 그 새들이 겨울을 나도록 남부 토스카나에 마련해 둔 라구나 디 오르베텔로의 자연 보호 구역에 도착했다(다른 2마리는 혼자 힘으로 나는 데 실패해서 상자에 담겨 왔다.).

이듬해에는 다른 트라이크(더 구식 날개와 더 강력한 엔진을 지닌)가 동일한 경로를 따라 8월 18일에서 9월 8일까지 겨우 22일 만에 도착했는데, 중간에 쉬는 기간도 더 줄어들었다. 이번에는 트라이크가 더 낮은 속도로 날 수 있었기 때문에 새들이 더 가까이 따라올 수 있었고, 작전이 전체적으로 더 원활하게 흘러갔다.

2004년에서 2005년 사이 겨울에 새들이 토스카나에 도착한 후로, 어린 새들은 밤의 보금자리에 더 가까이 머물기 시작했고, 1.6킬로미터 이상 날려 하는 일이 드물었다. 그렇지만 여름이 오자 새들은 더 긴 비행을 하기 시작해서 최고 20킬로미터까지 날아갔다 돌아왔다. 그리고 몇몇은 오스트리아로 향하는 이주 경로를 얼마간 따라가기도 했다. 비록 몇 주 후에는 토스카나로 돌아왔지만, 이주하려는 본능을 잊지 않은 것 같아서 요한네스와 앙겔리카를 비롯한 팀원들은 사기가 높아졌다.

2006년 봄에는 그 2년 전에 오스트리아에서 토스카나까지 트라이크를 따라왔던 새들이 모두 먼 비행길에 오른 반면, 2005년에 2차로 이주에 성공한 새들은 겨울을 나는 지역에 그대로 머물렀다. 이로 보아 나이가 들수록 봄 이주기에 오스트리아의 번식지를 향해 떠나려는 경향이 더 강해지는 듯한데, 아마도 유전적으로 프로그램된 것이지 싶다.

그 2006년 봄은 프리츠와 앙겔리카와 나머지 팀원들에게는 짜릿한 시기였다. 사람들은 장기 비행에 나선 붉은볼따오기들에 관한 관측 결과를 새 관찰자들과 사냥꾼들에게서 주로 보고받았는데, 일부 보고는 480킬로미터나 떨어진 곳에서 오기도 했다. 새들 중 대다수는 인간에게서 배운 경로를 다시 따라가고 있었다. 몇몇은 경로를 이탈하기도 했다. 그중 몇몇 경우는 아마 그 전에 인간을 따라 여행할 때 상자에 담겨 운반된(비행기를 따라오지 못한 몇 마리는 주워서 데려와야 했다.) 탓인 듯했다. 그래서 여정에 대한 "기억"이 완전치 못했던 것이다.

마침내 2007년 봄은 성공의 계절이 되었다! 2004년에 그루나우에서 남쪽으로 향했던 따오기 4마리가 성적으로 성숙하여 오스트리아로 날아가 모든 사람들을 기쁘게 했다. 이들은 암컷인 아우렐리아와 수컷인 스피디, 보비, 메데아였다. 그리고 4마리 모두 그루나우로 무사히 돌아왔다. 프리츠가 자랑스레 말한 대로, "최초로 이 새들이 인간의 도움 없이 자기들끼리 완전한 이주의 한 바퀴를 돈" 것이다. 새들이 일시적으로 머문 장소들은 인간을 따라 이주하던 동안 머물렀던 장소들과 반드시 똑같았던 것은 아니었지만 아마 이전의 기억이 참고가 된 듯했다. 일단 귀환하자 아우렐리아는 스피디와 관계를 맺어 번식을 하고 3마리의 새끼를 키웠다.

2007년 가을에 토스카나에서 겨울을 나러 이주하던 시기에는 약간의 혼선이 빚어졌는데, 철새 17마리가 오스트리아 콘라트 로렌츠 재단 소속의 자유 비행하는 새들 40마리와 뒤섞인 것이다. 거기서 새들은 이주하려는 동기를 잃고, 남쪽을 향하는 대신 다른 새들과 같이 남는 쪽을 택했다. 마침내 그 혼란에 빠진 새들을 포획하여 남쪽 56킬로미터 떨어진 곳에 풀어 놓기로 최종 결정되었다. 어른 1마리와 아우렐리아의 사춘기 새끼 1마리는 포획을 피해 그루나우에 머물렀지만, 아우렐리아와 스피디를 비롯해 어른 4마리와 남은 새끼 2마리는 사람들이 바란 대로 남쪽으로 향했다.

이 새들 중 몇 마리는 GPS 자동 기록기를 달았다. 이 기계는 5분마다 새들의 위치를 저장했기 때문에, 일단 새가 영역 안에 들어오면 연구자들은 그 정보를 내려 받아서 새들의 비행경로를 상세히 재구성할 수 있었다. 자료를 보니 새들은 2004년에 따라갔던 경로를 정확히 따르고 있었다. 9월 15일에는 메데아, 보비, 아우렐리아가 새끼들과 함께(그런데 스피디는 없었다.) 이탈리아 북쪽인 오소포에서 발견되었다. 그로부터 5일 후, 그와 동시에 비행기를 따라 떠난 새들 일행이 라구나 디 오르베텔로의 종착지에 도달한 하루 후에, 새끼들 없이 아우렐리아와 메데아 둘이서만 토스카나에 도착했다. 보비는 그 2주 후에 도착했지만 새끼 2마리는 종적을 감추었다.

그러면 스피디는 어떻게 되었을까? 그 이야기는 실로 흥미진진하다. 심지어 맨 처음 이주 시기에도 스피디는 다른 새들과 떨어져 날았다. 그리고 2007년 봄에는 북이탈리아를 향해 혼자 떠났다가 슬로베니아에 도착해서 거기서 오스트리아로 갔다. 스피디는 단 한번도 멈추지 않고 스티리아로, 레오벤 근처까지 갔다가, 다시 더 멀리 동북쪽을 향해 비엔나 근방까지 갔다. 그리고 거기서 다시 스티리아로 가서 그곳에서 정말이지 기적적으로 아우렐리아와 메데아를 만났다. 그 후에는 아우렐리아와 함께 그루나우로 돌아왔다.

그러고 나서 가을에, 그 무리가 다시 토스카나로 돌아가려고 길을 떠났을 때, 스피디는 이번에도 무리와 헤어졌다. 이번에 스피디는 GPS 대신에 위성 발송기를 장착했다. 이 기계는 사흘에 1번씩 몇몇 위치를 기록할 뿐이었지만, 연구자들이 실시간으로 그 위치들을 볼 수 있다는 점이 이점이었다.

하지만 불행히도 장치는 제대로 작동하지 않아서, 9월 18일에 위치 정보를 보내고는 감감무소식이었다. 그런데 무척이나 흥미로웠던 게 스피디는 정확히 봄에 밟았던 항공 경로상에 있었다. 그 경로는 스피디의 봄 GPS 자료를 바탕으로 재구성한 것으로, 다른 말로 하면,

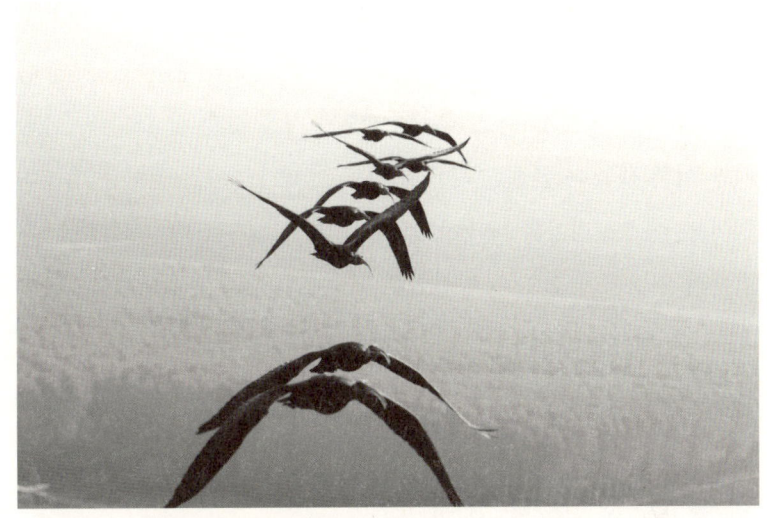

위 – 북이탈리아에서 편대를 이루어 나는 따오기들. 초경량 비행기에서 본 모습(마커스 웅솔드).
아래 – 2007년 가을철 이주 개시 무렵에 17마리 붉은볼따오기 전원이 함께(마커스 웅솔드).

스피디는 자신만의 항공 경로를 되밟아 토스카나로 가고 있었던 것이다. "우리는 더 이상 위성 위치도 관측 보고도 입수하지 못했습니다." 요한네스가 말했다. 스피디는 영영 종적을 감춘 것 같았다. "그렇지만 어른 새들이 이주한 것은 우리 프로젝트로서는 엄청난 성공이었어요. 아우렐리아와 메데아, 보비는 대략 400년 만에 처음으로 유럽에서 자유로이 살고 독립적으로 이주하는 붉은볼따오기였으니까요! 다들 대단한 동기와 자극을 얻었어요."

한 걸음 더 성공을 향해

나는 2008년 8월 본머스에서 이 장을 쓰던 중에 요한네스가 슬로베니아에서 보낸 이메일을 받았다. 이전 해의 문제들을 해결하려고 새로운 경로를 시험해 보고 있다고 했다. 이제 사람들은 알프스를 가로지르는 경로가 아니라 돌아가는 경로로 어린 따오기들을 이끌고 있다. 그리고 요한네스의 편지에 따르면 "아직까지는 환상적으로 잘 진행되고 있어요." 새들은 무척 잘 해냈고, 하루에 96킬로미터도 넘게 날았는데, 이전 해보다 훨씬 먼 거리였다.

이제는 번식할 준비가 된 새들 중에 이전보다 트라이크를 뒤따르는 법을 배운 새들이 많아졌다는 것도 새로운 소식이다. 새들은 4월에 이탈리아에서 오스트리아를 향해 북쪽으로 이주했다. 이전 해와 마찬가지로, 새들은 결국 자기들의 번식지로부터 80킬로미터 떨어진 스티리아에 정착했다. 6마리 모두 그 이후에 원래 이주 경로와 가까운 북이탈리아의 작은 마을로 이송되었는데, 그곳에는 적절한 조류 사육장이 마련되어 있었다. 1쌍은 그곳에서 번식을 해서 새끼 2마리를 성공적으로 키워 냈다. 조류 사육장은 7월에 문을 열었다. 현재까지 새들은 근처에 머무르고 있지만 요한네스의 예측에 따르면 8마리 모두가 "앞으로 10일 내에 이주를 시작할 겁니다." 만약 그 무리가 토스카나에 닿으면, "현실적으로 그럴 가능성이 아주 많은데, 그러면 우리는 결정적으로 인간 주도 이주 방식이 독립적으로 이주하는 붉은볼따오기 무리를 구축하는 데 방법론적으로 적합한 수단임을 입증하는 셈이 됩니다." 그렇게 되면 팀으로서는 대단한 성공일 것이다.

요한네스는 1980년대 이래 가장 중요한 붉은볼따오기 번식지에 속하는 모로코 아틀라스 지역에서 2009년에 새로운 프로젝트를 시작할 계획이라고 알리면서 편지를 맺었다. 그 첫 단계는 인간 손에 자란 따오기 몇 마리를 데리고 북쪽 아틀라스 일부 지역의 식량이 충분한지를 탐사하는 것이 되리라.

아내와 나머지 팀원들과 함께 토스카나로 가는 다음번 비행길 준비를 마치고 있는 요한네스의 모습이 눈에 선하다. 그리고 눈을 감으면 요한네스와 루비오와 함께 오스트리아의 조류 사육장에 앉아 있던 그때의 내 모습이 다시 떠오른다. 거기서 나는 아메리카흰두루미와는 또 완전히 다른 이 사랑스러운 새들과 사랑에 빠졌다. 루비오의 따뜻한 분홍 부리가 나를 매만지던 그 부드러운 감촉이 그대로 느껴질 것만 같다. 떠나야 할 시간이 되었을 때 나는 루비오에게 마지막 밀웜을 주고, 아쉬운 마음을 달래며 새들에게 등을 돌렸다. 나는 나대로, 결코 끝나지 않는 지구 행성 이주를 계속하기 위해서 말이다.

로드 세일러와 리사 시플리는 피그미토끼의 생존을 확보하기 위해 지칠 줄 모르고 노력한다. 사진 속 장소는 풀먼의 워싱턴 주립 대학교에 있는 멸종 위기 종 번식 시설이다(셸리 행크스).

콜롬비아분지피그미토끼
Brachylagus idahoensis

2007년 나는 풀먼에 있는 워싱턴 주립 대학교에서 강의를 하기 위해 여행길에 올랐다. 그리고 콜롬비아분지피그미토끼 이야기를, 그리고 녀석들을 멸종으로부터 구하려는 노력에 대한 이야기를 바로 그곳에서 처음 듣게 되었다. 이 피그미토끼를 보고 나면 당장 사랑에 빠지지 않을 도리가 없다. 비록 덩치는 작아도 완벽한 토끼로, 북아메리카에 사는 토끼 중에서 가장 작다. 다 자란 녀석이 내 손바닥에 착 올라앉을 정도다. 어릴 적 그림으로 보았던 피터 래빗과 그 새끼들인 플롭시, 몹시, 코튼테일의 모습이 마음속에 떠올랐다. 나는 홀딱 반하고 말았다!

콜롬비아 분지 군락은 수천 년 동안 다른 피그미토끼들과 떨어져 살아온 탓에 아이다호, 오리건, 몬태나, 네바다, 캘리포니아에서 볼 수 있는 피그미토끼들과는 아예 유전적으로 달라져 버렸다. 이들은 광대한 서부 미국 목장지에 있는 특정한 산쑥만 먹고 산다. 키 크고 울창한 산쑥 식물은 이 토끼들에게 먹이만이 아니라 은신처도 제공한다. 또 녀석들이 굴을 파고 살아가려면 토양층의 깊이가 어느 정도 이상 되어야 한다. 실제로 직접 굴을 파고 사는 북아메리카토끼는 이들을 포함해 세상에 단 2종류밖에 없다.

1990년대 초반부터 점점 사라지던 서식지가 농장과 목장과 도시 개발로 인해 갈수록 더욱 줄어들자, 남아 있는 산쑥 생태계가 조각조각 나뉘면서 워싱턴 주에 살던 수많은 피그미토끼 개체 수는 감소세로 돌아섰다. 1999년에는 미국 어류·야생 생물 관리국 워싱턴 지국이 로드 세일러 박사와 그 동료인 리사 시플리 박사에게 피그미토끼 개체 수 감소 문제에 대한 조사를 의뢰했다. 당시 로드와 리사는 피그미토끼들에게 중요하다고 알려진 산쑥 서식지에 방목 가축이 어떤 영향을 미치는지와 관련해 총체적인 자료 조사를 벌이고 있었다. 이 연구들은 시작과 동시에 남아 있는 가장 거대한 피그미토끼 군락이 막 극심한 손실을 겪었음을 밝혀냈는데, 질병 때문인 듯했다. 남아 있는 개체 수가 채 30마리도 안 될지도 모르는 상황이었다. 미국 어류·야생 생물 관리국은 이 토끼들을 2001년에 일시적으로 긴급 멸종 위기 종 명단에 올렸고, 2003년 3월에는 최종적인 등급을 매겨 확고히 그 목록에 못 박았다. 그리하여 차후 이 토끼들을 다시 야생으로 되돌려 놓는 것을 목표로 포획 번식 프로그램을 개시한다는 결정이 내려졌다.

총 16마리가 사로잡혀 포획 번식을 위해 3군데의 시설로 보내졌다. 그리고 야생에 남아 있던 토끼들은, 아마 얼마 되지도 않았겠지만 곧 사라져 버렸다. 이미 오리건 동물원은 귀중한 콜롬비아분지피그미토끼의 남은 개체들 대신 멸종 위기 종이 아닌 아이다호피그미토끼들을 대상으로 가장 효과적인 번식법을 알아내기 위한 실험에 들어갔다. 로드와 리사는 워싱턴 주립 대학교에서 포획 번식 프로그램을 주도하면서, 짝짓기할 때를 제외하고는 토끼들을 서로 격리 수용해야 한다는 사실을 밝혀냈다. 녀석들이 높은 공격성을 보였기 때문이다. 야간에 원격 카메라와 적외선 조명을 통해 토끼를 관찰하면서 많은 사실이 새롭게 드러났다.

아이다호 토끼들에 비해 워싱턴 토끼들은 번식 성공률이 훨씬 낮다는 사실이 곧 명확해졌다. 암컷이 낳는 새끼 수가 더 적었고, 새끼의 생존율도 더 낮았으며 일부는 골격 기형으로 태어났다. 그리고 세 지역 모두 질병과 기생충의 공격을 받았다. 결국 그 일부 원인은 적은 포획 개체 수 내에서 유전적 다양성이 떨어진 결과로 인한 근친 퇴화 때문이라는 결론이 났다. 유전적으로 중요한 이 토끼들이 하나라도 죽는다는 것은 그만큼 다양성이 사라진다는 뜻이었고, 그럴 때마다 이 남아 있는 극소수 개체들의 장기적인 생존 가능성은 더 줄어들었다. 결국 2003년에, 미국 어류·야생 생물 관리국의 피그미토끼 복원팀은 건강한 번식률을 확보함으로써 마지막 콜롬비아분지피그미토끼를 구할 방법은 그중 일부를 아이다호 토끼들과 짝짓기하는 수밖에 없다는 안타까운 결론을 내렸다. 그 결과 희망한 대로, 번식 성공률과 잡종 새끼들의 건강은 뚜렷이 개선되었다.

결국, 6년이 지나자, 워싱턴 토끼 중 일부를 야생으로 재도입하는 계획이 현실적인 가능성을 띠게 되었고, 이번에도 길을 닦는 데는 아이다호 토끼들이 이용되었다. 포획 번식된 아이다호 토끼 42마리가 무선 전파 목걸이를 장착한 채 아이다호의 야생으로 방생되었다. 이 토끼들은 자기 임무를 완수했고, 방생 후에 적어도 암컷 2마리가 살아남아 새끼를 낳았다.

베짱이 이야기

나는 포획 번식 프로그램에서 처음으로 태어난 콜롬비아분지피그미토끼 20마리가 2007년 3월 13일에 그로부터 160킬로미터 거리에 있는 동부 워싱턴에 방생되기 직전에 워싱턴 주립 대학교를 방문했다. 각 토끼는 조그만 무선 전파 목걸이를 달아서 움직임을 감시당했다. 모두가 흥분하고 희망에 부풀었지만, 성공하리라는 보장이 없다는 사실 역시 모두가 알고 있었다. 나는 신중한 박사 과정생인 렌 졸리를 만났는데, 렌은 토끼들의 야생 환경 적응에 대한 연구를 맡고 있었다. 그리고 방생되기로 되어 있는 수컷 토끼 중 하나인 베짱이도 만났다. 이 조그만 토끼가 어찌나 귀여웠는지, 녀석이 무선 전파 목걸이를 달아야 한다는 사실이 가슴 아플 정도였다. 목걸이는 무척 작았지만, 녀석도 그만큼 작았던 것이다.

물론, 나는 방생 계획이 어떻게 돌아가고 있는지가 궁금했다. 렌은 모든 일이 잘되어 가고 있다고 알려 주면서 토끼들이 "무척 토끼답다."고 했다. 그렇지만 예상치 못한 문제들도 있었는데, 토끼들 중 거의 절반이 아마도 새로운 집이나 짝을 찾아 방생 지역을 멀리 떠나 버린 것이었다. 아이다호의 시험 재도입 과정에서는 그런 일이 없었다. 거기다 포식자들(코요테, 맹금류)로 인한 손실률도 높았다.

나는 구체적으로 베짱이의 근황을 물었다. 그러자 베짱이가, 형인 개미와 다른 수컷 토끼들 6마리와 함께 장거리 전파 송신기의 영향권을 벗어나 사라져 버렸다는 이야기를 들었다. 그 장비가 가동하는 범위는 1.2킬로미터를 넘지 못했다. 하지만 결국 이 토끼들의 위치가 밝혀졌는데, 렌이 머물고 있던 현장에서 겨우 몇백 미터 거리였다. 무슨 수를 썼는지는 몰라도 적대적이고 더러는 위태로운 지역을 5,6킬로미터나 헤쳐 나온 것이다. 렌은 이 토끼들이 그다지 오래 살아남지 못할 것을 알고서 개미와 베짱이를 도로 데려왔고, 둘은 다시 포획 상태로 돌려보내졌다.

"분야를 막론하고 재도입 프로그램에서 일하던 사람들 모두 사기가 꺾였지요." 로드가 말했다. "그렇지만 그 뒤에 놀라운 일이 일어나서 약간이나마 희망을 돌려주었죠." 어느 날, 렌이 감시를 계속하고 있는데 인공 굴을 설치한 곳에서 피그미토끼 새끼 1마리가 갑자기 뛰어나왔다. 녀석이 거기 앉아서 렌을 쳐다보는 사이, 렌은 근접 사진을 찍을 수 있었다. "우리는 그 후로 여름 동안 계속 정기적으로 녀석을 볼 수 있었습니다." 렌이 말했다. "그리고 그 사진이 뉴스로 널리 보도되어 녀석은 무척 유명해졌지요."

그 사진은 포획 번식 피그미토끼들이 충분히 오랫동안 포식자들을 피할 수 있고, 넓은 산쑥 서식지에 재적응하기만 한다면 첫 번식철에 야생에서 출산을 할 수 있다는 증거였다. 렌은 이렇게 말했다. "여름 끝 무렵에 남아 있던 방생 토끼 2마리가 포식자에게 잡아먹히는 바람에, 2007년 현장 연구는 거기서 끝이 났습니다. 다들 기대했던 수준에는 못 미치는 결과였지만, 적어도 앞으로 더 좋은 계획을 세우는 데 도움이 될 만한 것들을 많이 배우긴 했으니까요."

내가 들은 바에 따르면 로드와 렌은 개체군 모형화 연구를 완료했고, 적어도 포획 번식 개체군이 지금의 2배는 되어야 더 많은 개체를 야생으로 방생할 수 있겠다는 결론을 내렸다. 매년 처음으로 태어난 새끼들은 차갑고 축축한 토양 때문에 살아남지 못하는 경우가 많아서, 연구 보조원인 베키 엘리아스는 온실 안에 번식 울타리를 세우고 있다. 사람들은 토끼들이 자연 환경에 더 잘 적응할 수 있도록 훨씬 더 크고 자연에 가까운 울타리를 지으려 노력하고 있다. 다음번 아기 토끼를 풀어 놓을 때는 야생에서 사는 방식에 적응하는 동안 포식자들의 위험을 피할 수 있도록 방생지 안에 일시적으로 설치한 울타리 안에서 지내게 할 계획이다. 안타깝게도 베짱이와 개미는 좀 더 살아남을 확률이 높은 환경에 재방생되기 전에 죽었다는 소식이 들려왔다. 하지만 미래의 재도입 계획에 투입될 새로운 무리의 아기 토끼들이 태어나고 있다.

로드 세일러는 그 모든 일을 이렇게 갈무리했다. "우리는 이 위기에 처한 종들을 다시 바깥 세상에 돌려놓기까지는 절대로 모든 장애물을 뛰어넘었다고 말할 수 없습니다. 이 조그만 토끼들에게는 앞으로 커다란 시련이 기다리고 있습니다. 그렇지만 아직 희망이 있습니다! 우리는 이전 방생 실험에서 많은 것을 배웠고, 포기하지 않을 겁니다."

그 프로그램에 참여한 사람들과 매혹적인 조그만 토끼들에게 내 모든 행운을 주고 싶다.

애트워터초원뇌조
Tympanuchus cupido attwateri

애트워터초원뇌조는 그보다 흔한 큰초원뇌조와 마찬가지로 레크에서 구애를 하는 종이다. 다시 말해, 수컷들은 조심스럽게 선택한 짧게 자란 풀밭이나 맨땅에 무리를 지어 모인다. 수컷들의 목 양옆에는 밝은 오렌지색 공기 주머니가 달려 있는데, 이들은 서로에게 도전할 때 이 주머니를 부풀려 벼락같은 소리를 낸다. 암컷은 그 소리에 이끌려 짝을 고르기 위해 레크에 모인다.

초원뇌조는 몸길이 40~45센티미터에, 몸무게는 680~900그램 정도로, 땅에 둥지를 짓고 산다. 깃털은 흑갈색과 황백색의 좁은 줄무늬가 세로로 나 있고, 수컷은 조그만 귀처럼 우뚝 솟았다가 아래로 늘어진 깃털을 가지고 있다. 큰초원뇌조에 비하면 발까지 이어져 난 깃털이 없고, 크기가 더 작으며 색이 더 어둡다. 정수리는 황갈색이고 목은 짙은 밤나무색이다.

나는 애트워터초원뇌조의 짝짓기 과시 행동은 고사하고 이 새 자체를 본 적이 없다. 그렇지만 네브래스카의 샌드 구릉 지대에서 짝짓기 철에 큰초원뇌조를 본 적이 있다. 톰 맹겔슨과 나는 수컷의 그 장관이라 할 (하지만 동시에 우스꽝스러운) 과시 행동을 볼 수 있기를 바라면서

번식 철이라 수컷 애트워터초원뇌조가 다른 수컷들에게 도전을
하고 있다(그레이디 앨런).

동이 트기 전에 현장을 찾았다.

큰초원뇌조들이 처음 현장에 등장했을 즈음에는 아직 깃털 색깔이 뚜렷이 보일 만큼 날이 밝기 전이었지만, 곧 떠오르는 태양이 갈색 줄무늬 진 몸 깃털과 검고 짧은 꼬리 깃털, 그리고 밝은 오렌짓빛 홍색 공기 주머니와 눈두덩을 비췄다. 레크에 수탉들이 점점 더 많이 모여들면서 우리는 그 무엇보다도 놀라운 장관을 볼 수 있었다. 우리와 가장 가까이에 있던 수탉이 대장인 것 같았다. 녀석은 빈번히 과시 행동을 했다. 벼락같은 소리를 내면서 날개를 반쯤 펼쳐 낮추고, 꼬리를 치켜세우고 공기 주머니를 부풀렸으며, 동시에 발을 무척 빨리 굴렀다. 이따금씩 한 수탉이 다른 수탉을 향해 날렵한 종종걸음으로 머리를 낮추고 날개를 펼친 채 달리기 시작했다. 그리고 상대에게 가까이 가면 멈춰 서서 서로를 응시하다가 위아래로 뛰어오르면서 적수를 발로 갈겼다. 이 도전을 몇 차례 계속하고 난 후 아마 패배한 듯한 한쪽이 도망을 갔다.

결국 암컷 1마리가 나타났는데, 그러자 과시와 충돌은 더욱 열기를 띠었다. 그 조그만 암컷은 레크를 돌아다니기는 했지만 이 모든 행위에 철저히 무관심한 것 같았다(듣자 하니 이때는 짝짓기 철의 최고조가 아니란다. 그렇지 않았더라면 암탉들이 더 많이 나타났을 테고 상황은 더 열기를 띠었으리라.). 이런 장관이 대략 2시간 동안 지속된 끝에 새들은 목초지로 흩어져 버렸다. 얼마나 마법 같은 아침이었던지. 나는 하느님이 그 3달간의 짝짓기 철에 웃고 싶을 때 마음껏 웃으려고 초원뇌조들을 만들어 냈음이 틀림없다고 단정했다. 내가 들은 바로는 북아메리카 평원 인디언 중 일부, 특히 라코타 족의 춤이 이 과시에 기반하고 있다고 한다. 한번

봤으면 소원이 없겠는데!

애트워트초원뇌조는 한때 텍사스의 걸프 해안에서 북쪽으로는 루이지애나까지, 내륙으로 대략 120킬로미터에 걸쳐 뻗어 있는, 2만 4280제곱킬로미터에 달하는 톨그라스 초원 생태계에서 흔히 볼 수 있었다. 바람막이 초원은 당시 다양한 종류의 풀들이 자라 풍부한 생물학적 다양성을 자랑했다. 그러나 우리가 익히 알고 있는 일들이 벌어졌다. 사람들이 개발과 경작을 위해 이 태고의 땅을 점점 더 깊숙이 침범했고, 산불이 인위적으로 통제되자 덤불이 초지를 잠식했다. 초원뇌조들은 해마다 사라져 갔다. 이 새들은 1919년에는 루이지애나에서 사라졌고, 1937년 텍사스에 남아 있는 수는 9,000마리도 채 안되었다. 그리하여 1967년에는 멸종 위기 종으로 등재되었으며, 그로부터 6년 후에는 1973년의 멸종 위기 종 법이 이 새들에 대한 보호를 강화했다.

오늘날 초원뇌조의 평원 점유율은 예전에 비하면 1퍼센트밖에 되지 않는데, 대부분의 서식지가 파편화되어 남아 있는 서식지들은 실질적인 번식 개체군을 유지하기에는 너무나도 작은 실정이다. 운 좋게도 1960년대 중반에 세계 자연 보호 기금이 15제곱킬로미터의 지역을 매입하여 보호 구역을 설립했다. 1972년에는 그 땅이 미국 어류·야생 생물 관리국으로 넘어가서, 오늘날 휴스턴으로부터 서쪽으로 96킬로미터 거리에 있는 국립 애트워트 초원 야생 보호 구역은 원래 면적의 3배가 되었다. 남동쪽 텍사스 연안에 남아 있는 초원 서식지 중에서는 가장 크다. 오늘날 야생에 남아 있는 애트워터초원뇌조 무리는 바로 그 보호 구역에 있는 무리를 제외하면 텍사스시티 근처 조그만 땅뙈기에서 살고 있는 것이 전부다.

이 새들에 대한 복원 계획은 지리적으로 서로 분리된 군락 3곳을 구축하는 것이 목표다. 개체 수로는 도합 5,000마리는 있어야 한다. 이 목표에 도달하기 위해 미국 어류·야생 생물 관리국은 우선 일반 사람들을 대상으로 초원뇌조들에 대한 지지를 끌어모으고자 적극적인 대중 접촉과 교육 프로그램을 개발했다. 둘째로는 활발한 연구 활동을 계속하고 있다. 그리고 셋째로는 정부 사무처들과 토지 소유주들과 협력해 초원뇌조 서식지를 보호하고자 애쓰고 있다. 초원뇌조들을 야생으로 재도입하는 것을 목표로 하는 포획 번식 프로그램은 1990년대 초에 시작되었다.

텍사스에 있는 파슬 림 자연 보호 연구소에서 병아리들이 처음 깨어난 해는 1992년이었다. 다른 조직들, 텍사스 A&M 대학교와 몇몇 동물원 등도 그 계획에 참여하고 있다. 일단 포획 양육 병아리들은 독립적으로 생존할 수 있게 되면 미리 계획된 방생지로 보내져 건강 검진을 받고 무선 전파 목걸이를 달게 된다. 그리고 2주 동안 환경 적응용 울타리 안에서 관리를 받는다. 그러고 나면 자연으로 방생될 차례다. 이 병아리들은 톨그라스 초원의 삶에 거의 즉각 적응하는 유전자 프로그램을 갖고 있는 듯이 보인다. 다른 말로 하자면, 이 새들은 풀려난 순간부터 초원에서 주인 행세를 하기 시작하는 것이다.

지역민들이 안전 기지를 제공하다

2007년에는 방목지 토지 보전 기획부 산하 해안가 초원 협회와 미국 어류·야생 생물 관리국 간에 안전 구역 협정이 최종적으로 승인되어, 개인 토지 소유주들이 해안가 초원 서식지를 복원하고 유지하려는 노력에 조력할 수 있는 발판을 마련했다. 8월에는 다양한 시설에서 온 30마리의 어린 포획 뇌조들이 텍사스 골리아드카운티의 사유 목장지인, 1800년대 이래 한 지주 가문이 안전하게 관리하고 있던 평원에 방생되었다. 그것은 이 새들이 사유지에 최초로 방생된 기념비적인 사건이었고, 2008년에서 2009년 사이에 다른 병아리들이 추가로 방생될 계획이다. 더 많은 지주들이 앞으로 이 계획에 참여할 수 있었으면 좋겠다. 다른 포획 번식 새들은 텍사스시티 근처 텍사스 자연 보호 구역과 텍사스 이글 호수 근처 애트워터초원뇌조 국립 자연 보호 구역에 방생되었는데, 후자는 테리 로지놀이 보호 구역 관리인을 맡고 있다.

2007년 내내, 보호 구역 직원들은 야생에서 부화되는 병아리 수를 늘리려고 무던히도 노력했다. 전체 18개 둥우리에서(그중 둘은 파괴되었지만 재건되었다.) 12마리가 성공적으로 깨어났고, 병아리 77마리가 살아서 2주령을 맞았다. 이 첫 몇 주 동안 병아리들은 포식자와 홍수와 굶주림 때문에 언제 죽을지 알 수 없었다. 따라서 이 시기에 가능한 한 많은 병아리를 살려 두는 것이 절실했다. 그러기 위해 자원봉사자들의 도움을 받기로 결론이 내려졌다. 43명의 자원봉사자들이 개인적으로 나섰다. 어류·야생 생물 관리국 직원들, 한 학교 단체, 석사 과정 중인 박물학자 그룹을 비롯해 다양한 사람들이 그 지역 전역에서 찾아왔다. 그들의 임무는 병아리들과 그 어미들이 먹을 곤충을 채집하는 것이었다.

각 자원자들은 커다란 천 그물과 비닐봉지로 무장하고 보호 구역의 톨그라스 초원으로 파견되었다. 풀 속에서 그물을 재빨리 앞뒤로 훑어서 가능한 한 많은 종의 곤충을 가능한 한 많이 포획하는 것이 임무였다. 그리고 이 곤충들을 안전히 보관할 수 있는 약 4리터 들이 가방으로 옮겨야 했다. 채집 활동은 오전 9시나 10시부터 오후 4시까지 계속되었다. 어미 1마리와, 10에서 12마리 정도 되는 새끼들은 출산 후 첫 몇 주 동안 이렇게 잡은 곤충들을 매일 가방 12개 분량씩 먹어 치웠다. 하루에 곤충을 100마리나 먹었다는 뜻이다!

병아리 한 마리가 곧 한 번의 승리

나는 테리와 전화로 이야기를 나누었는데, 테리의 말에 따르면 그 모든 고된 노동을 하고도 살아남은 병아리는 18마리밖에 되지 않았다고 한다. 사실 예상했던 생존율은 그보다도 더 낮았다. 그런데 9월에 "무리에 속해 있지 않은, 무선 전파 목걸이를 달지 않은 새들 4마리가 보였어요." 분명히 이들 역시 번식 철의 생존자들이었다. 아직도 생존율은 낮아 보이지만 그래도 번식 군락에 힘을 보태 줄 새들이 18마리나 더 생긴 것이다.

나는 테리에게 애트워터초원뇌조를 구하는 원정에서 마주치는 실망과 실패를 견뎌 내고 계속 나아갈 수 있는 비결이 뭐냐고 물었다. "분명히 가끔은 정말 힘들 때가 있어요." 테리가 말했다. 그리고 그처럼 힘들 때는 자기들이 겪은 "작은 승리들"을 되돌아보면 긍정적인 태도를 되찾을 수 있다고 했다. 테리는 이 화려하고 우스꽝스러운 초원뇌조를 위해 너무나 열심히 일하는 수많은 자원봉사자들을 칭찬했다. "사람들이 기꺼이 도우려 나서는 한 희망이 있어요." 테리는 말한다.

테리는 애트워터초원뇌조의 강력한 지킴이다. 1993년 2월부터 그 새들 일에 몸 바쳐 왔고, 그만둘 마음은 전혀 없다. 어떻게 그토록 끈질길 수 있을까? "저는 항상 패자들에게 마음이 가더라고요." 테리가 말했다. "그리고 저는 도전을 좋아하거든요. 제가 보기에 애트워터초원뇌조는 양쪽에 다 들어맞아요. 마음 깊숙이에서 초원뇌조가 계속 이 세상에 살아남았으면, 그리고 제 손자들이 저만큼이나 그 새들을 보면서 즐거워할 수 있었으면 좋겠다고 생각하고 있어요."

아시아독수리들:
오리엔탈흰색등독수리 *Gyps bengalensis*
긴부리독수리 *G. indicus*
가는부리독수리 *G. tenuirostris*

나는 독수리를 정말이지 엄청나게 존경한다. 독수리를 보면 마치 홀릴 것만 같다. 아시아에서는 이 새들을 한번도 본 적이 없지만, 탄자니아의 세렝게티 평원에서는 몇 시간이고 넋을 놓고 관찰하곤 했다. 아름답고 힘찬 비행, 경이로운 시력, 그리고 복잡다단한 사회적 행동이라니. 간혹 독수리의 목과 머리의 맨살이 기분 나쁘다고 하는 사람들도 있지만 독수리에게 그보다 적절한 조건은 없다. 먹잇감의 피와 내장이 깃털에 엉기면 얼마나 보기 흉하겠는가! 그리고 일부 독수리 종은 그 맨살의 색깔로 기분을 파악할 수 있다. 시체를 놓고 다툼을 벌이거나 짝짓기로 인해 격앙되면 목 색깔이 밝은 분홍색으로 변하는 독수리도 있다! 또 독수리들은 놀라울 정도로 인내심이 강한 새들이기도 하다. 독수리들은 때로는 아주 먼 곳으로부터 날아와, 사자나 하이에나 같은 더 큰 포식자가 배를 다 불릴 때까지 지켜보며 기다려야 할 때도 있다. 그러다 마침내 기회가 오면 독수리들은 재칼과 경쟁을 하고, 때로는 승리를 거둔다.

디클로페낙(diclofenac)에 오염되지 않은 안전한 먹이를 먹을 수 있는 장소인 네팔의 "독수리 식당"에서 밥을 먹은 독수리들이 식당 근처에서 휴식을 취하고 있다(마노즈 구탐).

인도를 때린 재난

1990년대 중반에 봄베이 자연사 협회의 비푸 프라카시 박사는 인도의 독수리들이 알 수 없는 이유로, 그것도 대량으로 죽어 가고 있다는 사실을 과학계에 처음 경고한 영웅이었다. 사실, 1990년대 말에 이르면, 세 독수리 종, 긴부리독수리 또는 인도독수리, 오리엔탈흰색등독수리 또는 흰궁둥이독수리, 그리고 가는부리독수리 모두가 심각한 위기에 처한 종으로 등재되었다. 추산에 따르면 그 개체 수는 10년 전에 비해 97퍼센트나 줄었다고 한다. "그 감소세는 그 어떤 조류 종이 겪은 것보다 더 가파른 축에 속합니다." 왕립 조류 보호 협회 소속 데비 페인 박사의 말이다. 이 새들은 네팔과 파키스탄, 그리고 인도 전역에서 죽어 가거나 이미 죽은 채로 발견되었다. 어떤 지역에서는 완전히 자취를 감추기도 했다.

매 기금은 이러한 재난에 대한 이야기를 듣고 파키스탄의 펀자브 지방에 오리엔탈흰색등독수리들의 번식 개체를 감시하는 임무를 띤 과학자들을 파견했다. 2000년에 과학자들은 13곳의 번식 군락에서 임자 있는 둥지 2,400곳을 발견했다. 그리고 번식 철마다 같은 지역을 돌아보고 매년 줄어드는 둥지 점유율을 기록으로 남겼다. 과학자들은 또한 죽은 독수리들을 매일 마주치고 있었다. 2006년에 이르면 번식 쌍은 오로지 27쌍밖에 남지 않았다. 보고서의 결론은 이랬다. "연구 결과에 따르면 독수리들은 아마도 그 어떤 맹금류보다 더 격심한, 거의 재난에 가까운 개체 수 급감 현상을 맞았습니다."

나는 2007년에 인도에 가서 유명한 자연 다큐멘터리 제작자 겸 자연 보호 운동가인 마이크 팬디와 만나서 이런 상황에 대해 이야기를 나누었다. 마이크는 처음 아시아독수리들이 얼마나 위기에 처해 있는가를 알아차렸을 때, 수년 전에 독수리들을 촬영했던 라자스탄의 시체 더미를 다시 찾아가 보기로 마음먹었다고 했다. 마이크의 말에 따르면, 당시 그는 시체들 위에 흩어져 환경을 청소하는 수천 마리의 독수리들에게 말 그대로 파묻혀 버렸단다. 하지만 이번에 돌아왔을 때는 상황이 무척 달랐다.

"저는 수천 마리 독수리들의 사체 위를 걸었습니다. 이 강한 새들의 부러진 날개가 제 발에 채였지요." 마이크는 충격을 받았다. 그 사체의 땅에서 먹이를 먹으며 번식하고 있던 들개 떼가 마이크를 습격했지만, 마이크는 간신히 지프차 지붕 위로 뛰어올라 몇 군데 긁힌 상처만 입은 채 무사히 빠져나왔다.

청소 동물의 중요한 역할

마이크의 말에 따르면, 한때 인도 아대륙은 그 어느 곳보다 독수리들의 개체군 밀도가 높았다. 아마 8700만 마리는 됐을 거라고 한다. 동시에, 인도에는 소가 대략 9억 마리 있었는데, 이는 세계에서 가장 많은 수였다. 독수리들은 도시와 마을과 시골에서 소의 사체를 먹어 치우곤 했는데, 그 수는 대략 1년에 1000만 마리 정도였다. 그런데 독수리가 줄어들면서 수백만 마리의 소 사체들뿐만 아니라 야생 동물들의 사체가 그대로 지천에 널려서 이제는 가축은 물론이고 인간의 건

강에도 큰 위험 요소가 되고 있다. 야생으로 돌아간 개들과 쥐들이 청소 동물 역할을 대신 떠맡고 있지만 이들은 사체를 해체하는 데 훨씬 오랜 시간이 걸린다.

이후에 마이크는 내게 이메일을 보내와 최근 인도 전역의 4개 지방에서 탄저병이 발발했다는 보고가 있음을 알렸다. "더운 여름의 열파는 썩어 가는 사체들로부터 탄저병 포자나 병원균을 가져다 쉽게 성층권으로 실어 전 세계에 퍼뜨릴 수 있습니다." 마이크는 이렇게 썼다. 마이크는 아시아독수리들이 이대로 사라진다면 세상이 어떻게 될지 모른다며 심각하게 우려하고 있다. "우리의 생각 없는 행동 때문에 사체 해부의 대가들이 하늘에서 사라지고 있습니다." 마이크가 말했다. 독수리들이 없어서 "썩어 가는 사체들이 조류 독감이나 인간에게 알려진 그 무엇보다도 치명적인 돌연변이 병원균들을 수없이 땅 위에 번식시키고 있어요."

인도를 방문하고 6개월 후, 나는 영국에 있는 국제 육식 조류 연구소의 소장인 제미마 패리존스를 만났다. 제미마는 독수리 개체 수 감소가 정점에 이른 1997년에, 세계 보건 기구의 추산에 따르면 인도에서 광견병으로 죽은 사망자 수가 3만 명이었다고 이야기했다. 이는 다른 어느 나라보다도 높은 수치였다. 그리고 제미마의 말에 따르면 그 원인은 광견병 전파체인 쥐와 개가 늘어났기 때문일지도 모른다. "인간이 야기한 동물 종의 감소가 나중에 인간에게 어떤 타격을 입힐지에 대해 우리가 정말 무지하다는 사실을 그대로 보여 주는 일이죠."

아시아독수리들은 또 다른 역할도 하는데, 전통적으로 인도의 파르시를 포함해 몇몇 공동체에서 장사를 지낼 때 특정한 임무를 맡아 왔다. 제미마는 파르시 사람들의 특별한 회합에 참석했다고 한다. 영국의 다소 시끄러운 카페에 한 고위 사제를 모셔 와서 열린 이 회합에서 파르시 사람들은 독수리 개체 수 감소가 자기들의 공동체에 얼마나 심각한 문제로 작용하고 있는가를 설명했다. 독수리들은 전통적으로 침묵의 탑이라고 하는, 둥글게 세워진 구조물에 뉘인 망자들의 시체를 먹어 치우는 역할을 맡고 있었던 것이다. 근처 테이블에서 들려오던 떠드는 소리는 그 충격적인 이야기에 정적으로 잦아들었다고 한다!

독수리들은 왜 죽어 가는가?

아시아에서 독수리들이 멸종할지도 모른다는 가능성에 우려를 품는 사람들이 그토록 많은 것도 무리가 아니다. 경이롭게 설계된 조류 종으로서 독수리들이 갖는 본질적인 가치는 별도로 하더라도 말이다. 처음에는 감소세가 모종의 질병 탓인 것으로 여겨졌지만, 죽은 새들에 대한 부검 결과 그 어떤 병원체나 세균으로 인한 감염 사실도 밝혀지지 않았다. 문제의 독수리들은 등이 굽었고 머리와 목을 들지 못했으며, 알고 보니 내장에 심각한 염증이 있었을뿐더러 간은 흰 결정으로 뒤덮여 있었다. 그 결정의 정체는 요산인 듯했고, 증상은 인간의 통풍과 비슷했다. 하지만 도대체 왜?

독수리들의 죽음이 염증 방지 진통제인 디클로페낙과 관련이 있는 것 같다는 의심이 늘어 가던 2003년 5월, 맹금류 생물학자들의 한 회합에서 매 기금 소속의 과학자가 그러한 의혹을 확증해 주는 듯한 정보를 제시했다. 통풍으로 죽은 독수리들의 신장 내 디클로페낙 수치가 높았던 것이다. 수의과에서 사용되는 그 약은 1990년대 중반에야 인도 아대륙에 도입되었지만 값이 싼 덕분에 순식간에 널리 퍼졌다. 1번 쓰는 데 드는 비용이 1달러에도 못 미쳤다.

2004년 1월에 매 기금과 파키스탄 조류학회가 합동 연구를 실시한 결과, 디클로페낙이 실제로 독수리들의 주된 사인인 것으로 확정되었다. 그리고 그 연구는 결국 인도의 의약 통제국으로부터 수의과용 디클로페낙 제조를 금하는 결과를 이끌어 내는 중대한 역할을 했다. 금지 조치는 곧 네팔과 파키스탄에도 도입되었다.

그러나 불행히도 그것으로 끝이 아니었다. 금지 조치를 집행하는 것도 쉽지 않았고, 그보다 더 문제인 것은 디클로페낙을 수입해서 판매하고 사용하는 것은 여전히 합법적이라는 사실이었다. 게다가 인간용으로 합법적으로 제조된 디클로페낙이 수의학 시장에 침투하기 시작했다. 인도와 파키스탄과 네팔에서 디클로페낙이 완벽하게 사라지기 전까지는 아시아독수리들에게 안전한 미래란 오지 않을 것 같다.

그렇긴 해도, 인도 정부가 그처럼 비교적 신속히 그 약물의 제조를 금지했다는 사실은 역사에 남을 만한 승리다. 거기에는 2006년 3월에 개봉한 마이크 팬디의 영화도 일익을 했다. 「부러진 날개(Broken Wings)」라는 제목이 붙은 이 영화는 충격적인 사체 더미 답사 여행의 결과물이었다. 다큐멘터리는 독수리들의 사인만이 아니라 이 새들이 남아시아 생태계의 건강을 유지하는 데서 맡고 있는 중요한 역할을 역설했다. 영화는 5개 국어로 번역되어 모두 국립 텔레비전 방송국에서 방영되었다. 라디오 역시 그 이야기를 실어 날랐다.

동시에, 장기적으로 보아 독수리들의 운명에 가장 큰 영향력을 미칠 지역민들에 대한 개별적인 접근도 이루어졌다. '소중한 지구' 재단은 실물 크기로 만든 독수리 인형을 가지고 지역 곳곳을 다니며 농부들과 지역 사람들에게 이 새들의 경이로움을 보여 주어 그들의 고난을 통감하게 만들었다. 그와 더불어, 매 기금, 봄베이 자연사 협회, 왕립 조류 보호 협회는 파키스탄과 인도에 남아 있는 독수리 군락과 가장 가까이 있는 마을들에 우르두어와 힌두어로 된 교육용 소책자와 전단들을 1만 부도 넘게 배포했다.

독수리 식당

매 기금의 또 다른 계획은 2003년 파키스탄의 번식지 근처에 "독수리 식당"을 열어 독수리들에게 오염되지 않은 먹이를 제공하는 것이었다. 비록 이로 인해 번식 철 절정기에 사망률이 다소 떨어지는 효과가 있긴 했지만, 새끼들이 다 자라면 다시 동일한 상황이 벌어졌기 때문에 그 계획은 폐기되었다. 하지만 헌신적인 일단의 루츠 앤 슈츠 회원들이 마노즈 구탐의 지도하에 네팔에서 여전히 비슷한 독수리 급식소를 운영하고 있다. 그 단체는 카트만두에서 서쪽으로 240킬로미터 정도 떨어진 나왈파라시 마을의 젊은이들이 결성한 것이다. 이 젊은이들은 디클로페낙에 오염되지 않은 동물 사체들(주로 소와 물소)을 수거해 독수리 식당으로 가져가 독수리들에게 안전한 먹을거리를 제공한다. 사체를 운송하는 데는 많은 시간과 정력과 돈이 들기 때문에 이는 결코 쉬운 일이 아니다.

루츠 앤 슈츠는 또한 지역 공동체에 문제에 대한 인식을 일깨우고자 노력하고 있다. 마노즈의 말에 따르면 사람들이 독수리들을 구하는 데 점점 관심을 갖고 힘을 보태고 있다. 예를 들어 한번은 2007년에 일군의 지역 젊은이들이 독수리들이 정체를 알 수 없는 사체를 먹고 있다고 루츠 앤 슈츠에 알려 왔다. 마노즈와 그의 팀이 즉각 현장으로 출동해 보니 사체의 절반이 이미 독수리에게 먹힌 다음이었다. 팀은 사체가 디클로페낙에 오염되었을까 봐 걱정되어 남은 사체를 묻어 버렸다. 그리고 이틀 후에, 독수리 몇 마리가 병에 걸려 죽어 가고 있다는 소식이 전해졌다. 다시금, 현장으로 달려갔다.

"가 보니 독수리 3마리가 괴로워하며 날지 못하고 땅 위에서 날개를 퍼덕이고 있더군요." 마노즈는 말했다. 1마리는 간신히 날아서 도망쳤지만 날갯짓에 힘이 없었다. 다른 2마리는 죽었다. 죽은 새들을 해부한 마노즈는 디클로페낙 중독의 가능성을 보여 주는 신호를 발견했다. 간과 신장의 요산이었다.

"우리 일곱 사람은 무거운 마음으로 루츠 앤 슈츠가 근처 강둑에 판 구덩이에 독수리들을 묻었습니다." 마노즈가 말했다. 하지만 다행인 것은, 그런 죽음들이 그들의 결심을 약화시킨 것이 아니라 오히려 강화시켰다는 점이다. "우리는 다같이 힘을 모으기로 했습니다," 마노즈가 말했다. "그런 상실이 다시 일어나지 않도록요." 주된 문제 하나는 디클로페낙이 인도 국경에서 흔히 밀수입된다는 것이었다. 그리하여, 루츠 앤 슈츠 회원들은 심지어 지역 동물 병원들을 돌아다니며 디클로페낙을 수색하고 있다고 한다. 혹시나 그 약을 팔고 있는 곳이 있는지 확인하기 위해서 말이다.

연 날리기 축제의 위협

독수리들에게는 또 다른 심각한 위협이 있는데, 이것은 아마 예상하기 쉽지 않을 것이다. 아시아 각지에서는 1년에 1차례씩 어마어마한 인기를 자랑하는 연 날리기 축제가 벌어진다. 이 관습은 할레드 호세이니가 쓴 엄청난 베스트셀러이자 영화로도 만들어진 『연을 쫓는 아이(The kite Runner)』를 통해 서구 세계에도 알려졌다. 이 축제는 늦겨울에 수확 철을 축하하기 위해 열린다. 연 날리기 대회는 오래된 관습이지만, 최근에는 전통적으로 쓰이던 면실이 유리 가루가 코팅된 날카로운 실로 바뀌었다. 축제 기간 동안 연 수만 개가 매일 하늘을 온통 뒤덮는다. 연들은 각자 면도날처럼 날카로운 실을 이용해 다른 연의 연줄을 끊어 하늘에서 떨어뜨리려고 경쟁한다. 정말 재미있는 놀이다.

그러나 불행히도, 독수리들을 비롯해 수천 마리의 새들이 이 새로 개발된 연줄에 맞아 상처를 입는다. 마이크 팬디의 말에 따르면 가장 위험한 것은 "마아자(Maajah)"라는 연줄로, 이따금 새의 날개를 싹둑 잘라 버리는 일도 있을 정도다. 마이크는 2008년에 열린 연 날리기 대회 단 하룻동안 아흐메다바드시에서만도, 심각하게 부상당한 독수리 4마리를 포함해서 8,000마리 이상의 부상당한 새들이 지역 NGO들과 자원봉사 단체에 구조되었다고 했다.

더욱 비극적인 것은 이런 축제가 번식 철의 절정기에 열린다는 점이다. "연줄을 옛날 면실로 바꾸고, 또한 무슨 연줄이든 나무와 숲에 얽힌 채로 놔두지 않는 것이 시급합니다." 마이크는 말한다. 다행히도, 이 상황은 개선될 희망이 보인다. 소중한 지구 재단에서는 이 상황을 우려하는 개인들 및 조직들과 더불어 전국적으로 유리 코팅 줄을 금지하는 투쟁을 벌이고 있다. 또한 마이크는 2008년 봄에 독수리들을 위해 마아자 연실을 사용하지 말아 달라고 호소하는 뉴스 영화를 만들어 인도의 국제 네트워크를 통해 방송하기도 했다.

포획 번식: 그것이 해답인가?

2004년 인도에서 열린 국제 독수리 회담에서, 세 아시아 종 모두를 멸종으로부터 구하기 위해 포획 번식 프로그램을 시작한다는 결정이 내려졌다. 그리고 후에 자연 보호를 위한 국제적인 연합이 이 결정을 승인했다.

제미마는 나와 만나서 이렇게 말했다. "우리는 이제 인도에 시설을 3곳 두고 있어요. 가장 오래된 1곳은 하리아나 주 칼카 외곽의 핀조르에, 하나는 웨스트벵골에, 그리고 또 하나는 아삼에 있어요. 아삼에 있는 시설은 주로 가는부리독수리에 집중할 거예요. 왜냐하면 그곳은 그 종의 본토이고, 셋 다 심각한 멸종 위기 종이긴 하지만 그 종이 가장 희귀하거든요."

육식 조류들의 경우가 대개 그렇듯이, 번식을 위해 알이나 병아리를 얻는 일은 그다지 쉽지 않다. "포획 번식 프로그램을 위해 알을 채집하던 날은 절대 못 잊을 거예요." 제미마가 말했다. "제가 그제껏 본 가장 험한 길을 한참 동안 달려서 둥지에 도착했는데, 그 마을 사람이 신을 벗고 그대로 대마 밧줄을 잡더니 독수리 병아리를 잡으러 어마어마하게 높은 나무를 올라가는 거예요. 프로그램에 있는 다른 병아리 1마리와 같이 키울 계획이었죠. 제 미국 친구들이라면 분명히 그 나무를 오르려면 비싼 밧줄과 카라비너(등산할 때 사용하는 타원형이나 D자형 금속 고리. — 옮긴이) 같은 게 있어야 한다고 했을 거예요."

2007년 1월에 핀조르에서 최초로 오리엔탈흰색등독수리 병아리가 깨어나긴 했지만, 불행히도 병아리는 살아남지 못했다. 나와 2008년 1월에 이야기를 나누었을 때, 제미마는 시설에서 오리엔탈흰색등독수리 여러 쌍이 둥지를 틀고 알을 품고 있다고 했다. "알은 곧 깨어날 거예요." 제미마가 말했다. "그렇지만 직원들이 모든 일을 제대로 진행할 수 있을 만큼 충분한 경험을 얻으려면 시간이 걸린다는 것을 잊어서는 안 되겠죠."

현재로서는 인도의 번식 프로그램에 170마리가 있다. 40마리 정도는 웨스트벵골에, 4마리는 아삼의 신형 시설에, 그리고 나머지는 핀조르에 있다. "우리의 목표는요." 제미마가 말했다. "방생을 하기 전에 각 시설에 75쌍까지 그 수를 늘리는 거예요. 각 종당 25쌍씩요. 그리고 물론 환경은 100퍼센트 안전해져야 하고요." 새들 중에는 특히 연 날리기 축제 때문에 다쳤거나 해서 다시 자연으로 방생될 수 없는 개체들이 많다.

네팔은 자체적으로 번식 실험을 계획하고 있지만 모든 사람들이 그 계획을 지지하는 것은 아니다. 우리가 앞서 보았듯이, 한 종이 멸종을 맞닥뜨린 경우에는 늘, 최종적으로 야생에 재방생하는 것을 목표로 하는 포획 번식의 득과 실이 뜨거운 논쟁거리가 된다. 마노즈는 아시아독수리 보호에 대한 최근 관심과 기금에 무척 용기를 얻었지만 포획 번식은 마지막 수단이 되어야 한다고, 자연적인 서식지에서 그 종을 살릴 희망이 거의 없어졌을 때에만 거기에 의존해야 한다고 믿는다. 그리고 마노즈는 네팔의 상황이 포획 번식이 반드시 필요할 정도로 절망적이지는 않다고 본다. "최근 독수리의 상황에 관한 긍정적인 신호를 보았습니다." 마노즈는 이렇게 써 보냈다.

마노즈가 주로 걱정하는 것은 번식 연구소를 시작하기에 앞서 많은 새들을 포획한다는 계획이 잡혀 있다는 것이다. 그러면 번식 쌍이 총 400쌍 정도 되는 네팔의 독수리 수에 부정적인 영향이 미칠지도 모른다. 또한 포획 번식 독수리들이 과연 야생에서 살아남는 데 필요한 고유의 사회적 기술과 사체 청소 기술을 배울 수 있을지도 의문이다. "우리가 살려야 하는 독수리는 그저 사체 청소에 대해서는 아무것도 모르는 깃털로 덮인 고기와 뼈 덩어리가 아니라, 효율적인 청소 동물임을 잊어서는 안 됩니다." 마노즈의 말이다. "독수리들은 자기들 고유의 삶의 방식을 배워야 하고, 그러려면 야생에서 자라야만 해요."

그리하여 마노즈를 비롯해 네팔의 포획 번식 프로그램에 반대하는 이들은 자연 보호를 위한 자원이 야생에서 번식하는 새들의 상황을 한층 개선하는 데 쓰이기를 바란다. 둥지를 지속적으로 감시하고, 수입된 디클로페낙이 판매되지 않도록 추적하고 경계하고, 연 날리기 대회에서 마아자 연실 사용을 금지하는 것을 합법화하기 위해 투쟁하는 것이 그런 예다. 그리고 마노즈의 루츠 앤 슈츠 팀들은 다른 NGO들과 상황의 심각성을 점차 깨달아 가고 있는 시민들의 도움을 받아 이미 이 모든 일들을 하고 있다.

"알아야 신경을 쓴다"

거의 모든 자연 보호주의자들이 동의하는 전략이 있다면 그것은 대중 교육이다. 일단 사람들이 독수리들을 완전히 이해하고 나면, 독수리들이 인간의 삶에서 맡고 있는 역할을 깨닫기만 한다면, 독수리들이 하늘을 나는 모습이 얼마나 멋진지를 느끼기만 하면, 아니면 그저 독수리의 매력에 한번 반하기만 하면, 사람들은 진심으로 독수리들을 구하려고 노력하기가 더 쉽다. 마노즈와 루츠 앤 슈츠 팀은 그것을 목표로 카트만두에서 나왈파라시 구의 독수리 식당까지 이르는 네팔 최초의 "독수리 관측 여행"을 조직하고 있다. 팀은 그 관광을 통해 독수리 보호를 위한 기금을 확보하는 한편, 독수리의 경이로움과 이 새가 생태계 균형에 얼마나 독특한 기여를 하고 있는지를 관광객들에게 알릴 수 있기를 희망하고 있다.

마이크 팬디는 영화 「부러진 날개」를 만들면서 회복이 빠르며 강력한 청소 동물이자 하늘의 진정한 주인인 독수리들을 존경하게 되었다. 그리고 다른 사람들도 독수리들을 이해할 수 있도록 헌신하고 있다. "우리가 상대를 존경하려면 먼저 상대를 이해해야 합니다." 마이크는 말했다. "그리고 우리는 존경하는 대상을 사랑하는 법이죠…….” 마이크는 교육이 핵심이라고 믿는다. 사람들은 "역동적인 자연의 법칙과 상호 의존적인 생명의 고리 안에 우리 모두를 버티어 주는 가느다란 거미줄"의 존재를 깨달아야 한다. 마이크는 "사람들이 자신의 삶과 독수리를 이어 주는 선을 보고 나서, 그로 인해 마음을 바꾸어…… 많은 사람들의 마음속에 존경심이 자라고, 지구를 오염과 질병으로부터 안전하게 지켜 주도록 만들어진 생명들과 사랑에 빠지는" 모습을 보아 왔다.

사실, 독수리들은 웅변적이고 열정적인 사절단이다. 포획 번식 프로그램과, 개선된 야생의 환경 보호와, 한층 강력해진 사람들의 감시와 우려 덕분에 아시아독수리들이 다시금 세를 회복하여 수천 마리씩 떼를 지어 하늘을 돌며 이 세계에서 태곳적부터 맡아 온 중요한 역할을 수행하게 되리라고 생각하면서, 나는 거기서 희망을 본다.

공원 직원인 캐슬린 미사존이 20년 넘은 장기 자원봉사자인 로이드 요시나와 함께 2006년 하와이 화산 국립 공원에서 야생 네네에게 식별표를 달고 있다(론 맥도).

하와이기러기 또는 네네
Branta sandvicensis

하와이기러기, 토착 이름으로 네네라고 하는 이 새는 하와이의 국조다. 네네라는 이름은 그 나지막한 외침 때문에 붙은 이름이다. 과학자들은 이 새가 한때는 캐나다기러기와 거의 동일한 종이었다가 오랜 세월 진화를 거쳐 분화되었으리라고 믿는다. 네네는 목이 길고 몸통에는 검은색과 크림색 얼룩이 있으며 헤엄을 치는 일이 거의 없다. 발에는 물갈퀴가 반밖에 없지만 기다란 발가락이 있어서 하와이의 화산암투성이인 바위벽을 오르기에 적합하다. 그리고 추운 기온이나 포식자들을 피할 필요가 없는 열대 섬에서 진화했기 때문에, 캐나다기러기에 비하면 네네에게는 비행이 그만큼 중요하지 않다. 그래서 날개가 훨씬 약하다.

제임스 쿡 선장이 하와이 섬을 "발견"하기 전에 네네 개체 수는 아마도 대략 2만 5000마리가 넘었으리라. 그러나 1940년대 내내 이 새들은 사냥꾼들에게 거의 싹쓸이당하다시피 했는데, 그 이유는 겨울 번식 철 동안 네네 사냥을 금하는 법이 없었기 때문이다. 거기다 흔히 돼지나 고양이, 몽구스, 쥐, 개 같은 외래종들이 알과 네네 새끼를 잡아먹으면서 상황을 더욱 악화시켰다. 고양이는 심지어 다 자란 새까지 죽였다. 훨씬 더 큰 다른 새들에게도 상황은 마찬가지였다. 빨리 날거나 멀리 날 능력이 없는 새들은 침략자들에게 손쉬운 먹잇감이 되었다.

1949년 무렵에 야생에 남아 있는 네네의 개체 수는 30마리 정도밖에 되지 않았다. 그러나 포획된 네네들은 어느 정도 있었다. 그중 얼마는 하와이 포하쿨로아 국립 멸종 위기 종 관리 시설에 있었고, 나머지는 영국의 슬림브리지에 보내졌다. 그리하여 네네를 언젠가 야생으로 돌려보내기 위한 포획 번식 계획은 이 두 부지에서 시작되었다.

최근 나는 1995년부터 줄곧 네네 일에 참여해 온 캐슬린 미사존과 긴 대담을 나누었다. 캐슬린은 학위를 마치고 나서 네네 일을 계속하려고 하와이에서 3개월짜리 인턴에 지원했다가 그 길로 지금까지 이 일을 계속하고 있다. 1960년 이래 2,700마리도 넘는 새들을 키워 방생해 온 캐슬린은 네네를 번식시키는 일이 그리 어렵지 않다고 한다. 문제는, 자이언트판다 같은 다른 종들과 마찬가지로, 야생으로 돌아갔을 때 이 새들이 살아남기에 적합하고 안전한 환경을 만드는 부분이다.

하와이의 해발 고도가 낮은 해변 지역 대부분은 이미 개발되었고, 남은 곳은 인간과 외래종 식물의 침범이 점점 더 심해지면서 지속적인 위협을 받고 있다. 그렇지만 캐슬린의 말에 따르면 "어쩌면 더 큰 문제는 너무나 많은 서식지가 너무 오래전에 파괴되었기 때문에 이상적인 네네 서식지에 필요한 정확한 요소를 아무도 모른다는 건지도 몰라요." 어쩌면 그 알 수 없는 이상적인 서식지에 인간이 그 모든 침해를 초래하기 전에는, 네네들이 오늘날 그들에게 큰 피해를 입히는 가뭄이나 심한 우기에도 잘 견뎌 냈을지도 모른다. 특히 번식 철에는 말이다.

네네에게는 다른 위협들도 수두룩하다. 외래종 포식자들이 일으키는 문제도 계속되고 있지만, 자동차에 치이는 네네의 수가 점점 많아지는 것도 문제다. 불행히도 주요 국립 고속도로가 공원을 직통으로 가로지르면서 네네가 먹이를 먹는 지역과 번식하고 둥지 트는 지역을 갈라놓고 말았다. 보통 어른 새들은 날아서 길을 건너지만 새끼를 달고 있을 때는 걸어서 건너야 하기 때문에 이때 위험에 노출되고 만다. 수확 철 이후 풀이 자란 도로의 갓길에 정신이 팔릴 때도 마찬가지다. 그리고 심지어 골프 코스를 탐험하다가 골프 공에 맞아 죽는 일도 있다.

캐슬린은 네네가 절대로 100퍼센트 자립을 달성하지는 못할 거라고 한다. 위험 요소가 너무 많기 때문이다. "그렇지만 전반적인 개체군은 증가세이고, 적절한 관리만 있으면 야생 개체군을 유지하는 데 이바지할 수 있어요."

포식자들을 막아라

1970년대에는 하와이 화산 국립 공원에서 재도입 프로그램이 시작되었다. 방생지로 선정된 지역은 과거 네네 서식지로 짐작되는, 해발 고도가 낮은 지역이었다. 프로그램은 무척이나 단순했다. 포획 상태로 유지되던 번식 쌍 몇의 새끼들이 다 자라자 새끼들과 함께 그냥 풀려났다. 그리고 1980년대에는 국립 번식 프로그램이 추가로 새끼 새들을 공원에 풀어 놓았다. 그러나 그 20년간, 넓은 세상으로 풀려난 새끼들에게 세상은 만만치 않았다. 그럴 법도 한 것이, 공원은 방생 울타리를 둘러싼 바로 인근 지역에만 포식자 통제를 실시했던 것이다.

따라서 야생으로 방생된 새들은 높은 사망률과 낮은 번식률을 보였다. 그냥 어린 새들을 계속 더 많이 번식시켜서 운명에 내맡기기만 한다는 것은 분명히 이치에 맞지 않아 보였다. 그리하여 새로운 전략이 개발되었는데, 우선 선정된 번식지 주변의 훨씬 더 넓은 지역에 집중적인 포식자 통제를 실시한다는 전략이었다. 그리고 다음 단계는 넓은 둥지 트는 지역과 적절한 목초지 주변에 울타리를 세워, 알만 가져가는 것이 아니라 많은 새끼 새들을 죽이는 것으로 의심되는, 야생으로 돌아간 돼지들을 차단하는 것이었다. 먹이를 보충 공급하는 것도 소용없이 새끼들이 사라지고 있었기 때문이다. 일단 돼지를 완벽하게 막는 울타리로 1.6제곱킬로미터를 전부 둘러치고 나자 상황은 개선되었고, 뒤이은 번식 철에는 새끼들 대부분이 살아남아 자랐다.

1990년대 초반부터 야생에서 네네 개체 수는 2,000마리 정도로까지 성장했고, 그 수는 매년 번식 철마다 증가하고 있다. 이들은 카우아이, 마우이, 몰로카이, 하와이의 네 섬에 살고 있다. 그중에서도 카우아이에서 가장 잘 지내는데, 몽구스 수가 적고 풀이 많은 저지대 서식지가 더 많기 때문이다. 비록 마우이와 몰로카이에서도 여전히 적은 수나마 포획 방생이 이루어지긴 하지만, 현재 전략은 야생 개체들에 대한 위협을 최소화하는 데 맞춰져 있다.

캐슬린의 말에 따르면 이제는 새로운 울타리 기술을 사용해 고양이들과 몽구스들을 막을 방법을 실험하고 있다고 한다. 새로운 울타리는 모든 종류의 포식자들을 통제하기 위해 갖은 노력을 다한 오스트레일리아에서 온 것이다. 높이가 2미터 조금 안 되는 이 울타리는 고양이나 몽구스가 바깥에서 타고 올라오면 바깥쪽으로 휘어서 약탈자들은 흐물거리는 철망에 거꾸로 매달린 꼴이 되고 만다.

캐슬린은 고양이들이 네네에게 얼마나 큰 위협인지를 보여 주는 사건을 들려주었다. 그 일은 2001년 크리스마스 다음날 일어났다. 캐슬린은 네네 1마리가 둥지가 있는 듯한 초지 쪽을 향해 훤히 트인 화산암 벌판을 날아오는 것을 목격했다. 캐슬린은 네네를 본다는, 특히 가까이서 본다는 쉽지 않은 기회를 만난 데 기뻐하면서 화산암으로 이루어진 허허벌판을 천천히 걸었다. 곧 캐슬린은 자기의 둥지 지역에서 경비를 서고 있는 수컷과 마주쳤다. 캐슬린은 계속 걸었고, 거기서 몸 일부를 뜯어먹힌 암컷의 식은 몸뚱이가 알 곁에 누워 있는 것을 보았다. 고양이는 여전히 사체 옆에 누워서 그 고기로 배를 불리고 있었다. 캐슬린이 네네 사냥에 성공한 고양이를 본 것은 그때만이 아니었다.

그렇다 해도 과학자들과 자원봉사자들은 전혀 포기할 마음이 없다. 캐슬린과 이야기를 나누고 며칠 뒤, 나는 하와이 화산 국립 공원 안팎에서 15년도 넘게 네네 일을 맡고 있던 다시 후와 이야기를 나눴다. 해피엔딩의 이야기를 들려달라는 내 간청을 받고 다시는 옛날 일을 떠올렸다. 다시와 자원봉사자들이 킬라우에아 정상에 있는 지역인 데바스테이션에서 개가 네네를 습격했다는 간접 보고를 받았을 때였다. 사람들은 거기에 네네가 몇 마리 있고, 그중에 적어도 어른 1

쌍과 덜 자란 새끼들 3마리가 있다는 사실을 알았다. 보고에서 알 수 있는 것은 그 개가 적어도 어른 1마리와 새끼 1마리를 공격했다는 사실뿐이었다.

사람들은 즉각 현장으로 차를 몰았지만 새나 개의 흔적은 전혀 찾지 못했다. 하지만 조금 후에 너무 어려서 날지 못하는 새끼 2마리가 눈에 띄었고, 팀은 그 새끼들을 포획했다. 그런데 그와 동시에 어른 새의 외침이 숲 깊은 곳에서 들려왔다. 새끼들을 버리고 싶지 않았던 사람들은 얼마간 기다렸다. 그 외침이 새끼들의 부모 한쪽에게서 나온 것이라 해도, 가족이 다시 상봉한다는 보장은 없었고, 새끼들은 혼자 내버려 두면 살아남지 못할 것이 분명했기 때문이다. 울음소리는 곧 멈췄다. 얼마간 찾아다녀 보았지만 네네의 흔적은 전혀 보이지 않았고 더 이상 울음소리도 들리지 않았다.

사람들은 아직 부모가 나타날지 모른다는 희망을 버리지 못한 채 새끼들이 발견된 곳 근처에 전선으로 된 그물 울타리를 설치하고, 거기에 새끼들을 며칠간 그대로 두었다. 그리고 어느 정도 거리를 두고 엿보면서 부모가 모습을 나타내기를 기다렸다. 그렇지만 어른 새들은 나타날 기미가 없었고 새끼들은 점점 여위어 가고 있었기 때문에 포획 시설로 다시 데려오지 않을 수 없었다. 사람들은 다행히도 시설에 있던 나이 든 네네 쌍이 그 새끼들을 입양하게 만들 수 있었다. "네네는 먹이를 먹는 데는 도움이 필요하지 않습니다." 다시가 말했다. "그렇지만 다른 네네들과의 물리적인 접촉은 반드시 필요해요. 심지어 짝을 짓지 않은 개체들이라 해도 혼자 있는 경우는 거의 볼 수 없고, 가족이나 암수 쌍이 거의 늘 한 단위로 여행을 하죠."

새끼 2마리를 포획하고 나서 몇 달 후, 다시와 그 팀은 데바스테이션에서 1.6킬로미터 떨어진 곳에서 어른 네네 1쌍과 새끼 1마리를 발견했다. 팀은 즉시 새끼를 포획해서 꼬리표를 달았는데, 그동안 부모가 가까이서 맴돌았기 때문에 부모의 꼬리표를 읽을 수 있었다. "우리 두 고아의 사라진 부모와 동생이었어요!" 다시는 내게 이 기쁜 소식을 전했다. 야생의 새끼는 포획된 새끼에 비해 더 작았고 성장 정도도 뒤떨어졌다. 포획 시설에서 제공한 먹이가 아무래도 더 풍부하고 영양가가 높았던 것이다. 그렇지만 결국 온 가족이 개의 공격을 이기고 살아남았다. "우리는 스스로 무척 운이 좋은 사람들이라고 생각해요." 다시가 이렇게 써 보냈다. "적어도 이 이야기는 해피엔딩으로 마무리 지을 수 있었으니까요."

● 세인의 현장 수첩 ●

솜머리타마린
Saguinus oedipus

체중이 500그램도 안 나가는 솜머리타마린은 세계에서 가장 작은 원숭이에 속한다. 내가 이 원숭이들을 처음 본 것은 매디슨 소재 위스콘신 대학교에 있는 찰스 스노든 박사의 솜머리타마린 연구실을 방문했을 때였다. 거기서 나는 장차 이 작은 원숭이 연구에서 세계적으로 선구자 역할을 하게 될 앤 새비지라는 이름의 젊은 대학원생을 처음 만났다.

오늘날, 앤은 솜머리타마린을 "펑크록 가수의 머리 모양"을 한 조그만 원숭이라고 부르기를 좋아한다. 앤은 위스콘신 대학교에서 포획 상태의 솜머리타마린들을 거의 매일 연구하면서 그들 하나하나를 깊이 알게 되었다. 결국 앤은 박사 학위 논문을 위해 야생 솜머리타마린의 행동을 관찰하려고 북서 콜롬비아로 향했다.

물론 이 다람쥐만 한 원숭이를 멀리서 관찰하기란 쉽지 않았다. 그리고 집 뒷마당에 사는 다람쥐들과 진짜 비슷하게, 개체를 식별하기가 극도로 어려웠다. 그리하여 앤은 처음 연구를 하면서 솜머리타마린의 정수리에 있는 흰 털을 서로 구분할 수 있도록 염색하는 작업을 해야 했다. 그 작업은 원숭이들에게 해로운 것이 아니었는데, 사실, 앤은 사람들이 쓰는 바로 그 두발용품을 다만 훨씬 더 적은 양으로 사용했기 때문이다. 그리고 앤과 앤의 팀은 그런 관찰과, 정말 혁신적으로 작은, 등에 지는 무선 전파 발신기를 사용해서 이 멸종 위기에 처한 영장류의 행동 생물학의 비밀을 풀 수 있었다.

20년 동안 이 원숭이들을 관찰하면서 가장 좋은 기억으로 무엇이 있었느냐고 묻자 앤은 깔깔 웃으며 말했다. "막 태어나서 나무 바깥을 엿보는 새끼들보다 귀여운 건 없어요. 솜머리타마린은 거의 늘 쌍둥이를 낳는데, 막 태어났을 때는 거의 새끼손가락 크기의 몸통에 긴 꼬리가 달려 있는 모양새에요."

그리고 앤은 이들이 자라나는 모습을 보는 게 재미있다고 덧붙였다. 솜머리타마린은 인간을 포함해 다른 많은 영장류들이 거치는 성장 단계를 대부분 거친다. 사실, 앤의 말에 따르면 "새끼들은 하루 종일 목소리 내는 연습을 하는 옹알이 단계를 거쳐 결국 부모와 더 비슷한 소리를 내게 됩니다. 각 상황에 적절하게 짹짹거리는 소리나 외침 소리를 내는 법을 배우죠."

오늘날 앤과 앤의 팀은 콜롬비아의 솜머리타마린 개체군을 집계하려고 노력하고 있다. 하지만 여전히 솜머리타마린을 애완동물 거래용으로 사냥하는 사람들이 있어서, 원숭이들은 사람을 보았다 하면 그냥 도망쳐 버리기 때문에 무작정 숲으로 들어가서는 녀석들의 수를 셀 수가 없다. 그래서 연구자들은 조류 연구에서 배운 수법을 이용해, 다른 원숭이의 목소리를 녹음해 들려주는 방식으로 원숭이들을 부른다. 그 결과 집계된 원숭이의 수는 불행히도 이전에 추산한 것보다 더 적었다. 앤이 말한 바에 따르면, 연구 팀이 숲 조사를 마치고 보니, 야생에 남아 있는 솜머리타마린은 1만 마리가 채 안 되는 듯했다.

아직 야생에 살고 있는 이 원숭이들을 보호하는 것이 그토록 중요한 한 가지 이유는, 이들이 포획 번식 프로그램에서는 잘 지내지 못하기 때문이다. 정확한 원인은 모르지만 솜머리타마린은 포획 상태에서 결장암에 걸리는 일이 잦다. 과학자들이 이 문제를 연구하고 있지만, 아직 그 원인에 대해 확신하지 못하고 있다. 포획 상태의 스트레스 때문일 수도 있고, 아니면 이 원숭이의 식단에 숲에서 일상적으로 접할 수 있는 무언가가 빠져 있는지도 모른다.

한편 좋은 소식은 솜머리타마린에게 충분히 적절한 서식지를 제공하기만 하면 알아서 잘 번식하고 건강한 개체군을 유지할 수 있다는 것이다. "종 전체로 볼 때 솜머리타마린은 유아 사망률이 낮은 편입니다." 앤이 말했다. "그러니 정말이지 지역 사람들이 숲을 보호하는 데 협조할 이유를 만들어주는 게 해답이에요."

그리하여 앤은 북서부 콜롬비아에서 지역 공동체와 협력해 위기에 처한 솜머리타마린을 보호하는 훌륭한 단체인 프로옉토 티티를 창립했다. 티티는 콜롬비아 말로 "원숭이"를 뜻하는데, 오늘날 그 프로그램에는 수십 명의 콜롬비아 생물학자들과 학생들뿐 아니라 지역 전역의 교육자들과 공동체의 발전을 추구하는 단체들이 참여하고 있다.

비닐 쇼핑백의 문제

현장 작업 초기에 앤은 콜롬비아 숲의 면적이 인간의 잠식을 비롯한 다양한 요인들로 인해 갈수록 감소하고 있음을 깨달았다. 인간의 공동체들이 숲으로 더 가까이 올수록 사람들은 집을 짓거나 요리용 땔감을 구하려고 점점 더 많은 나무를 베어 넘어뜨린다. 그리하여 프로옉토 티티가 해 온 일 중 하나는 지역 사람들에게 도움이 되면서 숲을 보호하는 데도 이로운, 비용이 낮고 효율적인 방법들을 찾아내는 것이다.

우선, 앤과 팀원들은 사람들이 요리할 때 나무를 사용하는 행태를 살펴보았다. 콜롬비아의 대다수 시골 동네들은 다른 나라의 경우와 마찬가지로 그냥 맨땅에 불을 피웠다. 5인 가족이 하루 3끼 밥을 해 먹기 위해 대략 15개의 땔감을 땠다. 그래서 프로옉토 티티 팀은 진흙으로 아주 단순한 빈드라는 요리 화덕을 만들었다. 이걸 쓰면 하루에 15개씩 땔감을 때는 대신에 5개만 때도 똑같은 양의 음식을 조리할 수 있다.

지역 공동체가 맞닥뜨린 또 다른 시련은 쓰레기를 관리할 방법이 없다는 것이었다. 특히 플라스틱 쓰레기가 점점 더 범람하고 있다는 것이 문제였다. 가장 눈에 띄는 것은 가게에서 흔히 주는 종류의 비닐봉지로, 이 봉지는 아무 데나 버려졌다. 길과 들판, 심지어 솜머리타마린이 사는 숲 속도 상황은 마찬가지였다. 그렇지만 비닐봉지의 문제는 그저 보기 싫다는 것만이 아니었다. 안에 음식물이 들었거나 질병을 퍼뜨릴 수 있는 비닐봉지가 동물과 접촉해서 자연 환경을 위협한다는 것이 문제였다. 동물들은 심지어 비닐봉지를 삼키기도 했는데, 그건 악몽이었다.

그리하여 프로엑토 티티는 집안의 가장이지만 꾸준한 수입원이 전혀 없는 그 지역 여성 15명과 협약을 맺었다. 이 여성들은 이제 울실이 아니라 땅바닥에 버려진 비닐봉지로 손가방을 뜬다. 소규모 산업 같지만, 이 여성들은 이른바 "에코-모칠라스"를 만들어서 이미 100만 개 이상의 쓰레기봉투를 재활용했다.

이러한 해결책은 너도 좋고 나도 좋은 것이었는데, 쓰레기봉투들이 귀중한 상품이 되었기 때문이다. 앤이 지적하듯이, "에코-모칠라스의 인기가 높아지면, 그 지역 곳곳의 사람들은 자기들이 타마린과 숲을 보호하는 데 힘을 보태고 있다는 사실을 알게 되죠."

오늘날 콜롬비아에서는 국내외 자연 보호 조직들의 협력체가 결성되어 마지막 남은 건열대 숲 지대를 보호하기 위해 애쓰고 있다. 비록 언론에서는 아직도 이 남아메리카 국가의 위험과 마약과 범죄 사건을 단골로 다루지만, 앤은 진정 미래의 희망을 본다. "가장 중요한 건, 우리가 앞으로 솜머리타마린 보호 구역이 새로 구축되는 것을 보게 되리라는 겁니다."

앞으로 15년 후에 콜롬비아에서 이 원숭이들의 미래가 어떨 것 같냐고 묻자, 앤은 낙관적으로 대답했다. 프로엑토 티티를 비롯한 지역 자연 보호 단체들이 대중의 자부심과 인식을 높이는 데 힘을 기울이고 있을 뿐만 아니라 젊은이들이 야생과 서식지 양쪽을 보전하는 데 점점 더 관심을 갖게 되었다고 한다. 사실 많은 콜롬비아 학생들이 미국이나 유럽에서 야생 생물학을 배우고 고향으로 돌아와 자기들이 배운 것을 현실에 적용하고 있다. "제게 정말 희망을 주는 건," 앤이 말했다. "다음 세대가 바로 지금 진짜 결실을 맺기 시작하는 게 보인다는 거예요. 콜롬비아에서는 위기에 처한 종들을 구하기 위한 장기적 보호 계획이 세워지고 있어요."

● 세인의 현장 수첩 ●

파나마황금개구리
Atelopus zeteki

눈에 확 띄는 아름다운 줄무늬와 번쩍이는 살갗을 가진 표범개구리를 손에 쥐어 본 적이 없다면, 여러분은 인생의 가장 큰 즐거움 중 하나를 모르고 있는 것이다. 불행히도, 오늘날에는 그 개구리를 손에 잡기는커녕 울음소리만 들어도 운이 좋은 편이다.

여기에는 많은 이유가 있는데, 그중 다수는 사람들이 아예 생각도 못하는 것들이다. 전 세계의 양서류들은 압박을 받고 있다. 양서류는 뭐랄까, 우리가 너무 늦기 전에 조심해야 하는 위험을 경고하는, 광산 속의 진흙투성이 카나리아 같은 존재다. 그 이유는 일부 기후 변화 탓으로 돌려지기도 한다. 자외선 노출을 문제 삼는 사람들도 있다. 그렇지만 한 가지 확실한 것은 수많은 양서류들이 카이트리드 진균(chytrid fungus) 때문에 죽어 가고 있다는 것이다. 카이트리드는 *Batrachochytrium dendrobatidis*의 준말인데, 이 균은 피부로 숨을 쉬는 양서류의 진피 조직에 있는 케라틴을 공격해 질식사를 초래한다. 과학자들은 그 진균의 원산지가 아프리카이며, 아무도 그런 것이 세상이 있다는 사실조차 몰랐던 1930년대에 우연히 세계에 전파되었다고 믿는다. 의학 연구와 애완동물 거래를 위해 수출되는 아프리카개구리에 올라타 온 세상에 퍼진 것이다.

감염된 개구리들은 잡아다 특수 항균 목욕을 시키기만 하면 치료할 수 있다. 그러나 불행히도, 치료한 개구리를 야생으로 돌려보낼 수는 없다. 몇몇 야생 지역에서는 진균이 말 그대로 모든 곳에서 자라고 있기 때문이다.

세상에서 가장 극적인 양서류 구제 작전은(이제는 꽤 유명해졌지만) 아마 서중부 파나마에서 황금개구리의 마지막 명맥을 되살려 낸 작전일 것이다. 황금빛처럼 눈부신 오렌지색 피부를 가진 그 개구리들은 오랫동안 파나마 사람들의 자부심을 상징하는 중요한 동물이었다. 고대의 토착민들은 심지어 그 개구리들을 번영과 다산의 토템으로까지 여겼다. 또 민간전승과 아름다움으로 인한 가치와는 별도로 황금개구리들은 지역 생태계에도 중요한 역할을 한다. 곡식을 해치는 해충들과 모기를 잡아먹기 때문이다.

일단의 끈질기고 지칠 줄 모르는 자연 보호 운동가들이 이 아름다운 양서류를 멸종에서 구하려고 말 그대로 호텔 안에 "개구리 힐튼"을 차렸다. 근처의 강우림에서 치명적인 균류에 감염되어 위기에 처한 개구리들을 포획해서 특수 목욕을 시키고 이 격리 호텔에 수용한다는 발상이었다. 일시적인 구조 노력으로 시작된 것이 결국은 호텔방 4곳을 차지하고 200마리의 개구리들을 수용하는 수준으로까지 확대되었다.

거기다 식량 창고와 자원봉사자와 원정 준비를 위한 공간까지 필요해졌다.

이 매혹적인 호텔 캄페스트레는 또한 배낭 여행자들이 가장 좋아하는 밤샘 장소이기도 한데, 파나마시티 남서쪽으로 80킬로미터 거리에 있는 휴화산의 분화구 주변 숲과 산이 이곳과 무척 근접해 있기 때문이다. 이 희한한 개구리 관광 온천의 주역은 위기에 처한 양서류를 위해 오랫동안 일해 온 파나마인 생물학자 에드가르도 그리피스와 처음에 국제 평화 봉사단 소속으로 중앙아메리카에 온, 위스콘신 토박이 하이디 로스다. 두 사람은 밖에 나가면 산 개구리보다 죽은 개구리를 볼 때가 더 많지만, 그렇다고 해도 포기할 마음은 전혀 없다. 캄페스트레에서 1년이 지나 이들이 포획한 개구리 종은 240종을 넘어섰는데, 그 모두가 균류 때문에 위협을 받고 있다.

따라서 이 외딴 호텔은 시끄러운 수개구리의 울음소리를 듣고 싶다면 꼭 가 봐야 할 곳이라는, 일종의 순례지 하이커들과 관광객들 사이에 널리 알려지게 되었다. 로스와 그리피스는 결국 양서류 관리 전문가가 되었다. 올챙이와 새끼들을 먹이기 위해 귀뚜라미를 비롯한 다양한 크기의 곤충들을 키우는 것은 물론이고 필터와 공기 펌프까지 직접 수리할 정도였다. 그러는 내내, 해결되지 않는 골치 아픈 문제가 있었으니, 겨우 두 사람이, 그것도 임대한 호텔방에서 앞으로 더 얼마 동안 이 일을 계속할 수 있을까? 결국, 캄페스트레는 영원히 이 개구리들을 수용할 수는 없었다. 하지만 다시 감염될 것이 분명한 야생으로 개구리들을 방생하는 것은 위험했다.

여기서 빌 콘스탄트와 휴스턴 동물원이 등장한다. 휴스턴 동물원의 과학과 자연 보호 감독인 빌은 황금개구리를 보호하려고 노력하는 사람들을 하나로 규합했다. 버펄로 동물원, 클리블랜드 메트로파크스 동물원, 그리고 로드아일랜드 로저 윌리엄스 파크 동물원 같은 수많은 미국 동물원들과 수목원들이 자원봉사와 기부금 같은 형태로 지지를 보내 주었다. 양서류 전문가들은 구조 작업에만 참여한 것이 아니라 캄페스트레 일시 체류를 마친 개구리들과 두꺼비들을 수용할 수 있는 특수 설비를 고안하는 데도 협력했다. 새로운 설비는 엘 발레 양서류 보호 센터라고 불리는데, 2007년에 개장했고 엘 니스페로 동물원의 부지에 자리 잡고 있다.

빌은 자연 보호 현장에서 보기 드문 전방위 선수다. 많은 현장 생물학자들처럼 빌 역시 교육 수준이 무척 높고 경력이 탄탄하지만 그런 한편 싸움꾼이자 행동가이기도 하다. 빌의 표현에 따르면, "그냥 황금개구리를 비롯한 양서류가 지금 혹독한 상황에 처해 있다고 해서 포기해야 할 이유는 없습니다. 사실 개구리들이 아직 존재하는 한은 희망이 있는 거니까, 지금이야말로 행동을 촉구하는 목소리를 높여야 할 때입니다." 빌은 웃으면서 이렇게 덧붙였다. "게다가 개구리들은 따로 가르치지 않아도 개구리가 되는 법을 알고 있어요. 그냥 그렇게 태어나니까요. 우리 일은 개구리들이 숲으로, 개울로,

습지로 돌아갈 수 있도록 이 엉망이 된 상황을 해결할 방법을 찾아내는 겁니다."

황금개구리들이 완전히 야생으로 돌아갈 수 있게 되기까지, 파나마에서 이 개구리들이 안전하게 쉴 수 있는 피난처는 그 최첨단 시설밖에 없다. 사실 이 일을 하는 사람들은 그 시설이 야생으로부터 일시적 혹은 영원히 격리해야만 구제할 수 있는 다른 멸종 위기 종들에게 모범이 되리라고 생각하고 있다.

아직도 문제는 남아 있다. 개구리들이 언제쯤 안전하게 자연으로 돌아갈 수 있을까? 아니, 과연 그 날이 오긴 할까? 지금껏 쌓아 온 지식, 그리고 고집이 결실을 맺는다면, 언젠가는 파나마의 개울에 다시금 수컷 개구리들의 희망찬 울음이 넘쳐 날 날이 오지 않을까. 그 답은 시간이 말해 주리라.

4부 섬새들을 살리기 위한 투쟁

옛날 옛적, 인간들이 처음 7대양을 항해하러 어설프게 만든 배를 타고 떠난 이래, 섬의 토착종들은 줄곧 풍전등화 신세였다. 이런 동물들, 곤충들, 식물들의 다수는 몇백 년에 걸쳐 진화하면서 자기들이 사는 환경에 완벽히 적응해 왔다. 경쟁할 다른 초식 동물도, 그들을 잡아먹거나 짓밟는 육생 포식자도 없는 환경이었다. 잘 알려진 갈라파고스 섬의 새들과 같은 일부 조류들은 단 한번도 투쟁 혹은 도피 행동을 개발할 필요가, 다시 말해 두려워하는 법을 배울 필요가 없었다.

그리하여 배에 오른 인간들은 애초부터, 정착해서 섬을 식민지로 만들었든, 아니면 그저 긴 바다 항해 동안 쓸 물과 음식을 저장하기 위해 잠깐만 들른 길이었든, 섬의 새들을 손쉬운 먹이로 삼았다. 날지 못하는 도도는 잡아먹혀서 멸종에 이르렀다. 날지 못하는 카카포 역시 거의 그런 처지가 될 뻔했다.

정착자들은 자기들 가축을 데려오기도 했는데, 주로 염소들과 돼지들이었다. 토끼들은 식용으로 도입되어 급속히 그 수가 불어났다. 통제를 벗어나 과도하게 번식한 토끼를 사냥하기 위해 수입된 족제비들은 섬의 동물들을 손쉬운 먹잇감으로 삼았다. 원래는 머물렀다 떠나는 배에서 섬으로 상륙한 쥐들을 사냥하는 역할을 한 고양이들은 이내 야생 환경에 적응하여, 경계심 없는 새들을 사냥하기 시작했다. 많은 외래종 식물들이 도입되었고, 그중 일부는 새로운 환경에 재빨리 적응하여 급속히 번져 갔다. 토착 동식물은 그런 예측불허의 침략을 견뎌 내지 못했다. 섬세한 자연의 균형이 교란되자 재앙과도 같은 일들이 거듭 벌어졌다. 수없이 많은 섬 생물들이 도도와 더불어 사라졌고, 다른 수없이 많은 종들이 멸종 직전까지 내몰렸다.

한창 이 책을 쓰기 위해 여러 가지 자료를 조사하던 중에, 나는 이런 섬들의 시계바늘을 거꾸로 돌려놓기 위해 투쟁해 온 특별하고 헌신적인 사람들 몇몇을 만나 이야기를 나누었다. 그리고 독특하고 무척 소중한 동식물들을 멸종으로부터 구하는 데 들여야 하는 노고가 어마어마하다는 사실을 알게 되었다. 고된 일과 절대적인 헌신, 고난과 심지어 가끔은 위험까지 무릅쓰려 하지 않는다면 이루어질 수 없는 일들이었다. 이 사람들이 하는 일 중에서 가장 어렵고 도전적이며 가장 논란이 심한 것은 물론, 섬 서식지로부터 외래종들을 몰아내는 임무였다.

다른 말로 하면, 이 생물학자들은 오랜 세월 동안, 그리고 전 세계에 걸쳐, 셀 수도 없이 많은 무고한 생물들을 독살하거나 덫으로 잡거나 총으로 쏘는 일을 불가피하게 떠맡아 왔다. 그 일은 잠시도 쉴 수 없는 일이다. 노동 강도가 심할뿐더러, 보통 돈도 무척 많이 든다. 모든 상황에 똑같은 기술을 적용할 수도 없다. 비교적 큰 동물들, 염소나 돼지 같은 동물들은 사냥으로 잡을 수 있다. 고양이들한테는 원래 총을 사용했지만, 수가 점점 줄면서는 덫을 쓰고 있다. 그보다 더욱 어려운 것은 쥐들인데, 무엇보다 수가 많다는 게 제일 문제였다. 지금까지 쥐에게 효과를 발휘한 방법은 독살뿐이었다. 그리고 덫과 독을 쓰는 방법은 둘 다 늘 엉뚱한 동물들, 특히 본토 설치류들의 목숨을 앗을 위험이 있다. 태평양의 한 섬에서는 참게들이 미끼에 걸려든 일이 있었는데, 다행히 게들은 무사했지만 그 때문에 기껏 잡은 쥐 수백 마리가 도망을 가고 말았다. 또 생물학자들이 헤브리데스의 카나 섬에서 그 조그만 섬을 침공한 대략 1만 마리의 시궁쥐를 성공적으로 제거하기 위해 먼저 위기에 처한 150마리의 칸나새앙쥐(별개의 아종)를 대피시켜야 했던 일도 있다.

"해로운" 종 대 위기에 처한 종

그토록 많은 동물들을 대규모로 제거해야 하는 불행한 작업이 동물의 권리에 관심이 있는 수많은 사람들의 반발을 사게 되었음은 당연한 일이다. 그 사람들이 "해로운" 동물들의 복지가 그릇되게 침해당하고 있다고 주장하는 것은 정당하다. 생물학자들은 역시 존재할 권리를 지니고 있는 그 동물들의 고통에 대해 잔인하고 무관심하다는 이유로 비난받는다. 결국 자기들이 스스로 선택해서 그 섬을 침공한 녀석들은 없었으니 말이다. 하지만 내버려 두면 녀석들은 그 땅을 잠식하고 만다. 그리고 불행히도, 그 결과는 극히 파괴적이다. 염소들은 특히 이런 점에서 두드러진다. 염소들은 영리하고 환경에 쉽게 적응한다. 물도 거의 필요 없고, 뭐든지 먹이로 삼을 수 있다. 땅에 떨어진 나풋잎을 전부 먹어 치우면 심지어 나무에까지 오른다. 한편 토끼들은 염소보다 크기는 더 작지만 급증하는 능력으로 보면 훨씬 뛰어나다. 그리고 심지어는 집에서 먹이를 배불리 먹은 고양이들마저도 동네 새들과 설치류 개체 수에 심각한 영향을 끼치는데 하물며 들고양이들이 섬에 초래한 피해는 얼마나 심각했겠느냐 말이다.

내 친구인 돈 머튼은 수십 년 동안 여러 섬을 복원하는 일에 참여해 왔는데, 돈의 말에 따르면 19세기 말에 뉴질랜드 스티븐 섬 등대지기가 키우던 고양이가 세상에 마지막으로 남았다고 알려진 스티븐 섬의 굴뚝새 18마리를 모조리 죽여 등대지기의 문간에 갖다 놓은 일이 있었다고 한다. 이 굴뚝새은 그저 한 예일 뿐, 인간이 모르고 섬으로 데려간 동물들 때문에 멸종된 토착종들은 그 수를 다 헤아릴 수 없을 지경이다.

그렇지만, 앞서 말했듯이 외래종들 중 자발적으로 섬에 간 것은 하나도 없다. 오스트레일리아의 보타니 만에 내려진 최초의 영국인 죄수들과 마찬가지로, 이 동물들에게는 선택권이 없었다. 거기에 그들을 데려다 놓은 것은 우리 인간이다. 우리가 뱀을 잡으려고 버진 열도에 몽구스를 풀어 놓은 일과 마찬가지다. 또 모피 거래용 모피를 얻으려고, 포식자들로부터 안전한 상태에서 번식할 수 있도록 북극여우를 알류샨 열도에 데려다 놓은 것도 우리다. 그로 인해 섬의 동물들 수가 엄청나게 줄어 들었을뿐더러 생태계 전체가 교란되고 말았다. 우리는 여우 사냥을 목적으로 유럽 붉은여우를 오스트레일리아로 데려갔다. 그리고 그 여우들은 더 작은 토착 유대류와 새들을 사냥했다. 이 이른바 해로운 종들의 유일한 죄는 환경에 지나치게 잘 적응했다는 것뿐이다. 호모 사피엔스처럼 말이다.

결론은 각 개체에 대한 우려와 한 종의 미래에 대한 우려 사이의 투쟁으로 수렴된다. 심지어 구조되는 그 종의 개체들이 종의 이익을 위해 희생되는 경우도 있다. 포획 상태로 동물을 키워 야생에 방생하는 사람들은 적어도 그중 30퍼센트는 살아남지 못하리라는 사실을 뻔히 안다. 나는 늘 개체들의 권익을 옹호해 왔다. 그렇지만 놀랍고 독특한 종들의 최후 생존자들을 구해 내려는 이런 노력이 고양이의 포식 때문에 거의 실패할 뻔한 실화(카카포나 지노의 바다제비가 바로 그런 예다.)를 알고 나니, 그리고 염소와 토끼들이 초래하는 완벽한 초토화를 직접 목격하고 나니, 내 견해를 수정하지 않을 수 없었다.

만약 외래종들을 정말 자비로운 방식으로 제거할 수 있는 방법이 있기만 하다면 얼마나 좋을까. 하지만 들개와 들고양이에게 시술되는 불임수술은 사실상 전혀 효과가 없고, 모든 포식자들을 덫으로 생포할 수 있다 하더라도 그들을 어디다 옮겨 놓을 것인가? 사로잡아 배에 가득 채운 염소와 돼지를 어떻게 처리할 것인가? 이 운 나쁜 침탈자들이 애초에 도입되지 않았더라면, 그들을 제거하는 윤리적인 방법이 존재하기만 한다면. 그렇지만 과거를 되돌릴 수는 없고, 그런 윤리적인 방법은 존재하지 않으며 그들은 사라져야만 한다. 결국, 돈이 내게 말했듯이, 외래 포식 동물들은 자기들이 살아남기 위해 매년 수천 마리는 아닐지 몰라도 수백 마리의 본토 새들을 비롯한 야생 동물들을 죽여야 한다. 그리하여 보이지 않는 지속적인 고통을 야기한다.

그리고 비록 침략자들이 학살당하는 것은 비통한 일이지만, 나는 그들을 섬에서 몰아내기 위해 그토록 애쓰는 사람들의 집념에 감탄을 금할 수 없다. 1960년대에 섬들에서 쥐들을 제거하는 데 성공한 돈 머튼은, 외래종을 제거하는 기술에서 진정한 선구자였다. 그가 개발한 외래종 제거 방법들은 조금씩 수정되어 전 세계의 제거 프로젝트에 이용되고 있다. 다른 동물을 죽이는 일에 일부러 열정을 쏟고 싶어 하는 사람은 없다. 하지만 우리가 보아 왔듯이, 새들과 그 무방비한 새끼들을 보호하려면 어쩔 수 없는 일이다.

이 모든 섬새들이 남아 있을 수 있는 것은 그들이 그냥 죽도록 놔두지 않겠다고 마음먹은 사람들의 결단력과 창의성 덕분이다. 나는 이 섬새들이 도도에 합류하여 돌아올 수 없는 곳으로 사라지지 않도록 구해 낸 뛰어난 사람들을 공정하게 평가하려고 애썼다. 그 사람들은 많은 역경을 견뎠다. 인내심과 고집, 회복력이 없었다면 불가능했으리라. 강인함과 용기는 물론이고, 어쩌면 약간 미쳐야 하는지도 모른다. 그리고 앞으로 보게 되겠지만, 그 사람들은 실제로 그랬다.

검은울새 또는 채섬섬울새
Petroica traversi

검은울새에 얽힌 이야기는 내가 1990년대 초에 돈 머튼을 만나면서 시작된다. 돈은 조용하고 말씨가 부드러운 사람으로, 비범한 일을 한 사람들이 대개 그렇듯이 겸손했다. 당시 돈은 뉴질랜드에서 나를 위해 열어 준 환영 행사에 초대받아 온 처지라 우리는 길게 이야기를 나누지 못했다. 그렇지만 돈은 자기가 해낸 놀라운 일과 위기에 처한 새들을 구하는 데 품고 있는 열정을 얼핏 보여 주었다. 그리고 그 나머지 이야기는 나중에 전화 통화와 이메일 교신을 통해 알게 되었다. 그리고 물론, 돈이 쓴 책도 도움이 되었고 말이다.

돈이 자연과 사랑에 빠진 것은 어린 시절, 1940년대에 뉴질랜드 북 섬 동쪽 해안에서 자라면서부터였다. 돈은 말했다. "대략 4살 때부터 저는 자연에 미쳐 있었고, 새와 도마뱀과 곤충들을 보느라 시간 가는 줄 몰랐어요. 특히 새의 둥지를 찾을 때는요." 5살이 되었을 무렵, 할머니가 다니러 오시면서 카나리아를 가져오셨다. "그 조그맣고 노란 새는 1940년대 내내 제게 노래를 불러 주었고…… 새들에 대한 열정에 불을 지펴 주었습니다." 어느 날 돈과 형제들은 "할머니의 카나리아에게 (유럽) 황금방울새 병아리를 맡겨 키우게 했습니다. 카

돈 머튼이 가장 사랑하는 검은울새와 함께. 돈은 할머니의
카나리아에 대한 어린 시절 기억 덕분에 이 멸종 위기 조류를
임박한 종말로부터 구할 방법을 떠올릴 수 있었다(롭 채플).

나리아는 병아리를 자기 새끼로 입양해서 길렀지요." 그로부터 35년 후, 이 사건에 대한 돈의 기억은 결국 검은울새 종을 눈앞에 닥친 멸종으로부터 구해 냈다(이 이야기는 뒤에 가서 더 자세히 다루겠다.).

    돈은 12살 때부터 벌써 멸종 위기에 몰린 새들을 구하는 데 평생을 바치겠다고 마음먹었다. 그리고 흔들림 없이 자기 꿈을 좇아, 1960년(내가 탄자니아의 곰비 국립 공원에 도착한 것과 같은 해다.)에 일을 시작했고, 자기 조국에서 그리고 전 세계에서 가장 심각한 멸종 위기에 처한 새들 일부를 구제하고 복원하는 데 핵심 역할을 했다. 그 모든 것이 시작된 것은 돈이 토착 야생 환경을 아직 충분히 유지하고 있던 빅사우스케이프 섬(지금은 토착 이름인 타우키헤파로 알려져 있는 섬으로, 뉴질랜드 스튜어트 섬의 남서쪽 해안에서 약간 떨어져 있다.)에서 1달을 보내고 난 다음이었다. 사실, 인접한 작은 섬 2곳과 더불어, 그 섬은 남 섬에 있는 붉은등아랫볏찌르레기를 비롯해 이전에는 내륙에 널리 퍼져 번성하고 있던 몇몇 동물에게 마지막 남은 피난처였다.

쥐들을 비롯한 침략 동물들

그 여행을 마치고 뒤이어 외딴 지역들로 현장 답사를 다녀온 돈은 뉴질랜드 내륙에서는 겉보기에 원래대로의 모습을 유지하고 있는 숲을 비롯한 서식지들이 수천수만 제곱킬로미터나 펼쳐져 있는데 왜 토착 야생 동물들은 위기에 처해 있는지 의문을 품게 되었다. 왜 그렇게 다양한 종이 그토록 급격하게 감소했고, 또 심지어 멸종까지 겪게 되었을까? 돈과 몇몇 동료들은 유럽의 정착자들이 의도적으로(고양이, 족제비)나 모르고(쥐나 생쥐) 도입한 포식 포유류가 미친 영향이 주된 원인이라고 확신했다. 그렇지만 유럽이나 북아메리카에서 교육받은 일부 선도적인 생물학자들은 포식은 자연적인 것이며, 뉴질랜드의 야생에 영향을 미치는 주된 원인은 서식지 손실이라고 강력하게 주장했다.

영원히 사라지다

그러고 나서 돈의 말을 빌리자면, "그저 그런 주장을 약화시키는 정도가 아니라 우리가 섬과 그 토착 동식물을 인식하고 보호하고 관리하는 방식을 영원히 바꿔 버린" 어떤 일이 일어났다. 타우키헤파를 다녀온 지 3년째 되는 1964년 3월에, 돈은 배에서 섬으로 내린 쥐들이 해충 수준으로까지 번식해서 야생 환경에 막대한 피해를 초래했다는 이야기를 들었다. 돈과 그 동료들은 "생물학적인 재앙"에 맞서 무언가 조치를 취하고 싶어 했지만 존경받는 생물학자 몇 명은 쥐들이 야생에 상당한 위협을 제기한다는 사실을 믿지 않으려 하면서 개입주의적인 생각에 격렬하게 반대했다. 그 학자들은 어떤 개입도 "우리가 예상할 수 없는 방식으로 생태계를 바꿔 놓을 겁니다. 우리는 사실상 문제가 있다는 것이 연구 결과로 밝혀진 다음에만 개입해야 합니다."라고 주장했다.

결국 5개월간의 논쟁 끝에, 그리고 일부 야생 보호국 직원들의 지지 덕분에, 돈과 동료들은 구조 작업을 시작하도록 허가를 받았다.

"우리는 마지막 남은 붉은등아랫볏찌르레기 몇 마리를 해충이 없는 조그만 두 인근 섬에 이전했고, 덕분에 그들을 구할 수 있었습니다." 돈이 보고했다. 그렇지만 알려지지 않은 몇몇 무척추동물 종들과 더불어 덤불굴뚝새, 스튜어트섬덤불도요, 큰짧은꼬리박쥐를 구하기에는 이미 때가 너무 늦었다. 그들은 사라졌다. 영영. 그렇지만 붉은등아랫볏찌르레기는 지금 12곳도 넘는 섬에서 수천 마리까지 번성하고 있다. 그것은 임박한 멸종으로부터 구제된 첫 조류 종이고, 인간의 직접 개입을 통해 야생에서 다시 안정세로 돌아왔다.

"타우키헤파의 비극은 이런, 그리고 다른 영감을 받은 자연 보호 운동가들에게는 가치 있고 시기적절한 교훈이었습니다." 돈이 내게 적어 보냈다. "그리고 심지어 더 회의적인 사람들에게도, 사람들이 개입하지 않으면 쥐들이 섬의 토착 동물군에 생태학적인 붕괴와 멸종을 초래할 수 있다는 사실을 확신시키는 역할을 했습니다." 사실, 이 재앙은 생물학적으로 중요한 섬들을 해충으로부터 안전하게 유지하는 것을 가능케 한 섬 격리 규약과 포식자 제거와 통제 방법을 개발하는 데 견인차 역할을 했다.

그 후로도 오랫동안 돈은 수많은 조류를 멸종으로부터 구해 왔다. 지금도 진행 중인 것으로 전 세계에 단 하나뿐인 날지 못하는 앵무새인 카카포를 구하기 위한 싸움이 있는데, 돈은 거기서 수년간 핵심적인 역할을 해 왔다. 돈은 또한 오스트레일리아흰목덤불새, 세이셸까치울새를 비롯해 인도양 세이셸 섬의 토착종인 다른 동물들을 구제하고 복원하는 데도 중요한 역할을 했다.

못 믿을 이야기

돈의 여러 업적 중에서도 특히 내가 가장 좋아하는 이야기는 검은울새를 구한 이야기다. 돈은 이렇게 말했다. "검은울새는 유쾌하고 붙임성 있는 조그만 새들로, 인간에게 정을 붙입니다. 종종 1미터 내로 다가와서, 잠깐이지만 사람의 발이나 머리 위에 내려앉기도 한답니다! 아무리 새들에게 무관심한 사람이라도 이 새들한테는 금세 마음을 빼앗겨 버리죠! 저는 이 새들이 너무 사랑스럽고, 전 세계의 현재와 미래 세대를 위해 이 환상적인 조그만 생명체들을 멸종의 벼랑에서 구해야 한다는 막중한 책임감과 더불어 특권 의식을 느낍니다."

그것은 알고 보니 얼마나 힘든 일이었던지. 1880년대 이래, 검은울새는 리틀 맹게레 섬에서만 살았는데, 이 섬은 뉴질랜드에서 동쪽으로 800킬로미터 정도 떨어진 채섬 제도 외곽 중앙 해령에 있는 조그만 바위섬이었다. 검은울새들은 마지막 은신처인 이 섬에서 겨우 4만 8600제곱미터밖에 안 되는 나무숲에서 살았다. 그리고 사람들은 잠깐 동안이나마 이 새들이 안전하다고 여겼는데, 1972년에 일군의 생물학자들이 모든 개체를 포획해서 식별표를 다는 작업을 한 후, 이들이 겨우 18마리밖에 안 된다는 사실을 밝혀냈다. 뒤이은 몇 년간 그 수는 계속 줄었고, 돈은 즉각적인 개입을 주장했다. "그렇지만 반대편이 너무 많았어요." 돈이 말했다. 몇 사람은 감소세가 자연적인 순환의 일부로, 도움을 받지 않아도 곧 그 수가 회복될 거라고 생각했다. 하지만 1976년에, "전 세계에 검은울새가 9마리밖에 남지 않았을 때에야 비로소 당장 행동을 취해야 한다는 전반적인 합의가 이루어졌지요."

돈은 자기와 동료 대부분이 "무슨 일을 해야 하는가에 대해 강력한 확신이 있었고, 종종 그것을 실행하지 못하는 데 좌절을 느꼈습니다."라고 말했다. 마침내 남아 있는 울새들을 포획하고 재배치하도록 허락을 받은 1976년 9월에, 섬에 간 일행은 검은울새가 겨우 7마리밖에 남아 있지 않은 것을 발견했는데, 그중 2마리만이 암컷이었다. 그리고 암컷 2마리 중 겨우 1마리만이 알을 낳을 수 있는 것으로 밝혀졌다. 이 암컷은 다리에 파란색 꼬리표를 달아서, 장차 올드블루라는 이름으로 유명해진다. 생존자의 이 조그만 무리는 숲 환경이 죽어 가고 있어서 더 이상 그들에게 적절한 환경이 될 수 없었던 리틀 맹게레 섬을 떠나 근처의 맹게레 섬으로 옮겨졌다. 검은울새들을 구하기 위한 극적이고, 결국 성공으로 끝나는 노력에서, 이 이주는 첫 단계일 뿐이었다.

올드블루: 자기 종을 구해 낸 여족장

검은울새는 보통 한번 짝을 맺으면 평생을 함께한다. 올드블루와 그 짝은 다음 번식 철 동안 둥지를 틀었지만, 그들이 낳은 알은 무정란이었다. 그러자 놀랍게도, 올드블루는 평생의 배우자를 버리고 그 대신 더 젊은 수컷을 선택했는데, 녀석은 곧 올드옐로라고 불리게 된다(노란색 식별표 때문에). 다시금 올드블루는 알을 낳았고, 이제 이 단출한 가족은 돈의 혁신적인 교차 양육 프로그램에 소속되었다.

돈이 통상적으로 낮은 그 종의 출산율을 대폭 끌어올릴 수 있을지도 모른다는 발상을 떠올린 것은 카나리아가 황금방울새를 대리 양육하는 것을 본 어린 시절의 기억 덕분이었다. 일반적인 환경에서 검은울새 쌍은 매년 한배에 태어난 병아리 2마리밖에 키우지 않으므로, 그 종을 멸종 위기에서 급속히 구해 내기에는 아무래도 역부족이다. 그렇지만 둥지가 부서지거나 알을 잃으면 검은울새는 새로 둥지를 짓고 새끼를 깐다. 따라서 돈은 둥지를 부수고 올드블루의 알을 2개 모두 빼앗아다 톰팃 둥지에 놓았는데, 양부모들은 알들을 무사히 부화시켰다.

올드블루와 올드옐로는 그 이후로 둘째 둥지를 만들었고, 올드블루는 다시 알을 낳았다. 돈은 이번에도 알들을 빼앗았다. 한편 톰팃의 둥지에서 깨어난 병아리들은 다시 올드블루에게 돌려보내져, 자기 종의 적절한 행동을 배우게 되었다. 그러고 나서 둘째로 낳은 알들이 부화했다. 돈은 그 병아리들을 다시 올드블루의 둥지에 돌려놓았을 때 올드블루가 자기를 올려다보면서 지쳤다는 표정을 짓는 것 같았다고 말했다. 마치 "이런, 또야?" 하는 것처럼 말이다. 돈은 "예쁜아, 새끼들을 먹이는 건 내가 도와줄 테니까, 걱정 마." 하고 안심을 시켰다고 한다. 나는 돈과 그 팀이, 자기들이 만들어 낸 인위적으로 확대된 검은울새 가족을 위해 적절한 먹이를 찾아 숲을 헤집고 다니는 광경을 마음속에 늘 소중히 그려 보곤 한다.

그 후로 번식 철 동안 몇 번이나 몇 번이나 같은 절차가 되풀이되어, 검은울새의 단출한 가족은 대폭 확대되었다. "교차 양육이 무척 효과적인 방법이라는 사실이 입증되었습니다." 돈이 말했다. "그렇지만 그 기술은 시험을 거치지 않았으니 처음에는 실패할 확률이 높았어요……. 만약 실패했더라면 그 종을 멸종시킨 원흉으로 비난을 당했겠지요!"

돈과 팀은 검은울새를 살려 내려고 필사적으로 노력했다. "올드블루, 올드옐로와 그들의 수많은 새끼들은 제 가족이나 다름없게 되었습니다." 돈이 말했다. "저는 끊임없이 그 새들을 생각합니다. 현장에 있을 때(몇 달씩 연속으로 나가 있을 때도 있는데), 우리는 다른 이야기는 거의 하지도 않습니다." 매년 봄 맹게레 섬을 찾을 때마다, 돈은 어떤 새들이 겨울을 무사히 났는지 한시바삐 알고 싶어서 조바심을 낸다. "새 둥지 하나하나, 새로 낳은 알 하나하나, 혹은 알을 깐 병아리 하나하나가 축하거리가 되고, 혹시 하나라도 죽으면 거의 가족을 잃은 것과 같은 상실감을 느낀답니다!" 새들의 알을 빼앗고 둥지를 부수는 것은 새들의 장기적인 생존을 확보하기 위해서였을 뿐, 돈에게는 결코 즐거운 일이 아니었다.

올드블루는 1984년에 마침내 숨을 거두었다. 이 검은울새는 대다수 울새 수명의 2배에 이르는 13년을 살았다. 인위적으로 낳은, 비정상적으로 많은 알과 새끼를 키워 냈는데도 말이다. 올드블루의 이야기는 많은 뉴질랜드 사람들의 가슴을 울려서, 채섬 섬 공항에는 올드블루를 기리는 액자가 내걸렸고, 외교부 장관인 피터 텝셀 경은 올드블루의 죽음을 두고, "올드블루는 검은울새 종의 여족장이자 구세주"라고 선포했다. 국내외 언론들은 "그 오랜 세월 동안 장수하면서" 세계에서 가장 희귀하고 심각한 멸종 위기에 처해 있던 자기 종을 벼랑에서 되살려 낸 이 새의 이야기를 널리 알렸다.

밝은 미래

1980년대 후반에는 드디어 검은울새들이 100마리의 고지를 넘어 크게 늘어났다. 이후에는 다른 섬에도 검은울새 군락이 구축되었다. 그런 다음에는 더 이상 이 새들을 집중적이고 즉각적으로 관리할 필요가 없어졌다. 돈은 내게 이제 대략 200마리의 검은울새가 두 섬에 퍼져 있다고 말했다. 그 모두가 올드블루와 그 짝인 올드옐로라는 오직 1쌍의 후손이라서, 유전자로 보면 일란성 쌍둥이만큼이나 똑같다.

"다행히도," 돈이 말했다. "눈에 띄는 유전적 문제는 없습니다." 그렇지만 이 두 섬의 서식지는 포화 상태여서 종들이 수를 늘리거나 범위를 더 이상 확장할 수 없다. 또한, 매번 번식 철 중간과 이후에는 상당한 손실이 빚어지는데, 젊은 새들이 살 곳이 없어 죽음을 맞는 것이다. 돈은 오래전부터 리틀 맹게레 섬에 검은울새 군락을 새로 구축하자고 주장해 왔는데, 그곳은 구조 작업 초기에 마지막 검은울새들을 데려왔던 곳이다. 그 후로 리틀 맹게레의 숲 서식지가 회복되었고 포식자 걱정도 없어졌기 때문에, 그 섬은 적어도 단기적으로는 채섬 제도에서 검은울새들이 살 수 있는 유일한 대안 서식지이다. 돈은 이 제안을 강력하게 주장한다. "그리고 두말하면 잔소리지만, 그 일에 참여할 수만 있다면 저야 더 바랄 게 없죠!"

애벗부비
Papasula abbotti

유서 깊은 종인 애벗부비는 평생을 바다에서 살며 오로지 새끼를 낳을 때만 땅에 내려오는 진짜 바닷새다. 그리고 적도 남쪽 10도, 인도양에서 솟아나온 5000만 년 된 사화산인 크리스마스 섬(오스트레일리아 영토)에만 둥지를 튼다. 이 새들은 인상적인 생김새를 가지고 있는데, 머리와 목은 눈부신 흰색이고, 부리는 끝이 검고 길며, 날개는 폭이 좁고 검은색이다. 길이로는 80센티미터까지 자라는데, 어떤 사람들은 부비새 중 가장 큰 이 새들을 가리켜 부비의 "점보제트기"라고 부르기도 한다.

이 부비들의 수명은 최고 40년인데, 어린 새들은 대략 8살이 되기 전에는 번식을 시작하지 않는다. 다른 새들에 비해 번식 주기(15개월)가 훨씬 길어서 2년 간격을 두고 번식을 하며 나무 꼭대기에 둥지를 틀고 알을 하나만 낳는다.

크리스마스 섬에서 인산염 채굴이 본격적으로 시작된 1960년대부터 애벗부비의 수가 감소하기 시작했다. 인산염을 캐려면 광대한 영역의 원시림을 완전 벌채해야 했는데, 이 새들은 숲의 나무 꼭대기에 둥지를 틀기 때문에 번식에 방해를 받았다. 이 키 큰 나무들은 가

크리스마스 섬 공원 관리인인 맥스 오차드와 아내인 비벌리는
지난 16년간 상처 입거나 고아가 된 애벗부비를 키우는 데 헌신해
왔다(그리고 심지어 자기들의 마당과 차고까지 양도했다.).
여기서 맥스는 회복 중인 새끼 부비에게 생선을 먹이고 있다(코리
파이퍼).

장 풍요로운 인산염 매장지 위로 자라 있을 때가 많아서 애벗부비는 채굴 사업의 이해와 직접적인 갈등 관계였다. 따라서 부비들은 이제껏 살아왔던 서식지의 대부분을 잃었다. 남은 부비 군락은 총 약 2,500개 번식 쌍으로 이루어진 것으로 추산된다.

광산 회사는 물론이고 지역 정부가 나서서 이 새들의 서식지와 둥지를 감시하고 보호하려 노력했지만 애벗부비는 계속해서 줄기만 했다. 마침내 1977년에, 그 무렵에는 섬 복원 전문가로서 이미 명성을 확립한 돈 머튼이 크리스마스 섬으로 파견되어 오스트레일리아 정부와 브리티시 인산염 협회에서 야생 환경 보호에 관해 자문을 했다. 돈은 가족과 함께 크리스마스 섬에서 2년을 보낸 끝에 마침내 이 섬에 처음으로 생태 보전 구역을 지정하도록 정부를 설득했는데, 1980년에 지어진 16.2제곱킬로미터의 국립 공원이 바로 그것이다. 이곳은 전 세계 보호 구역 중에 가장 크고 가장 손실을 덜 입은 열대 섬 강우림 생태계로 손꼽힌다. 크리스마스 섬에서 시작된 또 다른 자연 보호 계획은 애벗부비의 번식과 보호를 감시하는 통합적인 프로그램을 실시한다는 내용이었다.

파괴된 서식지와 위기에 처한 병아리들

1980년대 중반 무렵에는 이전에 새들이 이용하던 서식지의 33퍼센트가 이미 파괴된 것으로 추정되었고, 채굴 활동 때문에 숲에 적어도 70곳의 공터가 생겨났다. 그리고 그로 인해 새들이 둥지 터를 잃었을

뿐더러 공터 근처의 새 둥지들은 바람의 피해를 입고 있음이 밝혀졌다. 안타깝게도, 그 때문에 아직 다 자라지 않은 애벗부비 병아리들이 바람에 날려 둥지에서 떨어지는 일이 드물지 않았다. 강한 바람은 새끼들과 심지어 가끔은 어른 부비들까지 나뭇가지에서 날려 보내 버리는데, 만약 새가 숲 바닥에 떨어지면, 나무를 타고 다시 기어 올라가지 못하는 한 살 방법이 없다. 땅에서 이륙하는 방법도 있지만 보통 힘든 일이 아니다. 새들이 이륙을 하려면 올바른 방향에서 불어오는 충분한 바람, 그리고 넉넉한 '활주로'가 필요하다. 누군가에게 발견되어 구조되지 않는 한, 새들의 운명은 보통 거기서 끝난다.

마침내 이 부비들을 보호하는 가장 좋은 방법은 소중한 표토를 돌려놓고 채굴을 위해 벌채된 지역에 다시 나무를 심어 그 섬의 숲을 보호하고 확장하는 것이라는 결론이 났다. 모쪼록 그로 인해 둥지를 트는 부비들에게 너무나 큰 피해를 주는 바람의 영향이 약해졌으면 좋겠다. 계약의 일부로써 협상을 한 채굴 회사들이 출자한 기금을 사용해서 수천 그루의 묘목이 키워지고 심어졌다.

복원 프로그램이 공격을 당하다

하지만 충격적인 일이 벌어졌으니, 그로부터 3년 후에 야생 생물학자들이 가장 중요하다고 지적한 그 지역이 정부에 의해 이민 접수와 절차 담당국 부지로 채택되었다는 것이다. 그뿐만이 아니라, 이미 재조림된 광산 부지의 일부가 다시 벌목되기까지 했다. 이것은 자연 보호 공동체에 엄청난 분노의 불꽃을 일으켰는데, 특히 이 복원 프로그램을 위해 열심히 일해 온 사람들 사이에서는 더욱 그랬다.

오스트레일리아 국립 공원 협의회는 그 계획을 "불법적"이라고 비난했으며, 적절한 승인이 이루어지지 않았으므로 부지의 공사는 즉각 중지되어야 한다고 요구했다. "섬에는 그런 혹독한 자연적 영향을 미치지 않고 기간 시설도 이미 제공되어 있는 더 적절한 지역이 많이 있습니다." 협회 수장인 앤드루 콕스가 말했다.

그리고 애벗부비 감시 프로그램에 처음부터 참여했고 섬과 오랜 관련을 맺고 있는 모내시 대학교 생물학자인 피터 그린은, "새로운 난민 센터가 지어질 부지에서 이미 진행되고 있던 서식지 재구축 프로그램은 영연방 국가들이 공동으로 기금을 대는 프로젝트였고, 그 핵심은 바로 애벗부비들을 구하는 것이었습니다."라고 말했다. 그리고 이렇게 말을 맺었다. "그런 곳을 그냥 불도저로 밀어 버린 겁니다."

이뿐만이 아니라, 정부는 실제로 채굴 회사들과 새로운 계약을 협상하고 있다. 1988년, 연방 정부는 크리스마스 섬의 강우림을 더 이상 완전 벌채하지 않는다고 선포했다. 하지만 최근 그 임대 계약을 확장하여 다른 노령림 지역들을 벌채 지역에 포함시키고자 허가를 구하고 있다. "미친 거죠." 앤드루 콕스가 말했다. "크리스마스 섬은 애벗부비들을 비롯한 그 섬의 토착 생물들에게는 유일한 서식지로, 오스트레일리아의 환경이라는 왕관에 박힌 보석이나 마찬가지입니다⋯⋯. 우리는 섬을 보호해야 합니다." 이 섬은 세계에서 얼마 남지 않은 열대 섬 생태계에 속한다.

지금으로서는 애벗부비 수가 안정권에 든 것 같다. 그렇지만 최근에 가해진 이 환경적 타격은 분명히 해로운 결과를 빚어내리라.

과수원 양육원과 고아원

크리스마스 섬을 둘러싸고 이 모든 소동이 벌어지는 와중에도, 맥스와 비벌리 오차드는 지난 16년간 꾸준히 부모를 잃거나 다친, 위기에 처한 새들을 구제해 오고 있었다. 맥스는 30년이 넘는 세월 동안 주로 태즈메이니아에서 야생 삼림 경비원으로 일했다. 맥스와 비벌리는 특히 위기에 처한 종에 관심을 가지고 평생 고아가 되거나 부상당한 동물들을 구제하고 보살피는 일을 해 오고 있는데 두 사람은 태즈메이니아에 살 때 웜바트와 왈라비, 태즈메이니아주머니너구리를 보살핀 적도 있다.

나는 전화로 그 두 사람과 이야기를 나누었는데, 두 사람의 세심한 배려와 온기와 열정은 저 먼 크리스마스 섬에서 내가 있는 곳까지 고스란히 전해져 왔다. 비벌리는 번식 철에 대폭풍이 섬을 가격할 때마다 어린 새들이 무수히 둥지에서 떨어진다고 설명했다. 3월부터 8월까지 몬순 기간에는 허다한 사상자가 나온다. 그렇지만 그 외에도 상처 입고 고아가 된 새들은 크리스마스 때까지 끊임없이 들어온다. 공원의 방문객들과 그 지역의 하이커들은 새들을 발견하면 늘 맥스와 비벌리를 찾아온다. 새끼들이 성장하는 속도는 지극히 느려서 1년 넘게 둥지에 남아 있는데, 그만큼 자신을 보호하지 못하는 기간이 길다.

새들은 "더러 탈수 증상에 시달리거나 굶주려 완전히 탈진한 상

남편 맥스의 말을 따르면, 비벌리 오차드는 작전의 "핵심이자 영혼"이다. "아내는 가장 사나운 녀석들 하고도 잘 지낼 수 있답니다."(맥스 오차드)

태로 오기도 해요. 그렇지만 빨리 회복되는 경우도 있죠." 비벌리는 말한다. 부부는 이 조그만 새끼들과 부상당한 새들을 집에 데려가서 조그만 둥지 상자에 넣어 준다. 그러면 비벌리가 새들을 간호하고, 물을 주고, 냉동실에 들어 있는 커다란 생선 덩어리에서 떼어 낸 조그만 조각을 먹인다. 생선을 물에 오래 불려 두는데, 그래야 어린 새들이 쉽게 삼킬 수 있기 때문이다. 새들이 부상을 입은 경우라면 맥스가 그 부상을 고치려고 애쓴다. 다시 말해, 부러진 다리를 고치는 것이다. 한 번은 외과 수술로 애벗부비의 내장에서 낚싯바늘을 제거하기도 했다.

물론 불가피하게, 적지 않은 환자들이 죽는다. 그렇지만 비벌리는 부비들의 회복력에 놀랄 때가 적지 않다. "새들을 받고는 절대 견뎌 내지 못할 거라고 생각한 적이 많았어요." 비벌리가 말했다. "심지어 고개도 못 드는 아이들도 있었거든요." 밤이 되어 새들을 두고 나오면서 "그 새들이 마지막 숨을 쉬고 있는 게 틀림없다."고 생각한 적도 있었다. 그렇지만 보살핌을 받고 하룻밤 쉬고 난 그 새들은 비벌리가 아침에 보러 갔을 때, "고개를 내밀고 저를 쳐다보고 있었어요. 신이 나서 종알종알 떠들면서, 배고프다고 아침밥을 달라고 조르는 거예요."

플라스틱 의자에 둥지를 틀다

새들은 저마다 자기 둥지를 따로 얻는다. 맥스와 비벌리의 간이 차고 아래, 바깥에 내다 놓은 "낡은 플라스틱 사무용 의자"다. 두 사람은 특히 모이 주는 시간에는 엄청난 소동이 벌어질 수 있기 때문에 이곳

위 – 맥스와 비벌리의 청소년 부비 몇 마리가 아침 식사를
기다리고 있다(비벌리 오차드).
아래 – 어린 환자가 오차드의 간이 차고에 있는 사무용 의자
둥지에서 회복 중이다(야노스 헤니케 박사).

이 가장 편안한 지점이라는 사실을 깨달았다. 거기에는 언제나 플라스틱 의자 둥지 수십 개가 나란히 늘어서 있다. 부상당하거나 부모를 잃은 부비가 집 안에 있는 상자에서 간호를 받고 다시 건강해지거나 일정한 성장 단계에 이르면 비벌리와 맥스는 그 새를 가능한 한 빨리 플라스틱 의자로 옮겨놓으려고 한다.

야생 상태의 부비들은 극히 높은 나무에 둥지를 튼다. "우리는 야생에서 일어나는 일을 그대로 복제하려고 애씁니다." 맥스가 말했다. "그렇지만 둥지를 복제할 방법은 전혀 없지요. 그래서 각자에게 플라스틱 의자를 하나씩 주는 게 가장 좋다는 걸 알아냈어요. 그리고 먹이로는 생선과 오징어를 주는데, 저희가 생각하기에는 부모가 야생에서 먹이는 것과 같은 종류일 것 같아요." 새들은 매일 몇 시간씩 의자 둥지를 떠나 날아갔다가 모이 시간이 되면 늘 돌아온다.

"이 새들은 보통 무척 우호적이고 협조적이에요." 맥스가 말했다, "그렇지만 실수로 남의 의자 둥지에 앉는 부비에게는 가차 없지요!"

부비들이 있고 부비들이 있다

"새들은 모두 똑같은 이름으로 불려요. 에릭이요." 맥스가 말했다. 이것은 몬티파이튼(영국의 유명한 코미디 제작·공연 집단—옮긴이)의 짧은 풍자극인 「낚시 면허(Fish License)」에서 따온 것으로, 여기서는 존 클리스가 자기 애완동물에게 모조리 에릭이라는 이름을 붙이는 남자로 등장한다. 그렇지만 부비들은 확실히 서로 다르다.

"각자 개성이 있어요." 비벌리가 말한다. "손에 쥐면 좋아하는 녀석도 있고, 뽀뽀하기를 무척 좋아해요. 또 말이 무척 많고 자기 부모와 이야기하기를 좋아해서, 저는 모이 줄 시간이 되면 늘 나가서 새들에게 말을 걸어요. '좀 어때?' '오늘 잘 있었니?' 하고요. 새들은 모두 짹짹거리고 대답을 해요. 저와 이야기하면 다들 아주 신이 나 해요." 새들은 맥스가 농담으로 사람이 토하는 소리 같다고 말한, 개구리 같은 큰 소리를 낸다. "뭐랄까, 속을 게워 내는 소리 같아요."

"우리는 새들에게 손을 너무 많이 대지 않으려고 해요." 비벌리가 말했다. "일단 아기들이 깃털이 다 나면 의자에 데려다 놓고 더는 손대지 않아요. 이렇게 하면 나중에 새들이 우리를 떠난 다음에 보트에 착륙하거나 해서, 다른 인간들을 찾아갈 마음이 들지 않겠죠."

맥스는 비벌리를 그 프로젝트의 "심장이자 영혼"이라고 부른다. "비벌리는 아무리 사나운 새들 하고도 잘 지내거든요. 비명을 지르고 사납게 울러대는 녀석들 하고도요." 맥스가 말했다. "비벌리는 이내 새들을 진정시키고, 말 그대로 다정하게 구구거리게 만들어요."

여러 해에 걸쳐 이 놀라운 부부는 애벗부비를 총 500마리나 구했다. 이 새들은 성장이 느려서, 다 자라기까지는 대략 1년이 걸린다. 그리고 부부가 다루는 새들은 보통 회복기에 있기 때문에 그만큼 더 성장이 느리다. 일부 새들은 플라스틱 의자에 둥지를 틀고 맥스와 비벌리와 함께 최고 2년까지 머문다. 그러고 나면 마침내 야생에서 살아갈 준비가 된다.

"끝내 성장해서 떠나보내야 하는 날이 오면, 그걸로 그 새들과는 안녕이에요." 비벌리가 말했다. 그렇지만 다행히도, 부비들은 떠날 준비를 마치기 전에 으레 하는 작별 의식이 있어서, 맥스와 비벌리는 미리 마음의 준비를 할 수 있다. "새들이 의자로 돌아오지만 모이는 먹지 않는 날이 있어요." 비벌리가 말했다. "그리고 갑자기 별나게 말이 많아져요. 할 말이 많다는 것처럼요. 그러면 먹이가 풍부한 곳을 찾아냈구나 하는 걸 알 수 있어요. 마침내 혼자 살아갈 수 있게 된 거죠. 어쩌면 자기들이 찾아낸 것에 대해 들려주는 걸지도 모르고, 아님 고맙다든가 아님 그냥 작별 인사를 하고 있는 걸지도 몰라요. 알 길은 없지만요." 비벌리가 덧붙였다. "그러고 나면 둥지에서 평화롭게 밤잠을 자고 난 후, 아침에 마지막으로 작별 인사를 하고 영영 떠나요."

"새들은 우리 가족의 일부가 돼요." 맥스가 말했다. "한때는 완전히 저한테 의존했다가 영원히 떠나 버리죠. 그러면 이중적인 감정이 들어요. 새 1마리가 또 야생으로 돌아갔다는 건 기쁜 일이에요. 우리가 이 모든 일을 하는 이유가 바로 그거니까요. 그러니 물론 새들이 잘 살아가기만을 빌게 되지만, 그렇게 오랫동안 내 가족의 일원이었던 새들을 다시 못 본다는 건 아무래도 마음이 아프죠."

맥스는 서식지 문제들과는 별도로 가장 최근에 부비들에게 제기된 위협은 그물과 긴 줄이 달린 낚싯바늘로 직접적으로 위협을 가하는 것으로도 모자라 부비의 식량 자원까지 바닥내는 근방의 수많은 어업 회사들이라고 말했다. 애벗부비는 현재로서는 멸종 위기를 벗어났을지 몰라도 "우리는 경계를 늦출 수 없습니다." 라는 것이 맥스의 말이다.

버뮤다제비슴새 또는 캐하우
Pterodroma cahow

아이였을 때, 나는 『바다 소년 톰(*Tom the Water Baby*)』이라는 책을 읽은 이래 줄곧 바다슴새에 홀딱 빠져 있었다. 그 이야기에 나오는 새는 "마더 케어리의 새(Mother Carey's Chicken)"라고도 하는 쇠바다제비였다. 마더 케어리는 선원들이 오랫동안 제비슴새(petrel)를 불러온 이름인데, 이 새들은 야생의 바다를 집 삼아 살며, 해변에서 멀리 떨어진 곳에서 선원들을 맞았다. 그 이름은 '마테르 카라(Mater Cara)'에서 나왔다고들 하는데, 서구인 중에 처음으로 남쪽 바다를 항해한 초기 스페인과 포르투갈 항해자들은 동정녀 마리아를 그렇게 불렀다. 그리고 'petrel'은 베드로 성인의 이름에서 나온 말인 듯한데, 왜냐하면 그 새들은 먹이를 먹을 때 마치 물 위를 걷는 것처럼 보이기 때문이다.

내가 여기서 들려드리고자 하는 이야기의 주인공은 버뮤다제비슴새로, 큰날개제비슴새 속(*Pterodroma*)에 속하는, 이른바 쇠파리슴새의 일종이다. pteron은 그리스어로 "날개"라는 뜻이고, dromos는 "달리는"이라는 뜻이다. 그러니 합치면 "날개 달린 주자"가 된다. 이 새들은 빠르고 곡예 같은, 미끄러지는 듯한 비행을 선보인다. 사실 모든 제비슴새는 하늘을 지배하며, 무시무시한 폭풍우와 울부짖는 바람을 견

어른 캐하우가 이륙을 앞두고 생물학자인 제레미 마데이로스의
정수리를 등반했다. 제레미의 머리는 나무가 없는 버뮤다
캐슬 하버의 서식지에서 이 캐하우가 찾을 수 있는 가장 좋은
홰였다(앤드루 돕슨).

더 내고, 바로 아래에서 부서지며 흩뿌리는 거칠고 거대한 파도를 뚫고 날 수 있다. 이들이 우리가 망가뜨린 섬 서식지 환경 때문에 가장 끔찍한 고통을 겪을 때는 바로 번식을 위해 육지에 내려앉을 때이다.

버뮤다제비슴새의 토박이 이름은 캐하우인데, 밤에 들려오는 이 새의 섬뜩한 울음소리에서 유래했다. 이 울음소리는 옛날에 버뮤다와 버뮤다의 작은 섬에 사람이 정착하는 것을 막아 주었는데, 스페인 항해자들이 울음소리를 듣고 그 섬을 귀신 들린 섬이라고 생각했기 때문이다. 사실, 버뮤다는 한때 "악마들의 섬"으로 불리기도 했다. 1500년대 당시 스페인 사람들이 버뮤다를 발견했을 때는 적어도 50만 마리에 이르는 캐하우가 매 번식 철에 버뮤다와 주변 섬들의 해변 숲에 돌아와 모래 섞인 토양의 흙 둔덕에 둥지를 트는 것으로 추산되었다.

불행히도 "귀신들"도 선원들이 신선한 음식과 물을 찾아 섬에 상륙하는 것은 막지 못했다. 그리고 선원들은 앞날을 위해 신선한 육류 공급을 확보하려고 돼지를 상륙시켜 양돈을 했다. 그러자 캐하우가 둥지를 틀어야 할 토양은 파괴되기 시작했다. 이후 상황은 더 나빠지기만 했다. 영국인들은 귀신이 아니라 새들이 그 이상한 소리를 낸다는 사실을 재빨리 알아차리고 아름다운 열대 섬을 식민화하는 데 착수했고, 초기 정착자들은 으레 그렇듯이 외래종들을 데려왔다. 그리고 새들이 멀리 바다에 나가 있는 동안, 영국인들은 경작을 위해 해마다 캐하우의 둥지 토지를 점점 더 잠식했으며, 번식 철을 맞아 돌아온 제비슴새들은 엄청난 숫자로 사냥당해 인간의 식량이 되었다. 총독이 "캐하우의 노획과 대량 학살을 금하는" 포고령을 내려 새들을 공식적으로 보호하려 했지만 아무런 소용없었다. 확실히 이는 가장 초기의 자연 보호 노력에 속한다고 할 수 있겠다!

1620년에는 캐하우가 멸종했다고 여겨졌다. 그런데 우연히도 그렇지 않다는 보고가 들어왔다. 예를 들어, 1906년에는 캐하우 1마리가 실제로 포획되었다. 비록 당시에는 아무도 그 새가 캐하우라는 것을 몰랐지만 말이다. 그리고 이윽고 1935년에는 다 자란 캐하우가 등대에 부딪히는 일이 있었고, 그 사체는 결국 어딘가에 캐하우들이 여전히 살아 있다는 사실을 입증했다. 제2차 세계 대전 때문에 더 자세한 조사는 진행되지 못했다. 그렇지만 그 새의 죽음은 그 동네 중학생이었던 데이비드 윈게이트의 마음을 사로잡았다.

캐하우의 일대기

데이비드가 기억하기로, "저는 그 새가 등대와 충돌한 해에 태어났습니다." 2008년에 나와 전화 통화를 하던 중에 데이비드는 이렇게 말했다. 데이비드는 어느 날 카약에 앉아서 등대 너머로 작은 섬들을 바라보다가 떠올린 생각을 생생하게 기억한다. "그 어린 캐하우가 죽은 건 겨우 15년 전이었잖아요. 어쩌면, 그냥 어쩌면, 아직 그 새들이 세상 어딘가에 있을지도 모른다는 생각이 들더군요." 그 생각에 소름이 끼쳐 목덜미의 털이 쭈뼛 섰다고 한다.

그런 생각을 한 것은 데이비드 혼자가 아니었다. 미국 자연사 박물관 소속 로버트 커슈맨 머피 박사는 캐하우의 상황을 완벽하고 철저하게 밝혀내려는 조사를 위한 기금을 마련할 수 있었다. 그리고 1951년에 박사가 버뮤다 수족관의 감독과 함께 길을 떠났을 때, 데이비드는 같이 가자는 초청을 받았다. 그리고 버뮤다 해안 외곽 조그만 섬에서 둥지를 튼 버뮤다제비슴새 7쌍을 마주쳤으니, 16살짜리 고등학생에게는 얼마나 흥분되는 날이었겠는가(이어서 다른 조그만 섬 3곳에서도 11쌍이 더 발견되었다.). "제가 그렇게 운이 좋다는 사실이 거의 믿어지지 않았어요." 데이비드가 말했다. "꿈이 현실이 된 거였지요. 그리고 그 순간 저는 평생 가야 할 길을 깨달았어요."

어찌 된 일인지는 알 수 없어도, 캐하우는 거의 불가능해 보이는 시련을 극복하고 살아남았다. 하지만 그렇다 해도 수가 너무 적었다. 새로이 발견된 군락이 과연 오랫동안 생존할 수 있을까? 그 새들을 위해 여생의 대부분을 바친 데이비드 윈게이트의 결심과 정력이 없었더라면 어쩌면 불가능했을 수도 있다. 당시 그 새들의 상황은 그만큼 절박했다.

한때 거대했던 캐하우 군락의 조그만 잔존 집단이 어쩔 수 없이 밀려나 둥지를 틀게 된 4곳의 조그만 바위섬들(버뮤다 동쪽에 있는 캐슬 하버 외곽)의 면적은 겨우 8,000제곱미터가 다였다. 게다가 이 섬들에는 식물이 없고 토양은 얕고 파편화되어 있어서, 둥지 짓는 흙 언덕으로는 적합하지 않았고, 어떤 목적으로도 이용하기 힘들었다. 캐하우들은 거의 해수면과 같은 높이에 있는 바위 구멍에서 하나뿐인 알과 새끼들을 키우고 있었다. 그리고 섬을 보호해 주는 암초들의 가장자리에 자리 잡고 있는 이 작은 섬들은 바다의 거센 물살에 세차게 두들겨 맞고 있었다. 이 모든 상황으로도 모자라서, 1960년대에는 병아리와 알에서 고농도의 DDT가 측정되었고, 이는 새들의 번식 성공률에 해로운 영향을 미치는 것이 거의 분명했다. 사실 데이비드는 그로 인해 번식 성공률이 절반으로 떨어졌다고 했다(데이비드는 2부의 매를 다룬 부분에서 나오는 DDT 금지를 위한 싸움에 참여했다.).

그리고 끝으로, 이 모든 것으로도 모자라다는 듯, 제비슴새들은 더 크고 더 공격적이고 수가 많은 흰꼬리열대새와도 경쟁해야 했다. 캐하우는 1월에 알을 낳고 병아리들은 3월에 알을 깐다. 한편 경쟁자인 흰꼬리열대새는 더 늦게 둥지를 틀기 때문에, 캐하우의 둥지 부지를 찾으면 병아리를 내쫓고 둥지를 차지한다. 어떤 해에는, 이 비정한 둥지 부지 경쟁의 직접적 결과로 제비슴새 병아리의 사망률이 60퍼센트까지 치솟기도 했다.

둥지 부동산 사업

몇 마리 남지 않은 캐하우들을 돕기 위한 첫 단계는 기존 둥지 각각에 더 큰 새들이 들어오지 못하도록 나무 차단막을 달아 주는 것이었다. 다음으로는 인공 둥지 부지가 여럿 구축되었는데, 각각은 콘크리트 방으로 이어지는 긴 터널이 딸려 있었다. 이 두 방법은 번식 성공률을 높이는 결과를 낳았다. 그리고 그 이후부터 캐하우를 구하려고 노력하는 생물학자들은 매 번식 철마다 적어도 여분의 둥지가 반드시 10개 이상 되도록 확인하고 있다. 또한 해수면 수위가 높아지면서 폭풍이 더 심해진 탓에 손상된 둥지들을 수리하는 일도 필요했다.

"1989년 이전에는 홍수 때문에 심각한 문제를 겪은 적이 한번도 없었습니다." 데이비드는 말했다. 그렇지만 1995년에는 둥지의 대략 40퍼센트가 허리케인 때문에 피해를 입었고, 2003년에 그 지역이 허리케인 파비안으로 초토화되었을 때는 둥지 부지의 60퍼센트가 파괴되었다. 그 섬의 큰 땅덩어리 일부는 깡그리 사라져 버리까지 했다. 그나마 캐하우가 바다에 나가 있을 때 일어난 일이라 다행이었다.

악화되는 상황을 감안해, 새로운 둥지 언덕들은 가장 큰 둥지 섬의 가장 높은 지역에 구축되었다. 이 둥지들은 허리케인 파비안 때문에 파괴된 둥지들보다 약 2.4미터 더 높은 곳에 지어졌다. 옛날 둥지 부지의 파편을 수습하고 있던 번식 쌍들은 녹음해서 틀어 놓은 캐하우의 구애 외침을 듣고 새로운 부지에 관심을 가졌으며, 마침내 1쌍이 포획되어 물리적으로 그곳으로 옮겨졌다! 3쌍은 새로운 언덕에 둥지를 틀었다.

2008년 초봄에 나는 제레미 마데이로스라는 또 다른 헌신적인 캐하우 지킴이와 이야기할 기회를 얻었다. 제레미는 20대 후반이던 1984년에 데이비드 윈게이트 밑에 훈련생으로 들어가서 당시로 말하자면 농업·어업 관리국 일을 하게 되었다. 제레미는 소년 시절에 친구들과 공을 차기보다는 곤충과 식물을 찾아 헤집고 다니기를 더 좋아했다. 제레미가 캐하우를 복원하는 것을 넘어 그 종을 위한 새로운 둥지 장소로 논서치 섬을 복구하려 노력하는 과정에서 데이비드와 함께 일하며 얻은 경험은 바로 제레미가 원하던 것이었다. 제레미는 대학에 진학했고, 마침내 나중에 공원 감독관이 되는 데 필요한 자격을 얻었다. 제레미는 데이비드의 발자취를 따르면서 계속 데이비드와 협력했다.

위험과 함께 사는 법을 배우다

무엇보다도, 제레미는 가장 위험한 상황에서 견디는 법을 배워야 했다. "일하는 과정에서 죽음이나 부상을 자초하지 않으려면 그럴 수밖에 없었어요." 나와 긴 전화 통화를 나누던 중에 제레미는 이렇게 말했다. 나는 데이비드가 일하는 과정에서 엄청난 위험을 무릅쓴다는 사실을 알기 때문에 제레미에게 데이비드와 함께 일하면서 어땠느냐고 물었다. 그러자 제레미는 웃으면서 두 사람이 캐하우 병아리의 성장 과정을 감시하고 있던 1990년대 초반에 겪은 일화를 들려주었다. 이 일은 병아리들이 둥지 언덕에서 나와 날개를 쭉 펴고 주변을 탐험하던 밤 시간에 일어났다. 데이비드는 그 섬에 둥지가 2곳 있다는 것을 알고 나서 그 섬을 조사하기로 결정했다. 빛이라고는 손전등 빛밖에 없어서(병아리들은 달빛이 밝을 때는 밖에 나오지 않았는데, 인간에게는 불편한 일이었다.) 두 사람은 만조 때에 바위투성이 해안을 따라 조그만 배를 몰아야 했다.

"우리는 바위로 뛰어올랐다가 다음번 파도에 그 바위가 삼켜지기 전에 재빨리 기어 올라가야 했습니다." 제레미가 말했다. 그러고 나면 섬의 반대편으로 가야 했는데, 그쪽에는 보트가 접근할 수 없었기 때문에 곧 가파른 벼랑을 올라가야 한다는 뜻이었다. 두 사람은 무사히 도착하여, 늘 그렇듯이 병아리들을 관찰하며 멋진 시간을 보냈다. 재앙이 두 사람을 덮칠 뻔한 것은 돌아오는 길에서였다.

"데이비드는 등이 좋지 않았어요." 제레미가 말했다. 그래서 날카로운 바위 위에 편하게 앉으려고 기포 고무 쿠션을 가져갔다. 한 지점에 이르자 두 사람은 1미터 아래에 있는 바위로 뛰어 내려야 했다. 양옆으로는 날카로운 바위들이 있었고, 발을 헛디뎠다가는 6~9미터 아래의 거친 파도와 바위 위로 추락할 수도 있었다.

"데이비드는 저더러 먼저 가라고 했어요." 제레미가 말했다. "그러고 나서 쿠션을 저한테 던지더니 바위 위에 놔 달라고 하셨죠. 그러면 등이 덜 아플 거라고 생각한 거예요." 데이비드가 쿠션 위에 무사히 착륙하나 했더니 곧장 바위 가장자리 너머로 튕겨서 보이지 않는 곳으로 사라졌다. 제레미가 얼마나 끔찍한 공포에 사로잡혔을지 상상이 갈 것이다. "아래로 전등을 비춰 볼 생각도 감히 하지 못했어요." 제레미가 말했다. "아래에 분명히 처참한 시체가 보일 거라고 굳게 믿었거든요." 그런 식으로 떨어져서 무사할 사람이 있겠는가? 그런데 데이비드는 도대체 어떻게 살아남았으며, 제레미는 어떻게 보트를 타고 그곳으로 데이비드를 구조하러 갈 수 있었을까?

"저는 신경질적으로 손전등을 아래로 비췄어요." 제레미가 말했다, "그랬더니 두 눈이 저를 올려다보고 있더군요." 다행히도 날카로운 바위 노출부를 움켜잡을 수 있었던 것이다. 비록 여기저기 부딪히고 피투성이였지만 그래도 목숨은 단단히 붙어 있었기 때문에 데이비드는 제레미의 도움을 받아 도로 위로 기어오를 수 있었다. 그러고는 관찰 목록에 올라 있는 다른 병아리도 가서 봐야 한다고 고집했다!

캐하우의 새 집

허리케인 파비안이 수많은 캐하우 둥지 부지를 파괴한 후, 녀석들의 장기적인 생존이 토착 번식 서식지의 일부를 복원하는 데 달려 있다는 사실이 명확해졌다. 그리고 이 부분이 바로 캐하우의 미래가 데이비드가 논서치 섬(뒤에 설명이 나온다.)을 살리기 위해 개시한 특별한 복원 작업과 만나는 부분이다. 복원된 섬에 캐하우의 새 군락을 구축할 시점이 왔을 때, 병아리들을 이전 배치하기 위한 청사진은 이미 완성되어 있었다. 니콜라스 칼라일과 데이비드 프리들이 위기에 처한 굴드바다제비 군락을 새로운 섬에 구축하는 데 이미 성공을 거둔 다음이었다. 이 매혹적인 이야기는 우리 웹사이트에 실려 있다.

"니콜라스가 굴드바다제비를 대상으로 한 작업에서 거둔 성공을 알지 못했더라면 우리는 재배치 계획을 시작할 엄두조차 못 냈을 겁니다." 데이비드가 말했다. "캐하우는 아직도 그처럼 위태로운 상태에 있었지요."

2003년에, 니콜라스는 캐하우 복원 프로젝트에 합류했다. 그리하여 어린 새 100마리를 5년에 걸쳐 논서치 섬으로 옮긴다는 야심찬 목표를 가진 복원 프로그램의 구상 단계에 참여했다. 1차 이주는 그 해에 이루어졌다. 아직 다 자라기 3주 전인 병아리 10마리가, 작은 섬에 있는 둥지를 떠나 쥐를 제거한 논서치 섬에 그들을 위해 지어 놓은 인공 흙 언덕으로 옮겨졌다. 팀은 병아리들에게 매일 밤 모이를 주고 성장과 행동 상황을 기록했다.

니콜라스는 병아리들을 너무 늦게 옮기지 않는 것이 중요하다는 사실을 밝혀냈다. 둥지의 배치가 병아리들의 뇌에 인식되는 것은 병아리들이 처음 주변을 둘러보기 위해 둥지를 떠날 때(다 자라기 대략 11일쯤 전)이므로, 병아리들은 이후 3년이나 5년 후에 둥지를 틀러 바로 그 장소로 돌아오게 된다. 알에서 깬 장소로 돌아오는 것이 아니다.

맨 처음 병아리들이 옮겨졌을 때, 제레미는 약간 걱정했다. 맨 바위 바닥에 살다가 나무가 있는 경사지로 가야 하는데, 과연 잘 적응할 수 있을까?

"처음으로 병아리들을 옮기는 현장에 니콜라스도 있었어요." 제레미가 말했다. "둥지 흙 둔덕에서 병아리 하나가 나와서 날개를 쭉 펴고 주위를 탐험하며 돌아다니는 것을 보고 우리는 경이로움을 느꼈지요. 병아리는 갑자기 한 나무로 갔어요. 그리고 거기서 걸음을 멈추고 올려다보더니, 날카롭고 작은 부리와 발톱을 이용해서, 그리고 뭐랄까 날개로 나무를 부둥켜안으면서 다람쥐처럼 나무 몸통을 곧장 올라가는 겁니다. 맨 꼭대기까지요!" 물론, 생각해 보면 말이 안 되는 일은 아니었다. 나무를 오른다는 기억은 아마 그 새들에게 조상 대대로 깊이 새겨져 있으리라. 옛날에는 숲에 있는 둥지에서 나오면 나무 꼭대기에서 바다를 향해 이륙하기 위해 나무를 올랐을 테니까 말이다. 그랬던 것이 이제는 딱하게도 그저 맨 바위를 기어오르는 처지로 전락한 것이다.

제레미가 말했다. "그 이후로 저는 왜 섬에 있던 병아리들이 그렇게 자주 데이비드와 제 몸을 기어올라서 우리 머리 꼭대기에서 날개를 펴는지 알게 되었어요. 녀석들의 비정상적인 바위 세계에서 우리는 가장 나무와 닮은 존재였던 거죠!" 제레미는 말을 멈추고 웃음을 터뜨렸다. "새들은 날아서 떠나기 전에 가끔 우리 머리에 흔적을 남길 때가 있어요. 하지만 괜찮아요. 그건 행운의 상징이거든요!"

이전된 병아리 10마리 모두가 성공적으로 날개를 폈고, 다음 몇 해를 바다에서 보내기 위해 떠났다. 이듬해에는 21마리가 이전되었고 다시금 모두가 성공적으로 날개를 폈다. 2008년 번식 철 직전에, 계획의 목표였던 100마리 중 81마리가 성공적으로 이전되었고, 그중 79마리가 날개를 펴고 무사히 떠났다.

반가운 소식

최근에 제레미에게서 새로운 소식이 들어왔다. "뭔가 짜릿한 일이 일어나면 말씀드리겠다고 했었죠. 그런 일이 방금 일어나서, 들려드리게 되어 기뻐요!(전 지금 함빡 웃고 있답니다.)"

하지만 제레미는 우선 원래 번식 섬인 조그만 섬 4곳에서 개체 수가 계속 늘고 있다는 상황 보고를 했다. 번식 쌍은 원래 18쌍이었지만 이제는 86쌍으로 늘었다. "어쩌면 군락이 점점 커지다 보니까(새들도 그 편을 좋아하는 것 같아요.) 짝짓기가 더 많이 일어나고 있는 것 같기도 해요." 제레미가 말했다. "마치 더 높은 기어로 변속한 것 같아요. 그리고 일단 개체 수가 의미 있는 수준에 이르면 매년 번식 쌍은 더 늘어날 거예요. 그러면 자기들끼리 알아서 잘해 나갈 수 있겠죠."

편지를 쓴 시점인 2008년에 제레미는 그 작은 섬 4곳에서 깨어난 병아리들 40마리의 무게를 달고 날개 및 깃털의 발달 상태를 확인해,

그중 논서치로 옮길 21마리를 선정하느라 바빴다. 그리고 만약 21마리가 전부 성공적으로 비행을 시작한다면, 그것은 애초의 목표가 달성되었다는 뜻이었다. 프로젝트가 시작하고 처음 5년 만에, 캐하우 병아리 100마리가 논서치로 옮겨져 그곳에서 비행을 시작하는 것이다.

다음으로, 제레미는 앞서 말한 진짜 짜릿한 소식을 전했다. 2008년 2월 중순에, 새로운 둥지 부지에 설치된 태양력 음향 기기를 살짝 손보고 있을 때였다. 그 기기는 가청 거리에 있는 캐하우가 이 섬을 답사하러 오도록 구애의 외침을 들려주었다. 제레미는 음향 기기가 잘 작동하는지를 보려고 섬에서 밤을 새우기로 마음먹었다.

"어두워진 지 한 45분쯤 후에," 제레미가 이야기했다. "캐하우 1마리가 대양으로부터 날아오더니 재배치 지역 위를 선회하기 시작했어요. 이윽고 새들이 더 많이 날아와서 곡예 같은 고속의 구애 비행을 시작했고 1시간쯤 더 지나자 1번에 최고 6~8마리까지 새들이 보이게 됐죠. 저 위 높은 곳에서 선회할 때도 있고 낮게 날 때도 있었어요. 인공 둥지 흙 언덕 바로 위에서 곡예 같은 고속 구애 비행을 했지요. 그리고 이따금씩 그 음산한 곡소리를 내기도 했고요."

결국 흙 언덕 사이에 새 몇 마리가 내려앉기 시작했다. "한 녀석이 제 바로 옆에 착륙한 순간이 절정이었어요! 저는 법석을 떨지 않고 그냥 태연히 손을 뻗어서 녀석을 집어 들 수 있었지요." 제레미는 식별표 번호를 뽑고 녀석이 정말로 2005년에 논서치로 옮겨졌던 병아리임을 확인했다. "이 새가 얼마 동안 우리에게 키워져 지난 3년을 무사히 보냈을 뿐만 아니라 우리가 바랐던 대로 이 출발 지점으로 돌아왔다고 생각하니까 심장이 막 뛰더라고요!"

그로부터 대략 1개월간, 점점 더 많은 캐하우들이 그 부지에서 재포획되었는데, 모두가 재배치되었던 새들이었다. 3월 중반에는 그 중 1마리가 처음으로 논서치의 한 흙 언덕에 하루 종일 머무르면서 둥지 입구 바깥쪽에 거대한 흙덩어리를 파내고, 긁어서 둥지 방을 만들고, 둥지 재료들을 물어다 놓는 모습이 보였다. "녀석이 이제 이 둥지를 '찜했다'는 확실한 신호죠." 제레미가 말했다. 새의 식별표를 보고 그곳이 바로 녀석이 2005년에 옮겨졌던 그 흙 언덕이라는 것을 확인했다고 이야기할 때, 제레미의 어조에서는 흥분이 고스란히 전해져 왔다! "그리고 저는 2005년 6월에 야경을 서면서 녀석이 바다를 향해 떠나는 것을 보았어요. 그 녀석이 아무도 모를 바다 어딘가에서 살다가 완벽하게 '출발 지점'으로 돌아왔다고 생각하니까 정말 놀랍지 뭐예요!"

2005년 논서치에 재배치되었던 캐하우 중에서 총 4마리가 둥지 흙 언덕 근처에서 포획되었다. 6~8마리는 어느 날 밤에 부지 위를 날고 있는 것이 목격되었고, 적어도 6곳의 둥지 흙 언덕이 캐하우의 답사 방문을 받았으며, 몇 곳은 새들이 6번 이상 오갔다. 그리고 일부 캐하우들은 이 흙 언덕들 중 3곳에서 하루를 머물렀다. 제레미는 이 새들이 아마 수컷으로, 암컷보다 1년이나 2년쯤 앞서 돌아오는 모양이라고 짐작하고 있는데, 다음 철에 돌아올 때는 자기들이 보아 둔 흙 언덕으로 암컷들을 끌어들였으면 하는 바람을 품고 있다. "그리고 그때쯤이면, 2006년에 재배치된 최초의 무리들이 녀석들에게 합류하겠지요. 그때까지 어떻게 기다린담!"

논서치에서 날개를 편 캐하우가 번식을 하려고 그곳으로 다시 돌아온다면, 이 회복력 강한 바닷새들의 복원 프로그램의 중요한 기념비가 될 테고, 제레미 마데이로스와 니콜라스 칼라일, 그리고 누구보다도, 아직 초등학생이었던 59년 전에 캐하우와 사랑에 빠진 데이비드 윈게이트의 결의에 그보다 큰 보상은 없을 것이다.

논서치 섬

버뮤다 해변 외곽에 위치한 논서치 섬은 기묘하고 말할 수 없이 매혹적인 역사를 갖고 있다. 1860년에, 영국 식민지 정부가 이 섬에 황열병자 격리 수용소를 지으려 했다. 그리하여 논서치 섬을 목초지로 이용하고 있던 개인 소유주로부터 이 조그만 섬(넓이는 6만 700제곱미터 이하, 높이는 18.3미터 이하였다.)을 사들였다.

이곳에 지어진 격리 수용소와 병원은 병참학적인 이유로 코니 섬으로 옮기기로 결정되기 전까지 50년간 이용되었다. 그리고 그 직후인 1928년에, 섬은 뉴욕 동물학 협회에 임대되어 해양 연구소로 쓰였다. 그 이후 1934년에는 비행 청소년들을 위한 훈련 학교가 섬의 주된 시설이었다. 그렇지만 바깥세상과 너무 격리되었기 때문에, 그리고 바위투성이 해안선 때문에 섬에 접근하는 것이 지극히 어려웠기 때문에, 1948년에 학교는 다른 곳으로 이전되었다.

그 후로 3년 동안, 이 작은 섬은 혼자 남겨졌다. 섬은 이 무렵에는 다소 쓸쓸하고 황량한 곳이 되어 있었는데, 주니퍼 스케일(juniper scale) 곤충병 때문에 이전에 버뮤다 여러 섬을 뒤덮고 있던 숲의 95퍼센트가 파괴된 탓이었다. 그리고 논서치는 말 그대로 발가벗겨졌다. 하지만 이 섬의 미래를 완전히 바꿔 놓을 일이 일어났다. 조그만 캐하우 군락이 앞바다의 바위투성이 섬에서 번식하고 있는 것이 다시금 발견된 것이다. 그 새들이 얼른 더 적절한 번식 장소를 얻지 못하면 이번에는 진짜로 멸종하리라는 사실이 분명해졌다. 그리하여 이상적인 번식지로 논서치 섬이 거론되었는데, 캐하우가 이전에 번식한 곳이 바로 거기였기 때문이다. 그렇지만 손상된 섬 환경을 복원하는 일이 먼저였다.

오래전, 16살 학생의 몸으로 캐하우를 발견한 사람들과 함께 있었던 데이비드 윈게이트는, 1962년에 관리인이 되어 논서치 섬으로 이사했다. 이는 특별한 복원 프로젝트의 서막이었는데, 데이비드는 그 후로 40년간 그곳을 주된 연구 현장으로 삼게 된다.

섬에는 8,000그루도 넘는 토착종 묘목들이(버뮤다 토착종도 포함해서) 심겼고, 토착은 아니지만 빨리 자라는 오스트레일리아 카수아리나와 유럽 타마리스크도 함께 심겼다. 이들은 주니퍼 스케일 곤충 전염병으로 토착 삼나무가 죽는 바람에 손실된 바람막이 역할을 대신하기 위해 임시방편으로 사용되었다. 그 후로 20년 동안, 고지대의 숲은 순조롭게 재구축되었고, 1987년에 그 섬을 강타한 허리케인 에밀리는 토착종 나무들에게 미미한 피해밖에 입히지 못했다. 숲이 번창하면서, 비토착종 나무들은 점차로 제거되었다. 나무들이 아주 조금씩 손상되면서 천천히 죽도록, 각 나무 밑동 둘레의 얇은 껍질줄을 제거하는 방법을 썼다.

한편 다른 중요한 공사 하나가 1970년대 중반에 시작되었는데, 염수와 민물 늪 서식지를 재확보하기 위해 작은 인공 연못을 2곳 만드는 것이었다. 논서치를 여러 차례 방문한 니콜라스 칼라일은 진정 경이로움을 느꼈다고 말했다. 겨우 6만 700제곱미터밖에 안 되는 조그만 섬에 "완전한 생태계 일부를 재창조했더군요." 바위 해안과 해안의 언덕, 고지대의 숲과 해변 사구까지 갖춰졌다.

지금 논서치에서 번성하고 있는 식물들 다수는 버뮤다의 주 섬들에서는 위기에 처해 있는데, 그곳에서는 대략 전체 생물 자원량의 95퍼센트가 외래종이다. 논서치 계획은 실제로 인간의 침해나 외래종 해충 때문에 동식물이 모조리 제거된 섬을 원래대로 복원한 프로젝트로는 시초에 속한다. 이 특별한 성공은 해충들을 제거하고 전체 육상 생태계를 가능한 한 원상태에 가깝게 복원하는 전입적인 접근법을 바탕으로 했다. 뉴질랜드처럼 멀리 떨어진 다른 섬들도 논서치 섬의 성공 사례에 힘입어 다른 복원 프로젝트를 시작할 수 있었다.

일단 서식지가 복원되고 나면, 총 100년이 넘는 세월 동안 버뮤다에서는 지역적으로 멸종했던 해오라기, 서인도제도 밤고둥, 바다거북 같은 다양한 종들의 재도입 지점으로 논서치를 사용하는 것이 가능해진다. 한 사람의 꿈과 결심으로부터, 논서치 섬을 바꿔 놓는 원동력이 된 "살아 있는 박물관" 개념이 태어났다. 거기에는 버뮤다와 그 섬들이 인간에게 그토록 철저히 파괴당하기 전, 선사 시대 자연 환경을 거의 본모습에 가까울 정도로 복제해 냈다는 의미가 있다. 처음부터, "논서치에 버뮤다의 핵심 종이자 국조인, 둥지 굴을 짓는 캐하우를 위한 이상적인 서식지를 만드는 것"이 데이비드가 지녔던 궁극적인 목표였다. 우리가 이제껏 보았듯이, 그 궁극의 목표는 달성되었다.

칼 존스라는 이름은 모리셔스의 멸종 위기 종 복원 활동과 동의어나 마찬가지다. 사진 속에서 칼은 한때 서인도양의 섬에서 살던 쇠앵무 7종 중 어쩌면 마지막일지 모를 눈부신 녹옥색 에코쇠앵무와 함께 있다(그레고리 기다).

모리셔스의 새들:
모리셔스황조롱이 *Falco punctatus*
분홍비둘기 *Columba mayeri*
에코쇠앵무 *Psittacula eques echo*

나는 이 새들을 생각하면 곧장 칼 존스가 생각난다. 칼이 모리셔스(아프리카 해변 외곽의 섬 국가)로 가지 않았더라면 이 3종은 모두 멸종했으리라는 것이 단순한 추측을 넘어서는 사실이기 때문이다. 칼은 그 새들을 구하기 위한 싸움에 앞장섰다. 이따금은 그 일이 불가능하지는 않더라도, 사람의 진을 빼는 난관으로 여겨졌을 때도 말이다.

고향인 웨일스에 가 있던 칼에게 연락이 닿기까지는 시간이 좀 걸렸는데, 칼은 업무 현장이나 저지의 듀렐 야생 보호 기금에 있지 않을 때는 늘 고향에 있었다. 우리는 전화로 긴 대화를 나눴는데, 아무래도 직접 만났더라면 더욱 좋았겠지만, 칼의 다정함과 일에 대한 사랑은 너무나 진실된 것이었고, 열정은 쉽게 전염될 만큼 강렬한 것이어서, 나는 마치 칼이 오랫동안 알고 지내던 사람처럼 느껴졌다. 알고 보니 칼은 조류 심리학에 무척 관심이 많았고, 조그만 소유지에서 앵무새 몇 마리, 독수리, 그리고 인간에게 각인되어 칼을 자기 배우자로 생각하는 길들인 콘도르를 포함한 가족과 함께 살고 있었다! 칼은 나와 마찬가지로, 자기가 연구하는 동물들에게 감정이입을 하는 것이 그저 나쁘지 않은 정도가 아니라 사실상 동물들을 이해하는 데 꼭 필요하다고 믿는다고 말했다.

    내가 여러분 모두에게 들려주고 싶은 이야기는 황조롱이와 비둘기, 그리고 쇠앵무라는 서로 무척 다른 3종을 멸종에서 구해 내기 위해 칼이 벌인, 결국은 성공을 거둔 영웅적인 투쟁에 대한 것이다. 1970년대 후반에 칼이 그 일에 뛰어들었을 때, 이 3종은 모두 심각한 멸종 위기에 처한 지 오래였고, 멸종의 벼랑 바로 가장자리에 서 있었다. 모리셔스황조롱이는 세계에 4마리밖에 없었고 분홍비둘기는 고작 10~11마리, 에코쇠앵무는 대략 12마리였다.

모리셔스황조롱이

칼이 가장 아끼는 기억은 모리셔스황조롱이의 마지막 고향인 블랙강 협곡에서 여러 해 동안 그 새들과 함께했던 기억이다. 칼의 말마따나, 당시 칼의 삶은 이 조그맣고 개성 강한 황조롱이를 중심으로 돌아가고 있었다. 그 새는 몸길이가 30센티미터도 채 안 되었고, 체중은 암컷이 180그램 정도인 데 비해 수컷은 겨우 130그램밖에 나가지 않았다. 순백색의 배에는 둥근 모양이나 하트 모양의 얼룩이 있었다. 칼이 말했다. "저한테 이 새들은 세상에서 가장 아름다운 새여서, 어쩌다 1마리를 얼핏 보기라도 한 날이면 너무나 흥분해서 정신을 못 차릴 정도였죠. 녀석들은 눈에 확 띄는 둥근 날개를 무척 자유자재로 움직여요. 숲의 캐노피를 들락날락하면서 주된 먹이인 밝은 적색과 그린색의 녹색도마뱀붙이를 쫓아가서 잡아먹곤 했지요."

"이 새들은 벼랑의 가장자리에서 상승 기류를 타고 90미터쯤 떠올랐다가, 이윽고 그냥 날개를 휙 접어 버리고 지상으로 뚝 떨어집니다. 엄청난 속도로 수직 하강을 해요." 칼은 말을 이었다. "이따금씩은 떨어지다 말고 멈춰서 나무나 벼랑에 부드럽게 그냥 내려앉기도 하죠. 그보다는 다시 위로 치솟으려고 그 운동에너지를 이용하는 경우가 더 많지만요."

번식 철이 임박하면 새들은 점점 더 공중으로 높이 오른다고 한다. "서로를 뒤쫓으면서 가장 아름다운 '창공의 춤'을 추며 날죠. 부드러운 파도 같은 곡선이나 날카로운 지그재그를 그리며 오르락내리락하는 거예요. 그냥 상승 온난 기류를 타고 하늘로 올라갔다가 다 같이 날아다닐 때도 있고, 이 구애 과시가 둥지 구멍에서 짝짓기로 마무리될 때까지 계속해서 소리를 지르기도 하죠." 그 모습을 본 것은 대략 30년 전의 일이었지만, 칼은 이렇게 말했다. "처음 황조롱이를 관찰했던 일을 떠올릴 때마다 흥분이 밀려오고 맥박이 빨라집니다."

벼랑에서 시소를 타다

모리셔스황조롱이는 18세기 내내 자행된 가차 없는 벌목 때문에 멸종의 위기까지 갔다. 그 사태를 가속화한 것은 사이클론의 파괴적인 영향력과, 외래종 포식자들(특히 필리핀원숭이, 몽구스, 고양이, 쥐), 그리고 1950년대와 1960년대에 시행된 말라리아 통제와 곡식 보호를 위한 살충제 살포, 특히 DDT 살포였다.

1973년, 모리셔스 정부는 포획 번식을 시작할 수 있도록 이 황조롱이의 마지막 남은 쌍들 중 1쌍을 포획하는 데 동의했지만, 계획은 실패로 돌아갔다. 병아리 1마리가 태어나긴 했지만 부화기가 고장 나는 바람에 죽었고, 이윽고 암컷도 죽었다. 이듬해에 야생에 남아 있는 모리셔스황조롱이 수는 겨우 4마리였고, 이들은 세계에서 가장 희귀한 새가 되었다.

칼이 듀렐 야생 보호 기금의 후원하에 모리셔스 일을 시작한 것은 1979년이었다. 황조롱이와 함께 그렇게 오랫동안 일한 생물학자로는 칼이 여섯 번째였다. 비록 당시 칼은 겨우 24살이었지만, 부상당한 새들을 회복시키는 데 적지 않은 경험이 있었다. 생물학 학위를 막 따서 포획 상태에서 황조롱이를 번식시키는 것과 관련한 최근 지식들을 배운 상태라 "젊음의 열정과 자만"이 넘쳤다고 한다. 칼은 부모님 정원에서 다친 황조롱이들을 번식시키는 데 성공한 적이 있었고, 아무리 남들이 실패했다 해도 자기는 세상에서 가장 희귀한 이 새들을 구할 수 있다고 확신했다.

알을 유괴하는 모험

칼은 다른 많은 새들과 마찬가지로 보통 황조롱이들이 처음 낳은 알들을 빼앗기면 다시 알을 낳는다는 것을 알았고, 이 방법을 야생 모리셔스황조롱이에게 적용하기로 마음먹었다. 칼은 두 번식 쌍에게서 알을 가져가려고 "둥지"(하층토에 있는 얕게 파인 곳이나 긁힌 자국이 전부였다.)까지 가파른 절벽을 기어올라야 했다.

"첫 둥지는 비교적 낮은 절벽이어서 사다리를 써서 올라갈 수 있었습니다." 칼이 말했다. "황조롱이가 대략 2미터 깊이의 조그만 동굴 뒤편에 알을 낳아 놓은 것이 보이더군요. 그리로 기어 들어가서 알 3개를 꺼내어, 정확한 부화 온도로 예열해 놓은, 주둥이가 넓고 불룩한 플라스크에 조심스럽게 넣었습니다." 그리고 거기에서 8킬로미터 거리에 있는, 정부의 포획 번식 센터에 있는 부화기로 옮겨 놓았다.

둘째 둥지는 높은 절벽에 있었기 때문에 밧줄을 타고 내려가야 했다. "알은 바위에서 대략 1미터 남짓 안쪽으로 들어가 있는, 둥지 방으로 통하는 폭이 좁은 구멍 깊숙이 있었고, 그 알을 손에 넣을 방법은 긴 막대기에 숟가락을 다는 것뿐이었습니다. 알은 죽은 열대새의 시체 위에, 그러니까 부드러운 흰 깃털 침대 위에 놓여 있었죠." 그 알들은 곧 번식 센터에 있는 다른 알들에 합류했다.

이 종이 멸종에 너무나 근접해 있었기 때문에 매우 긴박한 시기였고, 칼은 뭔가 잘못될 경우에 대비해 언제든지 달려갈 수 있도록 부화실 마룻바닥에서 잠을 잤다. 알 중 4개가 깨어났고, 칼은 병아리들에게 "저민 쥐와 저민 메추라기"를 먹여 손으로 키웠다. 4마리 모두 어른으로 자랐고, 처음 낳은 알을 빼앗는 방법이 큰 효과를 발휘한 덕분에, 그 후로도 오랫동안 이 방법은 반복해서 이용되었다. 그리하여 포획 군락이 어느 정도 확립되었고, 녀석들은 계속해서 성공적으로 번식했다. 전체 수는 점차로 증가했다.

칼은 1984년에 포획 번식 센터의 병아리를 1마리 가져다 야생 황조롱이인 수지의 둥지에 넣었다. 수지는 병아리를 성공적으로 키웠고, 그 새끼는 자유로 돌아간 최초의 포획 출생 개체가 되었다. 뒤이어 포획 상태에서 태어나고 키워진 새들은 적합한 서식지(그렇지만 황조롱이는 없는)에 방생되었다.

1985년에, 칼은 번식 센터에서 야생에서 수집한 알과 포획 상태에서 번식한 알을 합쳐 총 50번의 성공적인 부화 기록을 세웠다. 그리고 1991년에는 야생에서 알을 빼앗는 방법과 포획, 인공 수정, 그리고 기계에서 부화한 병아리들의 양육 성공의 결과로 200마리의 모리셔스황조롱이가 성공적으로 번식했다. 1993~1994년의 번식 철 끝 무렵에는 전부 333마리가 야생으로 방생되었다.

한편 칼과 듀렐 야생 보호 기금은 모리셔스 정부와 협력하여 야생 개체군에 대한 작업을 계속하고 있었다. 새들은 보충 식량과 둥지 상자를 제공받았다. 엄격한 포식자 통제는 도입된 포식자들의 수를 줄이는 데 일익을 했고, 서식지를 복원하는 작업도 시작되었다. 이는 포획 번식되어 키워진 새들이 야생으로 방생되었을 때 살아남을 확률이 그만큼 높아진다는 뜻이었다. 사실 1990년대 초기에 황조롱이 군락은 자립성을 획득한 것으로 판단되었고, 칼의 말에 따르면 "포획 번식 프로그램은 종료되었고, 작업은 완료되었으며, 황조롱이는 구조되었습니다." 사실 최근에 이루어진 연구 결과에 따르면, 번식 쌍들은 대략 100쌍이 넘고, 개체 수는 총 500에서 600마리인 것으로 밝혀졌다. 황조롱이를 사랑하는 이들은 이러한 성공에 축배의 잔을 높이 들지어다!

분홍비둘기

대다수 사람들은 비둘기를 해충 취급한다. 우리는 모두 숨 가쁜 도시의 포장도로를 무심하게 활보하거나 공원에서 음식을 먹고 있는 사람들 주위에 모여드는, 그리고 건물 벽에 해를 치고 더럽히는 이 먹보 새들을 익히 알고 있다. 그 모든 것을 잊어라. 분홍비둘기는 중간 정도 몸집의 아름다운 비둘기로, 고운 분홍색 가슴과 창백한 머리와 여우처럼 붉은 꼬리를 가지고 있다.

칼이 말했다. "이 놀라운 새는 거의 2세기도 더 전부터 이미 희귀한 존재였고, 얼마 동안 멸종한 것으로 여겨졌습니다." 그러고 나서 1970년대에, 대략 25마리에서 30마리의 극소수 군락이 모리셔스에서 가장 강우량이 높은 곳에 속하는(매년 4.5미터 정도) 산기슭에 높이 자란 조그만 나무숲 안에 살아남아 있는 것이 발견되었다. 칼의 말에 따르면 이 새들이 그곳에 터를 잡은 이유는 그곳이 좋아서가 아니라 습하고 추운 곳이라 포식자가 많지 않기 때문이었다. 그렇지만 새들의 수는 심지어 그곳에서조차 서식지 파괴와 붕괴, 둥지를 습격하고 알과 새끼를 잡아먹는 외래종 원숭이와 쥐들 때문에 줄어들고 있었고, 야생으로 돌아간 고양이들은 다 자란 새들까지 잡아 죽였다.

1990년에는 분홍비둘기가 야생에 총 10~11마리밖에 남지 않았다고 알려졌고, 그 작은 개체군은 최종 감소세에 있는 것으로 밝혀졌다. 운 좋게도, 1970년대 중반에 듀렐 야생 보호 기금 소속의 팀이 칼이 운영하는 포획 번식 프로그램을 위해 비둘기들을 포획했다. 칼은 박사 학위 주제로 이 비둘기 무리를 연구했었다.

"이 새들을 번식시키는 건 정말 시련이었습니다." 칼이 말했다. "이 새들은 짝을 고르는 데 무척이나 까다로워서, 궁합이 맞는 쌍을 찾는 것은 정말 골치 아픈 일이었어요." 물론 개체군이 작다 보니 유전적 다양성을 유지하고 서로 근친 간인 새들의 짝짓기를 피하는 것이 중요했다. 그렇지만, 칼의 말에 따르면 "새들은 제가 가장 적절하다고 생각하는 짝을 거부하고 자기 사촌이나 심지어 형제와 짝을 지으려고 하는 일이 많았습니다! 가끔은 제가 분홍비둘기의 결혼 지도 상담사가 된 기분이 들었죠……. 바람직한 번식 쌍이 가까스로 짝을 지었나 싶으면 갑자기 난장판이 벌어지고 한쪽이 다른 쪽을 두들겨 패는 바람에 별거를 시켜야 하는 적이 한두 번이 아니었어요."

비록 그런 문제들이 있긴 했어도 어쨌거나 비둘기들은 번식을 시작했다. 그렇지만 이윽고 이 새들이 부모 노릇에 영 소질이 없음이 밝혀져서 알과 새끼들은 집비둘기에게 맡겨 키워야 했다. 차츰 시간이 지나고 어린 비둘기들을 키우면서 양육 연습을 할 수 있게 되자 칼은 이 새들의 부모 기술을 향상시킬 수 있었다. 그리고 마침내, 분홍비둘기들이 블랙 강에서 자기 새끼들을 낳고 키우면서, 칼과 팀원들은 이 비둘기들을 원서식지의 숲으로 다시 방생하기 위한 프로그램을 개발했다.

칼의 감독하에, 젊은 영국 여성인 커스티 스위너턴이 숲에 텐트를 치고 5년간 이 새들의 발전상을 주시했다. 곧 이 새들이 다양한 문제들을 직면하고 있음이 뚜렷해졌다. 우선 연중 몇몇 특정한 시기에는 숲에 적절한 먹잇감이 거의 없었는데, 외래종인 원숭이, 쥐, 새들이 식량을 먹어 치웠기 때문이다. 따라서 팀은 보충 식량을 제공해야 했다. 둘째로, 재도입된 비둘기들이 번식을 시작했을 때, 이 새들 중 일부는 야생으로 돌아간 고양이들에게 죽임을 당한 탓에 포식자 통제를 강화하지 않을 수 없었다. 그렇지만 이런 문제들이 제기되었을 즈음에는 원래의 재방생된 개체 수가 점차 증가하여, 결국 몇몇 군락을 추가로 구축하는 것이 가능해졌다. 그리고 칼에 따르면, 2008년에는 6곳의 서로 다른 군락으로 흩어져 자유롭게 사는 분홍비둘기 수가 거의 400마리에 이르렀다. 칼은 말한다. "이 종은 이제 안전합니다."

에코쇠앵무

모리셔스황조롱이와 분홍비둘기 일에서 그럭저럭 성공을 거두고 나자, 칼은 이제 세계에서 가장 드문 종으로 여겨지던 앵무새에게 관심을 돌렸다. 아름다운 녹옥색의 에코쇠앵무였다. 이 종은 한때 모리셔스에 살았던 3~4종의 앵무새 중 마지막으로 남은 종이었고, 서인도양의 섬들에서 발견되던 많게는 7종의 쇠앵무 중에서도 아마 마지막으로 남은 종이었던 듯하다.

1700년대에서 1800년대 초기에, 에코쇠앵무는 모리셔스와 리유니언 섬의 해발 고도가 중상 정도에 속하는 지역의 숲들과 관목지, 이른바 난쟁이 숲에서 무척 흔하게 볼 수 있었다. 이 새들은 나무의 높은 가지에서 과일과 꽃을 먹었고, 옹이구멍에 둥지를 틀었다. 리유니언 섬의 군락이 먼저 사라졌고, 모리셔스의 개체 수는 1870년대에서 1900년대 사이에 점차로 감소했다. 주로 서식지 손실과 외래종들과의 경쟁 때문이었다. 다행히도 1974년에는 사람들의 인식이 점차 개선되어 남아 있는 숲이 거의 완벽하게 보호를 받았고, 조그만 숲 보호 구역 여러 곳을 연결함으로써 상당히 큰 자연 보호 구역이 성립되었다. 그렇지만 얼마 동안은 이런 노력이 너무 때늦은 것처럼 보이기도 했다. 에코쇠앵무의 개체 수가 너무 적었기 때문에 성공에는 한계가 있었다.

1979년, 블랙 강 협곡에서 주로 황조롱이와 시간을 보내던 시절, 칼은 이따금씩 협곡을 둘러싸고 있는 산등성이 위에서 얼마 안 되는 무리의 쇠앵무를 보았다. 칼은 녀석들이 사람에게 길들여져 사람들을 신뢰하며, 또 가끔씩은 사람들과 겨우 몇 미터 떨어지지 않은 거리에서 모이를 먹었기 때문에, 이 새들을 하나하나 구분할 정도가 되었다. 그렇지만 이들은 급속히 자취를 감추고 있었다. 1980년대 무렵에는 남아 있는 개체 수가 8~12마리밖에 되지 않는 것으로 알려졌고, 그중 암컷은 3마리뿐이었다. 물론 아직 발견하지 못한 새들이 더 있을 가능성이 없는 것은 아니었다.

쇠앵무들이 섬새로서 뉴질랜드의 새들과 비슷한 문제에 직면하고 있었기 때문에, 돈 머튼은 이 새들을 멸종으로부터 구조하는 노력에 힘을 보태 달라는 요청을 받았다. 돈은 자신의 경험과 칼과의 긴밀한 협력을 바탕으로 복원 전략을 고안하고 실행하는 데 적지 않게 기여했다. 우선 사람들은 쇠앵무의 둥지 트는 문제의 가장 근본적인 부분을 해결하기 위한 연구를 시작했다. 새들이 기껏 번식을 해도, 병아리들은 몇 년이 지나면 둥지 파리들에게 공격을 당해 전멸은 아니더라도 대개 죽임을 당했다. 이는 둥지에 살충제 처리를 해야 한다는 뜻이었다. 다른 문제로는 둥지 부지를 무단 점유하는 열대새들이 있어서 적절한 부지 구멍에 열대새를 막는 문짝을 설치해야 했다. 쥐들 역시 엄청난 위협으로 작용했는데, 쥐들은 알은 물론이고 이따금은 새끼까지 잡아먹었다. 쥐들에게 둥지를 잃는 아픔을 2번이나 겪고 나서, 팀은 각 둥지가 자리 잡은 나무의 몸통에 부드러운 PVC 플라스틱으로 만든 고리를 박고, 근처에 독을 한 바가지 담아 놓았다. 한 둥지는 원숭이에게 공격을 당해 병아리 하나가 납치되고 어미가 부상당했다. 팀은 둘러싼 나무들을 세심하게 가지치기해 둥지 나무를 고립시켜서 원숭이들이 더 이상 인근 나무를 타고 뛰어 들어오지 못하게 했다. 또 철에 따른 식량 부족도 문제였다. 그래서 메뚜기류를 먹이는 방식이 도입되었다(비록 새들이 메뚜기들을 먹이로 이용하는 법을 배우기 여러 해 전이었지만.). 그리하여 마침내 둥지 구멍은 좀 더 안전해지고 기후의 영향도 받게 되었다.

생물학자들은 비록 암컷들이 전형적으로 낳는 알의 개수는 3~4개지만 그중에서 보통 1마리만이 어른으로 자란다는 사실을 알아냈다. 다른 말로 하자면, 거의 모든 둥지에서 병아리들이 죽어 가고 있었다. 칼과 팀원들은 만약 둥지에 새끼가 2마리 이상 있으면 부모가 1마리에만 집중해서 편안하게 키울 수 있도록 "남는" 새끼들을 데려가기로 결정했다. 만약 알을 하나도 까지 못한 쌍이 있으면 다른 둥지 출신의 "남는" 병아리를 갖다 놓았다.

"에코쇠앵무처럼 지능이 높은 새들은 새끼들을 키우려면 심리적인 안정이 중요합니다. 또한 새끼들이 가족 집단 안에서 키워지는 것도 중요하지요." 칼의 말이다. 이와 같이 둥지를 조정하는 프로그램으로 인해 빚어진 또 다른 결과는 많은 남는 새끼들이 번식 센터로 이송되는 것이었는데, 이 병아리들은 번식 센터에서 잘 자랐다.

맨 처음으로 포획 번식된 3마리 새들은 1997년에 야생으로 돌려보내졌다. 나머지 새들도 곧 그 뒤를 따랐다. 그렇지만 인간의 손에 자란 새들에게는 문제가 있었다. "어떤 새들은 말 그대로 너무 길이 들어 버렸어요." 칼이 말했다. "숲에서 저를 보면 날아와서 어깨 위에 내려앉는 거예요." 그리고 이 새들은 너무 순진했다. 이따금씩은 고양이나 몽구스 근처에 내려앉았고, 살아서 그 후일담을 들려주지 못했다. 칼은 이 어린 새들과 많은 시간을 보내면서, 그들의 문제를 심사숙고했다. 그리하여 이전까지는 17주령에 새들을 방생하던 것을 다음번에는 9주에서 10주령에 방생해 보기로 마음먹었다. 이 시기는 새들이 보통 날개를 펴는 시기였다. 결과는 극적으로 달라졌다. "더 어린 새들은 야생 새들과 무리를 이루었고 야생 새들의 생존과 사회적 기술을 배웠어요."

가브리엘라는 맨 처음 방생된 3마리 새 중 하나였다. 집이라는 야생의 개체와 짝을 지었고, 새끼 피핀을 어른으로 키워 낸 첫 포획 번식 암컷이 되었다. 가브리엘라는 포획 상태에서 메뚜기를 먹이로 삼는 법을 배웠고, 집은 다시 가브리엘라한테 그 방법을 배워서 처음으로 그 방법을 이용한 야생 새가 되었다.

그 뒤로 몇 년간, 메뚜기를 보충 식량으로 섭취하고 팀에서 마련한 둥지 상자를 이용하는 새들의 수는 갈수록 늘었으며, 마찬가지로 번식 쌍의 수도 늘었다. 2006년 무렵에는, 야생 새들에 대한 집중 관리를 중단한다는 결정이 내려졌다. 보충 모이와 둥지 상자만 계속 제공하기로 한 것이다. 2008년 3월에 내가 들은 바에 따르면 자유롭게 사는 에코쇠앵무 수는 대략 360마리이며, 군락은 계속 성장하고 있다고 한다.

미래를 위한 천국

그리하여 에코쇠앵무 역시 구조된 종의 상징이 되었다. 비록 칼의 말을 들으면 앞으로도 보충 모이 제공과 포식자 통제는 필요하겠지만 말이다. 회의주의자들은 한 종이 스스로 살아갈 수 있게 되기까지, 인간의 도움을 완전히 졸업하기 전까지는 안전해졌다고 할 수 없다고 주장한다. "그렇지만 세상은 점점 변하고 있고, 야생을 지키고 싶다면 우리는 야생을 보호하고 관리하지 않으면 안 됩니다." 칼은 딱 잘라 말한다. 안타깝지만 칼의 말이 옳다. 우리 인간의 발자취로 인해 이토록 손상된 세계에서 위협당하고 위기에 몰린 종들을 보호하려면 우리는 영원히 경계를 늦출 수 없다. 이 종들은 우리가 줄 수 있는 모든 도움을 필요로 한다. 그게 그나마 우리가 할 수 있는 최소한이다.

지속적인 포식자 통제와 더불어 모리셔스에서 가장 중요한 프로젝트로 토착 숲 지역을 복원하는 활동이 있다. 그리고 정부의 국립공원 및 자연 보호국이 지금 그 방면에 중요한 역할을 맡고 있다. 모리셔스황조롱이와 분홍비둘기, 에코쇠앵무를 위한 노력이 성공을 거둔 결과로, 모리셔스 수상은 블랙 강 협곡과 그 주변 지역을 모리셔스의 제1차 국립 공원으로 선포했다. 그곳은 이제 "구조되어 삶을 되찾은 새들을 위한" 천국이다.

도리시마 섬에서 부모에게 먹이를 달라고 조르고 있는 새끼.
하세가와 히로시가 1977년에 이 섬에 처음 발을 들여놓았을 때
살아 있는 알바트로스 71마리 중에서 새끼는 15마리밖에 없었고,
다들 건강하지 못한 상태였다. 그리고 그때 히로시는 이 아름다운
새들이 멸종의 벼랑에 서 있음을 알았다(하세가와 히로시).

짧은꼬리알바트로스
또는 스텔러알바트로스 *Phoebastria albatrus*

짧은꼬리알바트로스 이야기에서 결코 빠질 수 없는 한 남자, 하세가와 히로시는 한 가지 명분을 위해 평생 헌신해 왔다. 그 명분이란 유달리 아름답고 극도로 위기에 처한 한 새를 멸종에서 구해 낸다는 것이었다. 이 새는 나머지 세상에서 멀리 떨어진, 그리고 거의 접근 불가능한 세상의 한편에 마지막 버팀대를 세웠다. 그곳은 먼 바다 한가운데에, 기어오르는 것이 거의 불가능할 정도로 절벽처럼 높이 솟아 있는 활화산 섬 도리시마로, 도쿄 남동쪽으로 1,700킬로미터 정도 떨어져 있다.

나는 2007년 11월의 연례 일본 방문 기간 동안 히로시를 만나 이야기를 나누었다. 이 특별한 남자를 만나게 되어 얼마나 들떴는지 모른다. 자기가 평생을 바친 새들과 자기 일에 대한 사랑으로 반짝이는 두 눈을 가진 히로시는 넘치는 에너지를 가까스로 억누르고 있는 사람 같았다. 나는 히로시와 함께 짧은꼬리알바트로스를 보러 갈 기회를 학수고대했다. 하지만 히로시가 더없이 너그럽게 내게 나눠 준 정보로 만족할 수밖에 없었다.

히로시는 후지 산 근처의 언덕진 산지에서 성장기를 보내면서 그곳에서 새들에 대한 사랑에 눈떴고, 그 사랑은 결국 북태평양에서 가장 큰 바닷새인 짧은꼬리알바트로스에 대한 열정으로 이어졌다. 이 새들은 쭉 펴면 2미터도 넘는 길고 좁은 날개로 바다 위를 미끄러지듯 저공 비행할 수 있으며, 땅에 내려앉는 시기는 11월과 3월 사이의 번식 철뿐이다. 이 새들은 무척이나 아름답다. 어른 새들은 등이 하얗고 머리에는 황금빛 깃털이 나 있으며, 날개는 검은색과 흰색이다. 가장 눈에 띄는 길고 풍선껌 같은 분홍색 부리 끝은 파랑색으로 마감이 되어 있다.

옛날에는 짧은꼬리알바트로스를 흔히 볼 수 있었다. 이 새들은 일본에서 미국의 서부 해안, 그리고 베링 해까지 수 킬로미터에 걸쳐 퍼져 있었고, 주로 일본 근처 여러 조그만 섬의 바위투성이 벼랑 사이에 자리 잡은, 풀이 무성한 비탈에 둥지를 틀었다. 이 새들을 멸종으로 이끈 가장 큰 요인은 눈부신 깃털이었다. 1897년에서 1932년까지 깃털 사냥꾼들이 도리시마의 깎아지른 절벽 번식지에서 때려 죽인 새들의 수는 적어도 500만 마리는 될 것으로 추산된다. 1900년의 번식 철 무렵에는 그곳에 대략 300명의 깃털 사냥꾼들이 야영을 했고, 짧은꼬리알바트로스의 수는 계속 줄어들었다. 사냥꾼들은 조류학자들과 자연 보호가들의 로비를 받은 일본 정부가 그 섬을 제한 구역으로 만들기로 합의했다는 이야기를 듣고 마지막 대학살을 조직했다. 그 학살극의 막판에 남은 새는 50마리도 못 되었다. 그 후, 1939년에는 화산 분출이 일어나 마지막 둥지 부지의 대부분을 쓸어 버렸다.

그나마 얼마 안 되는 생존자들은 오늘날 법적인 보호를 받고 있다. 일본 정부는 짧은꼬리알바트로스를 특별 국립 기념물로 등록했을뿐만 아니라 도리시마 섬을 국립 기념물로 보호하고 있다. 그렇지만 보호하려 해도 남은 새가 너무 적었다. 1956년에 한 탐험대가 헤아린 둥지 수는 겨우 12개밖에 되지 않았다. 그로부터 17년 후에는 영국인 조류학자인 랜스 티켈 박사가 도리시마 섬에 가서 이 소규모 군락을 확인하고 새끼들에게 인식표를 달았다. 돌아오는 길에 박사는 일본 교토 대학교에서 강의를 하기 위해 잠깐 머물렀다. 그리고 이 강의는 당시 대학원생으로 동물 생태학을 연구하던 하세가와 히로시에게 깊은 인상을 남겼다. 사실 그 강의는 히로시의 미래를 결정지었다. 영국인 조류학자가 일본 앞바다에 있는 도리시마 섬까지 갈 수 있다면, 설마 내가 못 가겠느냐는 생각이 든 것이다.

아마 그보다 더 어려운 과업을 자청하기도 힘들었으리라. 우선 히로시는 아무런 기금의 지원도 받지 못했다. 그리고 마침내 도리시마에 가는 어류 조사선에 자리를 얻긴 했지만, 기후가 너무 나빠서 상륙이 불가능해지는 바람에 그저 둥지를 트는 알바트로스들을 배 안에서 어렴풋이 보는 것으로 만족해야 했다.

마침내 1977년에 히로시는 처음으로 도리시마 섬에 발을 디뎠다. 그리고 히로시의 눈에 띈 것은 겨우 71마리의 어른 새들과 아직 덜 자란 새들뿐이었다. 짧은꼬리알바트로스의 수명은 대략 50~60년으로 추정되므로, 어른 새들 중 일부는 1932년 대학살의 생존자들인 것이 거의 틀림없었다. 그곳에 있는 전체 71마리 새들 중에 병아리는 겨우 19마리밖에 없었다. 그리고 그들 중 4마리는 이미 죽었고, 다른 15마리는 다 자라기 전에 죽었다. 히로시는 그때 이 아름다운 새들이 멸종에 너무나 가까이 가 있다는 사실을 깨달았다. 히로시는 이렇게 말했다. "저는 그것이 제가 해야 할 일임을 알았습니다. 일본인으로서 이 종을 멸종으로부터 되살려 놓는 것이 제 일임을 깨달았지요."

히로시는 얼마 동안 어류 연구소에서 지원을 받았지만 그곳의 배는 연례 일정이 있어서 알바트로스의 번식 철에 맞춰 쓸 수 없었다. 그리고 교육 과학 문화성에서 몇 년치 기금을 얻어 내는 데 성공하긴 했지만, 정부는 장기 프로젝트를 지원하려 하지 않았다. 장기 프로젝트는 히로시에게 꼭 필요한 일이었다. 그리하여, 히로시는 공공 기금을 얻으려 애쓰기를 그만두고 대신 대중적인 기사와 아동용 책을 써 내기 시작했다. 그리고 덕분에 알바트로스 연구에 필요한 배를 계약하기에 충분한 자금을 마련할 수 있었다. 히로시는 이 경험을 통해 "다른 이들의 발상을 베끼지 말자."라는 철학을 얻었다. 사실상 자신의 독특한 자연 보호 계획을 발전시킨 것이다.

희귀한 새와 희귀한 남자

번식지로의 여행길은 고되었다. 처음에는 대양으로 긴 항해를 떠나야 했고, 끔찍한 폭풍을 맞닥뜨려야 했다. 심지어 상륙해서도 오로지 시커먼 화산암으로만 이루어진, 14층 건물에 맞먹는 높이의 절벽에 온갖 장비를 비끄러매야 했고, 번식지까지 가기 위해 절벽을 따라 120미터나 더듬어 내려와야 했다. 히로시는 1년에 2~3차례씩 27년간 이 여행을 해 왔다. 거기다 자기 말에 따르면 뱃멀미가 심하다고 하니 그 얼마나 놀라운 일인가! 11월 초부터 12월 말 사이의 번식 철에 히로시는 그 섬의 새와 둥지의 수를 세고, 새들의 행동을 관찰한다. 그리고 3월 말에 다시 섬으로 돌아와 병아리들의 다리에 인식표를 단다. 다시 6월에 둥지 부지를 손보려고 가끔 들르기도 한다. 토양을 안정화하기 위해 풀을 심어 적으나마 덮개를 제공하는 것이다. 그 덕분에 병아리들의 생존율은 점차 높아졌다. 그렇지만 1987년에는 아마도 맹렬한 태풍과 극심한 폭우 때문에 도리시마 섬에 대규모 산사태가 일어났고, 심각한 진흙 사태가 이어져 둥지 부지 몇 군데를 망가뜨렸다. 이 일은 검은발알바트로스들과의 둥지 경쟁을 심화시켰다.

히로시는 섬 다른 곳에 새로운 둥지 군락을 구축하는 것이 절실하게 필요하다는 사실을 깨달았다. 히로시는 살아 있는 것처럼 보이는 미끼들을 조각해서(오늘날까지 대략 100개는 만들었다.) 적절하다 싶은 장소에 놓았다. 그러고 나서, 어른 새들이 번식 철을 맞아 돌아오기 시작하면 짧은꼬리알바트로스의 구애 울음을 녹음한 테이프를 틀었다(스티브 크레스 박사가 대서양펭귄을 연구하면서 처음 사용한 방법이었다.). 첫 2년간은 아무런 응답이 없었다. 그 후, 1995년에서 1996년 사이의 번식 철에, 1쌍이 거기에 둥지를 틀고 성공적으로 새끼 1마리를 키웠다. 이듬해에는 1마리도 나타나지 않았고 그 다음 해에도 마찬가지였지만, 히로시는 포기하지 않았다. 히로시는 매해 계속해서 미끼를 놓고 울음소리를 틀었고, 마침내, 첫 쌍이 새끼를 키우고 나서 10년 후에, 3쌍이 더 그 섬에 내려앉았다. 2006년에서 2007년 사이의 번식 철에는 새로운 군락에서 24쌍이 둥지를 틀었고 새끼 16마리가 성장했다.

한편 원래 부지의 번식 성공률은 점차 높아졌다. 1997년에서 1998년 사이의 번식 철에 129마리의 새끼가 어른으로 자랐다(부화된 알의 총수에 비하면 67퍼센트였다.). 이듬해에는 그 수가 142마리로 늘었다. 그리고 성장세는 매년 이어져서, 2006년에서 2007년 사이의 번식 철에는 231마리나 되는 새끼들이 어른으로 자랐고, 군락의 개체 수는 거의 2,000마리에 이르렀다. 이들 중 하나는 티켈 인식표를 단 새였고, 히로시는 연구 초기 단계부터 그 새를 관찰했다. 그 새는 33살의 나이로 성공적으로 병아리 1마리를 키워 냈다.

바다에서의 위협

물론, 다른 알바트로스 종과 마찬가지로 짧은꼬리알바트로스들 역시 바다에서 보내는 시기에 가장 큰 위험을 맞닥뜨린다. 조업용 긴 줄에 걸려 물에 빠져 죽기도 하며 버려진 낚시 장비에 붙들리거나 대양을 떠도는 플라스틱 쓰레기를 삼키는 새들도 많다. 이따금은 유출된 기름을 뒤집어쓰기도 한다. 히로시를 비롯한 조류학자들은 대중의 인식을 일깨우려고 노력했다. 1988년에서 1993년 사이에, 짧은꼬리알바트로스의 고난을 다룬 텔레비전 프로그램들이 연달아 일본에서 전파를 탔다. 짧은꼬리알바트로스는 일본에서 1933년에 멸종 위기 종 법에 의거해 멸종 위기 종으로 등재되었다. 그리고 히로시는 이 새들을 구하기 위한 투쟁을 개시한 지 거의 20년이나 지나서 마침내 일본 정부로부터 원래 번식지의 지속적인 환경 개선과 도리시마 섬의 새 번식지 구축 양쪽을 위한 자금을 확보할 수 있었다.

짧은꼬리알바트로스들이 둥지 군락을 이루고 있는 곳으로 알려진 유일한 다른 장소는 도리시마 남서쪽에 위치한 한 섬이었다. 히로시는 2001년에 그 군락을 방문할 수 있었는데, 일본과 중국과 타이완이 이 섬의 주권을 두고 분쟁 중인 터라 그 섬에 접근한다는 것은 쉽지 않은 일이었다.

참을성이 무척 강한 새

또한 미국 사법권에 속하는 미드웨이 애톨에서도 짧은꼬리알바트로스들이 둥지를 틀려는 시도를 계속해 왔다. 하지만 아직까지는 성공을 거두지 못했다. 애톨 섬에서 새들이 3마리 이상 동시에 발견된 경우는 없고 거기서 낳은 알은 겨우 하나뿐이었으며, 부화된 기록은 전혀 없다! 어쩌면 이 길 잃은 짧은꼬리알바트로스들은 그곳 섬들에서 번식하는 200만 마리쯤 되는 검은발알바트로스와 레이산알바트로스의 모습이나 소리에 이끌렸는지도 모른다.

 미국 어류·야생 생물 관리국에서 짧은꼬리알바트로스 복원 계획의 수장을 맡고 있는 주디 제이콥스는 이 길 잃은 새들 중 하나가 수컷이었던 것 같다며, 미드웨이의 이스턴 섬에 1999년 이래 거의 매년 번식 철마다 나타났다고 했다. 2000년에 그 수컷이 짝을 얻는 데 도움이 되도록, 도리시마에서 녹음한 소리를 내보내 줄 음향 기기와 더불어 일련의 미끼들이 제공되었다. 그렇지만 아무리 미끼를 제공해도 다른 짧은꼬리알바트로스들은 모습을 보이지 않았고, 히로시의 기다림은 매년 허사로 돌아갔을 뿐이었다. 그런데 이윽고 히로시의 운이 바뀌었다. 주디가 2008년 1월에 써 보낸 편지 내용을 보자. "겨우 2주일 전에 처음으로 아직 어린 짧은꼬리알바트로스가 녀석에게 합류했어요." 인내심 강한 그 알바트로스와 새로 나타난 어린 동료는 몸단장을 하고 짝짓기 행동을 하는 모습을 보였다. "그러니 어쩌면, 어른 새의 9년간의 끈기가 마침내 보상받을지도 모르겠어요!" 그 결과를 알게 될 날이 얼마나 기다려지는지 모르겠다!

새 집

미국 어류·야생 생물 관리국이 2005년에 내놓은 복원 계획에서 가장 중요한 부분은 일본 및 오스트레일리아의 과학자들과 협력하여 안전한 장소에 새로운 번식 군락을 구축하는 것이다. 2002년에, 도리시마 화산이 다시 분출했는데(이 산은 그 지역에서 가장 활발한 화산에 속한다.), 비록 당시에는 그냥 재와 연기를 뿜어내는 정도로 끝났고 다행히 알바트로스들은 모두 바다에 나가 있었지만, 이는 아직 짧은꼬리알바트로스 개체군이 위태로운 상황을 벗어나지 못했다는 사실을 일깨워 주었다. 화산 활동의 위험이 없고, 사람이 접근해서 감시하는 것이 어렵지 않은 섬에 새로운 군락을 구축하는 것이 중요했다. 많은 토론 끝에, 그리고 일본 과학자들이 사전 답사를 다녀온 끝에, 도리시마 남쪽으로 약 320킬로미터 떨어진 오가사와라 제도에 속한 무코지마 섬이 새로운 군락 부지로 선정되었다. 그곳에는 가장 최근으로는 1920년대에 짧은꼬리알바트로스들이 번식했다는 기록도 있었다.

귀중한 짧은꼬리알바트로스 병아리들을 무코지마 섬으로 옮기는 계획을 실행하기 전에, 야마시나 재단에 소속된 일군의 생물학자들이 멸종 위기 종이 아닌 검은발알바트로스를 대상으로 알바트로스 병아리 양육 기술을 실험하기로 결정했다. 이 연습 결과는 그다지 성공적이지 않았지만, 거기서 얻은 귀중한 교훈들은 더 나은 양육 기법을 갈고닦는 데 도움이 되었다. 그리하여 이듬해에는 멸종 위기 종이 아닌 검은발알바트로스 병아리 10마리가 무코지마 섬의 특별히 준비된 부지에 이전되어, 1마리를 제외하고는 모두가 날개를 폈다.

여기서 얻은 성공은 이 일에 참여한 모든 사람들에게 귀중한 짧은꼬리알바트로스 병아리들을 비로소 무코지마 섬에 이전할 수 있다는 커다란 자신감을 심어 주었다. 엄청난 대중이 이 행사를 미리 알고 기다렸다. 주디 제이콥스가 써 보낸 바에 따르면 상황이 모두 더할 나위 없이 순조롭게 돌아갔다고 하니 정말 다행스러운 일이었다. 2008년 2월에 병아리 10마리가 도리시마로부터 새 집으로 헬리콥터를 타고 이송되었다. 그리고 10마리 전부가 날개를 펴서 모두가 크게 마음을 놓았다. 심지어 도리시마 섬의 자기들 또래들보다 약간 더 이른 시기였다.

오늘날은 새로운 기술 덕분에 과학자들이 어린 짧은꼬리알바트로스들이 날개를 펴고 나서 4~5년을 바다의 어떤 곳에서 보내는지를 정확히 파악할 수 있다. 알바트로스 새끼 20마리는 추적 장치를 장착했다. 그들 중 일부는 도리시마에서 베링 해까지 곧장 날아갔는데, 1달에 대략 6,400킬로미터를 비행한 셈이다. 이 여행이 더욱 특별했던 까닭은, 어른 새들이 새끼들보다 몇 주 일찍 번식지를 떠나는 터

다 자란 짧은꼬리알바트로스가 도리시마 섬에 착륙하려는 장면이다. 2006년에서 2007년 사이의 번식 철에 놀랍게도 새끼 231마리가 날개를 폈고, 주요 군락의 개체 수는 거의 2,000마리까지 올라갔다(하세가와 히로시).

라 새끼들이 부모의 지도를 전혀 받지 못했기 때문이다. 물론 무코지마에서 처음 날개를 편 새들을 추적하는 것은 특히 중요한 일이었다. 이 새들 중 5마리는 도리시마 출신 5마리와 마찬가지로 위성 송신기를 장착했다. 그리고 2008년 9월에는 주디가 근황을 전해 왔다. 주디의 말에 따르면 10마리 모두가, "이제 알래스카 알류샨 열도에서 양식을 징발하고 다니는 것을 비롯해 다른 어린 알바트로스들이 하는 행동을 전부 다 하고 있어요." 도리시마 출신 5마리와 무코지마 출신 5마리 모두가 그렇다고 한다!

주디는 짧은꼬리알바트로스 복원 계획이 완성되려면 앞으로 4년간 계속 무코지마로 이전하는 작업이 필요하다고 했다. 그리고 5년째 되는 해인 2008년에 날개를 편 새들이 번식할 준비를 갖추고 무코지마로 돌아오는 것이 그 프로젝트가 희망하는 바이다. 그 섬의 미끼들과 음향 설비가 그 종의 다른 새들까지 그곳으로 불러들여 둥지를 틀게 만들었으면 하는 바람도 있다. 주디는 이렇게 말한다. "일은 무척 힘이 들죠. 그렇지만 이 위풍당당한 바닷새를 세상에 돌려놓는 데 제가 한몫을 한다는 건 무척 보람 있는 일이에요."

짧은꼬리알바트로스의 "수호 성자"

나는 히로시에게 이제 다른 과학자들이 활발하게 짧은꼬리알바트로스 보호에 참여하는 상황에 대해 어떻게 생각하느냐고 물었다. "저야 무척 행복하죠." 히로시는 말했다. "저 혼자 30년도 더 전에 시작한 보호 작업이 이제 국제 협력 프로젝트로 발전해서 새로운 군락을 형성하는 일을 하고 있으니까요." 히로시는 계속해서 도리시마의 상황을 주시할 것이고, 무코지마로 이전되기 위한 새끼들의 수가 충분히 확보되도록 노력할 것이다. 히로시는 또한 짧은꼬리알바트로스 기금을 세워서 일반 대중의 기부를 받고 있다(이 책의 부록 "우리가 할 수 있는 일"을 보면 이 기금에 대해 더 많은 것을 알 수 있다.).

나는 히로시에게 그렇게 오랜 세월 이 위풍당당한 새들을 위한 일을 해 왔으니 혹시 특별히 애착이 가는 알바트로스가 있지 않느냐고 물었다. 별로 그런 적은 없었다는데, 다만 1995년에 히로시가 선택한 도리시마의 새로운 지역에 처음 둥지를 튼 쌍은 좀 특별했다고 한다. 그로부터 12년이 지난 지금, 그 쌍은 계속 관계를 유지하고 있다. 매년 새끼를 키우려고 같은 장소로 돌아오는 것이다. "그리고 저는 계속 그들을 지켜봅니다." 히로시는 말했다. 이 말을 할 때 히로시의 눈은 반짝반짝 빛났고, 한순간 먼 곳에 있는 사람처럼 보였다. 그 순간 히로시의 영혼은 마치 자신의 노력이 없었다면 더 이상 존재하지 않았을 새들과 함께 자연 속에 서 있는 것 같았다.

하세가와 히로시는 이 영광스러운 바닷새를 복원하려고 목숨을 걸고, 지독한 뱃멀미를 견디며 지난 삶의 35년을 헌신했다. 사진 속에서 히로시는 막 아래에 있는 벼랑 둥지에서 짧은꼬리알바트로스(오른쪽에, 바다 근처에 모여 있는 조그만 하얀 점들)의 수를 세는 것을 마치고 도리시마 섬의 쓰바메자키 낭떠러지 가장자리에 서 있다(하세가와 히로시).

● 세인의 현장 수첩 ●

청황큰앵무
Ara ararauna

동료인 베르나뎃 플레어와 함께 처음 트리니다드 섬에 갔을 때, 나는 이따금씩 더위와 뒤끓는 벌레들, 불면증, 득시글대는 박쥐들의 환영을 받으며 잊을 수 없는 스파르타식 여행을 했다. 이 여행길에는 있는 것보다 없는 게 더 많았고, 거기에 마침표를 찍은 것은 정상적인 일상에서는 구할 수 없는 예측불허의 선물들이었다. 이 여행에서 나는 겨우 2주일 만에 100종도 넘는 새들을 볼 기회를 얻었는데, 그중 가장 주목할 만한 새들은 멸종에서 구조된 청황큰앵무로, 밝은색에 시끄러운 울음소리를 가진 녀석들은 베르나뎃에게는 너무나 소중한 새들이었다.

 베르나뎃은 트리니다드 섬에서 태어나 상그레 그란데 지역에서 자랐다. 섬사람다운 교섭력과 고집, 그렇지만 부드러운 말씨를 갖춘 베르나뎃은 자신이 나고 자란 섬의 야생을 보호하는 데 회전축 같은 역할을 해 왔다. 많은 "트리니 사람들"과 마찬가지로 베르나뎃은 아프리카와 프랑스와 동인도인의 후손으로, 아이였던 1950년대와 1960년대에 한때 그 섬의 명물이었던 청황큰앵무를 보고 그 노랫소리를 들은 기억을 잊지 않고 있다. 베르나뎃은 이렇게 말했다. "제가 어린아이였을 때는 이 아름다운 밝은색 새들이 야자나무로 뒤덮인 숲 천장을 나는 것을 흔히 보았고, 당연히 그 새들이 사라질지 모른다는 생각은 단 한번도 해 보지 못했어요."

이 시끄러운 새들은 모르고 지나치기가 더 어렵다. 큰앵무들은 앵무새 종 중에서 가장 크고 시끄러운 무리에 속하며, 특히 청황큰앵무는 거의 번쩍번쩍하는 황금색 가슴과 대비를 이루는 눈부신 감청색 날개와 꼬리 때문에 눈에 확연하게 들어온다. 불행히도 이 새들은 특히 애완동물로 인기가 많아서, 1960년대 초반에 섬에서는 아예 자취를 감추었다.

트리니다드 섬에서 이 새들이 사라진 것은 실제로 여러 가지 요인들 때문이다. 동트리니다드의 나리바 늪지대에서 이루어진 불법적인 벼농사는 이 새의 서식지를 변화시켰다. 청황큰앵무는 늪 가장자리에 자라는 야자나무에 의존해 움푹 팬 둥지를 짓는데, 나무 수가 줄어들면서 새들의 수도 줄었다. 밀렵꾼들은 새끼를 국제 애완동물 거래 시장에 내다 팔려고, 새끼 새가 있는 둥지를 공략하기 위해 속이 빈 야자나무를 베어 넘어뜨린다. 이 일은 불법인 데다 가끔은 불법 마약 거래에 종사하는 사람들이 연루되어 있지만, 오늘날에도 수많은 열대 지역에서는 계속 앵무새가 수입되고 있다.

베르나뎃은 신시내티 동물원과 수목원의 멸종 위기 야생 생물 연구와 보전 센터 소속 연구 과학자로 오하이오 주 신시내티에 살고 있다. 멸종 위기 야생 생물 연구와 보전 센터에서 보낸 20년 동안 베르나뎃은 112년 만에 처음 포획 상태에서 출생한 수마트라코뿔소 새끼의 성장률에 대한 자료를 모으는 것부터 위기에 처한 열대 식물 종을 복제하는 것까지, 수많은 멸종 위기 종 관련 업무들을 맡아 왔다. 그리고 그 사이 1년에 1차례씩 고향을 방문해 가족과 함께 지냈는데, 그때마다 섬의 야생 환경이 처한 문제들이 여전하다는 사실을 눈치 채곤 했다.

밀렵은 아직 성행하고 있고, 자연 보호 구역 감시원은 부족하며, 불법 농경과 개발로 인해 서식지 손실은 확대되고 있다. "이런 문제들은 제가 고향에 갈 때마다 매번 더 악화되기만 하는 것 같아요." 베르나뎃은 말했다. "그리고 정말 걱정스러운 건, 사라지고 있는 것들이 가만 있어도 눈에 띈다는 거예요."

베르나뎃은 다른 사람들이 나서기를 기다리는 것이 아니라 직접 트리니다드토바고의 위기에 처한 종 구조 센터를 창립하기로 결정했다. 우선은 비교적 단순한 프로젝트부터 시작하기로 했다. 청황큰앵무를 다시 트리니다드 섬으로 데려오는 것이었다. 결국 이 새들의 역사적 서식지인, 약 63제곱킬로미터에 이르는 나리바 늪의 습지는 1993년에 보호 지역으로 지정되었다. 베르나뎃은 이처럼 보호 상태에 있으니 새들을 그 지역에 돌려놓는 일이 비교적 빠르고 손쉽게 달성되리라 생각했다. "당시 우리는 무척 희망에 부풀어 있었어요." 베르나뎃은 말했다.

하지만 징발된 새들을 가지고 프로그램을 개시하려던 첫 시도는 성공을 보지 못했다. 애완동물 거래에서 구조되어 섬으로 돌아온 어른 새들은 포획 상태에서 번식을 하려 들지 않았다. 또한 이 새들은 야생에 재도입된 포획 동물들이 겪는 전형적인 약점을 가지고 있었다. 구조된 앵무새들은 포식자들을 경계할 줄 몰랐고 신종 질병에 취약했으며, 생명력이 강하지 못했다. 그래도 베르나뎃은 희망을 잃지 않았다. 사실, 트리니다드토바고의 위기에 처한 종 구조 센터는 계속해서 격려를 받았다. 베르나뎃은 멸종 위기 앵무새 기금, 플로리다 조류 자문 기관, 동물원과 수족관 협회들을 비롯한 국제적 NGO들로부터는 물론이고, 트리니다드 섬의 야생 삼림 관리국으로부터도 막대한 지원을 얻어 냈다.

그리하여 1999년 무렵에는 효과적인 파일럿 프로젝트 하나가 진행 중이었다. 어린 앵무새 18마리가 면허를 소지한 거래자를 통해 구야나에 모였는데, 목표는 이 새들을 가지고 궁극적으로 9개 번식 쌍을 만드는 것이었다. 새들은 구야나의 숲에서 나리바에 있는 특수 방생 준비 우리로 이전되어, 그곳에서 주변의 나무들과 늪에 익숙해졌다.

새들을 이전 배치하는 이 새로운 방식은 포획 번식시킨 큰앵무를 사용했을 때보다 효과가 더 좋았다. 구야나에서 온 앵무새들은 자연의 경험과 야생에서 살아남을 수 있는 분별력을 가지고 왔다. 이 새들은 재빨리 40년 전에 나리바 늪에 생긴 공동을 채우고 곧 그곳의 주인이 되었다.

이런 방생 실험과 더불어 마침내 성공이 찾아왔지만, 베르나뎃과 팀이 해야 할 일도 더 많아졌다. 어디서나 그렇듯이, 트리니다드 섬에서 자연 보호 체계가 제대로 작동하려면 다각도의 접근법이 필요했다. 베르나뎃도 알고 있듯이, "자연 보호는 한번도 완벽하게 달성된 적이 없어요. 일은 늘 계속 생겨나거든요." 그 늪의 관목과 자연 보호 구역에 수렵 감시원을 계속 두게 하려면 정부 관료들에게 지속적인 정보를 제공하고 참여하게 만들어야 했다. 또한 일군의 자원봉사자들이 협력하여 늪의 거대한 방생 준비 울타리에 있는 새들에게 먹이와 물을 제공해야 했으며, 또 밤에는 조그만 무리를 지어서 새들 근처에 캠프를 치고 야생 포식자나 심지어 어쩌면 인간 포식자들이 다가오지 못하도록 안전하게 지킬 필요가 있었다. 이는 무척 힘들지만 보람 있는 경험이었다.

사람들이 이기적인 목적에서 청황큰앵무를 다시 멸종시킬 마음이 들지 않게 하려면, 그리고 장기적 성공을 바란다면 공공 교육이 반드시 필요했다. 이 아름다운 앵무새들을 환영한다고 표명하는 신문 보도에서 텔레비전 방송과 광고판을 세우는 것까지, 모든 것이 "트리니"나 그 섬의 토박이라면 누구라도 한번 사라졌던 이 생물들의 귀환을 모를 수 없도록 준비된 일이었다. 그 결과 청황큰앵무는 트리니다드 섬의 자연 보호에서 가장 중요한 종이 되었다. 이 새들은 섬의 아름다움과 이 새들을 멸종의 위기에서 다시 데려온 섬 사람들의 결의 양쪽을 상징하는 자부심의 원천이었다.

어쩌면 이 지속적인 노력에서 가장 즐거운 부분은 트리니다드 섬의 많은 학교들이 나리바 늪과 특히 큰앵무를 자기들의 일원으로 얼싸안게 되었다는 이야기인지도 모른다. 초등학생들은 정기적으로 화려한 축제와 행렬과 뮤지컬을 열어 트리니다드 섬의 자연 유산과, 인간이 어떻게 자연을 보살피면서 더불어 살아갈 수 있는지를 찬양하고 있다.

베르나뎃이 처음 시행착오를 겪은 그때로부터 15년이 지난 오늘날, 이 새들은 자기들의 문제를 스스로 해결하고 있다. 맨 처음 앵무새들 중에서는 9마리가 살아남았고, 몇 마리는 지금도 새끼를 낳고 있다. 2003년에는 구야나에서 온 또 다른 야생 새들 17마리가 새로운 유전자를 제공하기 위해 방생되었다. 오늘날까지 방생된 새들 전체 31마리 중 26마리가 살아남았고, 1999년에 처음으로 방생이 이루어진 이래 33마리의 병아리가 태어났다. 그리고 경험 있는 조류 사육가들이라면 그곳에 단 하루만 있어도 큰앵무들이 나리바 늪 위를 나는 모습을 볼 수 있으리라. 하지만 아름다운 큰앵무의 수만큼이나 베르나뎃에게 희망을 주는 것은 바로 아이들이다. "저는 이 어린 트리니들을 보고 있으면 얼마나 기쁜지 몰라요." 베르나뎃은 웃으며 말했다. "50년 전에 제가 그랬듯이, 집에 가는 길에 멈춰 서서 큰앵무 떼가 나는 것과 같은 아름다운 광경을 가리키며 경이로워 하는 아이들이요."

오른쪽 – 하와이기러기 또는 네네. 짝을 맺은 네네들(왼쪽이 수컷, 오른쪽이 암컷)이 2006년에 하와이 화산 국립 공원의 분출을 내려다보고 있다. 이 새들은 원래 살던 저지대 서식지로 돌아오기 시작했다(니키 엔들러).

아래 – 솜머리타마린. 북서 콜롬비아의 토착 서식지에 남아 있는 타마린들은 아마 1만 마리도 안 될 것이다. 지난 세기 동안 이 조그만 원숭이들은 생의학의 결장암 연구를 위해 과도하게 포획되었다. 오늘날 이 타마린들의 가장 큰 위험 요인은 서식지 손실인데, 그렇기 때문에 이들과 숲 서식지를 보호하려는 공동체의 노력이 몹시 중요하다(티티, Inc.).

파나마황금개구리는 치명적인 카이트리드 진균 때문에 전 세계적으로 멸종 위기에 처해 있는 수많은 양서류에 속한다. 이 아름다운 양서류를 멸종으로부터 구하려고, 자연 보호 운동가들은 말 그대로 파나마의 한 호텔 안에 격리 번식 프로그램인 "개구리 힐튼"을 차렸다(윌리엄 콘스탄트).

애벗부비. 이 커다란 새들은 몸집만큼이나 개성도 대단하다는 것이, 상처 입고 고아가 된 부비들을 먹이고 길러 온 부부의 이야기다. 이 새들의 생존은 크리스마스 섬 숲 지대의 지속적인 복원에 달려 있다(야노스 하니케 박사).

아래 - 모리셔스황조롱이. 이 조그맣고 카리스마 넘치는 매는 삼림 벌채와, 사이클론, 외래종과 DDT 때문에 심각한 위기를 맞았고 1970년대에 전 세계에서 가장 희귀한 조류가 되었다. 생물학자인 칼 존스는 부모님의 정원에서 상처 입은 보통 황조롱이들을 번식시키는 데 성공했고, 덕분에 거기에서 이 종을 구할 수 있는 놀라운 방법을 알아내어 누구도 해내지 못한 성공을 거둘 수 있었다. 이 새들은 이제 안전하고 자립적이며, 모리셔스 섬에서 500~600마리가 자유롭게 살고 있다(그레고리 기다).

오른쪽 위 - 버뮤다제비슴새 혹은 캐하우. 이 신비롭고 이국적인 새들은 둥지로 돌아오기 전에 바다에서 최장 3년을 보낸다. 그리고 아무도 이 새들이 가는 곳을 모른다. 사진 속에서는 황혼 녘에 캐하우 한 녀석이 버뮤다의 논서치 섬 근처에서 대양 위로 솟구치고 있는데, 논서치 섬에서 실행되는 영웅적인(심지어 목숨까지 건) 복원 활동이 이 영광스러운 새들을 멸종으로부터 구해 내고 있다(앤드루 돕슨).

오른쪽 아래 - 모리셔스의 분홍비둘기는 1990년에 알려진 바로는 야생에 채 12마리도 남지 않았고, 그렇게 종말을 맞을 것 같았다. 하지만 놀랍게도, 포획 번식 프로그램은 수많은 장애를 극복하고(심지어 비둘기 결혼 상담까지 해 가며) 이 종을 안전지대로 돌려놓았다. 분홍비둘기는 야생에서 거의 400마리가 번성하고 있다(그레고리 기다).

한때 세계에서 가장 희귀한 앵무새로 여겨졌던 이 영광스러운
에코쇠앵무는 생물학자인 칼 존스와 듀렐 야생 보호 기금
덕분에 구제되어 모리셔스 섬에 돌아왔다(그레고리 기다).

위 - 다 자란 짧은꼬리알바트로스가 일본 도리시마의 번식지에서 구애 행동인 부리를 건드리는 일종의 "펜싱"을 선보이고 있다. 이 놀라운 바닷새들은 한때 전체 수가 100마리도 안 되는 수준까지 떨어졌었다(하세가와 히로시).

아래 - 청황큰앵무. 애완동물 불법 거래를 위한 밀렵 때문에 이 아름다운 종은 한때 토착 서식지인 트리니다드 섬에서 완전히 사라졌다. 새들을 포획 번식해 방생하는 방법이 통하지 않자, 트리니다드 섬 사람들은 소중한 청황큰앵무를 구제해 나리바 늪의 고향으로 돌려보내는 혁신적인 방법을 생각해 냈다(베르나뎃 플레어).

검은왕관난쟁이마모셋. 이 조그만 영장류는 최근에 브라질의 아마존 밀림 깊숙이에서 발견된 새로운 마모셋 6종 중 하나다. 내가 만난 이 귀염둥이는 그 지역의 한 마을에서 구조되었다. 녀석이 내 어깨에 앉아 있을 때, 나는 발견되지 않은 채로 우리 도움을 필요로 하고 있는, 녀석과 같은 종이 저 밖에 얼마나 있을지 궁금해졌다(루스 미테마이어).

야리기스솔핀치. 인간의 눈에 띄지 않고 과학에 "발견되지" 않은 동물 종들이 살고 있는 숨겨진 외딴 장소가 아직 존재한다는 것을 알면 마음이 놓인다. 이 솔핀치는 2007년에 콜롬비아에서 발견되었는데, 신세계 출신 조류 종 중에서 표본을 제공하기 위해 의도적으로 죽임을 당하지 않은 것은 이 종이 유일하다(블랑카 우에르타스).

타히나야자수. 아무리 "여섯 번째 멸종"이 다가오고 있어도, 동시에 지구상에는 새로운 발견들이 이루어지고 있다. 캐슈 농장의 감독인 자비에르 메츠가 이 거대한 야자수를 발견했을 때 얼마나 놀랐을지 한번 생각해 보라. 이 나무는 그저 새로운 종이 아니라, 새로운 속, 마다가스카르에 존재한다고 알려지지 않은 진화 선상에 있는 것이다(존 드렌스필드).

위 – "화성에서 온 개미". 이 지하에 사는 눈 없는 육식 개미는 아마존 숲에서 2008년에 발견되었다. 아마도 1억 2000만 년 전에 지구상에서 진화한 맨 첫 개미의 직계 후손으로 짐작된다(미국 국립 과학 아카데미. 원래는 PNAS vol. 105, no. 39: 14913~14917에 처음 등장했다.).

아래 – 룽웨케부스키푼지. 이 원숭이는 2003년에 탄자니아의 남부 고지대에서 발견되었는데, 녀석 외에도 아직도 지구의 외딴 지역에서는 새롭고 신기한 종들이 발견되고 있다. 키푼지는 단순히 새로운 종이 아니라 완전히 새로운 속이다. 말하자면 비비의 자매라고 할 수 있다(팀 대븐포트 / WCS).

위 - 실러캔스. 이 거대하고 보기 힘든 물고기는 1938년에 재발견되기까지 대략 6500만 년 동안이나 멸종된 것으로 여겨졌다. 이 사진은 2000년에 실러캔스 다이빙 팀이 찍은 극도로 희귀한 녹화 테이프에서 추출한 것인데, 실러캔스는 남아프리카 소드와나 만의 제서 협곡 해저 108미터에 있었다 (피에트르 벤터와 실러캔스 다이빙 팀).

아래 - 붉은거미난(*Caladenia concolor*). 붉은거미난은 오스트레일리아 박스검 숲지의 토착 서식지에 남은 80그루가 전부다. 향토민인 위라주리 공동체를 비롯한 지역민들의 불침번과 보호 덕분에, 이 난과 서식지는 이제 안전한 상태에서 수가 점점 늘어나고 있다 (로버트 G. 플레밍, 와가와가).

하와이의 이 놀라운 은검초는 로버트 로비쇼 같은 현장 식물학자들의 헌신이 없었더라면 아마 세상에서 자취를 감췄으리라. 로버트는 내게 절벽에서 자라는 얼마 남지 않은 은검초를 손으로 수정하려고 밧줄에 매달려 15미터나 내려갔다는 어질어질한 이야기를 들려주었다. 날개 달린 벌이라면 누워서 떡 먹기나 다름없는 일이었을 텐데(은검초 재단).

온타리오의 서드버리, 전후: 한때 벌목과 구리 채굴 때문에 황폐화되었던 지역이다. 이 사진들은 같은 장소의 전후를 찍은 것인데 결의와 끈기가 어떻게 자연 환경을 치유할 수 있는가를 확연하게 보여 준다(양 사진 오른쪽에 있는 하얀 탑을 보면 같은 곳임을 알 수 있다.)(그레이터 서드버리 시).

PAINTING THE ENDANGERED TRUTH

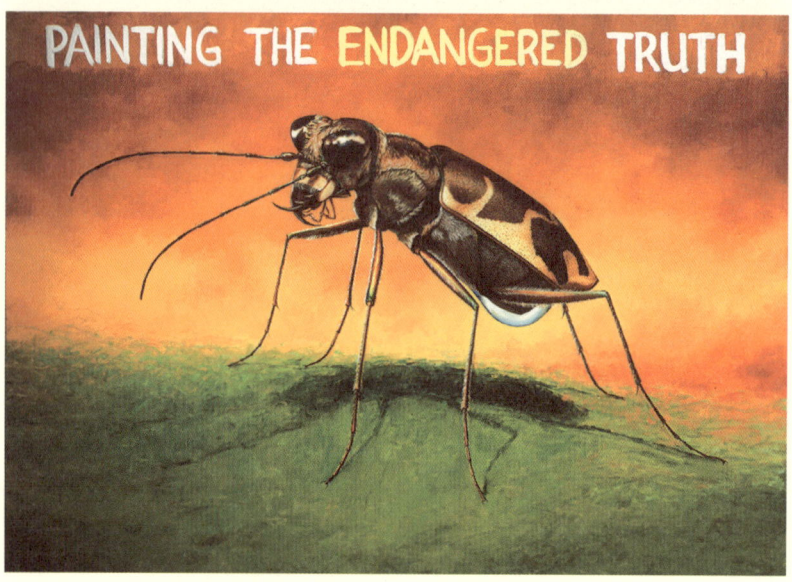

위—복구된 낙원. 멕시코 과달루페 섬에서 침략 동물 종이들이 제거된 이래, 과달루페 센시오스(*Guadalupe sencios*) 같은 토착종들이 마침내 다시금 번성할 수 있게 되었다(클라우디오 콘트레라스 쿱).

아래—이 길앞잡이가 멸종 위기 종으로 등록되어, 고유 서식지인 네브래스카 주 솔트크릭의 환경을 안전하게 만들 목적으로 연방 기금이 조성되자 곳곳에서 반발의 외침이 터져 나왔다. 그렇지만 생명의 그물에서는 모든 종과 그 서식지가 중요하다(제사 위빙-라이팅어).

5부 발견의 전율

아이였을 때 나는 신대륙을 찾아, 특히 새로운 종류의 동물들을 찾아 미지의 세계로 떠나는 용감한 동물학자가 되기를 열망했다. 나는 모든 아이들이 자신만의 신세계를 발견하려는 욕망을 가지고 태어난다고 믿는다. 아이들은 호기심이 강하고, 새롭고(그들에게는) 짜릿한 세계를 탐사하고 그 세계에 관해 알기를 원한다. 그리고 그 길에서, 아이들은 경이로운 개인적 발견들을 이루어 낸다.

   친구들과 같이 한밤중에 몰래 집을 빠져나가 개발되지 않은 금지 구역인 소구획지로 숨어들어 달빛 아래서 그곳에 둥지를 튼 올빼미 쌍을 발견한 그 옛날, 나는 그 어느 탐험가 못지않게 들떴더랬다. 그건 진짜 모험이었는데, 올빼미들은 우리가 너무 가까이 가자 급강하해서 우리를 무섭게 위협했기 때문이다. 맹금류의 둥지를 탐사하기 위해 그 새들의 분노를 감수하고 위험한 절벽들을 맨손 맨발로 힘겹게 기어 올라가는 사람들에 관한 이야기를 읽으면 나는 늘 그 옛날 일이 생각난다. 그 소구획지는 지금 건물이 들어섰고, 올빼미들은 벌써 옛날에 떠나 버렸다. 가차 없는 자연 개발 때문에 떠밀려 난 것이다.

   나는 운이 좋았다. 자연 그대로의 경관이 망쳐지기 전에 볼 수 있었으니 말이다. 그리고 당시 세상에 대한 기억은 내게는 보물과도 같다. 그렇지만 아직도 발견해야 할 것이 너무 많다. 바로 어제(2008년 8월)만 해도, 중앙아프리카에서 로랜드고릴라가 다수 발견되었다는 소식이 들려왔다. 이 위기에 처한 종의 수가 이제 기존의 2배가 된 것이다. 그 고릴라들 이야기를 들었을 때, 나는 콩고브라자빌 심장부 구알루고 삼각지에 있는, 한번도 벌목된 적이 없는 고대의 숲에서 마이크 페이와 마이클 "닉" 니콜스와 함께 보낸 2002년의 며칠간이 생각났다. 두 사람은 처음 거기 갔을 때 한번도 인간을 두려워하는 법을 배운 적 없는 동물들을 맞닥뜨렸다. 그 지역을 그토록 오랫동안 보호해 온 거대한 늪은 심지어 피그미 족 사냥꾼조차 건너가 보지 못했던 곳이다. 사실, 마이크를 제외한 모든 이가 그 늪 앞에서 발길을 돌렸다. 그렇지만 마이크는 비밀 통로를 발견했고, 나를 그곳으로 불러 주었다. 우리는 용도 폐기된 목재 운송로를 따라 트럭을 몰아 길을 떠났다. 그러고 나서 피그미 족 안내원들이 노를 젓는 쪽배를 타고 부드러운 강물을 따라 조용히 흘러가는 마법 같은 뱃길이 이어졌다. 그리고 그 다음에는 아주 오래 걸어야 했다.

마침내 숲의 캠프에 도착해 보니 밤 10시가 다 되어서, 나는 모닥불과, 피그미들이 요리해 준 단순하고 맛있는 식사 이외의 무언가를 감상하기에는 너무 지쳐 있었다. 그렇지만 이튿날 키 큰 고대의 나무들 아래를 걸으면서 나는 적어도 수백 년 동안 단 한번도 인간의 발길이 닿은 적 없는 그곳의 마법과도 같은 광경에 전율을 느꼈다. 그리고 그 숲의 수많은 거인들 중 하나의 몸통에 손을 대고, 올라오는 수액을 감지하면서, 마이크 덕분에 그 숲 전체가 이제는 보호 구역이 되었다는 사실에 무한한 환희를 느꼈다. 이제 그곳의 고릴라와 침팬지와 코끼리들은 안전하다. 마이크를 비롯해 그곳에 관심을 가져 준 사람들 덕분에 가봉의 많은 숲 역시 보호 구역으로 확정되었다.

2006년에는 새로운 종이나 이전에 멸종되었다고 알려진 종들이 다수 발견된 야생 지역인 "미얀마의 심장부"로 가는 탐험대가 조직되었다. 심지어 그보다 더 최근에는, 콜롬비아의 외딴 야리기스 산맥 원정을 통해 이제까지 과학계에 알려지지 않은 새롭고 매혹적인 종들이 연달아 발견되기도 했다. 또한 파푸아 포자 산맥의 외딴 야생 지역으로의 탐험 역시 마찬가지 성과를 올렸다. 이런 원정들로부터 얻을 수 있는 한 가지 이득은, 마지막 남은 자연의 야생 지역을 발견하고 그에 관해 글을 씀으로써, 미래 세대를 위해 그런 지역을 보존할 수 있도록 지역적이고 국제적인 지원과 압력을 끌어내는 일이 가능해진다는 것이다.

5부의 3개 장에서는 그러한 발견의 이야기를 들려드리고자 한다. 그중 몇 가지 이야기는 대단히 특별하다. 새로운 종류의 원숭이, 500만 년 동안 외부 세계에는 알려져 있지 않았던 동굴계, 무려 6000만 년 동안이나(!) 데본기에서 발굴된 화석으로만 알려져 있던 물고기들이 발견되었다는 이야기들 같은 것이 그렇다. 이런 이야기들은 폭넓은 일반 대중의 호기심을 끌고, 국제 신문들의 머리기사를 차지한다. 한편 그보다 흥미가 떨어지고, 그저 지역 언론이나 몇몇 전문지에서만 짧게 다뤄지는 이야기들도 있다. 그렇지만 이런 이야기들도 그것을 처음 찾아낸 생물학자들에게는 엄청나게 짜릿한 이야기일 테다. 나는 이들 생물학자 몇몇과 이야기를 나눠 보았는데, 그들의 눈에서 빛나는, 그리고 전화기 저편에서 울리는 목소리에서 들려오는 열정은 내게도 금세 옮아 왔다.

그건 그저 뭔가를 발견하는 데서 느끼는 기쁨이 아니다. 세상의 짜임새에서 그 생명체가 중요하다는 것을 알기 때문에 느끼는 기쁨이다. 어떤 관점에서 보느냐가 중요하다. 결국 조그만 식물 하나가 사라진다 해도 코끼리에게는 별로 중요하지 않을지 모른다. 하지만 애벌레일 때 오로지 그 식물의 잎만 먹는 나비가 있다면, 그 나비에게 그것은 생존이냐 멸종이냐를 가르는 문제다. 그리고 생물학자들은 세상 모든 생물이 생명의 그물로 서로 이어져 있다는 사실을, 가장 가느다란 한 가닥이 끊어진다 해도 예측하지 못한 결과를 불러올 수 있다는 사실을 안다.

매년 수천 종(주로 작고 토착종인 무척추동물들과 식물들)의 생물이 영원히 사라져 버리는 지금, 우리가 "지구상의 여섯 번째 대멸종"을 경험하고 있는 것은 사실이다. 그리고 무한히 증식하고 자기중심적인 우리 종이 끊임없이 파괴를 저지르는 것을 보면서 우리가 절망이나 분노를 느낄 수 있다면, 아직 희망이 있다. 확실히 먼 곳에, 우리의 현재 지식이 닿지 않는 곳에 사는 식물들과 동물들이 있다. 아직 발견해야 할 것들이 있다. 그리고 우리가 여기서 함께 나누고자 하는 이야기들, 발견되거나 재발견된 매혹적인 새로운 종들에 대한 보고들은 내게 아직도 신비롭고 아직도 매혹적인 우리 행성을 위협하는 시련들을 마주하고 싸울 수 있는 새로운 힘을 준다.

새로운 발견들:
아직도 발견되고 있는 종들

내가 아이였을 때 읽은 책들 중에는 미지의 세계로 떠나는 대담한 탐험가들이 나오는 것이 많았다. 그런 탐험가들은 위험과 거친 환경에 맞서 서구 세계에 거의 알려지지 않은, 이상하고 더러는 무시무시한 생물들에 대한 이야기들을 가지고 돌아왔다. 이런 이야기들에서 진실과 허구를 구분하기는 쉽지 않았다. 백인 이방인들을 창으로 사납게 공격하는 무서운 원주민들, 뾰족한 이를 가진 식인종들, 깊은 숲속에 사는 괴상한 털북숭이 인간들이나 반인반수에 대한 이야기도 있었다. 배를 침몰시킬 수도 있는 무시무시한 바다 괴물과, 선원들을 유혹해 익사시키는 인어 이야기도 있었다. 하지만 신화는 점점 사실에 자리를 내주었다. 털북숭이 인간은 알고 보니 대형 유인원이었고, 바다 괴물들은 어쩌면 거대 오징어였을 테고, 인어들은 아마 듀공이나 해우였으리라. 린네는 과, 속, 종, 아종의 분류를 매겨 동식물의 왕국을 깔끔한 질서로 분류했다. 그리고 찰스 다윈은 그들이 어떻게 그 상태에 이르렀는가를 정리해 냈다.

지난 50년 동안, 큰 포유류와 조류들에서는 새로운 종이 발견되는 일이 점차 드물어졌다. 하지만 그런 예가 아예 없지는 않았다. 그리

이 동굴과 호수는 거의 500만 년 동안 인간에게 알려지지도, 눈에 띄지도 않은 채 존재해 왔다. 이스라엘 나아만은 맨 처음 이 동굴로 들어가서 그 비밀을 발견한 사람 중 하나였다. 이 사진은 이스라엘이 친구인 에이탄 오렐을 찍은 것으로, 에이탄은 이스라엘이 동굴의 지도를 만들도록 도와주었다(이스라엘 나아만).

고 무척추동물 집단을 연구하는 과학자들에게는 새로운 종을 발견하는 것이 일상적인 일이다. 비록 우리가 앞으로 보게 되듯이, 이 분야에서도 무척 짜릿한 발견들이 없는 것은 아니지만 말이다. 새로운 어류와 양서류는 무척 자주 발견되고, 더 큰 생물들이 새로 발견되었다는 흥분되는 보고도 가끔은 들어온다.

비록 우리 지구는 인구 폭발로 신음하고 있고 자연 세계는 개발의 맹공격 앞에 날마다 후퇴하고 있어도, 심지어 새로운 세기의 첫 10년이 끝나 가는 지금조차 여전히 수없이 많은 작은 생물들이 과학자들의 날카로운 눈에 들키지 않은 채로 살아 있는 장소들이 존재한다는 사실에 나는 믿을 수 없을 만큼 고무되곤 한다. 그 점은 선진국에서도 마찬가지지만, 대개 그런 생물들이 발견되는 곳은 멀리 떨어진, 가닿기 힘든 강들과 호수들, 깊은 산속의 숲, 숨겨진 동굴들, 그리고 바다 깊숙이 있는 계곡이기 쉽다.

세상에 한번도 알려진 적이 없는 무언가를 발견한다 함은 얼마나 짜릿한 일인가. 그것은 아마 새로운 영토로 모험의 발길을 들여놓는 모든 생물학자들의 꿈이리라. 내가 1960년에 곰비에 처음 갔을 때, 그곳은 무척 외딴 장소였다. 수렵 감시원 두 사람을 제외하면 거기 발을 디딘 백인들은 거의 없었다. 그리고, 가끔 눈부신 딱정벌레나 파리에 시선이 가거나 조그맣고 빠른 물줄기의 폭포 근처 높은 곳에 사는 조그만 물고기를 발견하거나 하면, 내가 과학계에 알려지지 않은 종을 보고 있는 게 아닌가 궁금할 때가 많았다. 몇 번은 확실히 그러지 않았을까 싶다. 특히 DNA 연구 덕분에 비슷한 유기체들을 더욱 엄밀하게 구분할 수 있게 된 지금, 식물이나 무척추동물들, 어류를 연구하는 과학자들은 꾸준히 새로운 종들의 정체를 밝혀내고 있다.

이 장에서 나는 이전에 알려지지 않은 새들과 원숭이들을 포함해서 새천년이 열린 이래 이루어진 발견들 몇 가지를 선택해 다룰 것이다. 이런 동물들은 대개의 경우 그곳 토착민들에게는 낯설지 않으며, 보통은 이름도 갖고 있다. 그렇지만 과학계에는 아직 알려져 있지 않기에, 그 발견자들에게는 무척이나 짜릿한 사건이다. 지구상의 생명에 대한 우리의 지식이 그만큼 보태진다는 뜻이기도 하다. 다만 문제가 하나 있다. 새로운 종이나 아종이 발견될 때, 그 시기가 너무 늦은 경우가 많아서 식물 종과 마찬가지로 이른바 기준 표본을 통해서만 설명될 수 있다는 것이다. 다시 말해 새로운 종의 몇 개체를 죽여서 그 피부나 전체 사체를 보존액에 보관해야 한다는 뜻이다.

나이로비의 국립 박물관(당시는 코리동 박물관)에서 루이스 리키 아래 일하던 시절, 나는 서랍장 가득한 죽은 동물들을 보는 것이 너무나 괴로웠다. 표본들은 무척추동물들만이 아니라, 어류, 양서류, 파충류, 조류, 작거나 중간 크기의 포유류들이었고, 각각이 몇 개씩 있을 때도 많았다. 가죽이 벗겨지고 박제된 전시품들이 넘쳤으며, 물론 사자, 침팬지 같은 것들도 있었다. 전 세계의 박물관에 있는 그런 전시품들은 대량 학살을 상징한다. 사실 표본과 박물관 전시대를 위해 개체를 죽이는 행위가 실제로 조류 멸종에 한몫했다고 주장하는 토머스 도네건 박사 같은 사람도 있다. 예를 들어 1900년에 벡은 멕시코 해변 조그만 외딴 섬의 토착종으로 무척 크고 희귀한 새인 폴리보루스 루토수스(*Polyborus lutosus*)를 관찰하고, 겨우 11마리밖에 없는 그 새들 중에 9마리를 수집했다. 그 이래 이 새는 다시는 야생에서 볼 수 없게 되었다.

생사 여탈권

지구상에서 대량 멸종을 직면한 오늘, 희귀하고 멸종될 가능성이 높은, 새로이 발견된 생물을 죽이는 것이 윤리적으로 그릇된 일이며 새로운 기술을 사용하면 반드시 동물을 죽여서 표본으로 만들 필요가 없다고 믿는 과학자들이 점차로 늘어나고 있다. 이것은 뜨겁고 이따금씩은 격렬한 논쟁을 지속적으로 불러일으켰다. 예를 들어 알랭 드 부아와 앙드레 네메시오는 과학을 위한 살해에 반대하는 이들을 "위선과 거짓말"로 장사를 하고 "자연 보호를 내세워 무지를" 택하는 "윤리적 올바름의 독재자"로 부른다. 한편 도네건은 동물학 명명법의 국제 약호가 "종"이라는 용어를 "한 동물의 표본, 혹은 화석이나 한 동물에 대한 연구 결과나 이런 것들의 일부"라고 정의한다는 사실을 들어 그런 주장을 반박한다. 따라서, 도네건의 주장에 따르면, 털이나 깃털 표본과 DNA 분석을 위한 혈액과 더불어 상세한 설명과 사진을 이용하면, 죽이는 방법을 쓰지 않고 새로운 종을 정의하는 것이 가능하다.

한편 드부아 박사와 네메시오 박사는 새로이 발견된 종이 1개체밖에 남지 않았다면 어차피 멸종된 것이나 마찬가지이므로, 기록을 남기지 않고 사라질 위험을 무릅쓰느니 그냥 죽여서 표본을 만드는 게 낫다고도 믿는다. 그렇지만 도네건은 만약 다른 개체가 그 뒤에 발견된다면 어쩔 것인가 하는 질문을 던진다. 4부에서 우리는 검은울새가 마지막 남은 암컷 1마리와 수컷 4마리에서 다시 이 세상으로 돌아온 이야기를 다룬 바 있다.

과학자들의 논쟁은 끝나지 않았지만, 새로운 종들을 인식할 때 죽은 표본을 사용하지 않고 기록하는 사례가 점점 늘고 있으며 그런 설명들이 점점 더 용인되고 과학 전문지에서도 발표되고 있는 상황을 보면 마음이 놓인다.

도네건은 또 다른 중요한 점을 지적한다. 연구자들이 가난한 시골 사람들이 사냥과 동물 거래를 하지 못하도록 통제하거나 금지하려고 하면서 과학적 수집은 정당하다고 말한다면 언행이 다르다는 비판을 받거나 나쁜 전례를 남길 수도 있다. 반대로 죽이지 않고 종을 기록하는 사람들은 지역민들, 즉 미래를 손에 쥐고 있는 사람들에게 자연 보호를 독려할 수 있는 도덕적인 권위를 가질 수 있다. JGI가 부룬디에서 일하고 있을 때, 나는 어떤 다른 조직과의 협력 관계를 중단하기로 마음먹은 적이 있는데, 그 조직이 우리의 연구 지역에서 과학 연구를 실시한다는 명목으로 대규모의 조류와 소형 포유류 채집을 계획하고 있다는 것을 알았기 때문이다. 지역민에게 야생을 존중해야 하고 보존해야 한다고 설득하느라 엄청난 시간을 들인 상황에서, 그 조직이 돈을 써서 사람들을 고용해 동물들을 함정에 빠뜨리고 죽이려 한다면 우리가 일궈 온 진보는 무로 돌아갈 터였다.

새로운 영장류들: 우리와 가장 가까운 친척들

새천년 초기 이후에 히말라야와 탄자니아에서는 구세계원숭이 2종이, 그리고 브라질에서는 신세계원숭이 1종이 새로이 발견되었다.

2003년에는 자연 보호 재단이 티베트와 미얀마 경계에 있는, 인도의 산지인 아루나찰 프라데시로 떠나는 탐험대를 조직했다. 그리고 대원들은 아직 학계에 알려지지 않은 원숭이 1종을 찾아냈는데, 마카크 종이 새로 발견된 것은 1908년 이래 처음이었다. 물론 토착민들은 그 동물을 익히 알고 있었고, 문잘라, 즉 "깊은 숲 원숭이"라고 불렀다. 그리하여 이 원숭이의 학명은 마카카 문잘라(Macaca munzala)가 되었지만 흔히는 아루나찰마카크나 스토키원숭이라고 불린다. 훼손되지 않은 숲 지역에서는 각각 이 원숭이 10마리로 이루어진 14무리가 발견되었다. 녀석들은 낯을 가렸고 인간을 무척 경계했다. 스토키라는 이름을 보면 알 수 있듯이 녀석들은 땅딸막하고, 짧은 꼬리와 갈색 털을 가지고 있으며 머리털 색은 더 짙었다.

한편 또 다른 원숭이인 룽웨케부스키푼지, 다른 말로 키푼지는 2003년에 탄자니아의 남부 고지대에서 발견되었다. 그리고 거의 믿기 어려운 우연의 일치로, 그곳으로부터 400킬로미터쯤 떨어진 다른 지역에서도 동시에 발견되었다. 그것도 서로 전혀 무관한 탐험대에 의해서 말이다! 야생 보호 협회의 팀 대븐포트 박사와 박사의 팀은 2003년 12월에 처음으로 룽웨-리빙스턴 숲에서 키푼지를 발견했다.

그리고 그로부터 채 1년도 지나지 않은 2004년 7월, 트레버 존스 박사는 조지아 대학교가 지원하는 원정대를 이끌고 우드중과 산맥의 응둔두히 숲으로 들어가 (각 집단이 대략 30에서 36마리로 이루어진) 4무리의 키푼지가 살고 있는 것을 발견했다. 안타깝게도, 내가 대븐포트 박사에게 들은 바에 따르면, 이 키푼지 개체군은 더 이상 번식력이 없는 상태라 한다. 보호 구역이 무척 강력한 보호를 받고 있음에도 말이다.

한편, 룽웨-리빙스턴 숲은 극도로 심하게 벌목되었고 밀렵꾼도 많았다. 그런데도 대븐포트 박사의 연구 팀은 첫 발견 이래 그곳에서 살고 있는 키푼지를 35무리나 발견했다. 전체 키푼지 수는 2009년 3월에 1,117마리에 이르렀다. 다행히도, 룽웨-리빙스턴 숲은 곧 자연 보호 구역으로 지정될 예정이라(박사와 휘하의 팀이 고되게 투쟁한 결과다.) 키푼지를 좀 더 안전하게 지킬 수 있을 것 같다.

이 발견이 정말로 짜릿한 까닭은 그 원숭이들이 그저 새로운 종이라서만이 아니라 완벽하게 새로운 속으로, 망가베이나 비비와도 다른 생물학적 특질을 지니고 있기 때문이다(학교 때 배운 생물학이 가물가물한 독자들을 위해 일러두자면, 속은 종보다 더 넓은 범주다.). 처음에는 키푼지가 망가베이의 일종으로 여겨져서 고지대망가베이라고 명명되었지만, 마침 지역 농부가 놓은 덫에 걸려 죽은 개체가 발견되었고, 사체의 DNA를 분석해 보니 키푼지는 비비에 더 가까웠다. 이 원숭이들은 몸길이가 90센티미터 정도이고, 긴 갈색 모피에, 머리에는 반달 모양 털이 있으며, 양 뺨에는 눈에 띄는 수염이 나 있다. 그리고 망가베이들이 흔히 쓰는 "whoop gobble"이라는 울음소리가 아니라 "honk bark"를 사용해서 의사소통을 한다. 나는 이 소리들을 글자로 읽기만 해도 녀석들이 내는 소리를 직접 듣고 싶어진다. 청각적인 상상력을 자극한달까.

인터뷰에서 존스 박사는 이렇게 말했다. "저는 우리가 숲에서 생물학적 다양성을 연구하고 있던 그날을 절대로 잊지 못할 겁니다. 팀원 한 사람이 갑자기 저를 덥석 붙잡더니 100미터 떨어진 나무에 있는 원숭이를 가리켰지요. 저는 쌍안경을 붙든 채 그대로 자빠질 뻔했습니다. 그야말로 비현실적인 순간이어서, 도저히 믿기지 않는 심정으로 그냥 우두커니 서 있기만 했습니다." 확실히 모든 생물학자들이 꿈꿀 것이 틀림없는 이 환상적인 경험 이후 존스 박사는 곧 대븐포트 팀이 막 발견한 새로운 원숭이에 관해 알게 되었다. 이후 두 원숭이가 같은 종이라는 것을 깨닫고 나자, 존스 박사와 대븐포트 박사는 새로운 발견을 공동으로 발표하기로 결정했다. 다른 곳에서는 멸종한 다양한 종들이 남부 탄자니아의 산맥을 은신처로 삼고 있다는 사실은 이미 오래전에 알려져 있었다. 과연 어떤 종들이 우리의 발견을 기다리고 있을지 몹시 궁금하다.

신세계원숭이인 금발카푸친(*Cebus queirozi*)은 2006년에 안토니오 로사노 멘데스 폰테스에 의해 브라질 리우데자네이루 근처에서 발견되었다. 이 원숭이는 황금빛 모피에 머리에는 흰색 "왕관"을 두르고 있다. 겨우 2제곱킬로미터밖에 안 되는 숲 1곳과 늪지대 조각에서 발견된 이 원숭이의 전체 수는 고작 32마리에 불과했다. 그중 1마리가 포획되어 검진을 받고 사진이 찍힌 뒤 숲으로 돌려보내졌다. 금발카푸친이 새로운 종이 아니라 시미아 플라비아(*Simia flavia*)라고 명명된 원숭이가 재발견된 것이 아닌가 의심하는 사람들도 있었는데, 시미아 플라비아는 1770년대 이래 독일의 분류학자인 요한 크리스티안 다니엘 폰 슈레버가 그린 그림으로만 알려져 있던 종이었다.

브라질과 마다가스카르에서 온 영장류

아마존 분지의 거대한 숲에는 아직도 수많은 자연의 비밀이 숨어 있다. 지금 국제 자연 보호 협회의 과학 이사라는 특권적인 지위를 누리고 있는 내 오랜 친구 루스 미테마이어 박사는 브라질 아마존 숲을 오랜 세월 탐험해 왔다. 박사의 팀은 1992년에서 2008년 사이에 새로운 마모셋 총 6종과 티티원숭이 2종을 발견하고 기록하고 명명했다. 그들 중에 내게는 특히 소중한 한 녀석이 있는데, 루스를 잠깐 방문했을 때 나는 이 작은 생명을 만날 수 있었다. 루스는 바로 최근에 그 암컷을 외딴 마을에서 구해 냈다. 아주 조그맣고 완벽하게 매혹적인 이 조그만 영장류는 루스가 내게 자기의 여행 이야기를 들려주는 동안 루스의 어깨 위에 앉아 있었다.

녀석은 이내 내 어깨로 옮겨 왔고, 나는 비현실적인 느낌을 받았다. 내가 지금껏 겨우 손에 꼽을 만큼 적은 수의 서구인들이 본 적 있는 조그만 생명체와 만나고 있다니. 나는 그 종 중 얼마나 많은 녀석들이 그곳에서 아무도 모르게 살고 있을까 궁금해졌다. 곧 녀석이 완전히 새로운 속의 대표라는 사실이 판명 났다. 이 검은왕관난쟁이마모셋은 이제 칼리트릭스 휴밀리스(*Callithrix humilis*)라는, 제 한 몸보다도 긴 이름을 가지고 있다! 사실 새천년의 첫 8년 동안, 브라질에서는 전부 해서 8종의 프로시미안(원숭이와 유인원을 제외한 모든 영장류)이 발견되었다. 마모셋 3종과 티티 3종, 우아카리 2종이었다.

역시 그 8년 동안, 마다가스카르에서는 여우원숭이 종이 22종이나 새로 발견되었다. 작은쥐여우원숭이 7종, 코쿠렐쥐여우원숭이 2종, 난쟁이여우원숭이 5종, 털북숭이여우원숭이 2종, 그리고 흰발족제비여우원숭이 4종. 루스는 마다가스카르에도 갔는데, 2006년에는 쥐여우원숭이 1종과 흰발족제비여우원숭이 1종이 루스의 이름을 따 명명되었다.

새 조류들

조류 종이 새로 발견될 때마다, 점점 그 수가 늘고 있는 조류 애호가들 사이에는 흥분의 파문이 인다. 2007년, 런던 자연사 박물관의 블랑카 우에르타스 박사는 원정대를 이끌고 콜롬비아의 외딴 야리기스 산맥으로 떠났고, 박사와 동료인 토머스 도네건이 발견해 낸 수많은 매혹적인 종들 중에는 눈에 확 띄는 검정, 노랑, 빨강 깃털을 가진 조그만 새인 야리기스솔핀치(Atlapetes latinuchus yariguierum)가 있다. 나는 블랑카와 전화로 짧게 이야기를 나누다가 이 새를 찾아냈을 때 어떤 기분이 들었냐고 물었다.

"바로 실감이 나지는 않더라고요." 블랑카가 말했다. 그러고는 잠시 생각에 잠겼다가 이렇게 덧붙였다. "우리가 과학계에 조그맣게나마 지문을 남겼다는 건 대단한 일이라고 생각해요."(박사의 팀은 새로운 나비 종을 찾아내어 조그만 지문을 하나 더 남겼다.) 블랑카의 말에 따르면 이 솔핀치는 신세계에서 표본 제공을 위해 1마리도 의도적으로 죽임을 당하지 않은 최초의 조류 종이었다고 한다. 사실 박사의 팀은 상세한 묘사와 사진과 혈액 표본으로 그 종의 정체를 밝힐 계획이었다. 그러나 그럴 목적으로 포획된 새 2마리 중 1마리가 사고로 죽는 바람에 결국은 죽은 녀석으로 표본을 만들지 않을 수 없었다.

과거 몇 년간, 환경 보호론자들은 그 지역을 보호 지역으로 만들기 위해 애써 왔다. 새로운 종이 발견된 것은 그 노력에 지대한 도움이 되었다. 블랑카는 그 지역이 곧 국립 공원으로 지정될 거라고 했다.

화성에서 온 개미

2008년 중반에는 브라질의 강우림에서 새로이 발견된 개미인 화성에서 온 개미에 대한 짧은 기사가 여러 나라의 신문에 실렸다. 나는 기사를 읽자마자 마나우스 근처에서 그 개미를 발견한 생물학자인 크리스티안 레이블링의 연락처를 수소문하여 그와 흥미진진한 대화를 나누었다. 가장 짜릿한 사실은 그 개미가 그냥 새로운 종이 아니라 새로운 속이라는 점이었다. 그 개미와 가장 가까운 친척은 대략 900만 년 전에 살았던 개미들인 듯했다. 나는 크리스티안에게 이런 발견을 하고 난 심정을 물었다. "전 정말 운이 좋은 사람인 것 같아요!" 크리스티안은 대답했다.

그 눈이 없고 비실비실해 보이는 개미를 발견한 것은 순전히 우연이었다. 어느 날 저녁 거의 해가 다 질 무렵, 숲에 앉아 있던 크리스티안은 슬슬 집으로 돌아갈 채비를 했다. 그때 낯선 하얀 개미가 낙엽 더미 위를 걸어가는 것이 눈에 띄었고, 자기도 모르는 새, 늘 갖고 다니는 보존액이 든 조그만 유리병에 담아 주머니에 넣어 두었다. 그리고 집으로 돌아간 다음에는 너무 피곤했던 나머지 그 일에 대해서는 깡그리 잊고 말았다. 그로부터 사흘 후, 크리스티안은 자기 바지 주머니에서 그 표본을 발견했다. 그 순간 자기가 발견한 것이 특별한 생물임을 깨달았다. 그리고 지체 없이 세상에서 가장 큰 개미 표본을 소장한 비교 동물학 박물관에서 개미 표본을 관장하는 스테판 코버에게 표본의 사진을 보냈다.

스테판은 그때 자신이 보인 반응을 들려주었다. "처음에 크리스티안의 컴퓨터로 사진을 얼핏 보았을 때는 화질이 뭐 이래 하는 생각밖에 없었어요. 하지만 제가 보고 있는 것이 절대로 흔치 않은 동물이라는 사실을 곧 분명히 깨달았죠. '어머나 세상에, 도대체 저게 뭐야.' 하는 말이 저절로 나오더군요." 나중에 스테판은 내게 이렇게 말했다. "전 개미를 보면 보통은 그게 뭔지 바로 압니다. 아과나 속을 알아보는 것은 물론이고, 가끔은 종도 추측할 수 있어요. 그렇지만 이 개미를 보는 순간 머릿속이 뒤죽박죽이 되었어요. 확실히 개미인 건 맞는데, 그때까지 보던 어떤 것과도 달랐으니까요."

특히 개미에 관한 탁월한 책으로 유명한(그리고 크리스티안이 존경해 마지않던) 에드워드 윌슨이 그 이상한 개미를 보면 무척 좋아할 거라고 생각한 스테판은 에드워드를 끌고 왔다. 그리고 에드워드는, 크리스티안의 컴퓨터로 사진을 보고는 이제는 유명해진 그 말을 했다.

"세상에! 이건 마치 화성에서 온 개미 같은데."

"우리 모두는 전율을 느꼈습니다." 스테판이 말했다. "많은 과학자들이 바로 그 순간을 위해 살지요."

이 이야기에는 마지막 반전이 있다. 크리스티안이 그 개미를 발견하기 5년 전에, 맨프레드 베라는 크리스티안이 연구하고 있던 지역에서 추출한 토양 표본 일부에서 특이하게 생긴 개미 2마리를 발견했다. 하지만 그 정체를 밝히려고 개미들을 가지고 다니다가 그만 용기가 깨지는 바람에 귀중한 표본이 완전히 망가지고 말았다. 그로부터 5년 후 크리스티안이 "화성에서 온 개미"를 찾아냈을 때 맨프레드 역시 그 사진을 받았는데, 사진을 보자마자 망가진 자신의 개미와 동일한 개미임을 알아차렸다!

해저와 지저 깊은 곳의 공상 과학

우리가 앞서 언급했듯이, 무척추동물은 계속해서 새로운 종이 발견되고 있다. 그렇지만 이따금은 그 발견이 더 특별할 때가 있다. 특히 수백만 년 전의 과거로부터 살아남은 생존자를 발견했을 때, 그 생존자들이 얼어붙은 지구의 적대적인 환경에서 분투 끝에 살아남았을 때가 바로 그런 때다.

최근에 펜실베이니아 주립 대학교의 해양 생물학자들이 멕시코 만 깊숙이에서 거대한 새날개갯지렁이를 발견한 일 역시 그런 예에 속한다. 이 비현실적으로 보이는 으스스한 세계에 사는 지렁이들은 화산 분출 때 나온 해저 밑바닥의 화학 물질들을 먹고 산다. 이 지렁이들은 천적이 없고, 최고 3미터 길이까지 자랄 수 있다. 생물학자들은 4년간 새날개갯지렁이의 성장률을 측정한 결과 최장 길이에 도달하기까지 250년(1,000년의 4분의 1이다.) 동안 살아왔으리라고 추산했다. 만약 그것이 사실이라면, 만약 화산 활동에 의한 바다 화학 물질의 변화로 성장이 급촉진되는 일이 없었다면, 이들은 지구에서 가장 오래 살아온 무척추동물이 된다. 적어도 우리가 발견한 것들 중에서는 말이다. 저 먼 어딘가에 또 다른 경이들이 숨어 있을지는 모르는 일이니까!

다음 이야기는 심지어 그보다도 더 특별하다. 중앙이스라엘 람라 근처의 아얄론 동굴(지금은 이렇게 불린다.)에서 이루어진 발견으로 깊은 석회암 광산에서 일하는 일꾼들이 광산 벽을 우연히 깨뜨린 순간, 특별한 세계로 가는 문이 열렸다. 현장에 도착한 예루살렘 헤브루 대학교의 과학자들은 지하 약 90미터에 있는 완전히 독특한 생태계를 발견했다.

나는 수소문 끝에 헤브루 대학교의 아모스 프룸킨 교수와 연락이 닿았고, 교수는 다시 자기 학생인 이스라엘 나아만에게 연락을 취해 보라고 일러 주었다. 그 학생이 바로 동굴에 처음 발을 들여놓은 사람이었다. 이스라엘은 그곳을 무척 큰 "미로 동굴"이라고 말했다. 이스라엘의 말을 들으면 상황은 "우리에게 우호적이지 않았어요. 통로는 좁고, 더운 데다 극도로 습도가 높았지요." 그렇지만 이스라엘은 계속 들어갔다. "누구도 밟아 본 적 없는 미지의 장소로 걸어 들어간다는 느낌에 실감이 나지 않았어요."

여기서는 이스라엘의 말을 그대로 옮기는 것이 가장 좋을 것 같다. 그를 비롯한 팀원들이 당시에 느꼈던 흥분을 가장 진실 되게 전달할 수 있을 테니까.

가다 보니까 지름이 한 40미터 되고 천장 높이는 27미터쯤 되는 커다랗고 둥근 홀이 나왔어요. 홀의 반대편은 아예 안 보였어요. 어둠이 조명 등의 빛을 삼켜 버렸거든요. 더 큰 손전등을 꺼내자 그때서야 놀라운 장관이 눈에 들어왔어요. 아름답고 푸른 지하 연못이었지요. 다른 친구가 잔잔한 수면을 들여다보더니 소리를 지르기 시작했어요. "물속에 동물들이 있어!" 수면의 얇은 박테리아 막 아래에는 창백한 갑각류가 헤엄을 치고 있었어요. 길이는 대략 5센티미터에 바닷가재처럼 생겼더군요. 나중에 생물학자들에게서 안내와 장비를 제공받아서 이 연못과 그 주변에 무척 풍부하고 활발한 생태계가 있는 것을 발견했어요. 새로운 절

동굴에 들어간 직후, 연구 팀은 눈 없는 하얀 생물들이 지하 대수층에 살고 있는 것을 보았다. 결국 팀은 6종의 새로운 절지동물을 발견했다. 이 동물에는 티플로카리스 아얄로니(Typhlocaris ayyaloni)라는 학명이 붙었다(데이비드 다롬 박사).

지동물 6종을 포함해서요. 그중 4종은 수생이었고 2종은 육생이었죠. 거기다 다른 2종의 잔해도 발견했는데, 아마 대수층에서 집중적으로 물을 끌어올리는 바람에 멸종한 것 같았어요.

이어 DNA 검사 결과 그 8종 모두가(모두 눈이 없고 몸이 희고 표층 박테리아를 먹고 사는, 새우 같은 갑각류와 전갈 같은 무척추동물) 학계에 전혀 알려지지 않은 종임이 밝혀졌다. 프룸킨 박사의 말에 따르면 그들은 "세계에서 완벽하게 독특한 존재였지요."

더욱 깊이 들어가자 1.6킬로미터 넘게 미로처럼 펼쳐진 통로들이 눈앞에 드러났는데, 이 통로들은 석회층 때문에 표층수와 영양소를 차단당해 깊은 지하에서 물을 끌어올리고 있었다. 그 독특한 생태계의 시초는 이스라엘 국토 일부가 지중해 밑에 있던 500만 년 전으로 거슬러 올라가는데, 그 이래 줄곧 그 안에 갇혀 있었던 것이다. 불행히도 이스라엘이 지적했듯이, 지하 연못은 대수층의 일부로 이스라엘의 가장 중요한 민물 공급원에 속했다. 다시 말해 동굴과 전체 생태계는 극도로 손상될 위기에 처해 있다는 뜻이다.

그래도 적어도 우리가 그 생태계의 존재를 알게 되었으며 놀라운 우리 지구 생명체가 지닌 다양성에 다시금 경이를 느낄 수 있게 되었다는 사실에 감사하자. 그것은 까딱하면 제대로 인정받지도 못한 채, 이미 멸종한 신비로운 선사 시대 생명체들의 대열에 합류하여 쉽사리 사라질 수도 있었으니까 말이다.

인도네시아 포자 산맥의 탐험되지 않은 숲들

바깥 세계에 알려지지 않은 외딴 숲들이 아직 거대한 영역을 이루고 있다는 사실을 믿기 어려워하는 사람들도 있다. 최근에 워싱턴 DC에 사는 담당 치과 의사인 존 코나건에게 진료를 받으러 갔을 때, 나는 이 책을 쓰고 있다는 이야기를 들려주었다. 대개 내 입에는 기구나 손가락이 들어와 있어서 대화를 나눌 형편이 아니었지만 가끔 그렇지 않은 틈틈이 코나건은 자기 이웃인 브루스 빌러가 최근에 파푸아뉴기니로 흥미로운 탐험을 다녀왔다는 이야기를 해 주었다. "그 사람이 새로운 조류 종을 찾아냈어요." 존은 그렇게 말하고는 브루스의 전화번호를 알려 주었다.

브루스는 조류학자 겸 열대 생태학자인 동시에 뉴기니 조류에 대한 권위자로, 최근에는 워싱턴에 있는 국제 자연 보호 협회에서 멜라네시아 지부 부회장을 맡고 있다. 브루스는 나와 이야기를 나누던 중에 자기가 주도한 탐험에 관한 이야기를 일부 들려주고, 자기 웹사이트 주소도 알려 주었다. 거기서 나는 뉴기니의 거대한 열대 섬의 서쪽, 인도네시아에서 가장 사람의 발길이 닿지 않은 최동단에 있으며 아마도 전체 아시아 태평양 지역에서 가장 원시적인 자연 생태계라 불리기에 무리가 없을, 파푸아의 외딴 포자 산맥에 관해 알게 되었다. 그곳은 습하고 오래된 열대림으로 이루어진 대략 1만 제곱킬로미터의 땅이다. 포자 산맥의 통상적인 주인인 쿠에르바와 파파세나 족 사람들은 전부 해서 몇백 명밖에 안 되며 이들은 숲에서 수렵과 약초 채집을 하지만 숲 안쪽으로 1.6킬로미터 이상 들어가는 일은 거의 없다고 한다. 인구가 워낙 적으니 마을 근처에 있는 동물들만으로도 충분해서 사냥꾼들이 굳이 더 깊은 숲 속으로 들어갈 필요가 없는 것이다.

 브루스가 이끈 원정으로 시작되어 절정에 이르는 그 이야기는 마치 동화와도 같다. 브루스의 말을 들어 보자. "포자 산맥은 수십 년 동안 생물학자들에게 미지의 탐사를 약속하는 언약의 땅이었지요." 1981년에 제레드 다이아몬드 박사가 그 산맥으로 짧은 답사를 2차례 감행해서, 이전에 적어도 10여 차례의 원정대가 미처 발견하지 못한 것을 발견해 냈다. 거의 신비로운 존재나 다름없는 황금이마바우어 새의 서식지였다. 일찍이 독일의 한 동물학자가 1895년에 서부 뉴기니 지역에서 수집된 '거래용 가죽'을 통해 설명한 적 있는 이 새의 서식지를 찾아 적어도 10여 차에 이르는 탐험대가 원정을 떠났지만, 서구 과학자들 중에 그 새가 살아 있는 모습을 목격한 사람은 한 사람도 없었다. 다이아몬드 박사가 그로부터 86년 후에 그곳을 방문하기 전까지는 말이다.

 그 짜릿한 소식은 포자 산맥을 탐사하려는 야망에 새로이 불을 지폈다. 국제 자연 보호 협회는 인도네시아 과학 협회의 생물 연구소와 협력하여 그 야생의 영토에 관해 더 많은 것을 알아내고자 그 지역을 답사할 계획을 세웠다. 쉬운 일은 아니었다. 4곳의 정부와 수많은 지방과 지역 단체들의 승인을 받아 내는 데 10년이나 걸렸다. 브루스가 마침내 인도네시아인, 미국인, 오스트레일리아인 과학자들로 이루어진 14명의 팀원들과 함께 출발한 것은 2007년 11월에 이르러서였다. 사람들은 헬리콥터에서 내려 안개로 에워싸인 높은 산속 외딴 세계에 캠프를 차렸다.

그토록 기대치가 높은 상황이었는데도, 도착한 지 겨우 몇 분 만에 현장 안내서에서 본 어떤 종과도 다른, 화려한 빨간 얼굴에 눈 밑에는 흰색 살점이 늘어져 있는 꿀빨기새를 마주친 것은 원정대의 그 누구도 예상하지 못한 일이었다. 브루스는 자기가 완벽하게 새로운 종을 보고 있다는 것을 갑자기 깨달은 순간 전율을 느꼈다고 말했다. 1951년 이래 뉴기니의 섬에서 새가 새로이 발견된 것은 이때가 처음이었다. 당시 사람들은 이 새를 육수(肉垂)검은꿀빨기새라고 명명했다(우리 웹사이트에 가면 이 새의 사진을 볼 수 있다.).

그리고, 원정대는 도착한 지 겨우 하루 만에 베를레프슈여섯깃털극락조(*Parotia berlepschi*) 암수가 캠프로 날아 들어와, 수컷이 땅에 내려앉아 그 멋진 깃털로 암컷을 향해 5분도 넘게 과시 행위를 하는 것을 보고 놀라고 말았다. 그야말로 완벽한 구경거리였다. "수컷이 날개와 흰 옆구리 깃털을 퍼덕이면서 암컷을 위해 두 음조로 된 달콤한 노래를 부르는 것을 듣고, 사람들은 경이에 빠져 그 자리에 못 박혔습니다." 브루스가 말했다. "저는 처음에는 꼭 마법에 걸린 것처럼, 카메라를 꺼낼 생각도 하지 못했습니다."

서구 과학자들 중에서 그 새들이 살아 있는 것을 본 사람들은 이들이 최초였고, 곧 그 새가 다른 바우어새들 하고는 전혀 다르게 생긴, 완전히 다른 종임을 깨달았다. 팀은 그때까지 베일에 가려져 있던 이 놀라운 새의 서식지를 찾아냈고, 도착한 지 이틀 안에 그 장관과 같은 과시 행위를 목격했다. 사람들이 그날 저녁을 먹기 위해 한자리에 모였을 때 공기에 감돌았을 흥분을 나는 그저 상상만 할 수 있을 뿐이다. 그리고 그들이 황금이마바우어새가 자기들이 춤추는 지점을 표시하기 위해 나뭇가지들을 90센티미터 높이로 조심스레 쌓아 올린 구조물을 발견하고, 새들이 그곳에서 과시 행위를 하는 모습을 사진으로 남긴 것은 그로부터 오래지 않아서였다. 알고 보니 녀석들은 그곳에서 그저 흔한 새였다.

발견은 날마다 이어졌다. 전부 해서 포유류 40종이 기록되었는데, 뉴기니의 다른 지역에서는 드물지만 포자 산맥에서는 흔하고 사람을 겁내지 않는 것들이 많았다. 고슴도치 비슷하게 생긴 유대류지만 오리너구리 같은 주둥이를 지닌 긴부리가시두더지는 기묘하고 원시적인 난생 포유류 중 가장 큰 종이다. 이 희귀한 생물들 중 일부는 사흘 밤 연속으로 모습을 보이기도 했다. 동물들은 2번이나 저항 없이 포획되어 연구를 위해 캠프로 옮겨지기도 했다.

이 이상한 생물들은 한번도 포획 상태로 번식을 한 적이 없으며 그들의 자연적 행동에 대해서는 아무것도 알려진 바가 없다. 다른 중요한 순간은 황금망토나무캥거루(*Dendrolagus pulcherrimus*) 군락이 발견됐을 때였다. 인도네시아에서 이 종이 기록된 것은 처음이었고 이 종이 존재하는 것으로 알려진 두 번째 지역이 되었다. 이름대로 나무를 탈 수 있는, 유난히 아름다운 이 캥거루들은 밀림에서 살며 심각한 멸종 위기에 처해 있다.

또 포자 산맥은 알고 보니 아시아 태평양 지역에서 가장 개구리가 많은 곳이기도 했다. 팀은 60종도 넘는 개구리를 발견했는데, 적어도 그중 20종은 학계에 알려지지 않은 것들이었다. 이 산맥은 또한 나비들의 천국이기도 하다. 150종도 넘는 나비들이 발견되었고, 그중 4종이 새로운 종이었다. 그리고 물론 식물학자들도 나무만큼 높이 자라고 특별한 향을 풍기며 흰 꽃을 피우는 철쭉과 새로운 야자나무 5종을 포함해서, 이전에 알려지지 않은 주목할 만한 식물 종들을 수두룩하게 찾아냈다.

나는 그런 짜릿한 원정대의 일원이 되는 것보다 더 멋진 일이 있으리라고는 상상조차 할 수 없다. 내가 아이였을 때 꿈꾸던 모험이 바로 그런 것이었다. 나는 브루스에게 거기 갔을 때 기분이 어땠냐고 물었다. 천국에서 아침에 눈을 떠 보면 어떤 기분이 들까?

"동틀 녘에, 포자 산맥의 바로 핵심부에 있는 평평한 산등성이 꼭대기의 사랑스러운 작은 소택지에 서 있던 기억이 납니다." 브루스가 말했다. "검은낫부리극락조 한 녀석이 남쪽을 향해 시끄럽게 짹짹댔지요. 10여 마리는 되는 다른 새들의 노랫소리가 제 머리 위를 떠돌았고요. 하늘은 깊은 파란색이었어요. 그곳은 인간의 발자국이 찍히지 않은 일종의 에덴이었습니다. 새들과 유대류에게만 허용된…… 숭고한 순간이었어요."

그때 브루스는 이틀 후에 다시 에덴으로 원정을 떠날 계획이라고 했다. 나는 거기에 끼고 싶다는 이루어질 수 없는 열망을 품은 채 뒤에 남겨졌다.

마다가스카르에서 온 괴물 야자수

마지막 이야기는 마다가스카르에서 최근에 발견된 거대한 야자수에 관한 것이다. 내가 이 야자수 이야기를 들은 것은 2008년에 큐 왕립 식물원을 방문했을 때였다. 야자수 연구를 하는 존 시츠는 자기가 해낸 특별한 발견에 관한 이야기를 내게 얼른 들려주고 싶어서 안달을 했다. 존은 그 식물의 어린 표본이 싹을 틔운 화분을 경외하는 듯한 태도로 들고 있었다. 존은 감정을 잘 드러내는 성격이 아니었지만, 이것이 완전히 새로운 종의 부채꼴 잎 야자수로, 마다가스카르에서 발견된 것 중 가장 크다고 말하는 그 목소리에는 흥분이 역력했다. 다 자란 잎은 지름이 4.8미터나 된다. 다 자란 야자수는 너무나 거대해서 실제로 구글 어스에서도 보일 정도다!

캐슈 재배 농장 관리인이었던 프랑스인 자비에르 메츠가 가족과 함께 그 나라의 외딴 북서쪽 지역을 탐험하던 중에 이 거대한 야자나무를 마주쳤을 때 얼마나 놀랐을지, 나는 충분히 상상이 간다. 전에는 이런 것을 한번도 본 적이 없었던 자비에르는 그것이 새로운 종이라고 굳게 믿고 사진을 찍었다.

그것은 모든 이의 기대를 뛰어넘는 짜릿한 발견이었다. 그저 새로운 종이 아니라, 실제로 새로운 속의 유일한 종이었던 것이다. 그리고 그때까지 마다가스카르에서 이런 속이 진화해 왔다는 것은 전혀 알려진 바가 없었다. 그 속에는 타히나 스펙타빌리스(*Tahina spectabilis*)라는 학명이 붙었다. *tahina*는 마다가스카르 말로 "보호되거나 은총받은" (앤 타히나는 자비에르의 딸 이름이었다.)이라는 뜻이었고, *spectabilis*는 라틴어로

'장엄한'이라는 뜻이다. 집중 조사 결과 이 종의 개체 수는 석회암 노출부의 밑동에 숨어 자라는 92개체가 전부인 것으로 드러났다.

이 야자나무는 정말 독특한 생명 주기를 가지고 있다. 존의 말에 따르면 이 나무는 나이가 대략 50년쯤 되어 키가 거의 18미터 높이에 이르면 "줄기 끝은 성장을 멈추고, 수백 송이 조그만 꽃이 달린 가지를 싹 틔우는 거대한 말단 꽃차례가 됩니다." 이 꽃들은 넥타 향을 풍기고, 곧 새들과 곤충들에게 에워싸인다. 만개한 꽃은 장관을 이루는데, "꽃 한 송이 한 송이가 수분을 하고 나면 과일이 될 수 있습니다." 이윽고 과일이 익고 나면 야자수는 말 그대로 소진해 버린다. 꽃을 피우고 열매를 맺음으로써 마지막 노래를 부른 나무는 이제 무너져 내려 죽는다.

이 야자나무로부터 조심스레 수집된 1,000개에 이르는 씨앗들은 서식스에 있는 큐 왕립 식물원의 새천년 종자 은행에 보내졌다. 씨앗은 또 전 세계의 식물원 11곳으로도 보내져 야자나무가 살아 있는 표본으로 보존되도록 했다. 그것이 종자 은행의 목표 중 하나다. 타히나는 그 섬의 한 지역에서만 자라는 데다 꽃을 피우고 열매를 맺는 일이 너무 드물기 때문에, 현지에서 보호하기가 쉽지는 않을 것이다. 그러나 마을 사람들이 참여하기 시작했다. 한 마을에 그 지역을 순찰하고 보호하는 임무가 맡겨졌다. 그리고 씨앗 중 일부는 야자나무를 키워 판 돈으로 야자나무를 보호하는 것은 물론이고 마을 개발 기금을 마련할 목적으로 독일의 전문적인 야자 씨앗 상인에게 보내졌다.

나는 존에게 전 세계의 종들로 이루어진 장관을 대중에게 보여 주는 큐의 야자나무 집에서 타히나를 보게 될 날이 기다려진다고 말했다. 그렇지만, 큐의 야자나무가 50살이 되어 처음으로 꽃을 피우는 것을 볼 때까지 내가 살아 있을 수 없다는 것이 얼마나 안타까운지 모른다!

나사로 증후군:
멸종된 줄 알았다가
최근에 발견된 종들

과학에서 짜릿한 일은 새로운 종들의 발견만이 아니다. 이미 오래전에 멸종하여 영원히 사라진 줄만 알았던 종의 개체가 아직 살아 있음을 발견한다는 것은, 여러 가지 의미에서 더욱 보람찬 일이다. 이런 일이 있으면, 야생을 샅샅이 뒤진 끝에 한 종을 공식적으로 "멸종" 목록에 올린 다음에라도 어쩌면, 정말 어쩌면 그 일부 개체가 다시 나타날지도 모른다는 작은 희망을 품을 수 있다. 그러면 우리는 그 종에게 다시금 기회를 줄 수 있을 테니까 말이다.

나는 미스왈드론붉은콜로부스가 멸종되었다고 선포된 직후 가나를 방문해서 이 원숭이들 무리가 그 나라의 외딴 습지대에 여전히 존재한다고 믿고 있는 생물학자를 만났다. 나는 바로 가서 직접 찾아보고 싶었다. 하지만 그럴 여유가 없었고, 어쨌거나 그건 그저 소문인 것 같았다. 그러나 이 원숭이들이 결국 멸종하지 않았다는 사실을 세계에 알리는 사람이 된다면 얼마나 짜릿할까는 충분히 상상이 갔다. 나는 또한 어떤 동물이나 식물이 저 바깥 어딘가에 확실히 존재한다고 믿고 계속 포기하지 않고 끈질기게 찾아다니는 사람들의 심정을 속속들이 이해할 수 있다. 정말로 찾아낼 수만 있다면 뭔들 못하겠는가.

니콜라스 칼라일이 로드하우섬대벌레인 이브와 함께 있다.
이 벌레는 1920년대에 멸종되었다고 여겨졌고, 니콜라스는
그 이후로 2001년에 이 거대한 대벌레를 처음 본 두 사람 중
하나였다(패트릭 호난).

나는 최근 오스트레일리아에 가 있었는데, 거기서 "멸종한" 태즈메이니아늑대가 아직 존재한다고 확고히 믿는 사람들을 만났다. 사실 그 늑대의 "목격담"을 모두 기록한 책도 하나 얻었다. 그리고 태즈메이니아를 아는 사람들은, 이 동물이 여전히 존재할 가능성이 있는 침범하기 어려운 숲이 있다고 이야기한다. 나는 알려진 최후의 개체들 중 하나의 발자국을 본뜬 주형을 얻었는데 그걸 보고 있자니, 어쩌면 그냥 만에 하나라도 그 개체의 고손자가 저기 어딘가에 숨어 있지 않을까 하는 생각이 절로 들었다.

멸종한 줄만 알았던 종들이 다시 발견되는 현상은 나사로 증후군이라고 불린다. 하지만 성경에 나오는 나사로와는 달리 이들은 물론 죽었다 되살아난 것은 아니다. 이들은 내내 이 세상에 있었다. 로드하우 섬의 거대한 대벌레가 그런 예로, 이런 이국적인 생물들은 대중의 호기심을 사로잡고, 국제적인 신문의 머리기사를 장식한다.

한편 그보다 덜 짜릿해 보이고, 지역 신문이나 몇몇 전문지에서만 단신으로 다루어지는 다른 발견들도 있다. 보기에는 덜 중요해 보이는 이런 발견들 역시 전체 세상의 구조로 보면 의미가 있다. 왜냐하면 모든 생물은 상호 연관되어 있고, 앞서 말했듯이, 심지어 가장 가는 선 하나만 끊어진다 해도 예측하지 못한 결과를 낳을지 모르기 때문이다.

이 장에는 재발견된 몇몇 무척추동물과 조류, 포유류에 관한 이야기가 담겨 있다. 이런 발견은 이따금씩은 순전히 우연 덕분에 이루어지기도 한다. 이따금씩은 장기간에 걸친 결의에 찬 탐색의 결과일 수도 있다. 그리고 수많은 작은 토착 무척추동물들과 식물들이 급속히 사라져 가고 있는 지금, 우리가 "여섯 번째 대멸종"에 직면한 것은 사실이지만, 멸종한 줄 알았던 몇몇 종이 어쩌면, 그냥 어쩌면 저기 어딘가에서 우리가 발견해 주기를, 그리고 다시 한번 기회를 주기를 기다리고 있다는 것을 알기만 해도 우리는 힘을 얻을 수 있다.

이 이야기들은 역사에서 지워져 멸종의 영역으로 넘어간, 그렇지만 그대로 사라지기를 거부한 귀중한 생명들의 이야기다. 이런 이야기들은 우리에게 희망을 준다.

로드하우섬대벌레 *Dryococelus australis*

2008년에 오스트레일리아에서 순회강연을 하던 중에 나는 아주 크고 아주 까맣고 스스럼없는 로드하우섬대벌레 암컷을 만났다. 녀석은 내 한 손에서 다른 손으로 기어서 건너다녔고, 기회를 주자 머리와 얼굴로도 기어올랐다. 나는 녀석을 만났을 때 등을 타고 오르는 전율을 느꼈다. 녀석이 거기까지 오게 된, 거의 믿을 수 없는 사연을 이미 알고 있었기 때문이다. 지금부터 그 이야기를 들려드리고자 한다.

로드하우 섬은 조그맣고 군데군데 울창한 숲으로 덮여 있으며, 오스트레일리아 뉴사우스웨일스의 해변에서 480킬로미터쯤 떨어져 있다. 커다란 시가 크기와 맞먹는, 길이로는 10~12센티미터에 너비로는 1센티미터 조금 넘는 이 거대한 곤충인 로드하우섬대벌레, 또 다른 말로 워킹 스틱의 고향으로 알려진 곳은 그곳이 유일하다. 지역민들에게 육지 바닷가재라고 불리는 이 곤충들은 한때 이 섬의 숲 전역에서 볼 수 있었다.

그렇지만 1918년에 배 한 척이 난파되면서 곰쥐들이 이 섬에 상륙했다. 그리고 언제나 그랬듯이, 이 가차 없는 식민 지배자들은 새로운 환경에 재빨리 적응했다. 오스트레일리아에 있는 다른 모든 대벌레들과는 달리, 이 거대한 대벌레는 날개가 없었다. 그리하여 손쉽고, 아마도 맛있는 먹잇감이 되었다. 1920년대 동안 로드하우섬대벌레는 몇 번이나 멸종한 것으로 여겨졌다.

이윽고 1964년에, 암벽 등반자들이 로드하우 섬에서 약 23킬로미터 떨어진, 화산암으로 이루어진 첨탑이라고나 할 550미터 높이의 볼스피라미드 섬에서 대벌레의 말라붙은 잔해를 발견했다. 또 그로부터 5년 후에는 또 다른 암벽 등반자들이 새 둥지의 재료로 쓰인 대벌레 2마리의 말라붙은 시체를 발견했다. 셀 수 없이 많은 바닷새들의 출몰지인 이 외딴 산봉우리는 초목을 찾아보기 힘든, 거의 완전히 헐벗은 곳이다. 숲을 사랑하는 커다란 채식 곤충이 이처럼 황량한 환경에서 살아남았다는 건 아무래도 이해가 가지 않았다. 그리하여 생물학자들은 그런 보고들을 철저히 무시했지만, 드디어 2001년 2월에는 소규모 집단의 사람들(뉴사우스웨일스 환경과 기후 변화 부서의 주임 연구 과학자인 데이비드 프리델 박사와 그 동료인 니콜라스 칼라일을 비롯한 다른 두 용기 있는 사람들)이 그 문제를 확실히 결판내기로 결심하고, 보나마나 부질없는 짓이라고 확신하면서도 그 일에 착수하게 된다.

위험한 여정

2007년 2월에, 나는 내 고향 본머스에서 니콜라스 칼라일과 반가운 전화 통화를 나눴다(니콜라스와 직접 만나게 된 것은 그 이듬해다.). 니콜라스는 내게 그 작업이 자칫 위험할 수도 있었다고 이야기했다. 볼스피라미드를 에워싸고 있는 바다는 거칠었고, 남자 셋, 여자 하나로 이루어진 팀은 조그만 보트에서 바위로 건너뛰어야 했다("헤엄쳐서 갔으면 훨씬 쉬웠을 겁니다." 니콜라스가 말했다. "그렇지만 상어가 너무 많았어요!"). 위아래로 흔들리는 배에서 바위로 필사적으로 건너뛰는 그 상륙 작전에 대한 니콜라스의 설명은 듣기만 해도 머리카락이 곤두서는 것 같았다. 그렇지만 모두가 무사히 건너서 조그만 캠프를 치고, 멀리 꼭대기에 얼마 안 되는 초지가 연명하고 있는 500미터 높이의 바위 첨탑인 개닛그린까지 기어오르기 위해 출발했다.

사람들은 그 지역을 철저히 수색했지만 커다란 귀뚜라미 몇 마리 말고는 아무것도 찾지 못했고, 덥고 물도 떨어지는 바람에 결국 발길을 돌리지 않을 수 없었다. 이윽고 대략 해발 67미터 높이의 바위틈에서, 사람들은 비교적 무성한 조그만 초지를 하나 더 맞닥뜨렸는데 그곳에서는 오로지 멜라로이카 덤불만이 자라고 있었다. 이 조그만 식물의 오아시스가 그 위태위태한 입지를 유지할 수 있었던 것은 조그만 물웅덩이 덕분이었다. 사람들은 그곳에서 커다란 곤충 몇 마리가 막 내놓은 듯한 배설물을 발견했지만, 귀뚜라미겠거니 했다.

사람들은 캠프로 돌아와 저녁을 먹으면서 상황을 논의했다. 데이비드 프리델은 대벌레가 야행성이므로 밤에 관목 숲으로 돌아가면 그 곤충들을 마주칠 확률이 더 높다는 사실을 알고 있었다. 그렇지만 어둠 속에서 절벽에 오를 수 있다는 보장이 없었기 때문에 감히 그러자고 하지 못했다. 그러던 찰나에 마침 니콜라스가 동일한 의견을 냈고, 딘 히스콕스(지역 삼림 감시원 겸 전문 암벽 등반가)와 함께 거의 자살이나 다름없는 어둠 속 등반을 자청하고 나섰다. 두 사람은 전조등과 즉석 카메라 하나만 가지고 떠났다. "생각만 해도 속이 울렁거립니다." 니콜라스가 그때를 돌이켜 보며 말했다.

마침내 두 사람은 그 초지에 도달했다. "그랬더니 숲에 이 거대하고 반짝거리는, 까매 보이는 벌레가 몸을 쭉 뻗고 있는 게 보였어요." 니콜라스가 말했다. "저는 탄성을 내뱉었습니다. 그리고 우리 두 사람은 아이들처럼 성공을 축하했습니다. 유치원 애들처럼 펄쩍펄쩍 뛰어다닌 거지요." 그렇지만 니콜라스는 그렇게 뛰면서도 조심을 해야 했다고 말하는 것을 잊지 않았다. 그 암붕은 경사는 60도에 폭이 겨우 4미터밖에 되지 않아서, 자칫하면 가장자리로 미끄러지기 십상이었다!

두 사람은 두 번째 대벌레가 초목지에서 몸을 뻗고 있는 것을 거의 동시에 목격했다. 나와 전화 통화를 할 때는 그 일로부터 6년이나 지난 다음이었는데도, 니콜라스의 흥분이 손에 잡힐 듯 느껴졌다. "마치 곤충들이 세계를 지배했던 쥐라기로 돌아간 듯한 기분이었어요." 니콜라스가 말했다. "제 인생을 영원히 바꿔 버린 특별한 순간이었지요. 우리는 우리 말고 살아 있는 사람들 중에 이런 거대한 대벌레를 본 사람은 아무도 없을 거라는 말을 몇 번이나 했는지 몰라요." 두 사람은 또한 애벌레도 하나 발견했다. 니콜라스는 사진을 3장 찍었고, 이윽고 두 사람은 극도로 위험한 야간 하산을 시작하기 전에 마음을 진정시키려고 안간힘을 써야 했다.

캠프로 돌아왔을 때, 나머지 사람들은 잠들어 있었다. "저는 데이브에게 기어 갔습니다." 니콜라스가 말했다, "그리고 귀에다 대고 이렇게 속삭였지요. '대벌레를 찾았어!' 곧 모두가 잠에서 깨어났지요!"

이튿날 아침 일찍, 팀원 전부가 다시 올라가서 철저한 수색을 했다. 그리하여 프라스(frass, 아마 틀림없이 곤충 똥을 가리키는 전문 용어인 모양이다!)를 더 많이 찾아냈고 토양 속에 낳은 알 30개도 찾아냈다. 하지만 오전 10시에 배가 사람들을 데리러 오기로 되어 있었기 때문에 곧 자리를 떠야만 했다. 떠날 무렵쯤 해서는 해면의 수위가 상당히 높아져 있었고, 배는 몇 초마다 3미터씩 위아래로 흔들렸다. 즉 1초도 안 되는 찰나의 순간을 포착해 갑판으로 뛰어올라야 한다는 뜻이었다. 그걸 생각하면 나마저 속이 울렁거리려고 한다!

팀원들은 모두 전 세계에서 오로지 그 관목 숲에 사는 군락이 로드하우섬큰대벌레의 전부라고 확신했다.

그 조그만 군락이 어떻게 그 고립된 바위기둥에 가 닿게 되었을까? 어쩌면 수태한 암컷이 어떤 바닷새의 다리나, 아니면 태풍 후에 공중을 떠도는 식물에 들러붙어 로드하우 섬에서 23킬로미터나 떨어진 이곳까지 날아왔는지도 모른다. 하지만 일단 그렇게 도착했다 쳐도, 그 암컷은 어떻게 그곳 전역에서 오로지 하나밖에 없는 적절한 서식지를 찾아냈을까? 어쩌면 니콜라스의 생각대로, 둥지를 지을 "나뭇가지"를 찾던 바닷새가 로드하우 섬에서 알을 밴 채 막 죽은 암컷을 발견하고는 이 섬의 숲 근처에 있는 자기 둥지로 물어 옮겼는지도 모른다. 그렇지만 암컷이 어떻게 해서 거기까지 갔든, 도대체 후손들은 또 어떻게 80년이나 되는 세월 동안 그 황량한 환경에서 살아남을 수 있었을까? 정말 영영 풀지 못할 수수께끼다.

사람들이 귀환하자마자, 생물학자들은 큰대벌레 복원 계획 초안을 작성했다. 그 계획은 관료들과의 수많은 싸움을 맞닥뜨려야 했고, 그 섬으로 돌아가도 된다는 허가가 나오기까지는 2년이나 걸렸다. 그리고 오직 4마리만을 포획하도록 허락받았다. 사람들은 볼스피라미드에 그동안 거대한 바위 사태가 일어났음을 알았다. 그 절망스러운 2년 동안 전체 군락이 휩쓸려 갔다 해도 전혀 이상할 게 없었다. 그러나 2003년 밸런타인데이에, 사람들은 관목 숲에서 아직 번성하고 있는 군락을 발견했다. 믿을 수 없을 만큼 희귀한 짐, 즉 포획된 곤충 4마리를 이송하기 위해 특수 용기가 준비되었는데, 사람들이 오스트레일리아에 도착하자 그것이 문제를 일으켰다. 9·11이 일어난 지 얼마 되지 않아서 공항 경비가 지독히 삼엄한 터라 공무원들에게 그 귀중한 상자를 열어 볼 필요가 없음을 설득해야만 했던 것이다!

2차 원정대에 참가한 과학자들 중에 패트릭 호난이 있었는데, 패트릭은 무척추동물 보호 번식(을 비롯하여 수많은) 단체의 회원이었고, 이후에 큰대벌레의 미래를 확보하는 데 핵심적인 역할을 했다. 포획한 곤충 중 1쌍은 시드니에 있는 개인 번식업자에게 보내졌고, 나머지 2마리(아담과 이브)는 패트릭과 함께 멜버른 동물원으로 갔다. 그리고 이브는 곧 완두콩만 한 알들을 낳기 시작해서 모든 사람들을 안심시키고 기쁘게 했다.

그렇지만 시드니로 보내진 1쌍은 포획 2주일 내에 죽었고, 이브는 병세가 위중했다. 패트릭은 1달 내내 날마다 야근을 하면서 이브를

로드하우섬대벌레를 발견한 팀이 로드하우 섬에서 23킬로미터 떨어진 험난한 볼스피라미드에 접근하고 있다. 얼마 안 되는 대벌레들이 불가사의하게도 이리로 오는 길을 찾아냈고, 이곳에서 아무도 모르게 80년이나 살아왔다(니콜라스 칼라일).

치료하려고 필사적으로 노력했다. 인터넷에도 도움을 구해 봤지만, 큰대벌레의 치료에 대해 아는 사람은 아무도 없었다! 결국 패트릭은 그냥 직감을 믿고 칼슘과 과즙이 든 혼합 용액을 조제해서 자기 손안에 둥글게 몸을 웅크린 환자에게 1방울씩 먹였다. 기쁘게도 이브는 호전되는 것 같았고, 그 후로 18개월 동안 알을 낳았다. 그렇지만 그중에서 깨어난 것은 아프기 전에 낳은 30개 정도 되는 알뿐이었다. 그 알들이 처음 깨어난 날이 국제 멸종 위기 종 기념일이었으니 이런 안성맞춤이 또 있을까! 나는 거의 2.5센티미터나 되는 밝은 녹색 애벌레가 알 밖으로 기어 나왔을 때, 그때까지 걱정하던 모든 이들이 느꼈을 흥분과 환희가 충분히 상상이 간다.

나는 2008년에 멜버른 동물원을 방문해서 패트릭을 만났는데, 패트릭이 나를 이 장 앞머리에서 설명한 스스럼없는 암컷 큰대벌레에게 소개시켜 준 것이 그때였다. 패트릭의 말에 따르면 그 암컷은 이 큰대벌레의 포획 양육 세대 중에서 5세대에 속한다고 한다. 패트릭은 내게 부화 중인 알들을 보여 주었다. 마지막으로 세었을 때 1만 1376개였다고 한다. 그리고 포획 군락에는 성충이 700마리 정도 있다. 이들은 무척 특별한 곤충들이다. 패트릭은 이 곤충들이 밤에 쌍을 이루어 잠드는 모습을 찍은 사진을 보여 주었다. 수컷은 다리 중 3개를 옆에 누운 암컷 위로 보호하듯 걸쳐 놓는다.

이윽고 우리는 리본 절단식에 갔다. 나는 전체 팀원들에 둘러싸여 가위질을 하고 그 동물원에 새로 들어온 로드하우섬큰대벌레 전시가 공식적으로 개시되었음을 알렸다. 나중에 패트릭은 가장 중요한 자연 보호는 풀뿌리 단계부터라고 믿는다며, 자기는 학계를 떠날

사람들이 희귀한 로드하우섬대벌레를 찾아 서로를 도와 가며 해변을 가로지르고 있다. 바다의 상황은 밤새 악화되었고 해수위도 높아져서, 팀은 이곳에서 한정된 시간밖에 있을 수 없었다(니콜라스 칼라일).

생각이라고 말했다. 사람들은 동물들과 직접적으로 친해진 다음에야 비로소 동물들을 구하려고 노력하리라는 게 패트릭의 생각이었다. 패트릭은 100명의 초등학생과 중학생들이 이 큰대벌레들을 키우게 하는 프로젝트의 최종 계획을 막 완성했다. 그러면 학생들은 자기들 학교 교실에서 지속적인 보호 프로그램에 참여하는 환상적인 기회를 얻게 되리라.

그 종의 생존을 더욱 확실하게 보장해 주는 보험으로, 지금은 알들이 오스트레일리아와 해외의 다른 동물원과 개인 번식업자들에게 보내지고 있다. 텍사스의 샌안토니오 동물원에 보내진 알 200개는 이미 부화를 시작했다고 한다. "그 종은 이제 국제적인 종이 되어 가고 있어요."

큰대벌레가 그처럼 많이 번식하고 있으므로, 로드하우 섬의 야생 지대로 그 종을 돌려보내야 할 필요가 시급해지고 있다. 그리하여 2010년 겨울로 예정된, 그 섬의 해충 제거 프로그램은 적지 않은 압박을 받고 있다. 일단 해충들이 제거되고 나면 첫 순번의 큰대벌레들이 조상들이 살던 곳으로 돌려보내질 것이다.

믿기 어려운 이야기였다. 니콜라스는 자기가 볼스피라미드로 가는 데이비드의 첫 원정대에 합류했을 때 두 사람 다 그 원정이 틀림없이 실패할 거라고 믿었다고 했다. 80년이나 전에 마지막으로 모습을 보인 생물이 어떻게 바다 저 멀리 있는 황무지 바위 조각에서 살아 있을 수가 있겠는가?

니콜라스가 말했다. "그러니 우리는 대벌레가 거기 없음을 입증한다는 목표를 위해 떠난 셈이죠. 대벌레가 있다고 하는 확실한 과학적 증거나 소문이 다시는 나오지 않도록 못을 박겠다는 생각으로요. 그런데 그 일이 여기까지 오게 된 거죠!"

말로르카산파두꺼비 *Alytes muletensis*

내 어린 시절 자연사 성경이나 다름없던 『생명의 기적(The Miracle of Life)』에는 산파두꺼비의 매혹적인 삶의 역정이 들어 있었다. 알을 낳는 것은 암컷이지만 그 알이 깰 때까지 품고 보호하는 것은 수컷이었다. 그 이야기는 나를 "생명의 기적"에 점점 더 매혹되게 만들었다.

산파두꺼비는 5종이 있고, 유럽과 북서 아프리카 전역에 널리 퍼져 있다. 하지만 1977년에 스페인 동해안에서 떨어져 있는 섬인 말로르카에서 산파두꺼비의 화석화된 잔해가 발견이 되었다. 당시 그 섬에서는 2000년 전에 산파두꺼비가 멸종한 것으로 여겨졌다. 그러나 그로부터 3년이 지난 1980년에, 그 종의 개체 하나가 외딴 북쪽 산지의 깊은 협곡에서 발견되었다. 그리고 그 일을 계기로 거기에 조그만 군락이 살고 있음이 밝혀졌다.

이 두꺼비들은 금갈색에서 올리브그린색 바탕에 흑갈색이나 검은색 무늬가 있고 눈이 크다. 대다수 두꺼비들과 마찬가지로 야행성이며 낮에는 바위 밑에 숨어 지낸다. 암컷이 알을 여러 줄 낳고 나면 수컷이 체외 수정을 하고 알을 발목에 감는다. 그리고 나면 아비는 7~12개 되는 번거로운 알 짐을 지고 다니면서 부화할 준비가 될 때까지 꾸준히 습도를 유지해 준다. 그리고 부화기가 되면 얕은 물에 들어

가서 엄청나게 큰 올챙이들이 전부 알에서 깨어 나와 헤엄쳐 갈 때까지 기다린다.

남아 있는 말로르카산파두꺼비들을 구제하려는 프로그램에 대한 이야기를 내게 들려준 것은 공교롭게도 1980년 그 발견의 현장인 말로르카에 있던, 저지 야생 보호 기금 소속 과학자 퀜틴 블록샘이었다. "당시 민물거북을 연구하는 학생이 하나 있었어요." 퀜틴이 전화로 이야기를 들려주었다. "그 학생이 자기 프로젝트를 이야기하고 조언을 들으러 왔지요." 회의가 끝나자 학생은 퀜틴에게 물었다. "참, 요전에 발견된 두꺼비 이야기 들으셨어요?" 그건 퀜틴에게는 새로운 소식, 그것도 짜릿한 소식이었고, 퀜틴은 학생과 함께 그 환상적인 발견의 주인공인 생물학자 J. A. 앨코버 박사를 만나러 갔다. 퀜틴이 말했다. "연구실로 들어가니 박사가 책상 아래에서 구두 상자를 꺼냈는데, 그 안에 두꺼비가 몇 마리 있었어요! 멸종된 줄로만 알았던 종을 눈앞에서 보고 저는 경악하고 말았죠." 퀜틴은 앨코버 박사도 똑같이 경악했다고 말했다. 두 생물학자들은 멍하니 서서 숨을 멈춘 채 구두 상자에 둥지를 튼 그 만나기 힘든 두꺼비를 내려다보았다.

이윽고 퀜틴은 조운 메이욜 박사를 비롯한 말로르카 과학자들을 만났는데, 그들은 퀜틴을 데리고 포획 번식 프로그램을 위한 부지로 찍어 둔 장소를 보러 갔다. "아늑한 숙박을 제공할 것 같은 장소로는 안 보였어요." 퀜틴이 말했다. "그래서 저지 야생 보호 기금(지금은 듀렐 야생 보호 기금으로 불린다.)으로 몇 마리를 보내면 어떻겠느냐고 말을 꺼내 보았지요. 멸종 위기 종을 번식시키는 데 좋은 기록이 있는 곳이거든요." 메이욜 박사는 기꺼이 동의했지만 서류 작업이 준비되기까지는

5년이나 걸렸는데, 말로르카만이 아니라 스페인에 있는 담당 기관과도 접촉을 해야 했기 때문이었다.

마침내 듀렐 야생 보호 기금은 올챙이를 포획해 저지에서 번식해도 된다는 허가를 받았고, 그 임무를 맡은 파충류 전문가 사이먼 통을 파견할 수 있었다. 올챙이들은 다리가 나고 꼬리가 사라졌으며 모든 일이 순조롭게 돌아가고 있는 것 같았다. 두꺼비들이 첫 울음을 내기 전까지는 말이다. "알고 보니 모조리 수컷이었지 뭡니까!" 퀜틴이 웃으며 말했다. 수컷은 암컷을 부르는 요란한 울음소리를 낸다. 사실 울음소리라기보다는 거의 모루를 두들기는 해머 소리에 가깝다. 이런 이유로, 이 두꺼비는 종종 "페레렛(ferreret)"이라고도 불리는데, 이 말은 스페인어로 "꼬마 대장장이"라는 뜻이다. 그리고 저지의 불쌍한 조그만 대장장이들은 존재하지도 않는 암컷들을 불러 댔으니, 울음소리를 허무하게 낭비한 셈이다! 이후에는 상황이 잘 돌아갔고 두꺼비들은 포획 환경에서 번창했다.

퀜틴의 말에 따르면 1988년 이래 성체와 올챙이 양쪽을 합쳐 두꺼비 대략 수천 마리가 성공적으로 말로르카로, 종의 역사적 서식지로 알려진 지역으로 돌아왔다고 한다. 야생에 있는 현재 개체 수의 대략 20퍼센트는 17개 지역에 흩어져 있는 포획 번식 군락으로부터 나온 것이다.

물론, 모든 일이 순조롭지만은 않았다. 서식지 손실과, 두꺼비들과 올챙이들을 먹이로 삼거나(살무사 같은) 먹이를 두고 경쟁하는(두꺼비를 잡아먹기도 하는 청개구리 같은) 외래종들이 아직도 두꺼비들을 위협한다. 어쩌면 그보다 더 심각한 문제는 그 섬을 방문하는 여행객 수가 너무 많아서 수원이 줄어든다는 것이다. 이를 해결하고, 적절한 서식지 환경을 만들기 위해 두꺼비가 사는 강 일부에 댐을 설치하려는 계획이 진행되고 있다. 사실, 두꺼비가 옛날 양치기들이 만든, 물이 증발하지 않도록 그늘진 구석에 지어진 화강암 물구유를 좋아한다는 사실이 알려진 것은 그 프로젝트의 연구자들 덕분이었다.

2005년에, 전 세계적으로 수백만 마리의 양서류들을 죽인 공포의 카이트리드 진균이 처음으로 말로르카에서 발견되었다. 그전까지 이 진균이 발견된 곳은 산파두꺼비 군락 중 2곳뿐이었다. 다행히도 이 두꺼비들은 늘 급류 근처에 살면서 자기들이 태어난 개울을 따라서만 움직이고 다른 개울로는 가지 않았기 때문에 바이러스는 더 확산되지 않았다. 2002년에, 더는 말로르카로 포획 번식 두꺼비나 올챙이들을 돌려보낼 필요가 없을뿐더러 그랬다가는 오히려 새로운 질병을 도입할 위험이 너무 크다는 결론이 났다. 그 섬에는 섬 고유의 토착종인 두꺼비들에 대한 인식을 일깨우고 자부심에 불을 지피는 데 이바지할 교육 프로그램이 실행되었다. 퀜틴이 내게 말했듯이, 이미 "이 두꺼비는 많은 석사 논문과 몇몇 박사 논문의 주제가 되었을 정도입니다."

말로르카 정부가 말로르카 해양부, 발레아레스 군도 자치 정부와 협력하여 지원하는 이 복원 프로그램은 양서류 복원 프로그램의 모범으로 칭송된다. 이 두꺼비들은 원래 "심각한 멸종 위기" 상태였다가 "위기에 처할 가능성이 있는" 상태로 돌아선 최초의 양서류다. 그리고 JGI 스페인 순회강연의 일환으로 말로르카를 방문했을 때, 나는 이 성공담과 관련해 정부 관료들을 축하할 수 있었다. 스페인 전국적으로 환경과 동물 복지에 대한 새로운 관심의 물결이 일고 있고, 이 일은 이 토착종 두꺼비만이 아니라 위기에 처한 다른 야생 생물들의 미래를 위해서도 좋은 전례가 되리라.

지노제비슴새 *Petrodroma mandeira*

이 흥미진진한 이야기에서는 새로운 제비슴새 1종이, 심지어 하나의 종으로 인식되기도 전에 멸종되었다고 믿어졌다가, 열정적인 아마추어 조류학자인 폴 알렉산더 "알렉" 지노 박사에 의해 재발견된다. 알렉과 그의 아들인 프랭크의 단호한 노력이 없었더라면 이 제비슴새들은 실제로 멸종으로 가는 미끄럼틀을 타고 말았으리라.

　지노제비슴새는 몸길이가 30센티미터를 겨우 넘고 양 날개를 펼친 폭은 90센티미터 정도 되는 날씬한 새이다. 다른 모든 제비슴새와 마찬가지로 이 새들은 바다에서 연중 여러 달을 보내고, 뭉툭하고 단단한 부리로 해수 표면에서 먹잇감을 낚아챈다. 아프리카 북해안 외곽에 있는 포르투갈령 마데이라 섬에서 번식을 하며, 밤의 어둠을 틈타 상륙해 높은 산의 가파른 계곡들을 날아올라 바위 첨탑 사이에 있는 둥지 부지를 향한다. 만약 쓸 만한 둥지 구멍이 없으면 더 어린 새들은 하나뿐인 알을 낳을 새로운 둥지를 판다. 대략 알을 까고 나서 2개월 반이 지나면 새끼들은 혼자 힘으로 어둠 속을 날아 떠난다. 그러고 나면 최고 5년 동안은 마데이라로 돌아오지 않는다.

　우리 이야기는 죽은 새들 몇 마리가 발견되어 자연사에 예민한

지노 가족이 마데이라의 제비슴새를 힘겹게 재발견하고
지속적으로 보호한 공적은 영원히 잊히지 않으리라. 여기
역사적인 사진에서 아버지 알렉(왼쪽)과 아들 프랭크(오른쪽)가
1980년대에 셀바겜 제도에서 제비슴새들을 찾아내어 보호하려고
노력하고 있다(엘리자베스 지노와 르네 팝).

관심을 지닌 에르네스토 시츠 신부에게 보내진 1903년으로 거슬러 올라간다. 신부는 사체를 피제비슴새로 분류했는데, 알고 보니 그것은 그의 착각이었다. 그로부터 30년 후, 그 가죽을 다시 살펴본 제비슴새 전문가인 그레고리 매튜스는 자기가 과학계에 알려지지 않은 완전히 새로운 종의 유해를 보고 있음을 깨닫고 전율을 느꼈다. 이 종에는 프테로드로마 마데이라(*Pterodroma madeira*)라는 학명이 붙었다. 1903년 이래 이 새들이 살아 있는 것을 보았다는 보고가 전혀 없었기 때문에, 사람들은 그 종이 멸종한 줄만 알고 있었다.

이윽고 1940년, 죽은 제비슴새 1마리가 발견되어, 식별을 위해 알렉 지노에게 보내졌다. 알렉은 즉각 그 새가 매튜스가 설명한 새로운 종에 속한다는 것을 알아차렸다. 이 새는 멸종하지 않은 것이 확실했다! 이후에 알렉은 아들인 프랭크와 함께 새들의 번식지일 가능성이 가장 높은 마데이라의 고산맥으로 여러 차례 탐사를 떠나 제비슴새들의 울음소리를 들으려고 귀를 기울였다. 그렇지만 아무것도 듣지 못했고, 아무런 흔적도 보지 못했다.

그때 무언가가 알렉의 머릿속을 스치고 지나갔다. 이 새로운 종들은 피제비슴새와 생김새가 그처럼 닮았으니, 어쩌면 울음소리도 비슷하지 않을까? 알렉은 피제비슴새의 울음소리를 녹음하여 고산맥의 양치기들에게 들려주었다. 그러자 루쿠스라는 양치기가 그 외침을 단번에 알아들었다. 루쿠스는 그것이 "산맥에서 죽은 양치기들의 영혼"으로 불린다고 말했다. 그리고는 피코 시드라오 근처에 있는 중앙 단층에서 그 울음소리를 들은 적이 있다고 했다.

그리하여 1969년에, 알렉과 프랭크, 그리고 애초에 그들이 제비

마침내, 지노 가족의 3대째가 지노제비슴새를 감시하고 지키는 일을 이어받았다. 사진 속에는 손자인 알렉산더 지노가 병아리와 함께 있다(프레이라 자연 보호 프로젝트의 프랭크 지노).

슴새에 매혹되는 계기를 제공한 친구인 군터 "제리" 몰은 높은 산속에 있는 피코 아르세로로 차를 몰았고, "바위 언덕"을 기어 내려가 거기서 웅크린 채 기다렸다. 그날 밤을 되돌아보면서 프랭크는 이렇게 썼다. "살을 엘 듯 춥고 엄청 캄캄했어요. 소리를 듣기에는 이상적인 상황이었죠."

프랭크가 말을 이었다. "갑자기 아버지가 저를 쿡 찌르더니 이러셨어요. '들었냐?' 둘 다 더욱 집중해서 귀를 기울였더니 바람 소리 사이로 무슨 소리가 들렸어요. '예!' 우리 둘 다 환성을 질렀어요. 덕분에 제리가 깼는데, 알고 보니 우리가 들은 그 소리는 제리의 코고는 소리였지 뭡니까!!!" 그 "부름"은 멈추었다! 비록 이내(제리는 두 사람의 웃음소리에 잠이 완전히 깨 버렸다.) 진짜 새의 울음소리가 들려오는 바람에 세 사람은, 조류학자인 말콤 스미스가 "귀신같은 밤의 울부짖음"이라고 했던 그 소리에 무아지경이 되었지만 말이다.

그해 좀 더 뒤에 가서는 살아 있는 제비슴새들이 작은 군락을 이룬 것이 발견되었는데, 녀석들은 바위투성이 암붕에 둥지를 틀고 있었다. 동네 양치기들을 빼면 알렉과 프랭크, 제리는 아마 그 새들이 살아 있는 것을 세상에서 처음 본 사람들이었으리라. 그로부터 몇 년 동안 알렉 부자는 그 새들을 관찰하려고 번식 철마다 그곳으로 돌아왔다. "상황은 별로 고무적이지 않았어요." 프랭크가 말했다. "우리가 찾아낸 둥지 굴에서는 번식 성공률이 지독히 낮았거든요."

1986년의 번식 철에 그들은 그 군락에 대한 체계적인 감시를 시작했다. 한 둥지 암붕에는 알이 있는 둥지가 겨우 6개밖에 없었다. 그리고 새끼들은 단 하나도 그해 여름을 나지 못했다. 쥐들이 알과 새끼를 잡아먹은 게 거의 분명했다. 이 사실은 사람들에게 충격을 주었고 그리하여 첫 본격적인 보호 조직인 프레이라 자연 보호 프로젝트로 하여금 지노의 군락에 대해 포식자 통제와 체제적인 감시를 시작하도록 이끄는 계기가 되었다.

"1987년 9월 12일에," 프랭크가 말했다. "우리는 한 둥지에서 드디어 목표를 달성했습니다. 새끼를 만져 본 것은 그때가 처음이었어요!" 그들은 새끼를 둥글게 싸서 둥지로 돌려놓았고 녀석은 마침내 날개를 폈다. 그해에 살아남은 병아리는 녀석이 유일했다. 그러나 쥐들을 통제하려는 노력이 끈질기게 지속되면서 상황은 더 밝아 보이기 시작했다. 그리고 이어 1992년에, 쥐들과의 전투에서 승기를 잡았다고 생각한 바로 그때, 고양이들에게 새 10마리를 잃고 말았다. "알려진 전체 번식 개체의 거의 25퍼센트였지요." 프랭크가 말했다.

새로운 보호 단체인 프레이라 자연 보호 프로젝트는 쥐에게 미끼를 놓고 죽이는 것과 더불어 고양이용 덫도 놓기 시작했다(그 이래 번식지에서는 고양이가 매년 대략 10마리씩 포획되고 있다.). 그 결과로 다음 번식 철에는 제비슴새들의 번식 성공률이 상승했다. 그렇긴 해도 각 암컷이 알을 하나밖에 낳지 않고, 각 병아리들이 날개를 편 다음에는 다음 5년을 바다에서 보내기 때문에, 번식 군락의 수가 늘려면 몇 년은 걸릴 듯하다.

국립 공원과 미래의 희망

프레이라 자연 보호 프로젝트 사람들이 산을 올라가서 다른 작은 번식 군락을 발견한 날은 실로 짜릿한 날이었다. "번식 쌍의 수가 하룻밤 새 거의 2배로 늘어난 거니까요!" 프랭크가 말했다. 그리하여 프레이라 자연 보호 프로젝트는 토지 주인들로부터 번식 지역을 매입하기 위한 기금을 지원받았다. 그리고 정부는 국립 공원을 위해 중앙 산맥들과 월계수 숲의 거대 지역을 별도로 지정해 두기로 했다. 제비슴새에게 가장 중요한 것은, 앞으로 고산 지대에서 양들과 염소의 방목을 금지한다는 것이다. 울타리가 세워지고, 양치기들은 가축이 거기서 쫓겨나는 데 대한 보상을 받았다. 덕분에 거대한 초지가 복원되었고, 그 대부분은 토착 식물들이다. 지노제비슴새들은 다른 많은 지역에서도 둥지를 튼 모양이라서, 이 새들이 곧 새로운 둥지 부지들을 시험해 보지 않을까 하는 희망도 없지 않다. 새들을 격려할 목적으로 인공 굴도 몇 군데 지어졌다.

"이제는 상황이 원활하게 흘러가고 있습니다." 프랭크의 말이다. 이제는 프랭크의 다 자란 아들 알렉산더와 딸 프란체스카가 지노제비슴새를 보호하는 가업을 잇는 데 동참하고 있다. 2008년 번식 철에는 둥지를 튼 쌍이 60~80쌍 정도 있었다. 이제는 마데이라 자연 공원이 프레이라 자연 보호 프로젝트가 개시한 보호 프로그램을 이어받았다. 그리고 프랭크는 "지금은 심지어 새소리를 들으러 일부러 밤에 찾아오는 생태 관광객들도 있어요." 하고 써 보냈다(나도 직접 가서 들을 수만 있으면 얼마나 좋을까!).

프랭크는 이렇게 회상한다. "W. R. P (빌) 본이 제시한 지노제비슴새라는 이름이 그대로 인정되었을 때 아버지와 저는 엄청난 영광이라고 느꼈어요. 저절로 고개가 숙여지면서 이제는 전보다 덜 희귀해진

이 종의 미래를 위해 모든 일이 잘 돌아가야 한다는 결의를 더욱 단단히 다지게 되더라고요." 한 가지만은 확실하다. 알렉과 프랭크가 없었더라면 지노제비슴새는 멸종하여, 그 오싹한 밤의 울음소리를 다시는 들을 수 없었으리라.

큰부리갈대휘파람새 *Acrocephalus orinus*

이 조그만 새는 외딴 밀림이 아니라 방콕 외곽에 있는 폐기물 처리 공장 근처 서식지에서 아무도 몰래 계속 살고 있었다! 2006년 3월에 그 새를 재발견한 사람은 조류학자인 필립 라운드였는데, 필립이 하고 있던 연구는 그 새와는 전혀 상관이 없는 것이었다. 필립은 흔한 새들을 여러 마리 포획했는데, 그중에 뭔지 알 수 없는 이 조그만 휘파람새도 있었다. 이 새는 다른 새들보다 부리가 더 길고 날개가 더 짧았다.

"그런데 갑자기 어떤 생각이 머리를 스쳤어요. 어쩌면 이게 큰부리갈대휘파람새일지도 모른다는 생각이요. 그만 머리가 띵 했죠." 필립은 한 인터뷰에서 이렇게 말했다. "마치 살아 있는 도도를 제 손에 들고 있는 기분이었어요." 그 종은 1867년 인도의 수틀레지 계곡에서 발견되어 존재가 기록되었지만 그 이래 130년간 한번도 사람의 눈에 띈 적이 없었다. 그러니 하나뿐인 표본이 정확한 것인가를 두고 얼마간 논쟁이 벌어졌던 것도 놀라울 게 없다. 그러나 이후 사진과 DNA 표본을 통해 그 종의 존재가 확정되었다. 큰부리갈대휘파람새는 멸종을 벗어난 또 하나의 종이다.

물론 이 재발견은 조류학자들에게 엄청난 전율을 가져다주는 동시에 뜨거운 화젯거리가 되었다. 그로부터 6개월 후에 아직 생물학자들이 폐기물 공장 새들을 조사하고 있을 때, 다른 표본이 발견된 것도 바로 그 덕분이리라. 이번 표본은 죽은 것이었는데 영국 트링에 있는 자연사 박물관의 서랍에서 발견되었다. 그 표본은 19세기에 인도 우타르프라데시에서 수집된 다른 갈대휘파람새들과 함께 그곳에서 100년도 넘게 잠들어 있었다. 그리고 역시 DNA 분석을 통해 큰부리 갈대휘파람새로 확정되었다. 조류학자들은 태국이나, 어쩌면 미얀마나 방글라데시에서도 그 새의 다른 군락을 볼 수 있을지 모른다고 생각하고 있다.

카스피말

이 이야기에는 아주 작고 아름다운 말 종류와, 이란에서 그들을 "발견하여" 망각으로부터 구해 낸 미국인 여성 루이스가 등장한다. 루이스는 이란 왕족 출신의 청년 나르시 피루즈와 결혼하여 공주가 되었다. 1957년에, 젊은 부부는 노루자바드 승마 학교를 세워 이란의 부유한 가문 어린이들에게 승마를 가르쳤다. 그런데 문제는 이란의 전형적인 마종인 아라비안과 투르코만은 덩치가 너무 커서 어린아이들이 타기에는 위험하다는 것이었다. 부부의 세 아이들에게도 마찬가지였다. 그리하여, 루이스는 1965년에 카스피 해 근처 엘부르츠 산맥에 조그만 조랑말이 있다는 소문을 듣고 여자 친구 몇 명과 함께 말을 타

루이스 피루즈는 이란에서 망각 속으로 사라졌던 카스피말을 "발견하고" 구제했다. 사진 속에는 이슬람 혁명 이후에 처음으로 태어난 이 말의 새끼인 페레슈테가 있다. 비극적이게도, 혁명 동안 카스피말은 짐 끄는 동물로 경매에 부쳐지거나 고기를 위해 도축되어 대부분 사라져 버렸다(브렌다 달튼).

고 직접 그곳으로 답사를 떠났다. 당시에는 여자들이 이런 식으로 여행하는 것이 흔한 일이 아니었고, 여행 도중에 (그때 처음 여행한 이후로 루이스는 몇 번 더 여행을 하게 된다.) 위험한 상황에 처할 수도 있었다. 그렇지만 모든 일이 무사히 진행되었고, 루이스는 그 "조랑말들"을 만났다. 말들은 짐꾼으로 이용되어 수레를 끌고 있었으며, 영양 상태가 좋지 않을뿐더러 진드기로 뒤덮여 있었다.

루이스는 이 말들을 보자마자 거의 즉시 조랑말이 아니라는 사실을 깨달았다. 녀석들은 조랑말과는 뚜렷이 다른 걸음걸이와 기질, 그리고 독특한 안면 윤곽을 가지고 있었다. 무척 조그맣고 골격이 작았으며 높이가 겨우 11.2뼘밖에 안 되었지만(1뼘은 10센티미터다.) 그래도 조랑말이 아닌 분명한 말이었다.

루이스는 이 작은 말의 생태를 곰곰이 살펴본 끝에 불현듯 페르세폴리스의 고대 궁전 벽에서 무척 비슷해 보이는 말의 암석 부조를 본 기억이 났다. 그 부조에 묘사된 리디아말은 이 말들과 똑같이 작고 독특한 두개골 구조를 가지고 있었다. 루이스는 흥분하여 자기가 찾아낸 짐말들의 덥수룩한 털 속에 고대 왕족들이 잃어버린 종의 진정한 후계자가 숨어 있는 것은 아닐까 하는 의문을 품기 시작했다. 생각을 하면 할수록 그 확신은 더욱 굳어졌다.

리디아말은 전차 경주와 전투에 이용되었고, 왕과 황제들에게 진상되었다. 많은 사람들이 그 말을 아라비아 종의 조상으로 생각했다. 그리고 그 말은 1,000년 동안 멸종된 것으로 여겨졌다! 루이스는 마을에 아직 순종 5마리가 남아 있는 것을 알아냈고, 그중 3마리를 사들였다. 그리고 철저한 DNA 검사를 통해, 동물 고고학자들과 유전학 전문가들은 이 조그만 말들이 실제로 아라비아 종의 조상이라는 사실에 루이스와 의견을 같이했다. 이 얼마나 믿기 어려운 발견인가!

　루이스는 그 지역으로 몇 차례 더 원정을 떠나 남아 있는 작은 말들이 얼마나 되는지를 알아보려 했다. 나는 루이스의 가까운 친구인 조운 탤펀과 이야기를 나누었는데, 조운은 루이스의 답사 여행을 몇 차례 따라간 적이 있었다. 조운의 회상에 따르면 마을 사람들은 늘 친절했으며, 일행이 머물렀던 조그만 여관의 주인들도 손님들이 벼룩이나 빈대에 물리지 않도록 깨끗한 침상을 만들기 위해 일부러 나가서 짚을 베어다 주었다고 한다. 루이스는 결국 그 말들이 카스피 해의 남해안을 따라 50마리 정도 남아 있는 것으로 추산했고, 그 말들을 카스피말이라고 불렀다. 조운에 따르면 루이스는 번식 무리를 만들기 위해 종마 6마리와 암말 7마리를 더 사들였다고 한다. 루이스는 여전히 맨 처음 발견한 그 말을 가장 아꼈고, 그 말에게 교수의 이름을 따서 오스타드 파르시라는 이름을 붙였다. "오스타드는 정말 점잖았어요." 조운이 말했다. "그리고 번식 계획에도 지대한 공헌을 했지요." 루이스의 아이들도 오스타드를 몹시 사랑했고, 오스타드를 비롯해 구조된 카스피말들을 몇 시간씩 타고 놀았다.

　루이스와 남편인 나르시는 처음에는 번식 계획에 직접 자금을 댔지만, 이윽고 1970년에는 이란에 왕립 마사회가 창설되었다. 이란의 토착 마종을 유지 보존하는 임무를 띤 그 협회는 당시 23마리에 이른 루이스의 카스피말을 전부 사들였다. 루이스와 나르시는 이후 투르크메니스탄 국경 지역에 사비로 두 번째 무리를 키우기 시작했다. 암말 2마리와 새끼 1마리가 늑대에게 죽임을 당하자, 말들이 전부 사라지는 일만은 막고 싶었던 루이스는 1977년 말 8마리를 영국으로 반출할 준비를 했다. 왕립 마사회는 자기들의 자문을 구하지 않았다는 이유로 화를 냈고, 즉각 카스피말 반출을 전면 금지하면서, 이란에 남아 있는 카스피말을 모조리 징발하기 시작했다. 결국 피루즈에 있던 둘째 무리들 중 1마리만을 제외하고는 모두 그리로 징발되었다.

혁명과 전쟁을 견뎌 내다

이윽고 1979년 이란 혁명이 일어났다. 피루즈 가는 왕가와의 연계 때문에 체포되어 투옥되었다. 나르시는 6개월간 갇혀 있었지만 루이스는 겨우 몇 주 만에 나왔는데, 친구에게 들은 충고를 기억한 덕분이었다. 감옥에 갇히면 단식 투쟁을 하라는 것이었다. 과연 그 방법은 효과를 발휘했다. 그러나 조운의 말에 따르면 "루이스는 워낙 말랐던 터라 감옥을 나왔을 때는 콩 버팀대 같았어요!" 비극적으로, 그 기간 동안 카스피말들 대다수가 사라졌다. 짐말로 쓰이기 위해 경매에 붙여지거나 고기를 위해 도축되었던 것이다.

그러나 루이스는 살아남았다. 그리고 자기가 사랑하는 카스피말들의 혈통을 구하고 보호하는 데 열정을 바쳤다. 루이스는 아직 남아 있는 몇 마리를 굶주림과 도살로부터 가까스로 구해 내어, 세 번째이자 마지막으로 조그만 군락을 만들었다. 이란 내에서 그 종이 멸종하는 것을 막기 위해서였다. 그리고 신정부가 또다시 금지령을 내리기 전에, 말 몇 마리를 안전하게 반출할 수 있었다. 마지막으로 반출을 시도한 것은 1990년대 초기였는데, 그때 루이스는 말 7마리를 고되고 위험한 영국 여행길로 떠나 보냈다. 말들은 호송단을 공격하고 강탈하는 벨로루시 교전 지대를 통과해야 했다. 비록 말들은 안전하게 도착했지만 적지 않은 비용이 들었다. 그 후 얼마 지나지 않아 1994년에 남편이 죽고 나자 루이스는 더 이상 이란에서 번식 프로그램을 지속할 비용을 댈 수 없었다. 그리하여 남은 무리를 지하드 국에 팔고 나서 종종 말들의 관리법에 대한 자문을 해 주기도 했다. 루이스는 또한 독일 사업가인 요한 슈나이더 메르크가 이란에서 사비로 카스피말의 조그만 무리를 구축하는 데도 도움을 주었다.

카스피말의 미래가 확보되다

카스피말은 이전에 왕족과도 인연이 있었던 데다, 이란은 정치적 소요가 심한 나라라서(이슬람 혁명 동안의 왕정 전복, 이란-이라크 전쟁 기간의 폭격, 무척 실제적인 기근의 위협까지) 이 말들의 운명은 늘 위태로운 시소를 타고 있었다. 한순간에는 국보로 칭송받는가 하면 다음 순간에는 전시 식량으로 포획되기도 했다. 그렇지만 총 9마리의 종마와 17마리의 암말을 반출한 루이스 덕분에 이 고대 종은 안전한 미래를 확보했다. 오늘날 이 말들은 영국, 프랑스, 오스트레일리아, 스칸디나비아, 뉴질랜드를 비롯해 이제는 미국에서도 볼 수 있다.

　이 조그만 말의 역사의 많은 부분은 루이스의 친한 친구인 브렌다 달튼이 쓴 『카스피말(*The Caspian Horse*)』에서 찾아볼 수 있다. 브렌다는 카스피말들이 "세계에서 가장 오래되고 가장 점잖은 종이다. 사람에게 애착을 갖고, 다른 말이나 조랑말 종보다 더 '개처럼' 사람들에게 의존한다. 카리스마가 대단하고 아주 예쁘며 사람을 무척 잘 따른다."라고 썼다. 루이스가 아니었더라면 이 말들은 아마 흔적조차 없이 사라져 버렸으리라. 루이스는 너무 늦기 전에 그 말들을 "발견했다"는 사실에 틀림없이 대단히 기뻐했으리라. 나중에 루이스가 말하기를, 카스피말들을 처음 발견한 순간 고대의 말이 "위풍당당하게 이 세상으로 되돌아오는" 환영이 눈앞에 떠올랐다고 한다.

"이란 말의 어머니"인 루이스는 2007년 5월에 세상을 떠났고, 나는 영국에서 열린 기념식에서 막 돌아온 브렌다와 전화 통화를 나누었다. 얼마나 매혹적이고 놀라운 사람이었으며, 그 삶은 또 얼마나 특별했던가. 무엇보다도 루이스는 말을 이해하고 사랑했으며, 자기가 사랑하는 카스피말들이 도로 팔려 가 중노동에 시달리고 도축당할 운명에 처했을 때 틀림없이 엄청난 아픔을 겪었으리라. 그렇지만 루이스는 그런 후퇴를 겪고도 용기와 결단력을 잃지 않은 덕분에 이 드물고 개성 강한 종을 구해 내어 말을 사랑하는 사람들이 있는 세상으로 다시 데려올 수 있었고, 자신이 그 역사의 중요한 일부가 되었다.

살아 있는 화석:
최근에 재발견된 고대 종들

화석으로만 남아 있는 줄 알았던 종이 살아 있음을 발견한다고 생각해 보라! 선사 시대부터 존재했던 종이, 우리가 모르는 사이에 수백만 년 동안 살아 있었다고 말이다. 거대한 상어 같은 물고기인 실러캔스는 제2차 세계 대전 직전에 발견되었다. 당시 겨우 4살이었던 내게 그것은 그다지 짜릿한 소식이 아니었다. 물론 지금은 그렇지 않지만 말이다. 6500만 년 동안 변하지도 않은 채로 살아남은 동물 종이라니! 그리고 아무도, 아니 어쩌면 이따금씩 그물에 걸린 이 물고기를 발견한 어부를 제외하면 아무도 그것에 대해 몰랐다니 말이다. 그리고 어부들은 도대체 그게 뭔지 짐작조차 할 수 없었으리라. 사실 이 물고기는 그 존재가 알려져 있긴 했지만 다양한 박물관에 화석 형태로만 존재할 뿐이었고, 원래 어류에 관심이 있는 고생물학자들을 빼면 아무에게도 관심을 사지 못했다. 그 사람들에게 실러캔스의 발견은 마치 살아 있는 공룡을 찾아낸 것이나 마찬가지였다!

1958년 루이스 리키, 메리 리키와 함께 올두바이에서 일하고 있을 때, 나는 이따금씩 오래전에 사라진 몇몇 종의 화석화된 뼈를 들고 서서 그것이 살아 있을 때 어떤 모습이었을까를 상상하곤 했다. 사

놀랍게도, 한때는 화석으로만 존재한다고 여겨지던, 아주 먼 선사 시대의 종이 현대에 와서 재발견되는 일도 있다. 위 사진은 6500만 년 동안 원래 모습 그대로 살아남은 동물 종인 실러캔스에 관한 신문 기사다(남아프리카 해양 생물 다양성 재단).

실 이따금씩은 그런 상상이 거의 신비주의적인 환상으로까지 이어지기도 했다. 마치 내가 멸종한 자이언트피그의 엄마를 찾아냈을 때, 갑자기 그 동물이 거기 서 있는 모습을, 기세등등하게 서 있는 그 거대한 모습을 보았을 때처럼 말이다. 녀석의 거친 갈색 털과 등줄기를 따라 난 검은 털 줄기, 그 밝고 매서운 눈이 보이는 것 같았다. 체취가 느껴지고 콧김 소리가 들리는 것 같았다. 이윽고 환상은 사라졌고 나는 천천히 현실로 돌아와 혼자서 선사 시대 상아 조각 하나를 내려다보고 있었다.

실러캔스는 그 돼지보다도 훨씬 더 오래된 녀석이다. 어쩌면 내가 아이였을 때 너무나 가 보고 싶어 했던 선사 시대의 바다 한가운데에서 물고기 1마리가 현재로 헤엄쳐 왔다고나 할까. 실러캔스를 처음으로 직접 다루고 연구한 과학자들이 얼마나 들뜨고 당황했을지 충분히 상상이 간다. 실상, 그 사람들은 이따금씩 내가 꿈을 꾸고 있는 게 아닌가 하고 생각했으리라.

울레미소나무 또한 오로지 화석 기록으로, 고대 암석에 새겨진 흔적으로만 알려졌었다. 그리고 그 종의 유래 역시 6000만 년 전으로 거슬러 올라간다. 오스트레일리아의 외딴, 사람이 닿지 않은 협곡에서 자라고 있던 그 키 큰 나무로부터 나뭇잎 표본을 처음 얻어 낸 생물학자들은 자기가 중요한 발견을 했다는 사실을, 자기 이름이 '살아 있는 화석'에 붙여지는 엄청난 영광을 갖게 되리라는 사실을 전혀 예상하지 못했다. 사실, 그 나무의 진짜 정체가 마침내 밝혀지기까지 사람들은 무수히 토의를 하고 식물 표본집을 뒤적거려야 했다. 실러캔스가 동물 왕국의 중요한 발견으로 손꼽히듯이, 그것은 진정 지난 세기에 일어난 가장 중요한 식물학적 발견이었다. 그리고 그 나무의 미래는 이제 확보되었지만 물고기의 미래는 아직 확실치 않다. 하지만 양쪽 다 매혹적인 사연을 지니고 있다.

가장 아름다운 물고기 혹은 "네발물고기"
Latimeria chalumnae

1938년 말엽, 남아프리카 공화국 이스트런던의 박물관 큐레이터인 23살의 마조리 코트니 라티머는 무척 특이하게 생긴 물고기 하나를 트롤 어선인 네린의 그물에서 발견했다. 마조리는 어부들이 가져오는 바다 생물들을 구경하러 자주 갔었지만, 이렇게 생긴 것은 한번도 본 적이 없었다. 마조리는 나중에 인터뷰에서 이렇게 말했다. "제가 이제껏 본 물고기 중에 가장 아름다웠어요. 몸길이 150센티미터 정도에, 몸통은 흐린 자줏빛을 띤 파란색이었고 각도에 따라 달리 빛나는 은색 점이 있었지요." 마조리와 박물관 직원은 이 물고기가 독특한 종이며 과학적으로 대단히 중요한 존재일 거라고 짐작했다. 마조리는 가능한 한 그 물고기를 원래대로 보존하고 그림으로 그려서 이제는 유명해진 그 스케치를 저명한 어류학자인 J. L. B 스미스 교수에게 보냈다.

    스미스 교수가 마침내 물고기를 만난 자리에 나도 같이 있었더라면 얼마나 좋았을까. 그 심해 생물의 정체에 관해 조사가 이루어진 다음, 1939년 초에 스미스는 그 물고기가 이전에 화석 기록으로만 남아 있던 실러캔스라고 밝혀 온 세상을 놀라게 했다. 대략 6500만 년 전에 멸종되었다고 여겨지던 종이었다.

그로부터 14년간은 실러캔스가 더 발견되지 않았지만, 그 후 1952년에 코모로스에서 1마리가 발견되었다. 스미스 교수는(아마도 분명히 무척 흥분해서) 그것을 가지러 갔다. 이 발견이 얼마나 중요한 사건이었던지, 당시 수상이었던 D. F. 말란 박사가 남아프리카 공군의 다코타기를 사용해서 그 물고기를 이스트런던으로 가져오도록 허락했을 정도였다! 대다수 과학자들은 흥미를 가졌고, 이 물고기들을 자연적인 서식지에서 보고 싶어 하는 사람들도 늘어났다. 이윽고 대양에서 헤엄치는 실러캔스를 찍은 놀라운 화면이 처음으로 공개되었다. 그것은 한스 프리케 교수와 그 팀이 유인 잠수정인 지오와 자고에서 찍은 사진이었다.

실러캔스는 대략 180센티미터까지 자라는 커다란 물고기로, 기록상의 최대 몸무게는 110킬로그램이나 된다. 스미스 교수는 이 물고기에 관한 책을 저술하면서 거기서 이들을 "네발물고기(Old Fourlegs)"라고 불렀는데, 네 발이란 이 물고기의 옅게 째진 지느러미를 가리키는 것으로, 스미스 교수를 비롯한 과학자들은 어쩌면 그것이 육생 척추동물의 사지의 원형일지도 모른다고 생각한다.

최근에 나는 남아프리카 그레이엄스타운의 토니 리빙크 박사와 연락을 취했다. 박사는 케냐, 탄자니아, 모잠비크, 마다가스카르, 코모로스, 남아프리카의 대양 협곡과 동굴의 멸종 위기 종들을 연구하고 보호하기 위해 창립된 '해양 지속 가능성 연구 재단'의 CEO다. 박사는 2000년에 스쿠버 다이버들이 남아프리카 소드와나 만 외곽의

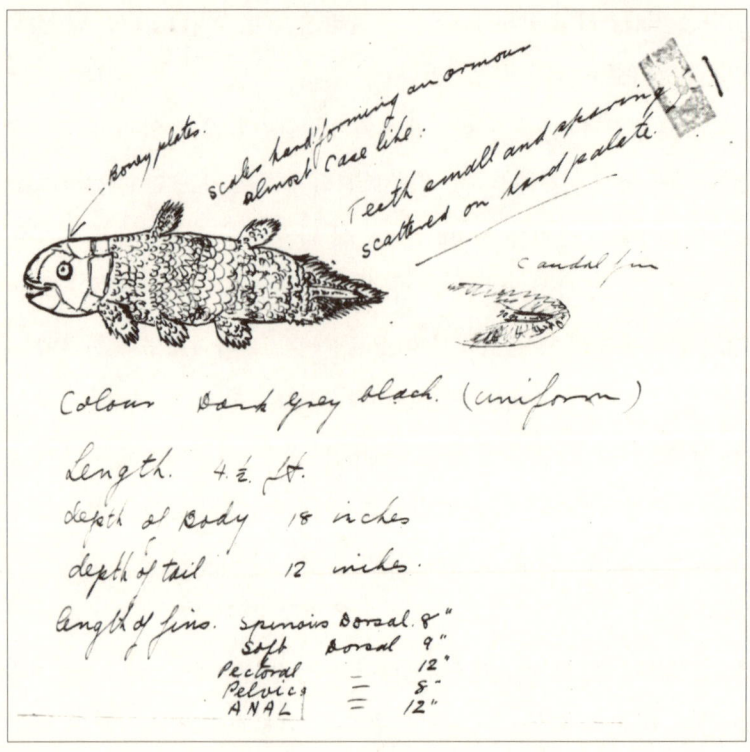

남아프리카 이스트런던의 박물관 큐레이터인 마조리 코트니 라티머는 23살이던 1938년에 지역 어선의 그물에 잡힌 이상하게 생긴 물고기를 보았다. 마조리는 그 물고기를 그림으로 그려서 지금은 유명해진 이 스케치를 저명한 어류학자인 J. L. B 스미스 교수에게 보냈는데, 교수는 그것이 6500만 년이나 된 종인 실러캔스임을 밝혔다(남아프리카 해양 생물 다양성 재단).

세인트루시아 습지 공원에서 한 군락을 발견한 이후로 실러캔스 연구와 보호 일에 참여하게 되었다. 다이버들이 해변에서 3킬로미터쯤 떨어진 협곡에서 실러캔스를 발견하고 필름에 담았을 때에는 해저 91미터도 더 넘는 깊은 곳에 있었다.

"해양 공원과 세계 유적지에서 실러캔스가 발견된 사건은 우리의 잠을 깨운 자명종과 같았습니다." 박사가 말했다. 마치 육지에 공원이 설립되고 시간이 많이 흐른 후에 그곳에서 코끼리가 발견되는 것이나 마찬가지라고 했다. 나는 박사에게 야생 환경에서 실러캔스를 본 적이 있느냐고 물었다. "예, 보았지요." 박사가 말했다. "해저 105미터에서 200미터 깊이에서요. 놀라운 존재입니다. 무척 정적이고, 서로에 대해 참을성이 무척 많으며, 천천히 움직이고 신비롭지요."

해양 지속 가능성 연구 재단은 코모로스와 케냐와 마다가스카르, 모잠비크, 남아프리카와 탄자니아에서 활동하는 아프리카 실러캔스 생태계 프로그램을 개시했다. 9개국에서 온 수백 명의 과학자들과 학생들, 관료들이 이 프로그램에 참여하고 있으며, 고대로부터 살아온 이 놀라운 생존자들의 생태와 분포, 그리고 행동에 대해 차츰 새로운 통찰을 얻어 가고 있다. 그렇지만 아직도 기본적인 질문들 중 다수는 답을 찾지 못하고 있는데, 일생, 번식 행동, 임신 기간, 번식 장소, 부모의 새끼 양육 여부, 새끼들이 어른 무리에 낄 만큼 커지기 전까지 따로 숨어서 지내는지 여부 같은, 애초에 마조리 코트니 라티머와 스미스 교수가 제기한 질문들이 그 예다. 야생에서 어린 실러캔스를 보았다고 보고한 사람은 아직 아무도 없다.

토니가 말했다. "우리 연구가 2002년에 시작되었을 때, 모잠비크

마조리 코트니 라티머가 실러캔스와 함께 있는 역사적인 사진(남아프리카 해양 생물 다양성 재단).

에서 보고된 실러캔스는 겨우 1마리뿐이었고, 그 외에는 케냐에서 1마리, 마다가스카르에서 4마리, 코모로스에서 몇 마리가 다였습니다. 지금은 우리 남아프리카 군락에 적어도 26마리가 있다는 것이 확실해졌습니다."

1979년에는 인도네시아인 어부가 술라웨시 외곽에서 실러캔스 1마리를 발견했다. 이것은 기존과는 다른 종인 라티메리아 메나도인시스(*Latimeria menadoensis*)로 밝혀졌다. 이 종은 다시 2007년에 술라웨시 외곽에서 1마리가 더 산 채로 잡혔고 격리된 수영장에서 17시간 동안 실제로 살아 있었다.

수천만 년 동안 셀 수 없이 닥쳤을 시련을 이겨 내고 본질적으로는 변화하지 않은 채 아직까지 살아 있는 이 화석들은, 애석하게도 이제 멸종 위기에 처한 존재다. 비록 이 물고기들이 무척 맛이 없어서 어부들의 목표물이 되지는 않지만, 우연히 부산물로 잡히는 경우가 있기 때문이다. 생선 수요는 늘고 근해의 어장은 고갈되었기 때문에, 어부들은 어망을 점점 더 깊은 바다로 옮겨 설치하는 과정에서 아프리카와 마다가스카르 주변 실러캔스의 서식지를 침투하고 있다. 탄자니아에서 실러캔스가 부산물로 잡혔다고 처음 보고된 것이 2003년 9월이었고, 그 이래 거의 50마리가 잡혔다. 모두가 죽었다. 이곳은 실러캔스의 죽음이 가장 많이 보고된 곳이다.

다행히도 탄자니아 권위자들은, 해양 지속 가능성 연구 재단의 도움을 받아, 탕가 해변 외곽에 해양 보호 지역 몇 군데를 개발할 계획이다. 어류만이 아니라 해변의 인간 공동체에도 이로운 쪽으로 조업 방식을 바꾸는 지속 가능한 방법을 연구하는 한편으로, 앞바다의 소중한 생태계를 보호하려는 일환인 이 보호지는 반드시 실러캔스만을 위한 것은 아니다. 그렇지만 실러캔스는 정말 중요한 종이기 때문에 이 특별한 선사 시대 물고기가 자기네 바다에 있다는 것을 대중에게 널리 알리기 위한 교육 캠페인이 시작되었다.

"실러캔스는 희귀하고 아름답고 호기심을 끕니다." 토니가 말한다. "이 물고기들은 수많은 문화와 나라들의 사람들을 한데 모이게 했고, 우리와 나머지 생물 세계 사이의 한층 더 조화로운 관계를 생각하도록 만들었습니다. 서인도양의 여러 나라에서 실러캔스는 자연보호의 상징입니다. 말하자면 바다의 판다죠. 그리고 희망의 상징이기도 하고요."

'고귀한' 발견: 울레미소나무 *Wollemia nobilis*

1994년 9월 10일 토요일, 뉴사우스웨일스 국립 공원과 야생 관리국 소속 공무원인 데이비드 노블은 조그만 그룹을 이끌고 시드니 북서쪽으로 160킬로미터 정도 떨어진 오스트레일리아의 블루 마운틴으로 새로운 협곡을 탐사하러 나섰다. 데이비드는 이 아름다운 산의 야생 협곡들을 지난 20년간 탐험해 왔다.

이 9월의 토요일에, 데이비드와 그 팀은 전에 한번도 보지 못한 어두운 협곡을 만났다. 그것은 거의 몇백 미터나 깊이 들어간 숲 속에 있었고, 테두리는 가파른 절벽으로 둘러쳐져 있었다. 일행은 점점 심

2억 년 된 남양삼나무과(Araucariaceae)에 속하는 재발견된 울레미소나무의 싱싱한 가지와 화석화된 가지가 나란히 놓여 있다(J. 플라자 RBG 시드니).

연으로 걸어 들어갔고, 수많은 조그만 광천수 폭포들을 지나쳤다. 얼음장 같은 물속을 헤엄쳤고, 길 없는 숲 속을 행군했다. 그 길에서 잎과 나무껍질이 특이하게 생긴 거목이 데이비드의 눈에 띄었다. 데이비드는 잎 몇 개를 따서 등에 진 가방에 넣고, 집에 와서 약간 뭉개진 표본을 보기 전까지 그 일에 대해서 까맣게 잊어버렸다. 처음에는 그 나무의 정체를 직접 밝혀 보려 했지만 비교할 만한 표본을 전혀 찾을 수가 없었다. 데이비드는 자기가 막 전 세계의 식물학자들을 놀라게 하고 사람들을 매혹시킬 발견의 주인공이 되었다는 사실을 까맣게 몰랐다.

신비를 풀다

데이비드가 뭉개진 잎을 식물학자인 와인 존스에게 보여 주자 와인은 고사리나 관목의 잎이 아니냐고 물었다. "둘 다 아닌데요." 데이비드가 대답했다. "거대한, 아주 높은 나무에서 딴 거예요." 식물학자는 당혹스러워 했다. 그 후로 데이비드는 책들과 인터넷을 뒤져 가며 연구에 힘을 보탰다. 그리고 두 사람은 점차 흥분을 느끼기 시작했다. 몇 주가 지나도록 그 어떤 전문가도 잎의 정체를 밝혀내지 못했고, 두 사람은 더욱 연구에 몰두했다.

마침내, 수많은 식물학자들이 데이비드의 잎들을 두고 심사숙고한 끝에, 그 나무가 수백만 년의 세월을 살아남은 생존자라는 사실을 확인해 주었다. 그 잎들은 바위에 새겨진, 22억 년 된 남양삼나무과에 속한 선사 시대 나뭇잎의 흔적과 들어맞았다.

이 특별한 나무에 대해서 아직 더 많은 것을 알아내야 한다는 것이 분명해져서, 데이비드는 전문가들로 이뤄진 소규모 팀을 꾸려 그 기념비적인 발견이 이루어진 곳을 향했다. 그 원정과 철저한 문헌 연구, 박물관 표본 검사의 결과, 그 나무는 새로운 속으로 확정되어 발견자의 이름을 따 울레미아 노빌리스(Wollemia nobilis)라는 학명이 붙었고, 울레미소나무라고 불리게 되었다. 데이비드와 이야기를 나누던 중에, 나는 데이비드가 그 나무에 걸맞은 위풍당당한 이름을 가졌던 게 나무로서는 큰 행운이었다는 생각이 들었다(데이비드 노블의 noble은 '고귀한'이라는 뜻이다. ─ 옮긴이). 어쩌면 바톰리 씨라는 사람에게 발견되었을 수도 있는 일 아닌가!

야생에서 거의 40미터까지 자라고, 몸통 지름이 90센티미터도 넘는 위풍당당한 침엽수인 이 나무는 실로 고귀한 존재였다. 울레미소나무의 잎은 흔히 보기 힘든 방식으로 몸통에 대롱대롱 매달려 있는데, 봄과 초여름에는 푸른 사과 같은 색의 새순이 나서, 더 전에 난 어두운 녹색 잎과는 생생한 대조를 이룬다.

연구는 계속되었고 이 나무의 꽃가루가 지구 저편에 있는, 오스트레일리아가 아직 곤드와나의 남부 초대륙에 붙어 있던 6500만 년에서 1억 5000만 년 전 사이쯤의 백악기 퇴적층에서 발견된 것과 맞아떨어진다는 사실이 밝혀졌다. 시드니 식물원 재단의 원장인 식물학 교수 캐릭 케임버스는 감탄사를 연발했다. "이는 조그만 공룡이 지구상에 살아 있음을 발견하는 것과 맞먹는 일입니다."

이 모든 것이 소나무 1그루를 위해 이루어진 일이다. 선사 시대부터 존재한 울레미소나무의 씨앗을 채집하기 위해 원예학자가 헬리콥터에서 밧줄을 타고 내려가고 있다(J. 플라자 RBG 시드니).

그들의 비밀 집

이제는 그 협곡의 강우림에 드문드문 서 있는 이 거인들이, 다 합쳐 100개도 안 되는 개체 수로 단일 군락을 이루고 있다는 사실이 알려졌다. 무척 적은 사람들, 겨우 한손에 꼽을 만큼의 과학자들만이 야생에서 자라는 나무들을 직접 보았다. 정확한 위치는 이 고대의 거목을 새로운 질병으로부터 보호하기 위해 엄격하게 비밀로 지켜졌다. 이는 매우 중요한데, 각 나무들은 전례가 없을 정도로 유전적인 다양성이 부족하기 때문이다. 근래에 그곳에 다녀온 식물학자들은 나무의 뿌리를 공격하는 진균류가 그 협곡에 침범했음을 발견했다. 아마 새나 바람을 타고 옮겨진 모양이었다. 귀중한 울레미소나무가 있는 인근 땅에서 그 위험을 제거하기 위해 즉각적인 처치가 실행되었다.

나이테를 조사한 결과 울레미소나무는 산불과 폭풍 같은 가혹한 상황을 다양하게 견뎌 온 것으로 밝혀졌다. 거기다 섭씨 40도에서 영하 12도까지 이르는 기온의 양극단을 버텨 온 듯했다. 자

오스트레일리아 시드니의 아난 산 식물원에 있는 울레미소나무와 데이비드 노블의 사진. 오늘날까지 데이비드는 애초에 이 나무를 발견한 정확한 장소를 비밀로 지키고 있다. 그 장소를 아는 것은 과학자 몇 사람과 원예학자뿐이다(식물원 재단, 시몬 코트렐).

라나는 새순은 얼어붙는 혹한에서는 송진을 뒤집어쓰는데, 울레미가 적어도 17번은 되는 빙하 시대를 견딜 수 있었던 것은 아마도 이 때문인 듯했다! 몸통 껍질에는 흔치 않은 기포 같은 것이 돋아 있는데, 데이브는 "약간 코코 팝스 같아요."라고 말했다.

"한 잎 한 잎이 소중하다"

야생에서 다른 재난이 일어나지 않는 한, 앞으로 울레미소나무의 생존을 확보하려면 번식이 중요하다는 것은 분명한 사실이다. 2005년에 나온 《오스트레일리아 지오그래픽》에는 시드니 식물원 재단의 선임 생태학자인 존 벤슨의 인터뷰가 실렸다. "우리는 진화적인 종말의 지점에 서 있는 한 종을 포착했습니다. 그렇지만 그 종은 멸종으로 떠나 버리지 않을 겁니다. 절대로요. 우리는 거기 개입해서 신 노릇을 했습니다."

지금은 이 소나무들을 번식시키고 상품화하려는 노력이 대대적으로 이루어지고 있는데, 이는 단순히 그 종만이 아니라 이들을 비롯한 다른 멸종 위기 식물들을 지키고 보호하기 위해 기금을 모으려는 것이다. 이 일은 2000년에 시작되어 짐피에 있는 울레미 복합 단지의 닫힌 문 뒤에서 지금도 계속되고 있다. 그리고 린 브래들리는 프로그램이 시작된 이래 줄곧 이곳에서 일하고 있다.

린은 이렇게 말했다. "처음에는 잎 하나하나가 소중했고, 묘목은 값을 따질 수 없을 정도였죠. 하지만 지금은 수백 그루나 있어요." 린은 나무들에 대한 열정을 품고 이 일에 절대적으로 헌신하고 있다. 린은 나무들 중 몇 그루에게 자기만 부르는 애칭을 붙여 주기도 했다. 린과 그 상사인 맬컴 백스터는, 세계에서 유일하게 소나무의 상업적 번식의 비밀을 알고 있는 사람들이고, 둘 다 이 특별한 종을 돕는 일을 할 수 있는 자기들이 행운아라고 느낀다. 우선 무엇보다도, 두 사람은 이 소나무들을 번식시켜 식물학자들과 정원사들, 그리고 전 세계의 수집가들에게 판매함으로써 야생에서 자라고 있는 그 나무들을 보러 협곡으로 직접 찾아가려는 사람들이 줄어들기를 바라고 있다. 그렇지만 과연 그렇게 될지 나로서는 의심스럽다. 최근에 그곳을 방문했을 때 나는 큐 왕립 식물원으로 보내진 나무 2그루 중 1그루를 보았다. 그것은 데이비드 어텐보로 경이 심은 것이었고, 철제 보호 울타리 내에서 눈부시게 잘 자라고 있었다. 그리고 오스트레일리아에서, 나는 아들레이드 동물원 땅에 그 작은 나무의 묘목을 직접 심는 특권을 누렸다.

물론 나는 고대 거인들의 살아 있는 조직을 직접 보고 만져 보았다는 데 기쁨을 느낀다. 그렇지만 그렇다고 해서 수백만 년 동안 비밀을 숨겨 온, 그리고 원래 나무들 자체가 서 있는 어둡고 신비로운 협곡을 방문하고 싶은 열망이 사라지는 것은 아니다. 사실, 맨 처음으로 협곡을 방문한, 운 좋은 몇몇 사람들은 거기서 거의 영적인 경험을 했다고 말했다. 그 나무들이 수백만 년 동안 알아 오고 견뎌 온 것들과는 너무나 다른 현대 세계의 들뜬 열기에 방해를 받지 않고, 부디 오래오래 그곳에 서 있었으면 좋겠다.

6부 희망의 본성

한때 오염되었지만 이제는 정화된 강의 차가운 물속에 생명력으로 요동치는 이 송어를 풀어 놓는 순간은 무척이나 즐거웠다. 캐나다 온타리오 주 서드버리에서(데이비드 비웰).

지구의 상처를 치료하기:
너무 늦은 때란 없다

우리는 이 책 곳곳에서 비록 멸종의 벼랑에서 구조되긴 했지만 야생에 적절한 서식지를 찾지 못해서 아직 위기를 벗어나지 못한 종들의 이야기를 들려드렸다. 열대림과 노령림, 목초지와 습지, 늪지대와 사막, 그 어떤 지형을 막론하고 모두가 무시무시한 속도로 사라지고 있다.

그러니 사람들은 나더러, 도대체 어떻게 미래에 대해 희망을 가질 수 있느냐고 묻는다. 사실 나는 비현실적으로 낙관적이라는 비난을 자주 듣는다. 사람들은 어차피 동물원밖에 아무 데도 살 곳이 없다면 멸종 위기에 처한 생명들을 구하는 게 무슨 의미가 있겠느냐고 묻는다. 그러니, 앞이 아무리 어두워 보여도 내가 동물들과 그들의 세상에 대해 희망을 가질 수밖에 없는 이유를 들려드려야겠다. 인간의 지식과 자연의 회복력이, 헌신적인 개개인의 정력 및 노력과 결합하면 손상된 환경을 되살려 낼 수 있고, 언젠가는 위기에 처한 수많은 종들이 다시 제 집으로 돌아갈 수 있다고 내가 생각하는 이유를 말이다.

내가 희망을 품는 데는 4가지 이유가 있는데, 나는 그 이유에 대해 지금껏 여러 편의 글을 쓰고 이야기를 해 왔지만 사실 그 내용은 단순하다. 어쩌면 순진할지도 모르지만, 내게는 충분히 설득력이 있는 이야기다. 우리의 탁월한 지능, 자연의 탄성력, 스스로 행동하는 깨우친 젊은이들의 정력과 헌신, 그리고 불굴의 인간 정신이다. 인간의 지식과 자연의 탄성력이 헌신적인 개인들의 노력과 결합하면, 짓밟혔던 환경에 다시금 기회를 줄 수 있다. 동물들과 식물 종들을 멸종으로부터 구해 내는 것이 가능했듯이 말이다.

우리는 이미 섬 서식지를 복원하는 과업에 대해 이야기했다. 이제는 시내, 강, 호수를 비롯한 내륙 서식지들을 성공적으로 복원한 프로젝트의 예를 몇 가지 들려드리겠다. 이 노력들 중 일부는 멸종 위기에 처한 야생을 구하기 위해 강도 높게 수행되었다. 정부가 나서서 이런 환경 정화 노력을 먼저 시작하는 경우도 있었고, 자신들과 아이들을 위해 더 나은 환경을 만들어 내기로 마음먹은 시민들이 먼저 시작하는 경우도 있었다. 생태학적으로 끔찍한 재앙을 초래한 한 사업체의 주인이 갑자기 자기가 저지른 잘못들을 바로잡아야겠다고 느꼈는가 하면, 한 아이가 산을 원래대로 돌려놓겠다는 맹세를 하기도 했다. 그리고 그 아이는 자기 꿈을 현실로 이루었다. 이 모든 노력들은 우리 웹사이트에 더 충실하고 생생하게 묘사되어 있다.

케냐 해변: 황무지에서 낙원으로

무척 특별한 프로젝트 하나가, 밤부리 포틀랜드 시멘트 회사가 20년에 걸친 채굴로 만들어 낸 약 2제곱킬로미터의 "황무지"를 바꾸어 놓았다. 1971년에 그 프로젝트를 시작한 사람은 그 상황에 위기의식을 느낀 환경 보호 운동가들이 아니라 바로 위기를 초래한 회사의 주인인 펠릭스 맨들 박사였다. 그리고 기적적인 변화를 실제로 일궈 낸 사람은 그 회사의 뛰어난 원예학자인 르네 핼러였다.

르네가 처음 그 임무를 맡았을 때, 현장은 "마치 달의 분화구를 연상시키는 흉측한 상처가 지표면을 뒤덮고 있는, 뜨거운 적도의 태양에 노출된 채 버려진 황무지" 같은 상태였다고 한다. 그 임무는 전혀 가능할 것 같지 않았다. "심지어 이미 옛날에 채굴이 끝난 지역에서도, 풀 한 포기조차 뿌리를 내리지 못한 광경을 직접 보니 끔찍한 기분이 들었다." 르네는 이렇게 썼다. "뜨거운 먼지 구덩이 황무지에서, 나는 헤아릴 수 없이 수많은 고뇌의 시간을 보낸 끝에, 고사리 몇 개, 어쩌면 6군데쯤 되는 조그만 수풀과 풀 더미가 바위 뒤편을 은신처 삼아 뿌리를 내리려고 분투하고 있는 것을 찾아냈다. 나무를 심기에 적절한 환경이라고는 할 수 없었다."

그렇지만 오늘날 그 지역은 국제 자연 보호 연맹 멸종 위기 종 목록에 올라 있는 30종의 동물과 식물을 포함해서 다양한 생명들이 스스로 번성하고 있는 야생 서식지가 되었다. 그리고 방문객들을 위한 위락 설비는 물론이고, 지역민들의 삶을 개선하고자 노력하는, 환경과 미래를 생각하는 수많은 활동들의 기반이기도 하다. 이곳은 케냐 환경 교육의 중심지가 되었고, 전국 곳곳의 학교들이 이곳을 찾는다.

르네는 프로젝트의 아주 초기부터, 자기가 열심히 답을 구하기만 하면 자연이 스스로 답을 주리라는 굳은 믿음이 있었다. 르네가 한 걸음 한 걸음 자연으로부터 배우면서, 새로운 종을 하나하나 도입할 때마다 세심한 주의를 기울이면서 그 막중한 과업에 맞선 이야기는 도저히 믿기지 않을 만큼 흥미롭고 고무적이다. 르네의 이야기는 인간이 만들어 낸 황무지에 다시 자연 환경을 되살린다는 과업이 그저 가능한 것을 넘어 진정 건강하고 유기적인 방식으로 이루어질 수 있다는 사실을 입증하는 산 증거다.

숲을 산으로 복원한 남자

내가 우리 웹사이트에서 가장 좋아하는 이 이야기는 6살짜리 남자아이의 꿈이 끝내 현실로 이루어진 이야기다. 마법 지팡이를 휘두르는 요정 대모는 나오지 않는다. 다만 자신의 어린 시절의 꿈을 현실로 만들려는 순수한 결의가 있었을 뿐이다.

그 영웅은 폴 로키치다. 폴의 아버지는 유타 주의 오퀴르 산맥 언덕에 있는 커다란 구리 광산에서 일했다. 폴은 6살이었던 1938년에 아버지와 함께 그 산을 올려다보던 날을 기억한다. 산은 검어졌고, 한때 아름다웠던 숲(교과서에서 사진으로 보았던)은 벌목과 대규모 양 방목, 그리고 마침내는 유독성 연기를 내뿜는 용광로 설비 때문에 파괴되고 사라져 버렸다.

폴은 아버지에게 어느 날 이 산으로 올라가서 나무들을 돌려놓겠다고 말했다. 아무리 봐도 가능한 일이 아니었다. 하지만 그로부터 20년 후, 폴은 자기 맹세를 지키는 일에 착수했다. 매일 저녁, 매 주말마다 폴은 여러 양동이 가득 풀씨를 산으로 올려 갔고, 갈 수 있는 한 멀리까지 차를 타고 간 뒤 내려서 걸어갔다. 그리고 씨를 뿌렸다. 그러기를 15년, 폴은 거의 혼자서 자비를 들여 일했다. 이따금은 가족과 친구들이 도와주기도 했다. 폴은 셀 수 없는 후퇴와 실망을 이겨냈고, 절대로 포기하지 않았다.

마침내, 케네콧 사는 자신들의 잘못을 깨닫고 수백만 달러를 들여 산에서 유독성 연기를 내뿜는 용광로 시설을 제거했다. 그리고 경영자들은 마침내 폴을 고용해 뒤늦게나마 복원 프로젝트를 돕는 일을 맡겼다. 오늘날 푸르른 오퀴르 산맥은 폴이 심은 토종 풀과 식물들, 그리고 묘목들이 자란 나무들로 뒤덮여 있다. 동물들도 돌아왔다.

나는 이 산맥 위로 날아가 본 적이 있다. 가서 그 나무들을 내려다보니 경이감이 나를 사로잡았다. 폴은 내게 자기가 처음 심은 바로 그 나무의 잎을 얇은 비닐 막을 씌워 보내 주었다. 나는 그것을 전 세계에 들고 다니는데, 왜냐하면 그것이 절대로 꺾을 수 없는 인간 영혼과, 우리의 도움을 받기만 한다면 얼마든지 다시 살아날 수 있는 자연의 탄성력을 상징하기 때문이다.

온타리오 주 서드버리

1990년대 중반에 처음 서드버리를 방문했을 때, 나는 오랜 세월에 걸친 인간의 파괴로 철저히 짓밟힌 광대한 자연 환경이 시간과 돈과 결단력이 있으면 회복될 수 있음을 말해 주는 특별한 이야기를 들었다. 공동체의 사람들이 한데 뭉쳐 산업으로 인해 망쳐진 땅을 다시 복구한 프로젝트 중에서, 당시로서는 이것이 가장 큰 프로젝트였다. 우리 웹사이트에서는 이 이야기의 전문을 읽을 수 있는데, 나는 이 이야기를 아무리 거듭해도 질리지 않고 매번 감동을 느낀다.

무책임한 벌목과 산업으로 인한 오염은 서드버리를 점차적으로 달 표면과 비슷한 풍경으로 만들었다. 그리고 시민들은 결국 그것을 바로잡기로 결심했다. 그 몇 년 후에 더 많은 것을 알아내려고 다시 방문했을 때, 내 귀에 들려온 것은 너무나 고무적인 이야기였다. 나는 어린 나무들이 눈부신 봄기운을 내뿜고 온갖 곳에 꽃이 피고 지저귀는 새소리가 공기를 가득 채우는 화려한 풍경을 거닐 수 있었다. 별로 멀지도 않은 과거에 이곳이 온통 생명 없는 황무지였다는 사실을 믿기가 어려울 지경이었다. 하지만 아직 과거 상태 그대로 남아 있는 곳이 1군데 있었는데, 그 검게 변한 바위는 우리 인간이 환경에 미칠 수 있는 피해를 불현듯 떠올리게 했다.

원래의 숲은 아직 돌아오지 않았고, 앞으로도 돌아오지 못할 것이다. 하지만 풍경은 아름다움을 되찾았으며, 적지 않은 야생의 환경이 되살아났다. 그리고 검게 변한 과거의 바위들로부터 눈길을 돌렸을 때, 나는 쏜살같이 날아가는 매를 언뜻 보았다. 50년도 더 전에 이곳을 떠났다가 마침내 돌아온 것이다. 마치 자연이 내게 세상에 들려줄 희망의 메시지를 보내 주는 것 같았다. 매 둥지 3개가 있는 곳 근처에는 매의 깃털 하나가 떨어져 있었다. 나는 우리가 지구 별에 끼친 상처를 치료하기 위해 할 수 있는 모든 일의 상징으로 이 깃털을 주워 들었다.

서드버리를 떠나기 전에, 나는 최근까지도 탁하고 중독되어 생명이 살 수 없었지만 이제는 맑아진 시냇물에 민물송어를 놓아 주는 기뽐을 누렸다.

물은 생명이다

시내와 강과 호수, 대양의 오염은 농업과 산업과 가정에서 나온 폐기물과 골프장과 정원의 화학 물질을 비롯한 해로운 물질들이 일으킨 충격적인 결과물 중 하나이다. 왜냐하면 이 독성 물질의 대다수는 물에 씻겨 가기 때문이다. 심지어 지금은 커다란 저수지 곳곳이 오염되어 있을 정도다. 이 화학적인 오염으로 인해 많은 멸종 위기 종들의 서식지가 파괴되고 말았다. 그렇지만 희망의 신호가 존재한다. 수로들은 느리게나마 회복되고 있다.

나는 런던의 템스 강이 더 이상 가망이 없어 보였던 시절을 기억한다. 당시 런던을 흐르던 템스 강은 생명이 살 수 없는 오염된 구정물처럼 보였다. 그리고 워싱턴 DC를 흐르는 포토맥 강은 50년 전만 해도 마치 하수구 같은 냄새를 풍겼다. 그 외에도 수많은 주요 수로들이 오늘날 중국의 수로들과 거의 다르지 않은 상태였다. 미국에서 이리 호수는 한때 화재 위험 구역으로 선포되었고, 쿠야호가 강에는 실제로 불이 나서 적어도 이틀 내내 불꽃이 타올랐을 정도다! 물론 대다수 동식물군은 그런 오염된 물속에서 사라져 버렸다.

그렇지만 오늘날 이 강들과 호수들은 엄청난 비용을 들인 덕분에 다시 정화되었고, 동식물 대부분이 되돌아왔다. 예를 들어 2년 전에는 포토맥 강에서 농어 낚시가 다시 시작되었는데, 이것은 물이 훨씬 깨끗해졌음을 알려 주는 명확한 지표이다. 또한 적어도 이리 호수의 일부에서는 물고기들이 다수 살고 있다. 그리고 템스 강에도 물고기들이 돌아왔고, 물새들이 다시금 알을 낳고 있다.

여기서 나는 요즈음 눈에 띄는 수질 정화 계획 몇 가지를 이야기하고 싶은데, 그들 중 다수는 멸종 위기 종 목록에 오른 물고기들을 보호한다는 목적으로 실행되었다.

한 물고기와 허드슨 강의 정화

지금으로부터 30년 전에, 허드슨 강과 주변 수로는 너무나 오염되어 거기 살던 짧은코철갑상어의 군락은 멸종 위기 종 목록에 오른 최초(1972년)의 어류 종이 되었다. 이로 인해 강을 정화하자는 거대한 노력이 시작되었다. 지난 15년간, 허드슨 강(세계에서 가장 바쁜 도시 옆에 있는)에서 이 물고기들의 군락은 400퍼센트 이상 증가했다. 맨해튼은 지구상에서 가장 번잡한 도심 지역인 만큼, 허드슨 강을 정화한다는 것은 자연 보호 성공담의 중요한 사례가 되었다. 사실, 이 강의 환경은 대단히 개선되어, 심지어 빈민가에 굴 암초와 해안선 습지를 도입하자는 계획이 있을 정도다!

은연어의 놀라운 귀환

1940년대에 캘리포니아 강에 흘러넘치던 은연어의 수는 대략 주 전역에 걸쳐 20만에서 50만 마리로 추산되었다. 그리고 비교적 최근인 1970년대에 캘리포니아 은연어 낚시 수입은 여전히 연 7000만 달러를 넘는다고 집계되었다. 그렇지만 1994년 이래 상업적인 은연어 조업은 완전히 금지되었고, 은연어는 캘리포니아만이 아니라 전국적으로 멸종 위기 종으로 등재되었다. 은연어의 수가 극적으로 감소하는 바람에, 자연 보호 운동가들이 서로 연합하여(토지 소유주들과 산업체들까지 포함한) 무책임한 벌목으로 인한 침전물로 막혀 버린 가르시아 습지의 상태를 감시하고 복원하려는 노력을 시작했기 때문이다.

나는 《샌프란시스코 크로니클》에 좋은 소식을 알리는 기사가 실렸을 때 우연히 그곳에 있었다. 국제 자연 보호 협회 소속 과학자인 제니퍼 캐러와 북해안 지역 수질 관리 위원회 소속 조너선 바머댐은 가르시아 강의 수원에서 스노클링을 하다가 새끼 은연어를 보았다.

나는 제니퍼에게 전화를 걸었고, 제니퍼는 그 후로 강 저수지에 있는 12곳의 유역 중 5군데에서 어린 은연어를 보았다고 말했다. 1990년대 이래 은연어들이 거의 모습을 감춘 곳들이었다. 짜릿한 시기였다. 제니퍼는 새끼 은연어를 찾아냈을 때, "너무 크게 소리를 질러서, 둘 다 물속이었는데도 조너선이 제 목소리를 들었을 정도였어요!"라고 말했다.

대단한 이야기들은 이뿐만이 아니다. 네바다 주에서 조그만 치어 크기의 물고기를 구하기 위해 호수가의 리조트를 밀어 버리거나, 타이완에서 오염된 강물을 정화할 수 있도록 습지 1곳에 주의 깊게 선정한 식물군을 구축한 것 등이 그런 예들이다. 이들과 더 많은 이야기들의 자세한 내용은 우리 웹사이트에서 찾아볼 수 있다.

다행히도 이제 사람들은 전 지구적 물 부족 현상을 인식하고 있고, 이 책의 많은 이야기들은 농업과 산업, 가정용품으로 인한 무분별한 물 낭비, 강과 호수의 오염, 습지의 배수 등등에 맞서 싸운 사람들의 노력을 담고 있다.

오늘날 우리는 기름 때문에 전쟁을 벌이고 있지만, 이스마일 세레겔딘(당시 세계 은행에 있었던)은 지난 해 말에 이렇게 말했다. "다음 세기의 전쟁은 물을 두고 벌어질 것이다." 오늘날 주된 생활 방식을 바꾸기만 한다면 대다수 사람들은 석유 없이 살 수도 있다. 하지만 물 없이는 절대로 살 수 없다.

희망의 중국

내가 우리가 만든 환경적인 아수라장을 해결할 길을 찾아낼 희망이 있다고 말할 때마다 거의 매번, 중국에서 일어나고 있는 일들을 지적하는 사람들이 있다. 그 사람들은 그 거대한 나라, 전 세계 인구의 5분의 1을 차지하는 나라가 얼마나 환경에 극심한 파괴를 가하고 있는지를 도대체 알기나 하느냐고 묻는다. 전 세계에 가하고 있는 위협도 말이다. 사실 나도 알고 있다. 나는 1998년 이래 매년 1차례씩 중국을 방문하고 있고, 내 두 눈으로 그 어지러운 개발의 속도를, 아침에 눈

뜨면 새로 나 있는 무수한 길과 건물, 심지어 도시들을 보았다. 그리고 나는 이 급속한 경제적 발전이 환경에 막대한 대가를 지웠음을 충분히 잘 알고 있다. 그것은 인간에게도 엄청난 불행을 초래한 경우가 적지 않았다.

중국이 1980년대 초기를 맞았을 때, 중국 사람들은 해외 시장을 위해 공산품을 생산하는 일자리를 얻었고, 지방의 빈민들이 신생 도시로 밀려들면서 역사상 유례없는 대규모 이주가 시작되었다. 어른, 아이 할 것 없이 서구에서 만들어지는 공산품과 비교해 가격을 대폭 낮출 수 있도록 저임금으로 착취당했다. 하지만 결국에는 자기들이 혜택을 받을 수 있는 새로운 경제가 만들어지리라고 믿었거나, 그러기를 바라는 마음으로 감내했다.

그러는 한편, 환경은 엄청나게 파괴되었다. 중국의 주요 강들 중 3분의 2는 식수나 농업용으로 이용될 수 없을 정도로 오염되었다. 물의 생태계는 파괴되었다. 양쯔강돌고래는 멸종했다. 나라 전역의 서식지들이 심각하게 파괴되었다. 그리고 중국은 자기네 환경을 가차없이 망가뜨리고 나자 이제는 자신의 경제 성장을 유지해 줄 목재와 광물 같은 원료들을 얻는 데 혈안이 되어 다른 나라들의 천연 자원들을 들쑤시고 있다. 특히 아프리카에서는 많은 정치가들이 자기 아이들의 미래를 급전 몇 푼에 전혀 거리낌 없이 팔아넘기는 형편이다.

그러니 중국 국민들 다수를 포함한 그토록 많은 사람들이 중국의 환경에 대해 두 손을 들어 버린 것은 놀라운 일도 아니다. 그렇지만 중국이 그저 많은 다른 나라들이 해 왔고 종종 지금까지도 하고 있는 일을 하고 있을 뿐이라는 사실을 잊어서는 안 된다. 다만 중국의 엄청난 인구수와, 매우 최근까지 정부가 잘못된 점을 인정하기를 거부하고 있다는 사실 때문에 그 영향이 더 심각할 따름이다.

하지만 좋은 소식이 있으니, 중국 사람들이 이제 환경을 개선하고 야생 보호 구역을 지정해야 할 필요성을 스스로 이야기하기 시작했다는 것이다(이 책의 자이언트판다, 따오기, 사불상에 대한 부분을 보시라.). 우리 웹사이트에 강조된 다른 이야기를 보면 심각한 멸종 위기에 처한 양쯔 강악어를 구하기 위해 습지 지역들을 보전하는 것을 목표로 어떤 일들이 이루어졌는지를 알 수 있다. 거기다, JGI의 청소년 프로그램인 루츠 앤 슈츠는, 모든 연령대의 젊은이들을 한데 모아 자기네 동네만이 아니라 야생의 환경을 개선하기 위한 활동에 참여하게 해 주는데, 이들은 베이징, 상하이, 청두, 난창에 모두 합쳐 약 600개의 지부를 두고 중국 전역에서 활동하고 있다.

그리고 황토 고원 이야기를 들으면 더욱 희망을 갖게 된다. 황토 고원은 중국 북서부에 있는, 대략 프랑스에 맞먹는 면적의 지역이다. 이곳은 오랜 세월 동안 악화 일로를 걸어온 가난과 환경 파괴의 악순환에 갇혀 살던, 대략 9000만 인구의 고향이다. 수년 동안, 황토 고원은 지구상에서 가장 환경이 악화된 곳으로 간주되었다.

이 황량한 지역을 사람과 적어도 몇몇 동물들이 번창할 수 있는 환경으로 바꾸어 놓은 거의 기적적인 복원 작업은 내 친구 존 리우가 만든 용기를 주는 영화 「지구의 희망(Earth's Hope)」에 기록되어 있다. 그것은 강력한 정부가 행동을 취하기로 결심하고 세계 은행의 뒷받침을 받으면 어떤 일이 일어날 수 있는지를 생생하게 보여 준다.

이미 번성하고 있는 지역 공동체들을 보면 확실히 거기에 들인 수억 달러는 현명한 투자였다. 한때는 절망감이 그곳 사람들의 공통된 정서였지만, 지금은 그 자리에 조심스러운 낙관주의가 자리 잡고 있다. 젊은이들은 이제 교육과 미래를 기대하고 있다.

그리고 야생에도 희망이 있다. 처음부터 인간 사용을 위한 토지와, 예를 들어 강 유역, 토양 안정화, 탄소 제거, 그리고 생물학적 다양성을 보호하기 위해 보존해야 할 가장 가치 있는 토지를 확실히 구분해야 한다는 결정이 내려졌다. 그리고 이 "생태적인 땅"은 지역 멸종 위기 종에게 피난처를 제공하여, 임박한 멸종의 위기로부터 많은 동물들을 구해 줄 수 있을 것이다.

곰비에서 얻은 교훈

황토 고원의 환경이 그토록 파괴된 것은 사람들이 가난과 절망으로 더 깊숙이 가라앉았기 때문이었다. 나는 전 세계의 개발 도상국을 여행하던 중에, 시골의 가난(종종 인구 과밀과 나란히 가는)이 거의 예외 없이 환경에 커다란 해를 초래하는 것을 몇 번이고 보아 왔다. 그렇지만 내가 장기적으로 보아 곰비 침팬지와 그 숲을 구하려면 지역민들의 도움이 반드시 필요하다는 사실을 불현듯 깨달은 것은 탄자니아에서였다. 그리고 그 사람들이 절박한 가난 속에서 살아남으려고 투쟁하는 한 그런 지지를 감히 기대할 수 없다는 것도 그곳에서 알았다.

1960년에 침팬지 연구를 시작하려고 곰비 국립 공원에 도착했을 때, 탕가니카 호수와 내륙을 따라 수 킬로미터에 걸쳐 뻗어 있는 울창한 숲은 그 너머가 보이지 않을 지경이었다. 하지만 해마다 늘어난 지역민들과 난민들은 땔감과 건축용으로 나무를 점점 더 많이 베어 넘어뜨렸다. 1990년대 초에 이르면 공원 밖의 나무는 거의 전부 사라져 버렸고, 토양은 대부분 생산력을 잃었다. 여자들은 땔감을 찾아 마을로부터 점점 더 멀리까지 걸어가야 했고, 그렇지 않아도 고된 하루하루의 노동량은 더욱 가중되었다.

곡식을 심을 새로운 땅을 찾으면서 사람들은 더 가파르고 더 농경에 부적합한 언덕으로 향했다. 나무들이 사라지자 더 많은 흙들이 우기에 쓸려가 버려 토양 붕괴는 더 심각해지고 산사태도 더 잦아졌다.

1970년대 후반에 이르면 침팬지들은 대개 약 77제곱킬로미터밖에 안 되는 좁은 국립 공원 안에 갇혀 버렸다. 집단들 간에 암컷을 교환할 수 없게 되자 근친번식을 막을 수 없게 되었고, 나중에는 겨우 100마리 개체만이 남겨진 곰비 군락의 장기적인 전망은 매우 암울했다. 하지만 공원 바깥 사람들이 자기들이 들어가지 못하도록 금지된 울창한 숲을 그토록 절박하게 갈망하는 상황에서, 어떻게 침팬지들을 구하자는 이야기를 꺼낼 수 있겠는가?

선량한 의지를 구축하기

확실히 마을 사람들의 선한 의지와 협조를 이끌어 낼 필요가 있었다. 1994년에 JGI는 극도로 궁핍한 마을 사람들의 삶을 향상시킬 목적으로 고안된 TACARE(탕가니카 호수 저수지 재식림과 교육) 프로젝트를 개시했다. 프로젝트 관리자인 조지 스트룬덴은 사람들의 문제를 논의하고자 곰비와 가장 가까운 마을 12곳을 일일이 찾아가 재능 있고 헌신적인 탄자니아 현지 주민들을 모아 팀을 꾸렸다. 그리하여 TACARE가 어떻게 하면 가장 큰 도움을 줄 수 있을지를 함께 고민했다.

당연하다면 당연하게도, 목록에서 최우선 주제로 오른 것은 자연 보호에 관련된 것들이 아니었다. 주된 관심사는 보건과 깨끗한 물 확보, 식량 증산과 아이들 교육이었다. 그리하여 우리는 지역의 보건 관리국과 협력하여 위생과 에이즈에 관한 기본적인 정보를 포함해서 마을의 기초적인 보건 수준을 향상시켰다. 우리는 수목원을 세우고 고갈된 땅에 생기를 복구할 방법을, 생명력이 떨어진 토양에 가장 걸맞은 농업 기술을 연구했다. 우리의 어린이 교육 프로그램인 루츠 앤 슈츠는 결국 모든 마을에 도입되었다. 그리고 TACARE가 점점 더 성공을 거두면서, 우리는 여성들이 자영업을 시작할 수 있도록 아주 적은 융자를 내 주는(융자금은 거의 늘 상환되었다.) 마이크로금융 프로그램을 시작할 수 있었다. 사업은 환경 친화적이고 지속 가능한 것이어야 했다.

여성의 중요성

전 세계적으로 여성 교육 수준이 향상되면 인구 규모가 줄어드는 경향이 있다는 사실이 밝혀진 바 있는데, 결국 TACARE가 해결하고자 하는, 그 지역을 그처럼 암울한 상황으로 이끈 가장 기본적인 요소가 바로 인구 성장이었다. 가족 수를 더 줄여야 한다는 이야기는 쏙 빼먹고 식량 증산과 더 많은 아기들의 목숨을 구할 방법만 소개하는 것은 무책임할 수도 있었다. 각 마을에서는 TACARE에서 훈련받은 남녀 양측의 자원봉사자들이 가족계획에 대한 상담을 제공했고 호응을 얻었다.

여성은 가족계획에 대한 정보를 손에 넣으면 아이들을 위한 보건과 위생 수준을 유지할 수 있을뿐더러 현실적으로 자기 가족을 계획할 수 있다. 거기다 교육까지 받았다면 상황은 더욱 나아질 것이다. 그래서 우리는 여자아이들을 위한 장학 프로그램을 시작했다. 왜냐하면 가난한 집안은 여자아이를 배제하고 남자아이들만 교육시키는 일이 흔했는데, 여자아이들은 의무 교육인 초등학교 1년만 마치면 집안일을 도와야 했기 때문이다. 지금은 그런 여자아이들 중에 대학까지 다니는 아이들도 있다.

복원과 보호

나는 얼마 전에 삼림 감시원인 아리스테데스 카슐라와 같이 한 마을을 찾아갔다. 한 여성이 자기가 개발한 요리용 화덕을 선보였는데, 그것을 사용하면 땔감 사용량을 확 줄일 수 있었다. 여성들은 모두 성장이 빠른 나무로 이루어진 마을의 식림지에서 땔감을 구해 왔지만, 이제는 한때 헐벗었던 언덕배기에서 자란 나무 밑동에 도끼질을 할 필요가 없다. 그리고 자연의 재생력은 실로 대단해서, 거의 죽은 것

위 - 마을 여성들은 TACARE 프로그램 덕분에 소액 융자를 내어, 묘목원을 차리는 것 같은 환경 친화적이고 지속 가능한 자영업을 시작할 수 있다(JGI / 조지 스트룬덴).

아래 - 에마뉴엘 음티티가 곰비 국립 공원 외곽의 재생 중인 숲을 내게 처음으로 보여 주고 있다. 울창한 회랑 지대는 침팬지들이 공원을 떠나 다른 침팬지 무리와 교류하도록 해 줄 것이다(리처드 코부르크).

같았던 밑동에서도 새 나무가 자라날 수 있다. 그리고 5년이면 6미터에서 9미터까지 자랄 것이다. 카슐라는 나무로 뒤덮인 언덕을 가리켰다. "저 곳은 우리 TACARE에서 키운 숲 중 1곳일 뿐이에요." 카슐라가 말했다. "9년 전에는 거의 민둥산이었지요."

마을 사람들이 우리를 맞으려고 나무 밑에 모여들었는데, 그중에는 장학금을 받고 있는 수줍은 여자아이 2명도 있었다. 딱 붙는 빨간 줄무늬 셔츠를 입은 10살짜리 루츠 앤 슈츠 대장은 자기 모임이 심고 있는 나무들 이야기를 자랑스레 들려주었다. 나는 내가 전 세계를 돌아다닐 때 TACARE 마을 사람들을 어떻게 소개하는지를 이야기했다. 나는 이렇게 말했다. "그리고 우리는 반드시 침팬지들에게 고마워하는 것을 잊지 말아야 해요. 제가 탄자니아로 온 것은 침팬지 때문이었으니까요. 덕분에 우리는 보시는 것처럼 변할 수 있었던 거예요!" 나는 침팬지의 울음소리로 연설을 끝냈고, 마을 사람들도 함께 외쳤다.

TACARE는 곰비 주변의 24개 마을에 사는 사람들의 삶을 크게 향상시켰고, 이전에는 생각조차 못했을 수준의 협력을 이끌어 냈다. 그리고 오늘날, 에마뉴엘 음티티의 지도 아래 우리는 숲을 복원할 목적으로 우리가 대곰비 생태계라고 부르는 가장 크고 쇠락한 지역에 있는 다른 수많은 마을들에도 손을 뻗고 있다. 가장 최근에는 정부 지원도 얻어서 남쪽의 무척 크고 비교적 인구가 뜸한 지역에도 TACARE 프로그램을 도입하고 있다. 숲이 베어지기 전에 그 숲들을 보호해서 그 결과 탄자니아의 남아 있는 침팬지들 다수를 구하고 싶은 것이 우리의 희망이다.

침팬지들과 숲 회랑 지대, 그리고 커피

곰비 주변에 있는 높은 언덕을 경작하는 농부들은 탄자니아에서 가장 좋은 품종에 속하는 커피를 재배하지만, 도로가 없고 운송이 힘들기 때문에 더 품질이 좋은 자기들의 콩을 더 낮은 고도에서 자란 콩들과 한데 뒤섞어 버린다. 그린마운틴 커피 회사는 이 농부들에게 제대로 된 값을 쳐 줄 방법을 궁리하던 우리와 처음 손을 잡은 회사다. 이제 미국과 유럽 시장에는 독자적인 브랜드가 몇 종 나와서 농부들과 커피 맛을 음미할 줄 아는 사람들에게 기쁨을 주고 있다.

이렇게 구축된 선의는 침팬지들에게도 도움을 주고 있다. 모든 마을은 정부와 협의하에 자기들 땅의 일부를 토지 관리 계획에 내놓게 되어 있는데, 그 땅은 숲의 보호나 복원에 이용될 것이다. 이제 수많은 마을들이 숲을 복원하기 위해 소유 토지의 최대 20퍼센트를 배정하고 있다. 또한 놀라울 정도로 유능한, JGI 소속 GPS 기술과 위성 사진 전문가인 릴리언 핀테아는 보호 구역들이 회랑 지대를 형성해서 침팬지들이 더 이상 공원에 갇혀 있지 않고 자유롭게 활보할 수 있도록 힘을 보태고 있다.

2009년 초에, 나는 에마뉴엘 음티티와 함께 곰비 뒤편의 가파른 언덕들이 내려다보이는 높은 산등성이에 서 있었다. 이 언덕은 몇 년 전만 해도 헐벗은 상태였고, 어떻게든 곡식을 키우려는 사람들의 절박한 노력 때문에 침식되었다. 하지만 이제는 나무들이, 수백 그루도 넘는 나무들이 보인다. 높이가 6미터를 넘는 나무도 많다. 재생된 숲은 북쪽으로는 부룬디 국경을, 남쪽으로는 키고마 마을을 향해 시야를 벗어난 저 멀리까지 뻗어 있었다. 이 숲은 내가 TACARE 프로그램을 시작한 이래 줄곧 꿈꿔 왔던 무성한 회랑 지대의 맨 처음 부분이었다. 또 곰비 침팬지의 장기적 생존을 위한 마지막 기회이기도 했다.

식물 세계의 보호자들

대다수 사람들은 멸종 위기 종 이야기가 나오면 자이언트판다, 호랑이, 마운틴고릴라 같은 동물 왕국의 유력한 일원들을 떠올리지, 그 범주 안에 있는 나무와 식물들은 좀처럼 떠올리지 못한다. 이들 역시 많은 경우에 우리가 멸종의 위기로 몰아넣은, 그리고 살아남으려면 우리의 도움이 절실히 필요한 생명들인데도 말이다.

지구의 상처를 치유한 사람들의 이야기를 들으면, 인간의 결단력과 과학적 지식과 자연의 재생력이 한데 뭉치면 아무리 심각하게 침해된 서식지라도 복원할 수 있다는 사실을 알 수 있다. 그리고 우리는 매번 그 과정을 시작하는 것이 식물임을 깨닫게 된다. 식물들은 알 수 없는 힘으로 우리가 헐벗게 만든 바위산에, 공해로 오염된 토지와 수원에 뿌리를 내린다. 그리고 서서히 토양을 구축하고 물을 정화하여 다른 생명들이 따라올 수 있도록 길을 닦는다.

식물이 없다면 동물들(우리 인간을 비롯해서)은 살아남을 수 없다. 초식 동물들은 식물을 먹고, 육식 동물은 식물을 먹는 생물들을 먹는다. 좀 더 엄밀하게 말하자면, 육식 동물은 식물을 먹은 동물을 먹은 동물을 먹기도 한다.

그렇지만 독특한 식물 종들을 멸종으로부터 구하고 서식지를 복원하려고 투쟁하는 식물학자들과 원예학자들의 업적은 대개 거의 주목을 받지 못한다. 이 일을 생각하면 할수록 나는 우리 지구를 밝혀 주는 식생계의 풍부한 다양성과 순수한 아름다움을 보존하기 위해 지금껏 행해지고 있는, 때로는 특별한 작업들을 인식하는 일이 얼마나 중요한지가 더욱 절실하게 느껴진다. 멸종 위기 종의 표본을 수집하기 위해 머나먼 여행을 떠나는 현장 식물학자들과, 말을 듣지 않는 씨앗들을 발아시키려고 분투하는 재능 있는 원예학자들, 그리고 식물 표본실에서, 종자 은행에서, 전 세계의 너무나 많은 곳에 설립된 수많은 식물 보호소들에서 일하는 사람들의 기술과 인내가 인정을 받았으면 좋겠다.

이 과학자들 중 다수는 자기들의 이야기나 아니면 다른 이들의 작업에 대한 이야기를 내게 아낌없이 들려주었다. 비록 이 책에서 모든 식물 왕국의 수호자들에게 경의를 표할 수 없는 것은 유감이지만, 우리 웹사이트에서는 그들의 눈부시고 매혹적인 업적에 관한 이야기를 얼마든지 찾아볼 수 있다.

우리의 식물 세계 관리인들은 정말 헌신적인 사람들이다. 이 사람들은 희귀종을 찾아 먼 곳으로 떠나고, 씨앗을 모으고, 가장 접근하기 힘들고 가장 적대적인 영토를 은신처로 삼고 있는 멸종 위기 종 식물을 손으로 수정시키려고 밧줄에 몸을 맡기기도 한다. 오랜 세월에 걸쳐 그 사람들은 사라져 가는, 적어도 야생에서는 사라져 가는 몇몇 식물들을 포획 상태에서 번식시킬 방법을 찾으려고 애써 왔다. 나는 이 영웅들 중 몇 사람을 만나 보았는데, 예를 들어 폴 스캐넬과 앤드루 프리처드는 오스트레일리아에서 멸종 위기에 처한 난들을 보호하고 복원하기 위해 오랫동안 지칠 줄 모르고 노력해왔고, 로베르 로비쇼는 눈부신 은검초를 비롯한 하와이 식물들을 구하는 데 평생을 바쳤다.

큐 왕립 식물원을 방문했을 때, 나는 그곳에 수집되어 있는 식물들에 관한 매혹적인 이야기를 많이 들었다. 카를로스 막달레나는 꽃을 피우는 키 작은 관목인 카페마롱이, 마지막으로 목격되었다고 기록된 지 100년쯤 뒤에 로드리게스 섬(모리셔스 외곽에 있는)의 한 초등학생에게 다시 발견되었다는 이야기를 들려주었다. 이 짜릿한 사건에, 사람들은 다른 개체들을 발견할 수 있을지 모른다는 희망을 품고 그 지역에 대한 세심한 탐사를 실시했다. 그렇지만 살아남은 것은 아무래도 오로지 그 1개체뿐인 모양이었다. 카를로스는 그것을 보호하느라 겪은 악몽을 들려주었다.

"건강 상태가 형편없는 데다 해충에게 2번이나 습격을 받았지요." 카를로스가 말했다. "그 속에서 하나밖에 없는 종의 마지막 남은 표본인데 말이에요. 씨도 뿌리지 않더군요. 키우는 방법에 대한 정보도 전혀 없을뿐더러, 비교할 만한 비슷한 종이 살아 있지도 않았어요. 침투 식물 종 몇 가지가 그 옆에서 자라고 있었지요. 공공 도로에서 채 몇 미터도 떨어져 있지 않은 곳이었어요. 사유지에, 식물원이라고는 전혀 없는 외딴 섬에요. 그리고 종종 사이클론의 습격까지 받는 곳이었고요!"

카를로스는 민간 요법에 쓰려고 나뭇가지를 꺾어 가려는 지역민들로부터 나무를 보호하기 위해, 유일하게 살아남은 그 관목 둘레에 울타리를 세웠다. "가끔씩은 사람들이 그 안으로 뛰어넘어서 그 관목을 거의 밑동까지 바싹 베어 가기도 했어요……."

결국, 관료들과 2년을 싸운 끝에, 카를로스는 그 병든 생존자로부터 잘라 낸 가지 3개를 큐 식물원으로 가져올 수 있었다. 그리고 그중 하나만이 성장했다. 카를로스가 17년간 카페마롱이 유정 씨앗을 생산하도록 만들려고 애쓴 이야기는 내가 가장 좋아하는 식물 이야기로 손꼽힌다.

나는 카를로스에게 카페마롱처럼 극히 희귀한 종의 직접 관리자 역할을 하는 심정이 어떠냐고 물었다. "책임감이 꽤 무겁죠." 카를로스가 말했다. "그게 제 온실에서 죽기라도 하면 그 종 전체가 사라져 버릴 거라고, 틀림없이 그럴 거라는 생각이 들 때는 말이에요. 죽을 만큼 겁을 먹은 적이 한두 번이 아니었어요. 여름의 열파 속에 금요일에 퇴근을 하면서 이런 생각을 한 적도 있었죠. 과연 월요일까지 살아 있을까?

큐 왕립 식물원의 노련하고 열정적인 원예학자인 카를로스 막달레나가, 자기가 멸종으로부터 구해 낸 카페마롱과 함께(카를로스 막달레나).

당직자가 물을 알맞게 주는 걸 잊지나 않을까? 물을 너무 많이 줬나? 아님 너무 적게 줬나? 익숙해져야 하는 부분이지만, 도무지 익숙해지지가 않아요!"

나는 또 코키아 쿠케이(Kokia cookei) 이야기도 들었는데, 그 식물은 1860년에 하와이에서 처음 발견되었고, 그 후로 118년 동안 3차례나 멸종되었다고 선포되었다. 그리고 그때마다 그 수년 후에 재발견되었다가 다시 사라졌다. 이 일이 마지막으로 되풀이된 것은 1970년이었는데, 그때는 유일하게 남은 나무가 화재로 소실되고 말았다. 그렇지만 검게 탄 가지 하나가 유정 씨앗 몇 개를 내놓았다. 그리하여 코키아 쿠케이는 명맥을 유지했다.

카를로스는 말 그대로 잿더미에서 다시 일어난 아름다운 꽃피는 관목(Cylindrocline lorencei)을 보여 주었다. 그 이야기는 자연의 재생력과 원예학자의 천재성(이번에는 프랑스에서)을 동시에 보여 준다. 마지막으로 살아 있던 나무가 죽기 14년 전에 미리 씨앗을 받아 두었건만, 씨앗은 불행히 하나도 발아하지 않았다. 그렇지만, 과학자들은 그 씨앗들 중 겨우 2개에서 살아 있는 세포 몇 개를 뽑아냈다. 그리고 그 모든 난관을 이겨 내고, 그 세포로부터 새로운 나무를 키워 냈다.

끝으로, 우리 웹사이트에서는 진정 헌신적인 현장 식물학자인 레이드 모란의 이야기를 볼 수 있다. 레이드는 수십 년간 바하칼리포르니아와 멕시코 퍼시픽 섬의 식물 탐사 현장에서 말하자면 살아 있는 전설 같은 인물이었다. 레이드는 1996년에 『과달루페 섬 식물계(The Flora of Guadalupe Island)』라는 책을 썼는데, 그 책은 그 섬의 어마어마한 식물 자원을 그려 내는 한편, 염소를 비롯한 외래종이 초래하는 심각한 파괴에 대한 절망적인 분석을 담고 있기도 하다. "독특한 식물계를 갖춘 그 섬은 멕시코의 보물이고, 시급한 보호가 필요합니다." 레이드는 말했다. "그 섬은 또 제가 아는 가장 아름다운 섬이기도 합니다……."

레이드는 이미 은퇴했지만, 레이드의 친구이자 샌디에이고의 캘리포니아 생물 다양성 연구소의 감독인 에제키엘 에즈쿠라는 친구의 위업을 칭송해 마지않았다. 에제키엘의 마음속에는 한 가지 질문이 맴돌았다. 경이로울 정도의 생물학적 풍부함을 갖춘 이 무너져 가는 낙원의 일부를 아직 구할 가능성이 있을까? 그곳을 다녀온 원정대는 전체적인 상황이 심각하고, 그 섬의 독특한 종들 중 다수가 확실히 사라졌으며, 나머지도 멸종 위기에 처해 있는 듯하다는 보고를 내놓았다. 뭔가 시급한 조치가 이루어지지 않으면 섬은 "실낙원"이 될 터였다.

에제키엘은 자금을 확보하고 그 절박한 섬을 눈부신 낙원으로 돌려놓기 위해 필요했던 국제적인 협력과 영웅적인 노력에 관한 극적인 이야기를 들려주었다.

이 책에 우리는 멸종 위기의 동물들에게 적절한 서식지를 제공하도록 복원된 섬들에 관한 이야기를 실었다. 과달루페 섬은 주로 그 아름답고 멸종 위기에 처한 식물군을 보호하

레이드 모란이 멕시코 과달루페 섬에서 염소들에게 짓밟히지 않은 가파른 숲 지대에 살아남은 토착 과달루페바위데이지(*Perityle incana*)의 희귀한 표본을 채집 중이다. 레이드 같은 전 세계의 식물학자들은 지구의 식물 종들을 구하기 위해 목숨을 걸고 평생을 바쳤다(샌디에이고 자연사 박물관).

기 위해 복원되었다. 비록 덕분에 많은 새들과 곤충들까지 번성하게 되었지만 말이다.

이 이야기는 자연의 탄성을 놀라운 방식으로 보여 준다. 과달루페 섬의 많은 식물들은 무척 적대적인 환경에서 오랫동안 시름시름 앓았지만 놀랍게도 살아남았다. 이 중요한 성공담은 식물학자인 레이드 모란의 개척자적인 작업이 아니었다면 절대로 쓰일 수 없었으리라. 식물들과 그들의 환경을 보호하려고 너무나 열심히 노력한 그 모든 사람들이 없었더라면 우리 지구는 더 빈곤한 곳이 되었으리라. 그 노력을 알아주는 사람들은 많지 않지만, 그 사람들의 기여는 너무나 중요하고, 너무나 의미 깊다. 그 사람들에게 충분히 헌사를 바치기에는 이 지면이 너무나도 모자라지만, 그 이야기들은 우리의 웹사이트를 빛내 줄 것이고, 많은 사람들이 식물 왕국의 경이에 눈을 뜨도록 도와줄 것이다.

위기에 처한 종들을
왜 구해야만 할까?

왜 멸종 위기 종을 구하는 그런 일을 굳이 해야 하냐고? 어떤 사람들에게는 그 답이 매우 단순하다. 우리 친구인 숀 그레셸은 사우스다코타의 수 족 출신인데, 부족의 땅에 스위프트여우와 검은발족제비를 다시 들여오려고 노력하고 있다. 어느 날 나와 함께 앉아 사진을 보면서 이야기하던 중에 숀이 말했다. "어떤 사람들은 그 일이 뭐가 중요하냐고 묻습니다. 제가 왜 이런 일을 하는지가 궁금한 거죠. 그러면 저는 이 동물들이 땅에 속한 존재이기 때문이라고 말합니다. 이곳에 있을 권리가 있는 거예요." 숀은 자기가 도우려 애쓰는 동물들에 대해 "의무감을" 느낀다.

숀은 혼자가 아니다. 내가 이야기를 나눈 사람들 다수는, 그렇지 않은 사람도 가끔은 있었지만 거의 비슷했다. 자기들 일의 중요성을 과학적으로 설명하는 편을 선호하는 (혹은 그쪽이 더 옳다고 생각하는) 사람들까지 포함해서 말이다. 그리고 물론, 생태계를 보호하고 생물학적 다양성의 손실을 막는 일이 중요하다는 데는 의문의 여지가 없다. 그렇지만 그냥 "도무지 이해를 못 하는" 사람들이 수백만 명이나 있다. 특히 문제의 종이 곤충일 때는 "겨우 벌레 가지고 웬 난리들이야!"라고

신뢰의 순간. 아기 플린트가 내게 손을 내밀었을 때, 내 마음은
그만 녹아 버렸다. 나는 사랑에 빠졌다(휴고 반 라윅 / NGS).

하기 십상이다. 연방 정부가 솔트크릭길앞잡이를 멸종 위기 종으로 등록했을 때, 그리고 그 곤충이 사는 위기에 처한 하나뿐인 서식지를 보호하는 것을 돕는 데 연방 재정이 배정되었을 때, 네브래스카 주 링컨 시의 지역 신문에는 뜨거운 이메일 공방이 게재되었다. 많은 독자들이 그 결정을 반겼지만, 충격을 받고 어이없어 한 사람들도 많았다. 역시, 정말로 도무지 이해하지 못하는 사람들도 있었다. 여기에 3가지 예가 있다. 우리 주위에서도 흔히 들을 수 있는 의견들이다.

자기 이름을 딕이라고 밝힌 한 사람은, "수백수천 종들이 인간이 도와주려고 생각도 하기 전에 세상에 왔다 갔습니다. 심지어 우리가 죽여 없앤 동물들이 지금은 아마 더 행복할 겁니다. 도도새를 보세요. 그 새들이 모두 싹쓸이된 게, 선원들이 손쉬운 점심거리를 구하지 못하게 된 것 말고 어떤 중요한 환경적 영향을 미쳤습니까?"라고 물었다.

질 젠킨스는 이렇게 항의한다. "만약 이 딱정벌레들이 멸종한다면 우리 세상에 전체적으로 어떤 변화가 생기는지 누가 좀 가르쳐 줄래요? 그나마 우리 미국 정부가 공룡을 멸종으로부터 구하겠다고 돈을 뿌리고 다니지 않는 게 참 고맙네요. 수백만 명의 인간들이 노숙자가 되어 굶주리고 있는데, 벌레 하나를 살리자고 50만 달러를 쓰다니요. 창피한 줄을 알아야죠!"

또 J라는 사람은 이렇게 말했다. "저는 이 모든 이야기를 이제야 들었습니다! 우리의 '선량한' 정부가 이런 유치원생 같은 결정들을 내리는 데 정말 진력이 납니다! 이 딱정벌렌지 뭔지를 걱정해 주기 전에 암 같은, 생명을 위협하는 질병에 걸린 사람들부터 먼저 살려야 하는 거 아닙니까! 만약 우리 집에 이 벌레가 보이기라도 하면 당장 밟아 죽여 버리겠어요!"

물론 환경 보호의 중요성을 이해하는 사람들도 많은 편지를 보냈다. 상세한 이유는 이해하지 못하더라도 말이다. 예를 들어 테레사는 이렇게 썼다. "미국인들이 얼마나 제멋대로 구는지 정말 놀라울 지경이에요. 가스만 잡아먹는 SUV도 그렇고, 뭐든지 다 쓸데없이 크게만 만들면 다인 줄 알죠! 우리가 우리 서식지를 보살피지 않는다면, 온 세상이 커다랗고 황량한 돌섬이 되고 말 거예요!"(솔트크릭길앞잡이를 살리기 위한 싸움의 전문은 우리 웹사이트에서 볼 수 있다.)

가끔은 위기에 처한 종을 살리는 데 어마어마한 비용이 드는 게 사실이므로, 많은 나라들에 멸종 위기에 처한 생물을 보호하는 법이 있다는 것은 다행스러운 일이다. 그렇지 않으면 자연 세계에 초래된 피해는 더 컸을 테니까 말이다. 별로 중요치 않아 보이는 조그만 생물의 서식지를 보호하려고 도로를 이전하는 데 수백수천 달러가 소요될 수도 있다. 어떤 회사의 부지가 위기에 처한 종의 고향이라면 그 회사는 계획된 개발 지역을 다른 곳으로 옮겨야 할 수도 있다. 아니면 다른 곳에 적절한 토지를 매입하거나 심지어 문제의 종을 재배치하는 데 드는 비용을 부담해야 할 수도 있다(우리 웹사이트에는 그 모든 가슴 훈훈한 이야기들이 실려 있다.). 쇠락한 서식지들을 되살리는 데는 때로 막대한 비용이 들 수 있지만, 이 노력들은 새천년을 향해 가는 우리 앞에 놓인 가장 중요한 것들이라 하기에 모자람이 없다.

우리 영혼의 성장에는 야생이 필요하다

과학자들은 우리 자신과 미래를 위해 생태계를 보호하는 것이 얼마나 중요한가를 입증하는 사실들과 수치들을 계속해서 제공해 왔다. 그렇지만 자연 세계는 유물론적인 용어로는 미처 표현할 수 없는 다른 가치가 있다. 나는 곰비를 해마다 2차례씩 방문해 며칠 지내다 오곤 한다. 내가 개인적으로 보내는 시간은 그게 전부다. 물론 간 김에 침팬지들을 볼 수 있기를 바란다. 하지만 젊었던 시절에 숲이 우거진 계곡과 광대한 탕가니카 호수를 내려다보던 산봉우리에 앉아서 혼자 보내는 시간들 역시 손꼽아 기다린다. 그리고 24미터 높이에서 저 아래 바위투성이 강바닥으로 떨어지는 물이 일으키는 바람에 초목이 끊임없이 흔들리는 카콤베 폭포 아래 앉아 폭포의 영적인 에너지를 흡수하는 것도 좋다. 침팬지들이 그 폭포에서 눈부신 과시 행위를 선보이는 것도 무리가 아니다. 침팬지들은 리듬에 맞춰 양 발을 차례로 들었다 놨다 하며, 거대한 돌들을 던지고 폭포 밑바닥의 얕은 물에서 "춤을 춘다." 그리고 그곳에 앉아 항상 오고 가지만 항상 자기들 앞에 있는 물의 신비를 만끽한다. 옛날 주술사들이 이곳을 성스러운 장소로 삼고 비밀 의식을 행했던 것도 당연하다. 내 가슴과 머리를 평화로 채워 주는 것은 이런 경험들이다. 아무리 짧은 시간이라도 숲의 일부가, 그 신비와 다시 한번 하나가 되는 것은 내 영혼의 양식이다.

평생 버뮤다제비슴새, 다른 말로 캐하우를 보호해 온 제레미 마데이로스는 자기가 11살 때 캘리포니아 레드우드 숲에 가게 된 경위를 말해 주었다. 우리들 다수가 그랬듯이, 제레미는 그 거대한 고대의 나무들 사이에 서서 영적인 경험을 했다. "그때가 제 삶을 결정지은 순간이었어요." 제레미가 말했다. "그 순간 제가 가야 할 길이 결정된 거죠."

워싱턴 주에서 피그미토끼를 구하려 애쓰고 있는 로드 세일러는 인간의 가치와 윤리가, 가능한 한 위기에 처한 종들을 구하는 데 길앞잡이 역할을 해야 한다고 믿는다. "우리는 지구라는 행성을 너무 무자비하게 짓밟고 있고, 너무 많이 소모하고 쇠약하게 만들고 있습니다." 로드가 말했다. "만약 우리가 무지나 탐욕 때문에 멸종을 초래한다면, 각각의 멸종 위기 종과 고유한 군락이 매번 사라질 때마다, 우리 세계는 그만큼 다양성을 잃고, 아름다움과 신비로움 또한 상상도 하지 못할 정도로 사라지고 말 겁니다. 우리의 해양과 초지, 숲들은 침묵으로 메아리칠 테고, 인간의 마음은 알 수 없는 공허감을 느끼게 될 겁니다. 그렇지만 그때 가면 너무 늦지요." 로드는 이렇게 말한다. "멸종 위기 종을 구하는 싸움에 아무리 비용이 많이 든다 하더라도, 과연 노력하지 않은 그 대가를 인간 영혼이 감수할 수 있을까요? 만약 노력하지 않는다면, 언젠가 우리는 시간이 준 현명함 속에서 과거를 되돌아보고 우리가 내린 결정을 후회할 겁니다."

지구의 수호자: 그들을 계속 나아가게 하는 것

지금까지 보았듯이, 지구와 그 모든 생명체, 그리고 우리와 우리 아이들의 미래에 희망이 있는 것은 아직 남아 있는 것들을 지키고 사라진 것을 복구하기 위해 날이면 날마다 싸우는 용감한 영혼들이 있기 때문이다. 이 책을 집필한 것은 내게는 진정 특별한 기회였는데, 왜냐하면 그 덕분에 전 지구에 흩어져 있는 특별하고 헌신적이며 열정적인 사람들을 너무나 많이 만날 수 있었기 때문이다. 앞서 이야기했듯이, 그중 적지 않은 사람들이 외딴 장소에서 오랫동안 일하면서 상당한 개인적 불편과 때로는 무척 현실적인 위험들을 견뎌 냈다. 그뿐만이 아니라, 거친 자연, 그리고 시급하게 필요한 관리 행동에 대한 허가를 내려 주기를 거부하는 무지하고 꽉 막히고 근시안적인 관료들과도 싸워야 했다. 그렇지만 그 사람들은 포기하지 않았다.

그 사람들을 계속 나아가게 한 것은 무엇일까? 나는 가장 오래 현장을 지킨 사람들에게 질문을 던져 보았다. 모두가 자연에 대한 사랑, 그리고 바깥에서 직접 자연과 함께하는 생활을 그 대답으로 내놓았다. 그리고, 또한, 사람들은 그냥 그 일에 완전히 몰입했다. 어떤 사람들에게는 그 일이 거의 하늘에서 받은 천직이나 다름없었다. 그냥 말 그대로 도저히 포기가 안 되었던 것이다. 딘 비긴스(검은발족제비 팀의 일원인)의 아내의 말을 빌리자면, "그건 강박에 가까운 거예요."

섬새들을 보호하려고 너무나 열심히 일해 온 돈 머튼은 "제가 무엇보다도 가장 사랑하는 것은 극한의 도전, 고유한 생명체의 얼마 안 남은 마지막 개체를 구하는 투쟁입니다. 검은울새는 뉴질랜드의 살아 있는 보물입니다……. 저는 현재와 미래 세대를 위해 이 환상적인 조그만 새들을 멸종의 위기에서 구해 내야 한다는 막중한 책임감을 느낍니다."라고 말했다. 돈은 매년 봄 새들이 어떻게 지내는지를 알아보려고 현장으로 돌아오는데, 그때마다 너무 조바심이 나서 기다릴

돈 머튼은 멸종 위기 조류들을 구하는 데 일생을 바쳤다. 이 새는 어린 카카포인 애들러로, 돈이 목숨을 걸고 벼랑에서 구해 낸 수많은 섬새들 중 하나다. "제가 구하려고 애쓰는 생물들을 사랑하고 존중하지 않는다면, 위험한 지역을 기어 다니고 밧줄에서 매달리고 하며 수십 년을 보낸다는 건 불가능한 일이죠." 돈이 말했다(전 세계에서 유일한 날지 못하는 앵무새인 카카포를 살린 극적인 이야기는 우리 웹사이트에 실려 있다.)(마가렛 셰퍼드).

수가 없을 정도라고 말했다. 그리고 또 "제 동료들 중 몇 사람은 제가 너무 일찍, 먼동이 트자마자 일어나서 새들을 찾으러 나가는 바람에 자기들이 잠을 설친다고 짜증을 내기도 했죠!"

붉은늑대 복원 프로그램에 21년간 몸담았던 크리스 루카시는 그 계획의 초기 몇 년간 늑대들을 야생으로 돌려보내던 시절, 자기가 무척 중요하다고 믿는 일에 참여할 기회를 얻었고, 그럴 수 있어서 운이 좋았다고 느꼈다. "저는 흔들림 없는 에너지가 있습니다." 크리스가 말했다. "그저 끊임없이 밖에 나가 늑대들을 추적하고 늑대들이 가는 곳, 늑대들이 하는 일, 그리고 먹는 것을 전부 알아내고 싶은 마음에 잠도 잘 오지 않을 정도였죠. 그 외에는 시간을 거의, 아니 아예 낼 수 없었어요. 그냥 붉은늑대 자체가 제 인생이었고, 저처럼 생각하지 않는 사람을 보면 당황스럽고 좌절감이 느껴져서 거의 참을 수가 없었어요. 친구든 가족이든요." 그런데도, 늑대들과 20년도 넘는 세월을 보내고 난 지금도 크리스는 "매일, 심지어는 일요일에도" 일터로 가는 시간만을 고대한다!

사랑한다면 사랑한다고 말하세요

이 사람들의 일에는 또 다른 측면이 있는데, 어떤 이들에게는 그 점이 가장 중요할 수도 있다. 바로 사람들이 자기 일의 대상인 동물들과 맺는 관계다. 적지 않은 곰비의 침팬지들에게 내가 어떤 개인적인 감정을 느꼈는지에 대해서는 이미 이야기한 바 있다. 내가 가장 사랑한 침팬지는 데이비드 그레이비어드였는데, 녀석은 처음으로 나에 대한 두려움을 버리고 자기를 쓰다듬게 해 주었으며 숲에서 내가 자기 뒤를 따르도록 허락해 주었다. 그리고 나는 데이비드에게 손을 내밀어 야자수 열매를 준 순간을 마치 어제 일처럼 기억한다. 데이비드는 별로 그 열매를 원하지 않는다는 듯 등을 돌렸지만, 뒤이어 다시 돌아보고는 내 눈을 똑바로 들여다보면서 열매를 가져다 땅에 떨어뜨리더니 내 손을 자기 손가락에 대고 지그시 눌렀다. 이 동작은 침팬지가 상대를 안심시킬 때 하는 동작이다. 그리고 데이비드와 나, 우리는 완벽하게 의사소통을 했다. 인간의 언어보다 확실히 앞서는 공통의 몸짓을 통해서 말이다.

불행히도 언제나 현실만을 내세우고 물질만을 중시하는 우리 세상에서, 사랑과 공감이라는 인간의 가치는 너무 자주 간과된다. 동물을 좋아한다고, 동물에 대해 열정을 느낀다고, 동물을 사랑한다고 인정하는 것은 이따금씩 자연 보호 일과 과학에서 그다지 득이 되지 않을 때가 있다. 많은 과학자들이 연구 대상에 대해 감정을 이입하는 것을 부적절한 일로 간주한다. 과학적 관찰은 객관적이어야 한다. 진정 동물을 좋아하고, 동물에게 공감을 느낀다고 인정하는 사람은 누구든 당연한 듯 감상적인 사람으로 치부되고, 그들의 연구는 의심의 눈초리를 받는다.

다행히도, 이 책에서 다루어진 특별한 업적을 이룬 특별한 사람들은 자기들이 동물을 좋아한다는 사실을 두려워하지 않고 내보였다(특히 은퇴한 이들은 더욱 그랬다!). 칼 존스는 한번은 자기가 모리셔스 섬에서 얻은 명성을 두고 이야기하던 중에 나와 똑같은 믿음을 표명했다.

비록 과학자들은 한발 뒤로 물러서서 객관적으로 관찰할 능력이 필요하긴 하지만, "동정심도 있어야 합니다." 칼의 말에 따르면 인간들은 "냉정한 과학적 사고보다 직관적이고 공감적인 면이 더 우선입니다." 그리고 칼은 대다수 "과학자들은 이런 저변에 놓인 특질들을 매일 마주하죠."라고 말한다. 칼은 모리셔스황조롱이를 구하려고 노력하던 과정에서 새들 하나하나를 각각 구분하고 잘 알게 되었다. 돈 머튼은 검은울새 이야기에 열을 올렸다.

대학원생인 렌 졸리가 심각한 멸종 위기에 처해 있는 콜롬비아분지피그미토끼와 함께 있다. "이 조그만 녀석들을 보고, 알게 되면 사랑하지 않을 도리가 없죠" 렌의 말이다. "그게 우리를 밀어붙이는 힘입니다. 그게 우리를 나아가게 하죠."(로드 세일러 박사)

"그 조그만 새들은 얼마나 유쾌하고 순하고 다정한지 몰라요." 돈은 "세월이 지나면서 저는 자연히 무척이나 정이 들었습니다. 심지어 감정적인 관계를 맺었다고 할까요! 저는 그냥 그 새들을 사랑합니다."라고 말했다. 그리고 렌 졸리는, 콜롬비아분지피그미토끼를 구하기 위한 노력을 계속할 수 있는 힘의 근원이 뭐냐는 물음에 간단히 이렇게 말했다. "일단 그 조그만 동물을 직접 보고, 알고 나면 사랑에 빠지는 게 당연하지 않습니까? 그게 우리를 밀어붙이는 힘입니다. 그게 우리를 나아가게 합니다."

마이크 팬디는, 인도에서 점잖고 무해한 고래상어를 야만적인 방법으로 죽이는 장면을 필름에 담으면서, 죽어 가고 있는 거대한 동물을 마주 보았다. "그 녀석은 천천히 고개를 돌려 저를 쳐다보았습니다……. 녀석은 애원하고 애걸하고 있었지요……. 그 영민한 눈은 100만 마디 말을 들려주더군요." 마이크는 그 표정을 절대로 못 잊을 거라고 했다. "그 순간 저는 그 장엄한 동물과 소통하고 있었고, 뿌리 깊은 연대감이 생겨났습니다." 그 순간이 바로 마이크의 삶을 바꾼 전환점이었다. 마이크는 "목소리를 내지 못하는 이들을 위해 목소리를 내기로" 결심했고, 자연 보호를 강력히 호소하는 연작 영화들을 제작하기 시작했다.

브렌트 휴스턴은 새벽 여명에 검은발족제비의 굴 근처에 앉아 있을 때 새끼 하나가 자기에게 다가왔던 이야기를 들려주었다. "녀석은 전혀 경계심 없이 제 발에 접근해 킁킁거리며 하이킹부츠 냄새를 맡았습니다……. 제 심장 뛰는 소리에 겁먹고 달아날까 봐 걱정이 되었지만 그냥 꼼짝 않고 앉아서 절박하게 제 마음이 전해지기만 바라고 있었죠. 녀석은 저와 제 얼굴을 곧장 올려다보면서 제 눈을 들여다보았어요. 이윽고 가장 특별한 일이 일어났습니다. 이 어린 족제비는, 크고 동그란 눈으로 저를 올려다보며 조그맣고 검은 자기 발을 제 하이킹부츠에 얹고 그대로 두었습니다. 저는 녀석을 뚫어져라 응시했고, 녀석은 제 웃는 얼굴을 빤히 쳐다보았지요. 저는 오랜 세월 야생을 관찰해 왔지만 그때가 가장 만족스러운 순간이었습니다. 온 세상에 마지막 남은 검은발족제비 중 하나가 제게 손을 내밀고, 저를 신뢰하고, 어쩌면 심지어 제게 도와달라고 말하고 있었을지도 모르니까요."

지구를 공유하고 있는 다른 동물들과 인간 간의 연대, 우리가 다른 생명체와 함께 구축하고 있는 이 관계야말로 바로 많은 사람들이 계속 노력할 수 있는 힘이 된다. 때로는 너무나 고된 그 일을 계속하도록, 좌절과 후퇴, 그리고 이따금씩은 어떤 종을 막론하고 다른 종을 멸종에서 구한다는 것이 감상에 빠져 돈과 자원을 낭비하는 짓이라고 믿는 사람들의 노골적인 적개심과 조롱을 버텨 낼 수 있도록 말이다.

그렇지만 이 지구의 수호자들은 자기들 힘만으로는 그 일을 해낼 수 없다. 지구를 지켜 내려면 관심이 있는 우리 모두가 야생 지역들과 거기 사는 동식물을 보호하고 복원하는 데 참여해야 한다. 우리는 열정적이고 헌신적이며 늘 희망에 가득 찬 사람들, 수많은 생명체들을 멸종으로부터 구해 온 사람들의 노력의 이야기로 가득한 이 책과 우리 웹사이트가, 저마다 귀중하고 독특한 동물들과 식물들을 구하기 위해 지칠 줄 모르고 노력하는 그 사람들에게 힘을 주었으면 좋겠다. 그리고 물론 더 많은 종들을 앞으로 멸종 위기로부터 예방하려고 노력하는 사람들에게도. 또 환경을 복원하고 보호하려고 싸우는 사람들에게도. 이 사람들의 과업은 가끔은 거의 불가능해 보일 때도 있다. 그리고 성공의 희망이 없다면 그 사람들 역시 결국에는 분명 포기하고 말 것이다.

만약 희망이 없다면 우리는 그저 무감각한 상태에 빠지고 말리라. 희망이 없다면 아무것도 변하지 않는다. 그렇기 때문에 우리는 우리가 품고 있는, 동물과 그들의 세계에 대한 숨길 수 없는 희망을 함께 나누는 것이 너무나 중요하다고 느낄 수밖에 없는 것이다.

부록
우리가 할 수 있는 일

전 세계를 돌아다니면서, 나는 우리 지구에서 벌어지고 있는 일들 때문에 우울해 하는 사람들을 너무 많이 보았다. 언론은 그렇잖아도 충격적인 소식들에다 치명적인 오염과, 녹아내리는 빙산과, 망쳐진 경관과, 종의 손실과, 줄어드는 수원 같은 것들을 줄기차게 다루고 있다. 불행히도 그런 절박한 정보는 대다수가 진실이고, 그 사실을 직면한 사람들은 무력감과 더불어 종종 절망감을 느끼기 쉽다. 앞서 말했듯이, 내가 가장 많이 듣는 질문은 이것이다. "어떻게 낙관을 품을 수 있어요?"

내가 아는 한, 절망에 맞서는 가장 좋은 방법은 상황을 바꾸기 위해 할 수 있는 모든 노력을 다 하는 것이다. 아무리 사소한 일이라도, 매일매일, 적어도 지금 벌어지고 있는 잘못된 일들을, 조금이라도 바꿀 수 있도록 뭔가 행동을 취하는 것, 그것이 바로 내가 사랑하는 곰비와 숲을 떠나온 이유다. 침팬지와 그 숲이 겪고 있는 고난에 대해 사람들에 알리고, 내가 할 수 있는 일이라면 뭐라도 해 보려고 말이다.

또 하나 잊지 말아야 할 것은, 나쁜 소식이 더 "뉴스거리가 되기" 쉽고, 따라서 널리 알려지기 쉽다는 것이다. 사실 사람들은 이기심을 버리고 세상을 더 나은 곳으로 만들려고 노력하고 있으며 진실로 놀라운 일들이 수두룩하게 일어나고 있다. 우리가 이 책을 쓰고 싶어 한 이유 중에는 이처럼 좋은 소식을 널리 전한다는 목표도 있었다.

책과 우리 웹사이트 전체에는 멸종 위기에 처한 종들을 구하기 위해 지칠 줄 모르고 노력하는 생물학자들의 이야기가 가득하다. 그렇지만 그 외에도 셀 수 없이 많은 사람들이 있고, 이들은 그 누구 못지않게 중요한 "전체 대중"의 일원들이다. 사람들은 대개 이들의 공을 알아주지 않고, 가까운 사람들이 아니면 이름조차 모르기 쉽다. 그리고 그 사람들의 행동(산업이나 정부의 파괴적인 계획들을 반대하는 시위를 하고, 유관 기관에 편지를 써 보내는 등)이 늘 성공을 거두는 것은 아니다 보니, 이들이 하는 중요한 역할이 제대로 평가받지 못하기도 한다. 그렇지만 정말이지, 장기적으로 보면 이들이야말로 가장 중요한 사람들이다. 자기들의 돈과 기술이나 시간을 들여 가며 사람들의 인식을 일깨우고 다른 사람들을 설득해 끌어들이는 사람들 말이다.

다방면의 사람들이 지금 세상에서 벌어지고 있는 일을 널리 알리는 데 기여하고 있다. 그중에는 작가들도 있고 사진작가들이나 영화 제작자들, 그리고 점점 더 늘어나는, 자연 관찰 여행을 떠나려고 하는 사람들을 안내해 주는 사람들도 있다. NGO들은 교육 프로그램을 마련하고 현장 프로젝트에 자원봉사를 하며, 사람들이 자연 세계에 대해 배우고, 자연 세계를 보호하는 데 도움이 되는 행동을 할 수 있도록 격려한다. 토지 소유주들은 멸종 위기 종의 서식지를 보호하는 안전 구역 협정에 조인할 수 있다. 아니면 소유 토지를 개발하거나 경작하지 않고 야생 환경을 그대로 보존하는 대신 재정 지원금을 받는 보호 조약에 합의할 수도 있다.

그리고 어린이들이 할 수 있는 역할도 있다. 내가 아이들에게 그토록 많은 시간을 들이는 데는 다 이유가 있다. 왜냐하면 나든 누구든, 이 모든 일과 더불어 아이들이 자라서 우리보다 더 훌륭한 자연 관리인이 되도록 교육시키지 않는다면 동물들과 그들의 세계를 구하기 위해 아무리 절박하게 일해도 결국은 허사일 터이기 때문이다.

루츠 앤 슈츠: 어린이들이 할 수 있는 일

곳곳에 우울함과 절망이 가득한 지금 세상에서, 내가 전 세계를 돌아다니며 그토록 우울해 하고, 화를 내고, 무감각해 보이는 젊은이들을 많이 만나게 된다는 것은 놀라운 일도 아니다. 젊은이들은 자기들의 미래가 망쳐져 버렸고, 자기들로서는 도저히 손을 쓸 수 없을 것만 같다고 말한다.

우리는 정말이지 젊은이들의 미래를 망쳐 버렸다. 이런 속담이 있다. "지구는 우리가 부모에게서 물려받은 것이 아니다. 아이들에게서 빌린 것이다." 그렇지만 속담이 틀렸다. 빌렸다는 말은 되갚을 마음이 있다는 이야기다. 우리는 아이들의 미래를 서슴없이 훔치고 있다. 그렇지만 그런 현실에 대해 아무것도 할 수 없는 것은 아니다.

나는 무언가를 하기 위해 인본주의적이고 환경적인 루츠 앤 슈츠 프로그램을 시작하기로 했다. 회원들로 하여금 팔을 걷어붙이고 나서서 사람들을 위해, 동물들을 위해, 그리고 환경을 위해 세상을 낫게 만드는 사업들에 참여하도록 격려하는 프로그램이다. 우리를 둘러싼 세계에 긍정적인 영향을 미치는 사업들이다. 가장 중요한 메시지는 한 사람 한 사람이 모두 중요하고 각자 맡은 역할이 있다는 것이다. 우리 한 사람 한 사람이 매일 변화를 일궈 낼 수 있다는 것이다. 아무리 사소한 노력이라도 수억 가지가 쌓이면 중요한 변화가 된다.

루츠 앤 슈츠라는 이름은 상징적이다. 싹을 틔운 씨앗에서 맨 처음 자라난 뿌리와 잔가지는 너무 작고 연약해 보인다. 나중에 큰 나무로 자란다는 것이 도저히 믿어지지 않을 정도다. 그렇지만 그 씨앗의 생명력은 알고 보면 어찌나 강한지 뿌리는 커다란 바위를 뚫고 물에 가닿을 수 있고, 잔가지는 벽돌담의 틈새를 비집고 자라 태양빛에 가닿을 수 있다. 결국 그 바위와 벽, 우리의 탐욕과 잔인함과 몰이해 때문에 야기된 환경과 사회의 피해는 한쪽으로 밀려나고 말 것이다. 수백 수천 개나 되는 뿌리와 잔가지들, 즉 전 세계의 젊은이들은 어른들이 만들어 놓은 수많은 문제들을 해결할 수 있다.

루츠 앤 슈츠 프로그램이 시작된 것은 1991년에 몇 군데 중학교를 대표하는 학생 12명이 탄자니아 야생 동물들의 행동에 대해 배우고 싶어서 다르에스살람의 우리 집 베란다에 모였을 때였다. 학생들은 밀렵을 비롯한 여러 가지 문제에 대한 이야기를 듣고 충격을 받아서, 자기들도 힘을 보태고 싶다며 더 많은 것을 알려 달라고 했다. 학생들은 그렇게 자기네 학교에서 모임을 시작했고, 우리는 그런 문제들을 이야기하기 위해 모임을 조직했다.

그처럼 단출하게 시작된 프로그램은 2009년 초에는 유치원부터 대학교와 그 너머의 젊은이들까지 아우르는 범위로 확대되어 대략

9,000개의 활발한 지부가 생겨났다. 루츠 앤 슈츠 프로그램은 독특한 점이 많다. 여러 문화, 종교, 그리고 국가 출신 젊은이들을 서로 이어 준다는 점도 그렇고, 동물과 인간과 환경에 대한 관리와 우려를 한데 결합한다는 점도 그렇다. 모든 연령대의 사람들이 참여한다는 점도 그렇다. 심지어 양로원과 감옥에까지 지부가 있을 정도다! 사람들은 서로 공통된 철학을 가지고, 전 지구적 평화의 씨앗을 뿌리고 있다. 그리고 그냥 돈을 버는 것보다 이런 삶이 더 의미 있다는 사실을 바로 볼 줄 아는 내일의 지도자들을 키워 가고 있다.

독자 여러분이 이 책의 웹사이트를 꼭 한번 들어가 보셨으면 좋겠다. 웹사이트에서는 루츠 앤 슈츠에서 야생을 보호하기 위해 수행한 수많은 놀라운 프로젝트들에 관한 정보들을 잔뜩 접할 수 있다. 그리고 루츠 앤 슈츠 세계 청소년 리더십 자문회의 일원인, 무척 특별한 젊은이들의 이야기도 만날 수 있다. 매일 의식적으로 모든 생명에게 이 세상을 더 나은 곳으로 만들기 위한 자신의 역할을 수행하기만 한다면 여러분 역시 루츠 앤 슈츠의 일원이 될 수 있다. 그것이야말로 내가 아는 한, 절망에 대한 가장 좋은 항생제다.

이 부록은 젊은이들과 나이 든 이들을 막론하고, 우리와 함께 지구를 공유하는 동물들을 사랑하고, 그저 한구석으로 밀려나 가만 앉아만 있는 데 질린 모든 이들을 위한 것이다. 이 책에 실린 종들을 도울 방법들, 여러분이 연락할 수 있는 단체들, 여러분이 자원할 방법에 대한 정보가 여기 실려 있다.

대중이 중요하다

그렇지만 가장 중요한 것은 여러분이 무언가를 한다는 사실 그 자체다. 하고 싶은 모든 일을 다 할 수 없다고 해서(시간이 모자라서, 돈이 모자라서, 힘이 모자라서), 그냥 가만히 있는 게 더 낫다고는 부디 생각지 마시라. 지역 신문에 여러분이 사랑하는 숲 지대가 개발의 후보지로 올랐다는 기사를 보게 되면, 그냥 한숨을 쉬고 포기하지 마시라. 행동을 취하시라. 어떤 행동이든 좋다. 더 많은 정보를 알아내고, 관련자들과, 그렇게 된 이유를 알아내는 것도 좋다. 편지를 써도 된다. 구의회의 회의에 참석할 수도 있다. 여러분의 생각을 알리는 것이다. 꼭 성공한다는 보장은 없다. 하지만 꼭 실패한다는 보장도 없다. 노력하지 않으면 영영 모르게 된다.

만약 이 책에 실린 이야기들 중에 특히 마음이 끌리는 이야기가 있다면, 여러분의 마음을 움직여서 돕고 싶은 생각이 들게 하는 이야기가 있다면, 유관 기관에 연락을 해서 여러분이 할 수 있는 일을 알아보시라. 그리고 잊지 마시라. 하찮은 액수의 기부금밖에 보낼 수 없는 형편이라도, 오바마 대통령의 선거 운동이 그토록 엄청난 성공을 거둘 수 있었던 것은 그런 하찮은 기부금을 보낸 사람들이 엄청나게 많았던 덕분이라는 사실을 말이다!

상황을 바꿔 놓으려면 우리 지구와 우리 아이들의 미래를 진심으로 염려하는 사람들의 수가 많아야 한다. 부디 이 책에 실린, 이 놀랍고 헌신적인 노력을 펼친 사람들에게 힘을 보태 주시라. 부디 우리가 동물들과 그들의 세계를 구하는 목표를 달성할 수 있도록 도와주시라.

전 지구적 행동

이 책에 실린 수많은 멸종 위기 동물 종과 식물 종에 대한 정보를 제공한 다음 기관들은 여러분에게 자연 보호 활동에 관한 정보를 더 많이 알려 주고, 현 상황을 바꿀 방법에 대한 조언을 들려줄 수 있는 곳들이다.

- JGI(제인 구달 연구소): 한 사람 한 사람의 힘을 모아 모든 생명을 위한 환경을 개선하려 하는 프로그램이다. JGI는 침팬지를 연구하고 보호하려는 제인 구달 박사의 노력을 이어 가는 동시에 지역민들의 삶을 개선하는 혁신적인 자연 보호 접근법을 앞장서 이끌어 왔다. 또한 이 기관의 전 지구적 청소년 프로그램은 모든 연령대의 젊은이들이 환경을 중시하고 인본주의적인 지도자로 자라나게 하는 데 힘을 기울이고 있다. 웹사이트 주소는 www.janegoodall.org.
- JGI의 루츠 앤 슈츠 프로그램: 루츠 앤 슈츠는 인간과 동물과 환경을 위해 더 나은 세계를 만들고 싶은 마음을 가진 모든 연령대의 젊은이들을 이어 주는 전 지구적 네트워크다. 전 세계 수많은 젊은이들이 각자가 사는 곳에서 문제를 인식하고 봉사 활동과 청소년 주도 캠페인들과 웹사이트 교류를 통해 행동을 취하고 있다. www.rootsandshoots.org를 방문하면 여러분도 이 프로그램에 참여할 수 있다.
- 사람들을 돕고 침팬지들을 보호하는 방법: JGI는 침팬지 서식지 근처 마을의 물과 위생과 보건 같은 기본 조건들을 향상시킴으로써 이 놀라운 동물들을 보호하는 데 지역민들의 협력을 얻으려고 노력한다. www.

janegoodall.org를 방문하면 JGI에 기부를 하고 이 중요한 프로그램들을 지원할 수 있는 방법을 알 수 있다.

● 침팬지 보호 프로그램: JGI는 콩고 공화국의 침풍가 침팬지 재서식 연구소에서 부모를 잃고 불법으로 도축당하거나 애완동물 거래에 팔려 나가는 침팬지들을 안전하게 보살피는 서식지를 제공한다. 여러분은 침팬지 보호자가 되어 도움을 줄 수 있다. 더 많이 알고 싶으면 www.janegoodall.org/chimp_guardian에 들어가 볼 것.

● 듀렐 야생 보호 기금: 이 기관은 이 책에 실린 수많은 종들을 보호하고 보존하는 데 직접 관여한다. 더 많은 정보를 얻고, 동물들을 입양하거나 기부를 하고 싶으면 웹사이트 www.durrellwildlife.org를 방문할 것.

● 국제 환경 보존 협회: 자연 보호에 힘을 보태고 싶다면 이곳에 연락을 취해도 좋다. 이 조직은 귀중한 해양과 육지의 서식지를 다양하게 보호한다. 참여하는 방법은 회원 가입, 이메일 소식지 구독, 기부, 그리고 여러분 자신의 자연 관련 웹사이트를 구축하는 것 등 다양하다. 웹사이트는 www.nature.org.

● 국제 자연 보호 협회: 이곳에서는 자연 보호 활동에 대한 영감을 얻을 수 있다. 이 비영리 조직은 공동체와 학계 양측을 최선의 방식으로 협력시킨 혁신적인 접근법을 통해 위기에 처한 종과 서식지를 보호한다. 여러분은 기부금을 내도 되고, 각자가 지구 환경에 미치는 영향을 계산함으로써 행동을 취하고, 생태 관광에 대한 정보를 얻고, 각 캠페인을 후원하고, 자연 보호 분야의 관련 직종에 대해서도 알 수 있다. 웹사이트는 www.conservation.org.

● 세계 자연 보호 기금: 인간과 동물과 생태계를 위한 안정적이고 유지

가능한 미래를 위해 노력하는 곳. 기부금을 내도 좋고, 동물을 입양해도 좋고, 자연 보호 행동 네트워크의 회원이 되거나 '지구를 위한 행동(Take Action for Earth Hour)' 같은 개별적 캠페인을 후원할 수도 있다. 웹사이트는 www.worldwildlife.org.

● 야생 보호 협회: 전 세계의 야생과 야생 서식지를 보호하는 단체. 이 조직은 전 지구적인 자연 보호 프로젝트를 펼치는 한편 브롱크스 동물원이나 센트럴파크 동물원 같은 뉴욕의 자연 공원 몇 곳에 대한 관리도 맡고 있다. 여러분이 참여하는 방법 중에는 공원을 방문하거나 회원으로 가입하거나 시간이나 돈을 기부하거나 어린이를 위한 환경 보호법(No Child Left Inside Act) 같은 개별 캠페인들을 후원하는 것 등이 있다. 웹사이트는 www.wcs.org.

● 국제 자연 보호 연맹: 전 세계의 좀 더 복잡한 환경 문제를 해결하려고 노력하는 기관이다. 웹사이트 www.iucn.org에 접속하면 이 단체에서 실행하는 전 지구적 프로그램에 대한 정보를 얻을 수 있고, 데이터베이스를 통해 여러분 가까운 곳에 있는 자연 보호 조직을 알아내어 기부를 할 수도 있다.

● 노스캐롤라이나 동물학 협회: 여기서 진행하는 지구 현장 답사(Field Trip Earth) 프로젝트는 전 세계에 걸친 교사들, 학생들, 야생 자연 보호 지지자들에게 정보를 제공한다. www.fieldtripearth.org

● 지구 탐험대: 지구 원정 코스에 등록할 수 있는 곳. 지역 현장 프로그램(www.projectdragonfly.org)을 통해 석사 학위를 딸 수도 있다. 이런 프로그램은 교사들과 환경 전문가들을 비롯한 사람들을 전 세계 자연 보호 현장에 직접 참여하게 해 준다. www.earthexpeditions.org

- 지구의 멸종 위기 종: 이곳에서는 지구상의 어떤 종들이 가장 심각한 멸종 위기에 처해 있는지를 알 수 있다. 또한 여러분이 연락을 취할 수 있는 각 종들의 보호에 관여하는 조직들과 더불어 각 종들에 관한 정보를 보여 준다. www.earthendangered.com
- 참여하거나 기부할 수 있는 단체들: 오두본 협회(www.audubon.org), 야생 지킴이(www.defenders.org), 미국 야생 동물 보호 협회(www.nwf.org), 환경 보호 기금(www.edf.org).
- 생물학적 다양성 협회: www.rareearthtones.org/ringtones로 들어가면 멸종 위기 종 동물들의 울음소리, 긁는 소리, 으르렁거림 같은 소리들을 이용한 휴대폰 벨소리와 배경 화면을 무료로 내려 받을 수 있다. 협회 웹사이트인 www.biologicaldiversity.org로 접속하면 진행 중인 자연 보호 캠페인을 알아보고 후원을 할 수도 있다.

해야 할 것과 하지 말아야 할 것

아래는 동물과 식물, 그리고 연약한 우리 지구별의 서식지를 보호하기 위해 해야 할 일과 하지 말아야 할 일들의 목록이다.

- 동물원·수족관 협회의 인가를 받은 동물원과 수족관만 후원할 것. 웹사이트는 www.aza.org.
- 운전할 때는 반드시 안전 운행. 먹이를 찾으려고 차도를 건너는 동물들이 많기 때문이다.

● 도로를 깨끗이 유지할 것. 쓰레기는 야생 동물을 불러들여 차에 치이게 만든다.

● 각자 사는 곳의 공공 토지(국립 공원, 국유림, 토지 관리국)에 무슨 일이 일어나는가를, 야생 환경이 어떻게 관리되고 있는가를 예의 주시할 것.

● 환경에 피해를 끼친 전적이 있는 회사의 상품을 사지 말 것. 그런 회사를 재정적으로 지원하는 것은 잘못된 행동을 부추길 뿐이다.

● 이륜차를 타거나 하는 야외 활동을 할 때 식물과 동물 서식지에 피해를 끼치지 않도록 조심할 것.

● 미래를 생각하는 대양 정책, 특히 국제적 대양을 지키는 조직들을 후원할 것.

● 해양 식품 섭취를 줄일 것. 몬트레이 수족관의 웹사이트 www.montereybayaquarium.org에서 볼 수 있는 해산물 감시 프로그램을 확인하면 더 많은 정보를 알 수 있다. 그곳의 권장 사항을 인쇄해서 가지고 다니거나 내려 받아서 휴대폰에 저장하면 좋다.

● 여러분이 남기는 이산화탄소 발자국을 줄일 것. 글로벌 생태 발자국 네트워크의 웹사이트 www.footprintnetwork.org를 보면 아이디어와 영감을 얻을 수 있을 것이다.

동물들과 곤충들

애벗부비

행동을 취하세요

● www.biologie.uni-hamburg.de/zim/oeko/seabird_e.html에 접속하면 크리스마스 섬 바닷새 프로젝트에 관해 더 많은 것을 알 수 있다. 함부르크 대학교에서 후원하는 이 프로젝트는 애벗부비와 더불어 멸종 위기 조류 종인 크리스마스섬군함조와 열대새를 더 잘 보호하기 위한 연구 활동을 수행한다. 학생들은 현장 보조로서 연구 프로젝트에 참여할 수 있다.

직접 만나 보세요

● 크리스마스 섬 국립 공원을 방문하면 가이드와 함께 조류 관측 여행을 떠날 수 있다. 공원에 대해 더 알고 싶으면 크리스마스 섬 관광 협회 웹사이트 www.christmas.net.au로 접속할 것.

아메리카송장벌레

행동을 취하세요

● 로드아일랜드 주에 있는 로저 윌리엄스 파크 동물원의 웹사이트인 www.rwpzoo.org에 접속해 볼 것. 아메리카송장벌레를 비롯한 멸종

위기 종들에게 기부를 하거나, 자연 보호상을 수상한 아메리카송장벌레 복원 프로그램에 관해 더 많은 것을 알 수 있다.
- 전자 벌레 잡이를 쓰지 말 것. 이 기계는 아메리카송장벌레뿐이 아니라 수많은 이로운 곤충 종을 끌어들여 죽일 수 있다.

직접 만나 보세요
- 로저 윌리엄스 파크 동물원이나 미주리의 세인트루이스 동물원 같은, 포획 번식 프로그램을 실시하는 동물원들을 방문할 것.
- 세인트루이스 동물원 웹사이트 www.stlzoo.org에 접속하면 최근에 알을 깐 아메리카송장벌레의 동영상을 볼 수 있다.

아메리카악어

행동을 취하세요
- 플로리다 대학교가 후원하는 프로그램인 크록 독스의 웹사이트 http://crocdoc.ifas.ufl.edu/index.htm에 들어가 볼 것. 이곳에서는 동물 행동과 자연 보호 노력에 관해 더 많은 정보와 연구 결과물을 얻을 수 있고, 벨리즈와 남플로리다로 가상 악어 관찰 여행을 떠날 수도 있다.
- 절대로 악어에게 먹이를 주거나 잡으려는 시도를 하지 말 것. 불법적이고 위험한 행동일뿐더러, 악어들이 앞으로 먹이를 얻으려고 인간에게 다가가게 만들 수도 있다.
- 생선 조각은 물에 흘려보내지 말고 반드시 쓰레기통에 버릴 것.

직접 만나 보세요

● 에버글레이즈 국립 공원이나 비스케인 국립 공원, 딩 달링 국립 야생 보호 구역에 가면 직접 이 악어들을 볼 수 있다.

● 펜실베이니아 주의 필라델피아 동물원이나 플로리다 주의 센트럴 플로리다 동물원에 가면 아메리카악어를 만날 수 있다.

마다가스카르거북

행동을 취하세요

● 거북 보호 기금의 웹사이트 www.turtleconservationfund.org로 접속하면 마다가스카르거북을 비롯해 심각한 멸종 위기에 처해 있는 민물거북들의 장기적 생존을 확보하기 위한 최근의 프로젝트들에 대해 더 많은 정보를 얻고 기부금을 낼 수 있다.

● 듀렐 야생 보호 기금의 홈페이지 www.durrellwildlife.org에 접속하여 자연 보호 노력에 힘을 보탤 것. 듀렐 야생 보호 기금의 설립자 듀렐은 야생 서식지에 남아 있는 마다가스카르거북을 감시하고 연구하는 동시에 그 서식지를 보호하기 위해 주변 발리 만을 둘러싸고 있는 지역 공동체들을 후원하고 있다. 웹사이트를 방문하면 기부를 하거나 입양 프로그램에 참여할 수 있으며, 마다가스카르를 비롯해 생태 관광 여행 일정을 훑어볼 수도 있다.

직접 만나 보세요

● 하와이 호놀룰루 동물원으로 마다가스카르거북을 찾는 현장 답사를 떠나 보면 어떨까.

아시아 독수리들

행동을 취하세요

● 왕립 조류 보호 협회(웹사이트 www.rspb.org.uk)와 국제 맹금류 연구소(www.icbp.org)에 접속해 볼 것. 여기서는 자연 보호를 위한 노력에 대해 더 많은 정보를 얻고 포획 번식 프로그램에 기부를 할 수 있다.

● 매 기금에 접촉할 것. 아시아독수리 복원 프로젝트에 대해 많은 것을 알 수 있다. 만약 여러분이 야생에서 독수리 군락을 발견했다면 세계 맹금류 연구소 웹사이트 www.peregrinefund.org에 제보하라. 독수리를 보호하려는 노력에 도움이 된다.

● 디클로페낙의 위험성을 널리 알릴 것. 가축에게 쓰이는 항염증제인데, 이 약을 처방받은 가축의 시체를 먹은 독수리들이 죽어 가고 있다.

애트워터초원뇌조

행동을 취하세요

● 초원뇌조 입양 프로그램은 여러분의 기부를 받고 있다. 야생에서 애

트워터초원뇌조를 키우는 데 직접 사용되는 기부금을 보낼 곳:

Adopt-a-Prairie-Chicken Program

Texas Parks and Wildlife Department

4200 Smith School Road

Austin, TX 78744

직접 만나 보세요

● 텍사스 이글 호에 있는 애트워터초원뇌조 국립 야생 보호 지역은 답사를 가기에 좋은 곳이다. 수많은 조류를 관찰할 수 있고, 거기에 더해 자원봉사를 할 기회도 있기 때문이다. 더 많은 정보를 얻고 싶으면 www.fws.gov/southwest/refuges/texas/attwater로 들어가 볼 것.

쌍봉낙타

행동을 취하세요

● 야생 낙타 보호 기금 웹사이트 www.wildcamels.com에 들어가 볼 것. 이곳에 회원으로 가입하면 지금 이루어지고 있는 보호 활동에 관한 정보를 얻고, 특정한 낙타를 골라 후원을 할 수도 있다.

직접 만나 보세요

● AZA 인가를 받은 콜로라도 주 덴버 동물원이나 로스앤젤레스 동물원과 식물원 같은 곳에 가면 쌍봉낙타를 직접 만날 수 있다.

버뮤다제비슴새(캐하우)

행동을 취하세요

- 버뮤다 오두본 협회(웹사이트 www.audubon.bm)에 문의하면 자연 보호 활동과 버뮤다 조류 관찰 여행에 관한 정보를 더 많이 얻을 수 있고, 캐하우 복원 프로그램에 기부금을 낼 수도 있다.
- 버뮤다 수족관, 박물관과 동물원(www.bamz.org)에 접속하면 캐하우를 비롯한 토착종들을 복원하는 프로그램에 기부금을 내거나, 버뮤다 생물 다양성 프로젝트에 관해 더 많은 정보를 얻고 자원봉사자로 여러분의 시간을 기부할 수도 있다.

직접 만나 보세요

- 버뮤다 해양 과학 재단(www.bios.edu)에 문의하면 생태 관광이나 교육 프로그램에 관한 정보를 얻을 수 있다.

검은울새(채섬섬울새)

행동을 취하세요

- 왕립 삼림·조류 보호 협회(www.forestandbird.org.nz)에 연락하면 기부금을 내거나 자원봉사를 통해 보호 활동에 참여할 수 있다.
- 자연 보호 활동을 위한 기부금을 보낼 곳:
New Zealand Threatened Species Trust

c/o Royal Forest&Bird Protection Society of New Zealand Inc.

PO Box 631

Wellington, New Zealand

검은발족제비

행동을 취하세요

● 프레이리 야생 보호 연구소(웹사이트 www.prairiewildlife.org)에 문의할 것. 이곳에서는 검은발족제비에 대해 더 많은 것을 알 수 있고, 입양 프로그램을 통해 족제비를 후원하거나, 자연 보호 현장 활동에 직접 기부를 할 수도 있다.

● 프레리도그(검은발족제비 서식지)를 보호하기 위해 활동하는 프레리도그 연합과 국제 환경 보존 협회 같은 조직들을 후원하라.

● 평원을 직접 탐험하고 알아 나갈 것. 사람들이 너무나 당연히 그 자리에 있는 것으로 받아들이기 때문에, 평원은 북아메리카에서 가장 위기에 처해 있는 생태계다.

직접 만나 보세요

● 늦여름 사우스다코타 주의 윈드 케이브 국립 공원을 방문해 안내원을 따라 밤 산책을 해 보면 어떨까. 단, 혼자서 조명을 비추며 돌아다니는 것은 금물이다. 허가 없이 그렇게 하는 것은 불법이고, 작업 중인 생물학자들이나 동물들에게 방해가 될 수도 있다.

- 켄터키 주의 루이스빌 동물원, 온타리오 주의 토론토 동물원, 애리조나 주의 피닉스 동물원, 워싱턴 DC의 국립 동물원, 콜로라도 주의 샤이엔 산 동물원 같은 검은발족제비 포획 프로그램을 실시하는 동물원을 직접 방문해서 족제비를 볼 수도 있다.

청황큰앵무

행동을 취하세요

- 멸종 위기 야생 생물 연구와 보전 센터 산하 칼 H. 린더 주니어 센터 (www.cincinnatizoo.org)를 방문할 것. 이 최첨단 연구 시설은 청황큰앵무와 같은 멸종 위기에 처한 동물과 식물을 구하는 데 헌신하고 있다.
- 보호 활동에 직접 참여하는 데 관심이 있다면 트리니다드토바고의 위기에 처한 종 구조 센터 회장인 베르나뎃 플레어에게 연락을 취할 것. 이메일 주소는 bplaircrestt@gmail.com. 기부금이나 수표를 보낼 주소:

Center for the Rescue of Endangered Species of Trinidad&Tobago

Attn: Alex deVerteuil

119 Roberts Street, PO Box 919

Port-of-Spain, Trinidad

- 새들의 서식지를 파괴하지 않는다.
- 새끼들을 잡으려고 둥지를 털지 않는다.
- 포획 번식되지 않은 애완용 앵무새를 사지 않는다.

캘리포니아콘도르

행동을 취하세요

● 캘리포니아콘도르 복원 프로그램(www.cacondorconservation.org)을 방문하면 보호 활동에 관한 더 많은 정보를 얻을 수 있으며, 기부금을 내거나 둥지 감시자로 자원봉사를 하거나, 소식지를 구독할 수 있다. 또한 학생들을 대상으로 이 위기에 처한 새들에 관해, 그리고 학생들이 할 수 있는 조력 활동들을 알려 주는 교실 활동의 아이디어도 얻을 수 있다. 둥지 감시자가 되는 데 관심이 있다면 에스텔 샌드하우스(이메일 주소 esandhaus@sbzoo.org)에게 연락하거나 조지프 브랜트(hoppermountain@fws.gov)에게 연락하면 더 많은 것을 알 수 있다.

● 호퍼 산 국립 야생 보호 구역 단지의 토지와 중앙 및 남부 캘리포니아 지역 부근에 있는 다른 공유지의 독수리 서식지 개선 활동에 참여할 것. 미국 어류·야생 생물 관리국(www.fws.gov)에 연락하면 참여 방법을 알 수 있다.

● 독수리 구조 프로그램에 참여하는 다른 조직이나, 정부 당국의 지원금을 얻지 못한 의미 있는 프로젝트들을 후원하는 독수리 살리기 재단에 기부하라. 다음 주소로 지불 가능한 수표를 보내면 기부금에 대한 세금을 공제받을 수 있다.

Office of Accounting & Human Services

Santa Barbara Museum of Natural History

2559 Puesta del Sol Road

Santa Barbara, CA 93105

- 절대로 독수리에게 먹이를 주거나 접근하지 않는다.
- 쓰레기나 부동액 같은 독성 물질을 야외에 내놓지 않는다.
- 사냥꾼을 위한 조언: 납 탄환을 쓰지 않고 구리 탄환 같은 것을 사용하라. 쏠 때는 대상을 잘 확인하고, 사냥감을 절대로 그대로 두고 가지 말라. 사냥터에서 창자를 들어냈을 때는 청소 동물의 눈에 띄지 않도록 잘 묻어 둔다. 불법적인 사냥 행위를 보았을 때는 망설이지 말고 즉각 신고한다.

직접 만나 보세요
- 샌디에이고 동물원에서 캘리포니아콘도르를 만날 수 있다.

카스피말

행동을 취하세요
- 이 종에 대해 더 많은 것을 알고 후원 조직에 가입하고 싶다면 아메리카 대륙 카스피말 협회(www.caspian.org)와 www.caspianhorsesociety.org.uk에 문의할 것.

직접 만나 보세요
- 테네시 주 멤피스 동물원에서 카스피말을 만날 수 있다.

실러캔스

행동을 취하세요

- 남아프리카 해양 생물 다양성 재단(www.saiab.ac.za)을 방문하면 이 종에 대해 더 많은 것을 알 수 있다. 이곳은 전 세계적으로 실러캔스의 정보를 제공하며, 수중 생물 다양성 연구로 국제적인 명성을 떨치고 있는 곳이다.

- 해산물 섭취를 줄이고, 꼭 먹어야 할 경우에는 생각을 하고 먹는다. 세계 야생 보호 재단의 남아프리카 지속 가능한 해양 식량 이니셔티브 프로그램(www.wwfsassi.co.za)을 방문하면 대중뿐만 아니라 도매업자들과 식당에도 도움이 되는, 남아프리카에서 지속 가능한 해산물을 구입하고, 착취당하거나 멸종 위기에 몰린 해산물 섭취를 피하는 방법을 알 수 있다.

콜롬비아분지피그미토끼

행동을 취하세요

- 피그미토끼를 비롯해 워싱턴 주의 이 지역을 고향으로 삼고 있는 여러 동물 종을 위해 120제곱킬로미터도 넘는 관목 서식지를 보호해 온 비영리 재단인 국제 환경 보존 협회에 연락을 취해 볼 수 있다. 웹사이트 www.nature.org에 가면 자연 보호 활동에 대해 더 많은 정보를 얻고, 자원봉사를 하거나 돈이나 토지를 기부할 수 있다.

● 워싱턴 주립 대학교와 미국 어류·야생 생물 관리국의 멸종 위기 종 프로그램에 대해 알고 싶으면 http://ecology.wordpress.com이나 http://wdfw.wa.gov/wildlife/management/index.html로 연락을 취할 것. 피그미토끼 재도입과 연구에 직접 참여할 수 있다.

직접 만나 보세요
● 오리건 동물원을 방문하거나 웹사이트인 www.oregonzoo.org를 방문하여 피그미토끼 포획 번식 프로그램을 후원할 수 있다. 또한 피그미토끼가 야생으로 방생되는 과정을 담은 동영상도 볼 수 있다.

솜머리타마린

행동을 취하세요
● 프로엑토 티티의 웹사이트 www.proyectotiti.com에 접속하라. 이 자연 보호 프로그램을 통해 솜머리타마린에 대해 더 많은 것을 배우고, 기부를 하고, 모칠라스 같은 생태 상품을 살 수 있다. 이런 물품들을 구매하면 지역 공동체의 숲 생산품 의존도를 줄이는 데 도움이 된다. 그리고 안정적인 수입원이 있으면 지역 공동체들은 콜롬비아의 미래 세대를 위해 솜머리타마린을 보호하는 데 협조할 수 있다.

따오기

행동을 취하세요
- 지구의 멸종 위기 생물 협회 웹사이트 www.earthsendangered.com 를 방문하면 따오기에 대해 더 많은 것을 알 수 있다.

직접 만나 보세요
- 윙스 버딩 투어스 월드와이드를 통해 따오기를 관찰하는 생태 관광을 떠날 수 있다. http://wingsbirds.com을 방문하면 구체적인 여행 정보를 얻을 수 있다.
- 양시안 쯔후안 자연 보호 구역을 방문해 보자. 더 많은 정보를 원하면 www.4panda.com/special/bird/site/yangxian.htm을 참조할 것.

에코쇠앵무

행동을 취하세요
- 영국 앵무새 협회 웹사이트 www.theparrotsocietyuk.org에 들어가면 에코쇠앵무 보호 활동에 대해 더 많은 정보를 얻고 기부금을 낼 수 있다.
- "모리셔스 섬새들"을 보면 더 많은 활동 정보를 얻을 수 있다.

타이완송어

행동을 취하세요
● 셰이파 국립 공원 웹사이트 http://park.org/Taiwan/Government/Theme/Environmental_Ecological/env64.htm 에 접속하면 보호 활동에 대해 더 많은 정보를 얻을 수 있다.

자이언트판다

행동을 취하세요
● 스미소니언 국립 동물학 공원 웹사이트 http://nationalzoo.si.edu 에 접속해 보자. 자이언트판다에 대해 더 많은 것을 배우고 보호 기금에 기부금을 낼 수 있다. 이 기금은 중국과 미국에서 실행되는 일련의 연구 프로젝트를 지원하는 데 기여하고 있다.

● 샌디에이고 동물원의 멸종 위기 종 보호와 연구 부서(www.cres.sandiegozoo.org)에 연락을 취해 보자. 이곳의 자이언트판다 연구실은 이 종의 생물학과 보호에 초점을 맞추고 있다. 이곳에서는 기부를 하거나 자원 봉사를 할 수도 있고, 연구 장학금을 신청할 수도 있으며, 자이언트판다 입양 프로젝트에 참여할 수도 있다.

● 판다 보호 활동을 위해 기부금을 보낼 장소:

The Nature Conservancy

China Program

B4-2 Qijiayuan Diplomatic Compound

No.9 Jianwai Dajie, Chaoyang District

Beijing 100600 China

- 미국 동물원 4곳에 설립된, 자이언트판다의 생물학을 연구하고 보호에 헌신하는 연구 프로그램에 기부할 수 있다. 샌디에이고 동물원(www.sandiego.org), 애틀랜타 동물원(www.zooatlanta.org), 국립 동물학 공원(www.nationalzoo.si.edu), 멤피스 동물원(www.memphiszoo.org). 기부와 참여 방법에 대해 알려면 각 동물원의 웹사이트에 문의할 것.

직접 만나 보세요

- 자이언트판다와 그 자연 서식지를 직접 만나는 생태 관광을 떠나 보면 어떨까. 야생 자이언트판다 연구소의 웹사이트 www.wildgiantpanda.com에 접속하면 관광이 가능한 자연 보호 구역의 목록을 얻을 수 있다. 아니면 워롱 자연 보호 구역이나 청두 판다 번식 연구소를 방문해 보자. 견학에 관한 정보를 얻으려면 www.4panda.com/panda/pandasite/wolong/htm이나 www.panda.org/cn/english를 둘러볼 것.

- 중국의 워롱 자연 보호 구역에서 자원봉사를 해 보자. 국제 판다 협회 웹사이트 www.pandasinternational.org를 참조하면 더 많은 정보를 얻고 기부를 하거나 특정한 자이언트판다를 후원할 수 있다.

- 워롱 자연 보호 구역의 웹사이트 www.oiccam.com/webcams/index.html?/panda에 접속하면 자이언트판다의 현장 상황을 그때그때 볼 수 있다.

- 직접 자이언트판다를 보려면 워싱턴 DC의 국립 동물원과 샌디에이

고 동물원을 방문하면 된다. 샌디에이고 동물원에서 새로 시작한 판다 캠을 통해 동물원의 전시 상황을 생중계로 볼 수 있다.

황금사자타마린

행동을 취하세요
- 황금사자타마린 보호 프로그램에 대해 알고 싶으면 www.micoleao.org.br과 www.savethegoldenliontamarin.org를 둘러볼 것. 아니면 국립 동물원의 웹사이트인 www.nationalzoo.si.edu를 방문해도 좋다.

직접 만나 보세요
- 국립 동물원을 방문하거나, 브라질 에코트래블 사에서 주최하는, 포소 다스 안타스 생물 보호 구역과 교육 센터를 방문하는 생태 관광을 떠나 보면 어떨까. 더 많은 정보를 원하면 www.brazil-ecotravel.com의 웹사이트를 참조할 것.

회색늑대

행동을 취하세요
- 옐로스톤 공원 재단(www.ypf.org)에 연락을 취할 것. 여기서는 전반적인 늑대 보호 프로젝트에 기부를 하고, VHF나 GPS 목걸이에 대한 후

원금을 내거나, 공동체가 주최하는 늑대 목걸이 후원 프로그램에 참여할 수 있다.

하와이기러기(네네)

행동을 취하세요

- 하칼라우 섬 국립 야생 보호 구역의 친구들 웹사이트 www.friendsofhakalauforest.org에 연락하면 네네를 입양하고 기부금을 내거나, 하와이에서 벌어지고 있는 자연과 문화 보호 운동을 돕기 위한 자원봉사 활동에 관한 정보를 얻을 수 있다.

- www.nps.gov/havo/naturescience/nene.htm에 접속하면 하와이 화산 국립 공원의 네네 포획 번식 프로그램에 관해 더 많은 것을 알 수 있다. 또한 현장 교육 세미나에 참여하고, 여러분의 시간을 들여 자원봉사를 함으로써 공원의 친구가 되거나, www.fhvnp.org에 재정적인 기부를 할 수도 있다.

- 네네 교통 표지판이 있는 지역에서는 조심스럽게 운전하고 골프 코스의 네네를 주의한다.

- 네네를 멀리서만 관찰하고 절대로 먹이를 주지 않는다.

- 네네에게 위협이 되는 애완동물은 안전하게 집 안에 둔다.

직접 만나 보세요

- 하칼라우 숲 국립 야생 보호 구역이나 하와이 화산 국립 공원에 네네

를 비롯한 토착 조류들을 만나는 여행을 떠나 보면 어떨까.
- 하와이 호놀룰루 동물원에 가면 네네를 만날 수 있다.

이베리아스라소니

행동을 취하세요

- SOS 스라소니의 웹사이트 www.soslynx.org에 접속하면 포획 번식 프로그램 같은, 이 종들을 위한 보호 활동을 더욱 자세히 알 수 있다. 이곳은 여러분의 기부를 받는다.
- 고양잇과 전문가 단체인 www.catsg.org를 후원할 수 있다. 이 조직은 세계 자연 보호 연맹과 종 구조 협회에서 후원을 받는다.
- 라이프린스(www.lifelince.org)를 방문해서 라디오 트래킹, 카메라 트래핑, 보충 먹이 우리를 만드는 것 같은 스라소니 보호 활동에 관해 알아보자. 다양한 활동에 자원봉사자로 참여할 수 있다.
- 이베리아스라소니 번식 센터에 자원봉사를 신청하자(최소 활동 기간 3개월). www.lynxexsitu.es에 접속하거나 lynxexsitu@lynxesitu.es로 이메일을 보내면 더 자세한 정보를 얻을 수 있다.
- 스라소니 서식지, 특히 도냐나 국립 공원을 여행할 때는 차를 모는 대신에 하이킹을 하거나 자전거를 타는 것이 좋다. 전부터 수많은 스라소니가 자동차에 치여 죽었다.

로드하우섬대벌레

행동을 취하고 직접 만나 보세요

- 국립 공원과 야생 지역 재단 웹사이트 www.fnpw.com.au를 방문해서 로드하우섬대벌레에 관해 알아보자.
- 로드하우 섬 관광 협회 웹사이트 www.lordhoweisland.infor에 접속해서 로드하우 섬의 멸종 위기 종 복원 계획에 대해 알아보고, 직접 토착종들을 만나는 여행을 예약하자.

붉은토끼왈라비(말라)

행동을 취하세요

- 말라와 그 서식지를 보호하는 활동에 자원해서 참여할 수 있다. 오스트레일리아 야생 보호 재단의 스코샤 보호 구역에서 자원봉사를 신청하자. 더 많은 정보를 원하면 www.australianwildlife.org에 접속할 것. 또한 서부 오스트레일리아 환경국 웹사이트 www.dec.wa.gov.au에서도 신청할 수 있다. 또는 웹사이트 www.nt.gov.au/nreta/wildlife/programs/volunteers.html에 접속하면 앨리스 스프링스 사막 공원에서 실행되는 것을 비롯한 자원봉사 프로그램 목록을 얻을 수 있다.
- 사막의 물을 보존하고, 수자원은 다른 동물들과 공유해야 한다는 것을 잊지 않는다. 여러분의 캠프에 있는 우물은 어쩌면 사막 동물들이 접근할 수 있는 유일한 수원일 수도 있다.

- 사막을 여행할 때 반드시 주의할 것. 여러분의 옷이나 차에 들러붙은 풀씨들은 어쩌면 다른 곳에서 온 외래종 잡초일지도 모른다. 주의 깊게 살피고 제거한다.
- 오스트레일리아 유대 동물 협회 웹사이트 www.marsuupialsociety.org에 접속하면 말라를 비롯한 오스트레일리아의 토착 동물군이 처해 있는 위험에 대해 더 많은 것을 알 수 있다.

직접 만나 보세요
- 앨리스 스프링스 사막 공원 웹사이트 www.alicespringsdesertpark.com.au에 접속하면 이 종에 관해 더 많은 것을 배우고, 공원 여행 일정을 계획할 수 있다.
- 서부 오스트레일리아의 샤크 만 세계 유산 센터를 둘러보자. 말라와 그 서식지에 관해 더 많은 정보를 원한다면, 그리고 여행 일정을 잡고 싶다면 www.sharkbay.org를 참조할 것.

모리셔스의 새들:
에코쇠앵무, 모리셔스황조롱이, 분홍비둘기

행동을 취하고 직접 만나 보세요
- 모리셔스 야생 보호 재단 웹사이트 www.mauritianwildlife.org에 접속하면 이 종들을 위한 보호 활동에 대해 더 많은 것을 배우고 기부를 하고 자원봉사를 신청하고 생태 관광 프로그램에 대한 정보를 얻을 수

있다.

- 아프리카 자연 보호 재단 웹사이트 www.africanconservation.org에 접속하면 이 종과 서식지에 관해 더 많은 것을 알고 기부를 하거나 다양한 자연 보호 프로젝트에 자원봉사를 신청할 수 있다.
- 해산물을 먹지 않는다. 꼭 먹어야만 한다면 그 종이 지속 가능한지 확인한다. 제비슴새에게 지금 가장 큰 위협은 과도한 어업으로 인한 먹이 고갈과 비료 생산, 그리고 양식업으로 인한 외래 병원균의 도입과 합법, 불법을 막론한 조업 방식 때문에 실수로 포획당하는 것이다. 환경 보호 기금 웹사이트 www.edf.org나 오스트레일리아 해양 보호 협회 웹사이트 www.amcs.org.au 같은 곳을 참조하면 어떤 해산물이 지속 가능한지를 알 수 있다.

사불상(밀루)

행동을 취하세요

- 위스퍼링 스프링스 구조·연구 센터의 웹사이트인 www.whisperingsprings.org를 둘러보자. 이 조직은 사불상을 야생에 재도입하려는 희망을 가지고 이 사슴을 보호하는 활동을 펼치고 있다. 웹사이트에서는 이 사슴의 사진을 보고, 재단의 보호 활동을 알고, 재단의 위시 리스트에 기부를 할 수 있다.

직접 만나 보세요

- 미네소타 주 둘루스의 레이크 수피리어 동물원에서 사불상을 만날 수 있다.
- 베드퍼드셔 워번 수도원을 방문하면 사불상을 비롯해 12제곱킬로미터 넓이의 공원에 살고 있는 다른 종들을 만날 수 있다. www.woburnsafari.co.uk를 참조할 것.
- 난하이지 밀루 공원(이전에는 제국 사냥 공원)을 방문하면 사슴을 비롯해 수많은 종들을 만날 수 있다. 더 많은 정보를 원하면 www.beijingjoy.com/attractions/nanhaizimilupark.htm을 둘러볼 것.

붉은볼따오기

행동을 취하세요

- www.waldrapp.eu를 방문해서 붉은볼따오기 프로젝트에 참여하자. 또한 따오기들의 연례 이주에 합류하거나, 시간을 할애해 자원봉사를 하거나, 기부를 하거나 새를 입양하는 방법으로 이 붉은볼따오기 연구와 보호 프로젝트를 도울 수 있다.

파나마황금개구리

행동을 취하세요
- 휴스턴 동물원 웹사이트 www.houstonzoo.org에 접속하자. 황금개구리에 관해 더 많은 것을 배우고, 엘발레 양서류 보호 센터에 기부금을 내고, 이 개구리 보호 활동에 관한 동영상을 볼 수도 있다.
- www.amphibianark.org에 접속해 모든 양서류 종의 생존 확보를 위해 노력하는 양서류 방주를 후원하자. 이곳에서는 재단의 개구리 보호 활동에 대해 더 많이 알고 기부를 할 수 있다.

직접 만나 보세요
- 파나마의 생태 관광 여행에 대해 더 많은 것을 알고 싶다면 www.ecotourismpanama.com을 둘러보자. 이 웹사이트는 국립 공원과 관광 조직체와 호텔 명단을 제공하고 관광객들이 마주칠 수도 있는 파나마황금개구리 같은 멸종 위기 종의 목록을 제공한다.

매

행동을 취하세요
- 매 기금에 연락을 취해 보자. 세계 맹금류 협회 웹사이트인 www.peregrinefund.org에서는 보호 프로젝트에 관해 더 많은 것을 알고, 기부를 하고, 온라인 상점에서 물건을 사거나, 여러분의 시간, 기술, 그리

고 재능을 이 조직에 기여할 수 있다. 자원봉사 활동은 통역 센터 안내인에서 조류 돌보기, 연구 조수까지 다양하다.
- 미네소타 대학교 맹금류 연구소의 웹사이트 www.raptor.cvm.umn.edu를 둘러보자. 매와 독수리와 올빼미에 대해 더 많은 것을 알고 기부 내지 자원봉사를 하거나 맹금류를 위한 재활용 프로그램 등에 관한 정보를 얻을 수 있다.

직접 만나 보세요
- 미네소타 주 세인트폴에 있는 맹금류 센터로 현장 답사를 떠나 보자.

피그미돼지

행동을 취하세요
- 듀렐 야생 보호 기금 웹사이트 www.durrellwildlife.org에 접속해서 이 종을 멸종에서 구하기 위한 노력을 후원하자. 회원으로 가입하여 기부를 하거나, 듀렐이 보호하는 많은 멸종 위기 종들 중 하나를 입양할 수도 있다.

붉은늑대

행동을 취하세요

- 붉은늑대 협회 웹사이트인 www.redwolves.com에 접속하면 이 종에 관해 더 많은 것을 배우고, 회원으로 가입하고 보호 활동에 기부를 할 수 있다.
- 사냥을 할 때는 책임감 있게 한다. 노스캐롤라이나 주에는 100개의 카운티가 있는데, 그중 95개에는 붉은늑대가 살고 있지 않다.
- 붉은늑대만이 아니라 다른 야생 동물들도 음식을 찾기 위해 도로를 자주 건너다니므로 운전할 때는 늘 조심한다.
- 길에서 쓰레기를 깨끗이 청소한다. 쓰레기는 야생 동물들을 끌어들여 해를 입게 만드는 요인이 된다.

직접 만나 보세요

- www.fws.gov/redwolf에 접속하면 미국 어류·야생 생물 관리국이 후원하는 붉은늑대 복원 프로그램에 도움을 줄 수 있다. 자원봉사자로서 여러분의 시간을 기부하거나, 노스캐롤라이나 주의 알리게이터 강 국립 야생 보호 구역의 하울링 사파리에 참여하거나, 아니면 붉은늑대 교육을 확대하고자 반년마다 열리는 붉은늑대 복원 프로그램 교사 워크숍에 참여할 수도 있다.
- 워싱턴 타코마의 포인트 디파이언스 동물원과 수족관에 붉은늑대를 보러 가자. 붉은늑대의 포획 번식과 복원 프로그램에 관한 동영상은 www.pdza.org에서 볼 수 있다.

짧은꼬리알바트로스

행동을 취하세요

● 알바트로스 구조 재단 웹사이트 www.savethealbatross.net를 둘러보자. 자연 보호론자들이 맞닥뜨리고 있는 시련에 대해 배우고, 이메일 소식지를 구독하거나, 수익으로 직접 알바트로스를 돕는, 다 쓴 우표 모으기 프로젝트에 참여하거나, 직접 기부를 함으로써 버드 라이프 인터내셔널 같은 수많은 조직들의 후원을 받는 이 재단의 활동을 도울 수 있다.

● 쓰레기를, 특히 플라스틱이나 풍선 같은 것을 함부로 버리지 않는다. 알바트로스를 비롯한 바닷새들이 끈에 엉킬 수도 있고, 다른 동물들이 그런 것들을 삼키고 죽을 수도 있다.

● 사용한 기름을 도시의 하수구나 지역의 수원에 버리지 않는다. 그런 기름은 대양으로 흘러갈 수 있다. 조류의 깃털이 기름에 덮이면 방수 기능을 잃어버리기 때문에 새들에게는 치명적일 수 있다.

수마트라코뿔소

행동을 취하세요

● 국제 코뿔소 재단의 웹사이트 www.rhinos-irf.org를 방문해서 여러분이 이 멸종 위기 종을 구하기 위해 무엇을 할 수 있는지를 알아보고, 소식지를 신청하고, 기부를 하고, 코뿔소를 입양하자.

● 신시내티 동물원의 멸종 위기 야생 생물 연구와 보전 센터를 후원하

자. 이 조직은 수마트라코뿔소 포획 번식을 후원하고 인도네시아 자연 보호가들과 협력하여 코뿔소의 남아 있는 숲 서식지를 보호한다. 또한 수마트라, 보르네오, 말레이 반도의 코뿔소 보호 활동을 후원하고 있다. www.cincinnatizoo.org/conservation에서 더 많은 내용을 알 수 있다.
- 코뿔소 뿔 같은 동물 산품을 사지 않는다. 밀렵은 수마트라코뿔소에게 가장 큰 위협에 속하기 때문이다.

직접 만나 보세요
- 신시내티 동물원에서 직접 수마트라코뿔소를 만나거나, 동물원 웹사이트인 www.cincinnatizoo.org를 방문하여 코뿔소 캠을 통해 만나 보자. 그 동물원의 칼. H. 린더 주니어 멸종 위기 야생 종 보호와 연구소 가족 재단은 혁신적인 포획 번식 프로그램과 더불어 코뿔소를 밀렵꾼으로부터 구하려는 코뿔소 보호 활동을 후원한다. 이 재단은 여러분이 참여할 수 있는 자원봉사 프로그램을 제공한다.

프르제발스키말

행동을 취하세요
- 프르제발스키말 보전과 보호 재단 웹사이트 www.treemail.nl/takh에 접속하면 이 종과 그 서식지에 대해 알 수 있다.

직접 만나 보세요

● 프르제발스키말을 직접 보려면 몽골의 후스타이 국립 공원을 방문하라. www.hustai.mn에 접속하면 관광과 숙박, 생태 자원봉사나 연구 기회에 관해 상세한 정보를 얻을 수 있다.

밴쿠버마못

행동을 취하세요

● 마못 복원 재단 웹사이트 www.marmots.org에 접속하면 이 종의 멸종을 막는 데 조력하고 마못 관찰 프로그램에 참여하거나 기부를 할 수 있다. 여러분이나 사랑하는 사람을 위해 마못을 입양해도 좋고, 여러분이 할 수 있는 일을 한번 알아보라.

아메리카흰두루미

행동을 취하세요

● 두루미 보호 활동에 대해 더 많은 것을 알고 기부를 하고 조직에 참여하거나 자원봉사 활동을 하고 싶다면 www.savingcranes.org로 접속하거나 위스콘신 주 바라부에 있는 재단을 직접 방문해서 국제 두루미 재단을 후원할 수 있다. 가이드 딸린 관광도 가능하다.

● 두루미 이주 작전의 웹사이트 www.operationmigration.org를 둘러

보자. 이 조직은 인간 주도 이주 기술을 개발했고, 아메리카흰두루미가 알에서 깨어 플로리다에 방생될 때까지, 재도입된 두루미의 새로운 각 세대를 보호하고 훈련시키는 책임을 맡고 있다. 웹사이트를 방문하면 이주 작전의 재도입 프로그램에 관해 더 많은 것을 알 수 있고, 기부를 하거나 자원봉사를 할 수 있고, 동영상을 볼 수 있으며, 아메리카흰두루미를 비롯한 멸종 위기 철새들을 보호하는 데 헌신하는 비행사들과 직원들이 매일 써서 올리는 글을 받아 볼 수도 있다.

직접 만나 보세요

- 매년 봄 열리는 중서부 두루미 관찰 활동에 참여하자. 더 많은 정보를 알고 싶으면 www.savingcranes.org에 접속할 것. 자연 보호 활동에 참여하면서 캐나다두루미와 아메리카흰두루미를 볼 수 있다.
- 텍사스 주 오스트웰의 아란사스 야생 보호 구역을 겨울에 방문하면 아메리카흰두루미의 가장 큰 야생 무리를 만날 수 있다. 더 많은 정보를 원하면 미국 어류·야생 생물 관리국 웹사이트 www.fws.gov/southwest/REFUGES/texas/aransas를 둘러볼 것.

야리기스솔핀치

행동을 취하세요

- 콜롬비아의 주도적인 조류 보호 조직인 프로아베스는 여러분의 지원을 받는다. 자원봉사 활동 중에는 새들에게 꼬리표를 달거나 인공 둥지

를 증설하고 감시하는 것 등이 있다. 아니면 야리기스솔핀치 같은 멸종 위기 종이 사는 숲지를 매입하고 보호하는 데 기부를 할 수도 있다. 더 많은 정보를 원하면 영어 웹사이트인 www.proaves.org를 참고할 것.

- 세계에서 가장 큰 생물학 표본을 가지고 있는 영국의 자연사 박물관을 후원해도 좋다. 전 세계에서 온 연구자들, 학생들, 방문객들이 이 박물관의 전시품을 통해 세계의 생물학적 다양성을 배우고 있다. 자원봉사 활동이나 기부 정보는 www.nhm.ac.uk에서 찾을 수 있다.

직접 만나 보세요

- 프로아베스 협력사인 에코 투르와 함께 콜롬비아에 새 관찰을 하러 떠나 보면 어떨까. 웹사이트 www.ecoturs.com를 방문하거나, info@ecoturs.org로 직접 이메일을 보내거나 미국 내 전화번호인 540-878-5410으로 전화를 해도 좋다.

지노제비슴새

행동을 취하세요

- 지노제비슴새를 비롯해 수많은 바닷새들이 목숨을 잃는 일이 일어나지 않도록, 바다에 폐기물을 버리지 않는다. 예를 들어 폴리스틸렌(음식 포장용 스티로폼의 원료)은 조그만 하얀 공으로 부서지는데, 바닷새가 그것을 삼키면 장이 막혀서 죽고 만다.
- 하이킹을 할 때는 무책임한 행동을 하지 않는다. 마데이라의 길이나

야생 지역에 쓰레기나 음식 남은 것을 절대로 버려두지 않는다. 그런 음식들은 제비슴새를 잡아먹는 쥐와 고양이의 식량이 된다.

직접 만나 보세요

● 마데이라의 피코 아레이로로 가이드 딸린 밤 여행을 떠나 보자. 그곳에서는 지노제비슴새의 울음소리를 듣거나 운이 좋으면 밝은 달빛에 섬광처럼 빛나는 새의 나는 모습을 볼 수도 있다. 정보를 얻고 싶으면 마데이라 윈드 버드 웹사이트 www.madeirabirds.com를 둘러보거나, 벤투라 도 마르의 웹사이트 www.venturadomar.com를 방문할 것.

식물들

이 책에 나온 멸종 위기 식물들 중 다수와 관련해, 표기된 출처들을 참고하면 그 보호 활동에 관해 더 많은 정보를 얻을 수 있다.

● 큐의 왕립 식물원은 멸종 위기 식물과 그 서식지를 보호하는 데서 선구자 역할을 하고 있으며 책에 언급된 많은 종들과 직접 관련되어 있다. 더 많은 정보를 얻거나, 기부를 하거나, 그곳을 직접 방문하여 큐의 친구가 되려면 www.kew.org/conservation을 방문할 것. 또 가 볼 만한 곳으로 웨이크허스트 플레이스가 있다. 여기에는 큐의 1.2제곱킬로미터짜리 정원 겸 새천년 종자 은행이 위치해 있으며, 웹사이트는 www.nationaltrust.org.uk/main/w-wakehurstplace이다.

● 식물 보존 연구원은 미국의 토착 식물 종을 보호하고 복원하려고 노력하며, 현재 이 책에 논의된 수많은 식물들에 대한 보호 활동에 참여하고 있다. 더 많은 정보를 얻고 기부를 하거나 식물 후원 프로그램에 참여하려면 www.centerforplantconservation.org를 둘러볼 것.

카페마롱

행동을 취하세요
● 모리셔스 야생 보호 재단에 접속해서 이 조직이 진행하고 있는 로드리게스 섬의 자연 보호 프로젝트들에 관해 기부를 하고 더 많은 것을 알아보려면 웹사이트 www.mauritianwildlife.org를 참고할 것.

카로시에야자수

행동을 취하세요
● 전 지구의 나무 살리기 캠페인(웹사이트 www.globaltrees.org)에 접속하면 이 종에 관해 더 많은 정보를 얻고 보호 활동에 기부를 할 수 있다.

코키아 쿠케이

행동을 취하세요

● 바이미어 수목원과 식물원을 후원하려면 www.waimeavalley.org를 참고할 것. 전반적인 기부금을 내거나 다양한 전시품을 볼 수 있다.

은검초

행동을 취하세요

● 미국 어류·야생 생물 관리국의 멸종 위기 종 프로그램 웹사이트인 www.fws.gov/endangered에 접속하면 하와이의 은검초에 관해 더 많은 것을 알아볼 수 있다.

● 하와이 은검초 연합 프로젝트를 더 자세히 알고 싶으면 www.silverswordalliance.org를 둘러볼 것.

● 보호 활동에 대한 기부금은 아래 주소로.

Hawaiian Silversword Foundation

PO Box 1097

Volcano, HI 96785 USA

타히나야자수

행동을 취하세요

● 타히나야자수에 관해 더 많은 것을 알고 싶거나 사진을 보고 싶으면 www.rarepalmseeds.com을 참조할 것.

● 마다가스카르 야생 보호국(웹사이트 www.mwc-info.net/en)에 접속하면 더 많은 정보를 얻고 기부금을 낼 수 있다. 이 조직은 지역 공동체와의 협력하에 모든 자연 보호 프로젝트를 진행하고 있다.

울레미소나무

행동을 취하고 직접 만나 보세요

● 울레미 오스트레일리아의 웹사이트 www.wollemipine.com에 접속하면 이 종을 더 자세히 알 수 있고, 보호 클럽에 가입하거나 울레미소나무를 주문할 수도 있다. 이 식물들의 야생 군락을 보호하기 위한 중요한 전략은 국립 공원이나 개인 가정을 막론하고 지구상 곳곳에서 이 소나무들이 자라도록 만드는 것이다.

● 오스트레일리아 블루 마운틴 북쪽에 위치한 울레미 국립 공원으로 여행을 떠나 보자. 아니면 워싱턴 DC의 식물원을 방문해도 좋다.

서식지 보호

곰비: 아프리카의 탄자니아

행동을 취하세요

● 제인 구달 연구소의 TACARE 프로그램이 여러분의 후원을 기다린다. JGI 웹사이트에 접속해서 아프리카 프로그램을 찾아보고 여러분이 곰비 주변에서 서식지 복원 활동을 후원할 수 있는 방법을 알아보자.

과달루페 섬: 멕시코 바하칼리포르니아

행동을 취하세요

● 멕시코 제도의 자연 환경 복원에 헌신하는 비영리 재단인 섬 생태 보존 단체에서는 여러분의 기부금이나 자원봉사 활동을 기다린다. 총감독인 알폰소 아귀레 무뇨스 박사에게 다음 이메일 주소, alfonso.arguirre@conservaciondeislas.org로 연락하거나, 아래 주소로 서신을 보내도 된다.

Grupo de Ecologia y Conservacion de Islas, AC

Avenida Lopez Mateos 1590-3

Frace. Playa Ensenada

Ensenada, Baja California 22880

● 과달루페 섬의 생물권 보호 지역 감독관인 나디아 올리바레스(이메일

주소 islaguadalupe@conanp.gob.mx)에게 이메일을 보내면 여러분이 도울 방법을 알 수 있다.

- 섬 보호 조직인 www.islandconservation.org에 연락하면 더 많은 것을 알 수 있다. 이 비영리 조직은 섬의 생태계를 보호하는 데 헌신하며, 현재 과달루페 섬을 보호하기 위해 활약하는 여러 단체들 중 하나다. 여러분은 전반적인 기부나 자원봉사 활동을 통해 참여할 수 있다.
- 외래종들의 침투를 막으려면 이런 섬을 방문할 때 깨끗한 옷과 신발을 착용해야 한다.
- 섬에 애완동물을 데려가지 말고, 배로 여행한다면 배에 쥐가 없는지 반드시 확인하라.

생태 관광
- 지속 가능한 생태 관광을 표방하는 호라이즌 차터스 사를 통해 과달루페 섬을 여행하면 어떨까. 구체적인 여행 일정에 관해 더 많은 정보를 얻으려면 www.horizoncharters.com을 둘러볼 것.

아프리카 케냐 해변

행동을 취하세요
- 바오밥 트러스트 웹사이트 www.thebaobabtrust.com를 접속하면 야생과 서식지 보호에 관해 더 많은 것을 알 수 있다.
- 홀러 재단(웹사이트 www.thehallerfoundation.com)이 여러분의 후원을 기

다린다. 이 조직은 아프리카에 지속 가능하고 생태적으로 건전한 공동체를 구축하려고 노력한다. 여러분은 이들의 자연 보호 프로젝트에 관해 더 많은 것을 알아보거나 기부를 할 수도 있다.

- 밤부리 시멘트 회사 웹사이트 www.bamburicement.com에 접속하면 홀러 파크의 토지 재생에 관해 더 많은 것을 알 수 있다.
- www.greenbeltmovement.org를 방문하면 그린벨트 운동에 참여할 수 있다. 비록 이 조직은 케냐에 본부를 두고 있지만, 국제적으로도 왕성한 활동을 하고 있다. 그린벨트 운동은 환경 보호와, 다른 녹색 공동체 구축 프로젝트들 중에서도 나무 심기에 특히 초점을 맞추고 있다. 여러분의 기부를 환영한다.

황토 고원: 중국 북서부 지방

행동을 취하세요

- 세계 은행 웹사이트 http://web.worldbank.org에 접속하면 황토 고원에 있는 하천 재서식 프로젝트에 대해 더 많은 것을 알 수 있다. 슬라이드쇼와 교육용 동영상도 제공한다.
- 에로차이나 토양 침식 프로젝트의 웹사이트 www.erochina.alterra.nl에 접속하면 황토 고원에서 토양 침식을 막기 위해 어떤 일을 해야 하는지를 더 자세히 알 수 있다.

온타리오 주 서드버리

행동을 취하세요
- 그레이터 서드버리 시 웹사이트 www.greatersudbury.ca에 접속해서 재녹화 프로그램에 관해 더 많은 것을 알아보고, 여러분이 참여할 방법도 알아보자.

옮긴이의 글

작고한 공상 과학 소설가인 더글러스 애덤스의 대표작 『은하수를 여행하는 히치하이커를 위한 안내서』는, 주인공이 멀쩡하게 살아오던 집이 급작스러운 고속도로 건설 공사로 하루아침에 밀려 없어질 위기에 처한 날로부터 시작한다. 주인공은 그런 계획을 들은 바 없고 집주인으로서 동의할 수 없다며 트랙터 앞에 드러눕지만, 시에서는 그 계획이 이미 오래전부터 시청(?) 게시판에 붙어 있었으며 그 사실을 확인하지 않은 것은 시민 정신이 부족하고 게으른 탓이라며 공사를 강행하려 한다. 주인공에게는 일생 최대의 위기인 이 순간, 지구 상공에는 난데없이 우주선이 나타나고, 우주선은 은하 고속도로 건설을 위한 지구 행성 철거 계획을 알린다. 당일부터 진행하기로 정해진 그 공사 계획은 이미 오래전부터 은하계 어떤 행성의 공공 게시판에 붙어 있었다는 것이다. 그런 계획은커녕 외계인의 존재조차 알지 못했던 당황한 지구인들이 아무리 항의를 해도 소용이 없다. 은하계 계민(?)으로서 의무를 다하지 않은 게으른 지구인에 대한 질책만 돌아올 뿐이다. 어쩌면 여기서 희망적인 반전이 있지 않을까 기대한 사람도 있었을지 모르지만 저자는 행여나 그런 기대는 접으라는 듯 무자비하고도 미련 없이 지구 별을 날려 버린다.

  다행히도 주인공은 정체를 감추고 있던 외계인 친구에게 구조되어 홀로 살아남고, 이를 계기로 기상천외하고 포복절도할 외계 여행을 떠나게 되지만, 우리 모두 알고 있듯이, 우리에게는 아직 이곳 지구를 떠나서 갈 곳이 없다. 어쩌면 그때 오도 가도 못 하는 암담한 처지에 처한 지구인들의 심정은 갑자기 가차 없는 개발의 군홧발을 맞닥뜨린 수많은 자연 지역에 살던 새들, 동물들, 온갖 생물들의 심정과 같지 않았을까. 물론 애덤스가 그런 비판 효과를 노리고 그와 같은 설정을 한 것은 아니리라. 하지만 소설의 충격적인 도입부에서 독자들이 느끼는 후련함(!)의 적어도 일부는 역지사지, 이 조그만 행성에서 주인 노릇하며 안하무인으로 살아온 자신들의 모습에 대해 우리 스스로 품고 있던 자괴감 때문일지도 모른다.

  어딘가에 관심이 생기면 거기에 대한 이야기가 더 많이 들리게 마련이다. 이 책을 마무리하던 어느 날 뉴스 기사를 통해 접한 두 소식은, 고양 시의 백조 숲이 벌목되는 과정에서 백조 수백 마리가 다치거나 죽었다는 소식과 영국에서 오래전에 멸종된 줄 알았던 나비가 돌아왔다는 소식이었다. 고양 시의 개인 소유 숲지를 벌목하러 간 인부들은 현장에 수백 마리의 백조들이 둥지를 틀고 있는 것을 보고 어쩔 줄 몰라 책임자에게 전화를 걸었다고 한다. 하지만 돌아온 것은 무조건 진행하라는 답변이었다. 새들이라면 날아서 떠날 수 있지 않았겠느냐? 아직 날지 못하는 새끼들과 알들을 둥지에 두고 차마 날아 떠나지 못한 어미 새들은 현장에 날개가 부러진 처참한 모습으로 어지럽게 널려 있었다.

많이들 하는 말이 있다. 어차피 자연을 보전하자는 것도 인간의 이기심에서 나온 말이고, 우리가 다른 생물을 위해 흘리는 눈물은 악어의 눈물일 뿐이라며, 과연 인간이 신 노릇을 해도 괜찮은가 하는 우려를 제기하는 것이다. 특히 이 책에서 보는 것처럼 어떤 동물을 구하기 위해 다른 동물의 권리를 침해하지 않을 수 없는 경우에는 지탄의 목소리가 더욱 높아진다. 하지만 가차 없는 개발의 능력이 인간의 것이라면, 이 오갈 데 없는 감정 이입 능력 역시 인간의 것이고, 틀림없이 어딘가에 쓸모가 있을 것이다. 그리고 그 쓸모를 이 책은 훌륭하게 입증하고 있다.

아직은 전반적인 상황이 많이 암담하지만, 그래도 '나비는 돌아왔지만 백조는 가 버렸다'고 말하지 않고, '백조는 가 버렸지만 나비는 돌아왔다'고 말하고 싶은 것은, 이 책에서 생생하게 들려주고 있는 증언들처럼 노력하고 있는 사람들이 많기 때문이다. 이 따뜻하고 희망찬 책이 많은 이들에게 영감을 주고 공감과 호응을 얻을 수 있었으면 좋겠다.

옮긴이 김지선

서울에서 태어나 영문학과를 졸업하고 출판사 편집자로 근무했다. 현재 번역가로 활동하고 있다. 옮긴 책으로 『돼지의 발견』, 『당신의 삶을 바꿀 12가지 음식의 진실』, 『희망은 사라지지 않는다』, 『사상 최고의 다이어트』, 『오만과 편견』, 『반대자의 초상』, 『엠마』 등이 있다.

희망의 자연

1판 1쇄 펴냄 2010년 9월 24일
1판 2쇄 펴냄 2019년 2월 22일

지은이 제인 구달, 세인 메이너드, 게일 허드슨
옮긴이 김지선
펴낸이 박상준
펴낸곳 (주)사이언스북스

출판등록 1997. 3. 24.(제16-1444호)
(06027) 서울특별시 강남구 도산대로1길 62
대표전화 515-2000, 팩시밀리 515-2007
편집부 517-4263, 팩시밀리 514-2329
www.sciencebooks.co.kr

한국어판ⓒ사이언스북스, 2010. Printed in Seoul, Korea.

ISBN 978-89-8371-245-5 03400